U1073825

上海交通大学研究生教材

矩阵理论与应用

张跃辉　编著

科学出版社

北京

内 容 简 介

本书共分六章，第一章线性代数概要与提高，总结并拓展了后续章节需要的线性方程组和矩阵的基本知识，给出了矩阵与线性方程组的几个应用实例；第二章矩阵与线性变换，讨论了子空间与直和分解及内积空间，详细探讨了线性变换与矩阵的关系，简要介绍了构造新线性空间的几种方法，例举了子空间、正交性、线性变换、张量积等的应用；第三章特征值与矩阵的 Jordan 标准形，证明了 Schur 三角化定理与 Cayley-Hamilton 定理，给出了矩阵在相似变换下的最简形式即 Jordan 标准形，讨论了特征值估计的盖尔圆盘定理，介绍了特征值与特征向量在统计学和经济学中的一些应用；第四章正规矩阵与矩阵的分解，介绍了正规矩阵及其几何意义，讨论了分解矩阵的几种方法以及应用；第五章矩阵函数及其微积分，介绍了向量范数与矩阵范数、矩阵幂级数、矩阵函数的微积分和应用；第六章广义逆矩阵，介绍了最常用的几种广义逆及其在解线性方程组等方面的应用．书后附有主要参考书目和汉英名词索引．

本书是为上海交通大学非数学类研究生写的通用教材，也可作为高等学校理工科高年级本科生以及从事教学、科研等人员的参考用书．

图书在版编目(CIP)数据

矩阵理论与应用/张跃辉编著．—北京：科学出版社，2011.8

ISBN 978-7-03-031813-8

Ⅰ．①矩… Ⅱ．①张… Ⅲ．①矩阵-理论 Ⅳ．①O151.21

中国版本图书馆 CIP 数据核字(2011) 第 134285 号

责任编辑：顾 艳 胡 凯／责任校对：陈玉凤

责任印制：赵 博／封面设计：王 浩

科学出版社 出版

北京东黄城根北街 16 号

邮政编码：100717

http://www.sciencep.com

北京中科印刷有限公司印刷

科学出版社发行 各地新华书店经销

*

2011 年 8 月第 一 版 开本：B5 (720 × 1000)

2026 年 1 月第十五次印刷 印张：16 1/4

字数：330 000

定价：39.00 元

(如有印装质量问题，我社负责调换)

前 言

我校 (上海交通大学)“矩阵理论”课程使用的教材[1], 从内部版开始, 至今已有八个年头了. 近年来全国研究生 (特别是进入 985 高校的研究生) 的各项知识能力 (包括本课程最为需要的线性代数水平) 已有大幅度提升, 我校对研究生的各项要求也达到了空前的水准. 为适应研究生教育的新形势, 我校有关部门决定重新编写《矩阵理论》教材, 并且, 为突出本课程的基础性与应用性, 特将书名定为《矩阵理论与应用》.

本书的主要参考书目包括美国数学家 R. A. Horn 与 C. R. Johnson 的《矩阵分析》[2](感谢杨奇先生精彩的中译本). 该书内容丰富, 深入浅出, 是极好的参考书. 另一本编者想极力推荐的是 G.Strang 的《线性代数及其应用》[3](感谢侯自新、郑中三、张廷伦先生等出色的中译本), 该书虽然名为“线性代数”, 实则包含了国内绝大部分高校为研究生开设的“矩阵理论”的大部分内容; 更让编者由衷钦佩的是 Strang 亲自主讲的配套视频 (共 34 讲, 每讲一小时左右), 精彩绝伦. 由于这是 MIT 的公开视频, 编者在此强烈推荐该视频给广大的研究生和相关教师, 网址是: http://web.mit.edu/18.06/www/Video/video-fall-99-new.html 或由 Strang 的主页 http://www-math.mit.edu/~gs 链接进入.

另外, 国内研究生规模较大的许多高校各自编写的《矩阵理论》教材, 包括 (不是全部) 参考文献 [4]–[8] 等, 均有一定影响. 国内关于矩阵理论与应用研究的专著有诸多亮点, 其中特别值得推荐的是清华大学张贤达教授的《矩阵分析与应用》[9] (正文 748 页, 113 万字), 不仅涵盖了上述教材的全部内容, 而且整理了大量应用实例, “包括了信号处理、电子、通信、模式识别、神经计算、雷达、图像处理、系统辨识等信息科学与技术的不同学科与领域”. 因此张贤达教授自己将此书定义为“一本矩阵手册”.

除上面列举的外, 还有我国已故著名数学家柯召翻译的前苏联数学家 F. R. Gantmacher(甘特马赫尔) 的经典著作《矩阵论》[10](原书为俄文版, 英译本分两本: 参考文献 [11] 和 [12]), 美国著名数学家 P. Lax 的《线性代数及其应用》[13](傅莺莺、沈复兴译) 和美国著名数学教育家 D. C. Lay 的同名教材[14](刘深泉等译), J. H. Wilkinson(威尔金森) 的名著《代数特征值问题》[15](石钟慈、邓健新译, 毛祖范校), 以及张某成、黎稳的《非负矩阵论》[16]. 编者要特别推荐的是一本尚无中译本的好书, 即已故美国著名数学家 Richard Bellman 的 *Introduction to Matrix Analysis*[17], 该书包含一个非常具有启发意义的较长前言, 值得认真研读.

另一使编者受益匪浅的公共资源是免费网站 (在此衷心感谢, 尽管有很多错误):

http://en.wikipedia.org,

相应的中文网站是“**维基百科**”

http://zh.wikipedia.org.

在本书编写过程中, 我校研究生院和数学系的领导及同事们, 特别是章璞教授给予了编者很大的鼓励和支持; 教材[1] 的合作者苏育才教授 (现在同济大学)、姜翠波教授、周国标教授, 尽管科研教学任务繁忙, 仍然时时关心本书的进展情况, 并提供了许多有益建议, 编者在此一并表示深深的感谢!

由于编者水平有限, 谬误与不当之处在所难免, 敬请批评、指正. 来信请寄:

上海市东川路 800 号　上海交通大学数学系　张跃辉　邮编: 200240

电子邮箱: zyh@sjtu.edu.cn

张跃辉

2010.11

本书导读

对于绝大多数非数学专业的硕士研究生而言，如果需要掌握一门数学理论或方法，“矩阵理论”无疑是最好的选择. 首先，从数学课程的进展来看，“矩阵理论”相当于研究生的“线性代数”+“高等数学”，是后续数学课程和专业课程的基础，比如对工程计算具有重要意义的“数值分析”(又称“计算方法”) 课程就要求相当多的“矩阵理论”知识. 其次，对于相当多的准备快速进入实践环节的研究生 (比如工程硕士) 来说，“矩阵理论”在很大程度上可以提供解决大量实际问题的理论框架和思想方法. 再次，实践中的困难问题几乎都涉及多个因素，因此其数学模型必然是高维的，其最终解决依赖于线性化，而矩阵理论与方法迄今为止仍是解决高维线性问题的不二选择. 最后，从科学技术发展的实践来看，矩阵理论在现代通信、电子信息、图像处理、模式识别、建筑工程、系统控制、航空航天乃至现代经济等众多领域具有高度创造性和灵活性，是不可替代的数学工具.

编者想尽早告诉读者的是：尽管“矩阵理论”是一门具有高度应用价值的课程，但它更是一门研究生的公共数学基础课程，因此将其作为一门理论课比将其作为一门工具课来对待更为恰当.

阅读本书需要的预备知识除了高等数学的基本理论外，对线性代数的基础知识也有较多要求. 有需要的读者可参考上海交通大学数学系编写的《线性代数》[18].

编者一方面对线性空间与线性变换作了较为仔细的介绍 (因为这两个简单的概念包含深刻的数学思想和灵妙的科学精神)，另一方面，为尽量缩减篇幅而不损害数学理论的逻辑完备性，正文中所需要的大量数学推导和证明仅提供思路后作为习题列出 (所以每章都有大量的习题). 本书注重矩阵思想与方法的实践背景和应用，注重矩阵计算的原理与关键 (“数值分析”课程研究矩阵的算法理论). 本书与现行众多同类教材或书籍的一个较大区别就在于：对大量较为抽象的概念赋予了简明的几何意义. 本书每节之后都列出了若干思考题，而每章的最后一节都扼要介绍了相当数量的应用实例.

考虑到研究生的专业分布较广，本书将第一章保留为复习，除了“线性代数”的基本知识外，还包含了一些由线性代数课程可以自然引入的概念和结论，比如矩阵的满秩分解、矩阵的谱和谱半径等，故定名为“线性代数概要与提高”.

第二章“矩阵与线性变换”是本书的数学基础和核心，因为编者是围绕线性变换这条主线来介绍矩阵理论的 (本书的副标题可以是“从线性变换的观点看矩阵理论”). 本章阐释了矩阵是有限维线性空间的线性变换的一种表达形式，从而赋予矩阵以几何直观, 使得线性代数课程中的许多疑问豁然开朗, 比如为什么相似的矩阵具有相同的特征值? 除了计算结果还有什么解释吗? 用一般可逆变换与用正交变换化简二次型有什么差别吗? 或者为什么有差别? 需要强调的是, 将线性变换看作矩阵带来了很多计算上的便利, 比如线性变换的特征值与特征向量可以通过求矩阵的特征值与特征向量来解决, 但也常常掩盖了问题的本质. 比如, 我们举反例说明矩阵乘法非交换而忘记了其根本原因是线性变换的复合没有交换性; 又如线性变换的特征向量较之矩阵的特征向量具有更加明显的几何意义和更为简洁的表达形式; 再比如, 用矩阵的观点实际上已经无法深入理解和研究无限维线性空间的线性变换了(高等数学中的微分变换和积分变换所涉及的函数空间一般都是无限维的线性空间). 确切地说, 矩阵是坐标化的线性变换, 是线性变换在某组 (或某对) 基下的表达, 而线性变换则是最简单也最基本的正比例函数的推广, 是若干个多元线性函数. 因此对于有限维线性空间, 矩阵与线性变换是一回事, 但必须强调的是, 将矩阵理解为线性变换往往更有助于理解问题的实质. 我们在第二章第三节简要介绍了广义相对论所使用的非正定的内积, 希望读者能够借此突破传统内积, 诸如范数平方非负等的"束缚". 本章不仅是矩阵理论的基础, 也是学习所有后续数学课程必备的预备知识, 因此, 深入领会本章对读者今后的学习和实践大有裨益.

第三章"特征值与矩阵的 Jordan 标准形"可以说是矩阵理论的根本, 因为矩阵计算的实质是特征值的计算, 而矩阵的 Jordan 标准形则从理论上提供了理解矩阵性质、计算矩阵函数、研究矩阵微积分的一种简便方法 (尽管 Jordan 标准形不是矩阵计算的实用方法). 然而矩阵的 Jordan 标准形的存在性似乎尚未发现比较简单的证明. 通常的证明方法是利用线性变换的广义特征子空间 (也称为根子空间), 或者利用 λ-矩阵, 但二者均需要一定的篇幅, 且涉及的内容多少偏离了矩阵理论的主线, 因此本书将这两种方法编成系列习题, 而在正文中采用参考文献 [2] 的直接计算法, 通过分块 Schur 三角化定理导出严格上三角矩阵的 Jordan 标准形, 从而给出任意矩阵的 Jordan 标准形的存在性与唯一性. 本章还包括了特征值估计的简单而有效的著名方法:"盖尔圆盘定理". 本章最后介绍了特征值与特征向量在统计学和经济学中的两个著名应用, 即主元分析法和商品定价.

第四章"正规矩阵与矩阵的分解"从介绍"好矩阵"入手, 因为任何方阵都能够"酉三角化" (此即著名的 Schur 三角化定理), 因此可以"酉对角化"的矩阵才是"好矩阵", 这样的矩阵对应的线性变换就是旋转、伸缩、再反转. 由此可以给出矩阵分解的一种框架, 即使线性变换 $x \mapsto Ax$ 有较好的几何意义. 本章详细介绍了具有广泛应用的谱分解、LU分解、Cholesky分解、QR分解和奇异值分解. 希望读者能够仔细体会每种分解的几何意义, 因为这会对将来自觉应用矩阵分解的理论起到潜移默化的作用. 由于矩阵分解是应用最广的矩阵理论和方法, 我们在本章收集了较多的应用实例.

第五章"矩阵函数及其微积分", 是两种具有强大作用的理论及方法的结合, 可以看作是微积分理论对矩阵的应用，也可以看作是矩阵理论对高等数学或数学分析课程中微积分理论的推广（所以大多数矩阵理论教材将本章命名为“矩阵分析”）．研究微积分的基本工具是极限，这就需要将 $\mathbb{R}^n$ 中的欧氏距离推广到一般的矩阵空间，即“范数”．与线性空间和线性变换的理论一样，范数理论和方法是众多数学课程共同的基础，因此希望读者能够深入学习和体会．利用范数概念，可以和高等数学平行地讨论极限、连续性，以及矩阵函数的微积分学，特别是矩阵的级数理论．由于一元矩阵函数的微积分学实际上是高等数学中一元函数的微积分学，所以编者特别介绍了多元矩阵函数或函数矩阵的导数（可以说，这是真正意义上的矩阵微分学），高等数学中多元函数的梯度正是其原型．本章包含矩阵微积分的两个重要应用，即线性常微分方程（组）的解和线性系统的可控性与可测性．实际上矩阵微积分的应用随处可见，编者衷心希望读者能在自己的研究领域将这个强大的工具发挥到极致．

第六章即本书最后一章，“广义逆矩阵”是矩阵理论中比较现代的部分．利用广义逆矩阵，我们可以给出线性方程组的解或最优解的统一表达，因此广义逆矩阵仍然是矩阵理论研究的热点之一．我们详细挖掘了广义逆矩阵的两种来源（线性方程组和线性变换），分析了正交投影变换与广义逆矩阵之间的联系．广义逆矩阵的种类很多（至少有 15 种），我们介绍了其中研究较深入、理论较完整、应用较广泛的四种，即 Moore-Penrose 广义逆，$\{1\}$-逆以及在解线性方程组中有重要应用的 $\{1,3\}$-逆和 $\{1,4\}$-逆．编者用了一定篇幅介绍线性变换的平行概念，希望读者体会如何将一个新概念或新观点作深入理解后充分地加以发挥和利用．

我校曾在“矩阵分析”课程中安排了一定学时用于非负矩阵的教学，考虑到“矩阵理论”的学时有限，编者仅将这个领域的精彩片段以应用的形式分散在一些章节．编者非常愿意推荐这个具有丰富内涵的有趣领域给广大读者．

第二章第五节“张量积与商空间：构造新线性空间”与第五章第五节“自变量为矩阵的函数的导数及应用”较难，常见的矩阵理论教材较少涉及，故用 * 将其标出，但编者认为这些内容是通往较高水平的必要部分．

本书中出现的定义、定理、引理、命题、例题和示意图等均按章节次序编号（比如定理 2.3.2 表示第二章第三节第二个定理）；每章的习题基本按照该章内容顺序编排，因此难易程度未必是递增的，但较难习题均有所提示．

本书附录为我校 2009—2010 学年的“矩阵理论”考试题（不含答案），希望能为读者检验学习效果提供些许便利．

书末的汉英名词索引提供了本书出现过的术语的汉字词条和相应的（一种）英文对照，按词条文字拼音音序排列（以数字开头的词条归入“其他”），以方便读者查阅．

目　　录

主要符号表

注意, 我们有时使用同一个符号表示不同概念, 如 A^i 既表示 A 的 i 次方, 也表示 A 的第 i 行, 0 既表示数字 0, 又表示矩阵 $\mathbf{0}$, 也表示零线性空间或零线性变换.

$\mathbb{R}$,	实数域
$\mathbb{C}$,	复数域
$\mathbb{Q}$,	有理数域
$\mathbb{Z}$,	整数 (环)
$\mathbb{N}$	自然数集
i	虚数单位 $\sqrt{-1}$
$\mathrm{Re}(\lambda)$	复数 λ 的实部
$\mathrm{Im}(\lambda)$	复数 λ 的虚部
$\bar{\lambda}$	复数 λ 的共轭
$\iff$	充分必要条件
$\forall$	对所有 (任意)
$\exists$	存在有
$\square$	证毕
$\partial f(x)$	多项式 $f(x)$ 的次数
A^{-1}	矩阵 A 的逆矩阵
$A^{\dagger}$	矩阵 A 的 Moore-Penrose 广义逆矩阵
A^i	矩阵 A 的 i 次方或矩阵 $\boldsymbol{A}$ 的第 i 行
A_j	矩阵 A 的第 j 列
$A^{(i,j)}$	矩阵 A 的 $\{i,j\}$ 广义逆
$\mathrm{vec}(A)$	矩阵 A 的列展开
$\mathrm{rvec}(A)$	矩阵 A 的行展开
A^{T}	矩阵 (或向量)A 的转置
A^*	矩阵 (或向量)A 的共轭转置
$A > 0$	矩阵 A 为正定矩阵或 A 为正矩阵 (即 A 的所有元素均大于零)
$A \geqslant 0$	矩阵 A 为半正定矩阵或 A 为非负矩阵 (即 $\boldsymbol{A}$ 的所有元素均非负)
$A \otimes B$	矩阵 A 与 B 的张量积 (也称为 Kronecker 积)
$\mathrm{adj}\,A$	矩阵 A 的伴随矩阵

$r(A)$	矩阵 A 的秩
$\operatorname{tr} A$	矩阵 A 的迹
$\sigma(A)$	矩阵 A 的谱
$\rho(A)$	矩阵 A 的谱半径
$\vert\vert\vert A\vert\vert\vert$	矩阵 A 的范数
$\Vert A\Vert_1$, $\Vert A\Vert_2$, $\Vert A\Vert_\infty$	矩阵 A 的 $l_p(p=1,2,\infty)$ 范数
$\vert A\vert$	复数 A 的模或矩阵 A 的行列式 (偶尔也表示 A 的绝对值矩阵) 或集合 A 的元数
C_n^r	从 n 个不同元素中取出 r 个元素的组合数
$d_k(\lambda)$	矩阵的 k 阶不变因子
δ_{ij}	Kronecker 符号, 即 $\delta_{ij}=1$, 如果 $i=j$; $\delta_{ij}=0$, 如果 $i\neq j$
$\operatorname{diag}(\lambda_1,\cdots,\lambda_n)$	对角线元为 $\lambda_1,\cdots,\lambda_n$ 的对角矩阵
e_i^{T}	$(0,\cdots,0,1,0,\cdots,0)$ 第 i 个分量为 1 的基本行向量
e_j	$(0,\cdots,0,1,0,\cdots,0)^{\mathrm{T}}$ 第 j 个分量为 1 的基本列向量
E_{ij}	在 (i,j) 处为 1 其余位置为零的矩阵
H_A	矩阵 A 的 Hermite 标准形
I, I_m	单位矩阵, m 阶单位矩阵
J	矩阵的 Jordan 标准形
$J_k(\lambda)$	对角线为 λ 的 k 阶标准 Jordan 块
$N(A)$	矩阵 A 的零空间
$N(A^{\mathrm{T}})$	矩阵 A 的左零空间 (矩阵 A^* 的零空间)
$R(A)$	矩阵 A 的列空间 (像空间)
$R(A^{\mathrm{T}})$	矩阵 A 的行空间 (矩阵 A^* 的像空间)
(x,y)	向量 x 与向量 y 的内积
$x\perp y$	向量 x 与向量 y 正交 (垂直)
$\mathbb{R}^n$	实数域上 n 维有序数组构成的线性空间
$\mathbb{C}^n$	复数域上 n 维有序数组构成的线性空间
$\mathbb{F}^n$	数域 $\mathbb{F}$ 上 n 维有序数组构成的线性空间
M_n, $M_n(\mathbb{F})$	数域 $\mathbb{F}$ 上 n 阶方阵全体构成的线性空间
$\mathbb{R}^{m\times n}$	全体 $m\times n$ 阶实矩阵构成的线性空间
$\mathbb{C}^{m\times n}$	全体 $m\times n$ 阶复矩阵构成的线性空间
$\mathbb{F}^{m\times n}$	数域 $\mathbb{F}$ 上全体 $m\times n$ 阶矩阵构成的线性空间
$C[a,b]$	区间 $[a,b]$ 上全体实变量连续函数构成的线性空间
$\operatorname{span}\{\alpha_1,\cdots,a_k\}$	由向量 $\alpha_1,\cdots,\alpha_k$ 生成的子空间, 有时也记为 $[\alpha_1,\cdots,\alpha_k]$
$U\oplus W$	子空间 (或矩阵)U 与 W 的直和

$\sum_{i=1}^{s} \oplus U_i$	子空间 (或矩阵)$U_1, \cdots, U_s$ 的直和
V/U	线性空间 V 关于子空间 U 的商空间
1_V	线性空间 V 上的恒等变换 (单位变换)
0_V	线性空间 V 上的零变换
$\dim V$	线性空间 V 的维数
$r(\sigma)$	线性变换 σ 的秩
$\eta(\sigma)$	线性变换 σ 的零度
σ^*	线性变换 σ 的伴随变换
$\mathrm{Im}\,(\sigma)$	线性变换 σ 的像空间
$\mathrm{Ker}\,(\sigma)$	线性变换 σ 的核空间
$\mathrm{Hom}(V, W)$	由线性空间 V 到 W 的线性变换全体构成的集合
V^*	线性空间 V 的对偶空间
$\mathrm{End}\, V$	由线性空间 V 到自身的线性变换全体构成的集合
$W^\perp$	子空间 W 的正交补
V_λ	由对应于特征值 λ 的特征向量生成的特征子空间
P_U	子空间 U 上的正交投影变换 (矩阵)
$\mathrm{Proj}_U \alpha$	向量 α 在子空间或向量 U 上的投影向量
$\sigma\vert_U$	线性变换 σ 在子空间 U 上的限制
$\sum_{i=1}^{s} \oplus \sigma_i$	线性变换 $\sigma_1, \cdots, \sigma_s$ 的直和
$U \otimes V$	线性空间 U 与 V 的张量积
$\sigma \otimes \tau$	线性变换 σ 与 τ 的张量积
$\mathrm{E}\{x\}$	随机变量 x 的数学期望
E_x	特征值 x 的广义特征子空间或随机变量 x 的能量

第一章　线性代数概要与提高

引言　线性代数是什么

除非特别说明, 本书的讨论均假定是在复数域 $\mathbb{C}$ 的某子域 $\mathbb{F}$ 上进行的. 但读者容易看出, 大部分内容实际上并不需要“除法”运算甚至不需要限定在复数域内讨论, 因此这些内容可以不加任何修饰地移植到没有“除法”的 $\mathbb{C}$ 的适当子集上, 比如整数集合 $\mathbb{Z}$ 或者其他的系统, 比如有限域$\mathbb{F}_q$, 其中 $q=p^m$,p 是素数 (在编码、密码、通信等领域, 有限域甚至比复数域 $\mathbb{C}$ 更加重要, 实际上, 许多计算机软件系统并不处理任意实数或复数, 而是代之以某个较大的有限域 $\mathbb{F}_q$).

本章概括了后续章节要用到的线性代数的基本知识, 也引入了一些简单而自然的概念, 如满秩分解、矩阵的谱, 以及线性空间的构造等. 除了利用分块初等矩阵证明了 **Sylvester**① **不等式** 以及矩阵对角化的主定理外, 其余结论均不加证明或仅略加提示, 请参看文献 [18].

本科阶段的线性代数课程讨论两个相关问题：一个是引入矩阵来解线性方程组, 另一个是利用线性方程组来研究矩阵.

解线性方程组是线性代数课程的初等部分. 首先, 矩阵的引入给了线性方程组两种简洁的表达, 即 $Ax=b$(称为矩阵形式); 矩阵也给了**二次型**

$$f(x)=f(x_1,x_2,\cdots,x_n)=\sum_{i,j=1}^{n}a_{ij}x_ix_j$$

一个简洁的表达, 即 $f(x)=x^{\mathrm{T}}Ax$. 因此线性方程组解的存在性取决于系数矩阵 A 与增广矩阵 (A,b) 的秩相等与否. 其次, 利用矩阵的运算, 还可以将线性方程组 $Ax=b$ 再次改写为向量形式

$$x_1\alpha_1+x_2\alpha_2+\cdots+x_n\alpha_n=b.$$

可以看出, 线性方程组的解实际上是向量 b 关于 A 的列 $\alpha_1,\cdots,\alpha_n$ 的组合系数. 最后, 通过研究齐次线性方程组 $Ax=0$ 的解的结构, 可以知道任意解均可表为任一基础解系的线性组合, 而 $Ax=b$ 如果有解, 则可将其化为相应的齐次线性方程组.

矩阵运算的难点在于其“乘法”. 理解 n 阶方阵 A 的高次幂 A^m 是理解矩阵乘法的关键, 也是理解和化简二次型的关键. 利用特征值与特征向量, 一些矩阵可以化

① James Joseph Sylvester(1814—1897), 英国数学家, 著名护士 F. Nightingale (南丁格尔)的老师, 是 19 世纪后半叶美国最著名的数学家, 美国历史最悠久的著名数学期刊 *American Journal of Mathematics* 的创始人, 去世前为英国牛津大学教授.

为对角形, 即存在可逆矩阵P, 使得 $P^{-1}AP = D = \mathrm{diag}\,(\lambda_1, \lambda_2, \cdots, \lambda_n)$, 因此

$$A^m = PD^mP^{-1} = P\mathrm{diag}\,(\lambda_1^m, \lambda_2^m, \cdots, \lambda_n^m)P^{-1}.$$

特别地, 实对称矩阵可以正交对角化, 即存在正交矩阵Q, 使得

$$Q^{-1}AQ = Q^{\mathrm{T}}AQ = \mathrm{diag}\,(\lambda_1, \lambda_2, \cdots, \lambda_n).$$

于是利用坐标变换 $x = Qy$ 即可将实二次型 $f(x) = x^{\mathrm{T}}Ax$ 化为标准型

$$f = \lambda_1 y_1^2 + \lambda_2 y_2^2 + \cdots + \lambda_n y_n^2.$$

本章即是上述两条主线的总结与提高.

第一节 矩阵乘法与分块矩阵

设 m, n 是正整数. 数域 $\mathbb{F}$ 上 $m \times n$ 矩阵 (也称为 m 行 n 列矩阵, $m \times n$ 阶矩阵, $m \times n$ 型矩阵等) 全体记为 $\mathbb{F}^{m\times n}$, 其中零矩阵记为$\mathbf{0}$. 全体 n 阶方阵构成的集合记为 $M_n(\mathbb{F})$ 或 $\mathbb{F}^{n\times n}$, 其中单位矩阵记为 I_n 或 I(线性代数课程中多用 E). 设矩阵 $A = (a_{ij}) \in \mathbb{F}^{m\times n}$, 将 A 的每个元素改为其共轭元素所得的矩阵称为 A 的共轭矩阵, 记为 $\bar{A}$, 即 $\bar{A} = (\bar{a}_{ij})_{m\times n}$. 显然, A 的**共轭转置**矩阵等于它的转置共轭矩阵, $(\bar{A})^{\mathrm{T}} = \overline{(A^{\mathrm{T}})}$, 记为 $A^* = \bar{A}^{\mathrm{T}}$(也常用 A^{H}, 其中的 H 是 Hermite ① 的首字母).

第 i 行第 j 列元素为 1, 其余元素均为 0 的 $m\times n$ 矩阵称为**基本矩阵**, 记为 E_{ij} , $1 \leqslant i \leqslant m$, $1 \leqslant j \leqslant n$. 借助于这些矩阵, 任意 $m \times n$ 矩阵 $A = (a_{ij})$ 均能唯一地表示成

$$\begin{aligned} A &= \begin{pmatrix} a_{11} & a_{12} & \cdots & a_{1n} \\ a_{21} & a_{22} & \cdots & a_{2n} \\ \vdots & \vdots & & \vdots \\ a_{m1} & a_{m2} & \cdots & a_{mn} \end{pmatrix} \\ &= a_{11}E_{11} + \cdots + a_{1n}E_{1n} + \cdots + a_{m1}E_{m1} + \cdots + a_{mn}E_{mn} \\ &= \sum_{i=1}^{m}\sum_{j=1}^{n} a_{ij}E_{ij}. \end{aligned}$$

因为

$$E_{ij}E_{kl} = \delta_{jk}E_{il}, \quad 1 \leqslant i \leqslant m, 1 \leqslant j, k \leqslant p, 1 \leqslant l \leqslant n,$$

① Charles Hermite(1822—1901), 法国著名数学家与数学教育家, 其最著名的学生是法国历史上最伟大的数学家 Henri Poincaré (也是著名的物理学家和哲学家). 他第一个证明了自然对数的底 e 是超越数, 德国数学家 Carl Louis Ferdinand von Lindemann 利用同样的方法证明了圆周率 π 是超越数.

其中,

$$\delta_{jk}=\begin{cases}1, & \text{如果 } j=k,\\ 0, & \text{其他}\end{cases}$$

是 Kronecker[①] 符号. 于是矩阵的乘法可表为

$$\begin{aligned}AB&=\left(\sum_{i=1}^{m}\sum_{j=1}^{p}a_{ij}E_{ij}\right)\left(\sum_{i=1}^{p}\sum_{j=1}^{n}b_{ij}E_{ij}\right)\\&=\sum_{i,j,k,l}(a_{ij}E_{ij})(b_{kl}E_{kl})=\sum_{i,j,k,l}(a_{ij}b_{kl})(E_{ij}E_{kl})\\&=\sum_{i,j,k,l}(a_{ij}b_{kl})(\delta_{jk}E_{il})=\sum_{i,j,k,l}(\delta_{jk}a_{ij}b_{kl})E_{il}\\&=\sum_{i=1}^{m}\sum_{j=1}^{n}(\sum_{k=1}^{p}a_{ik}b_{kj})E_{ij},\end{aligned}$$

即乘积 AB 的第 i 行第 j 列的元素等于 $\sum\limits_{k=1}^{p}a_{ik}b_{kj}$, 这正是矩阵乘法的"左行右列"规则, 是按每个"元素"来做"乘法"运算, 从中可以看出该"乘法"实际上不是通常的数字乘法, 而是数字乘法与加法的混合体.

矩阵乘法还可以按照"行向量"与"列向量"来进行. 设 A 是 $m\times n$ 矩阵, 分别以 A_j, A^i 表示 A 的第 j 列和第 i 行, 则有

$$\begin{aligned}A\begin{pmatrix}x_1\\x_2\\\vdots\\x_n\end{pmatrix}&=\begin{pmatrix}a_{11}&a_{12}&\cdots&a_{1n}\\a_{21}&a_{22}&\cdots&a_{2n}\\\vdots&\vdots&&\vdots\\a_{m1}&a_{m2}&\cdots&a_{mn}\end{pmatrix}\begin{pmatrix}x_1\\x_2\\\vdots\\x_n\end{pmatrix}\\&=\begin{pmatrix}a_{11}x_1+a_{12}x_2+\cdots+a_{1n}x_n\\a_{21}x_1+a_{22}x_2+\cdots+a_{2n}x_n\\\vdots\\a_{m1}x_1+a_{m2}x_2+\cdots+a_{mn}x_n\end{pmatrix}\\&=x_1\begin{pmatrix}a_{11}\\a_{21}\\\vdots\\a_{m1}\end{pmatrix}+x_2\begin{pmatrix}a_{12}\\a_{22}\\\vdots\\a_{m2}\end{pmatrix}+\cdots+x_n\begin{pmatrix}a_{1n}\\a_{2n}\\\vdots\\a_{mn}\end{pmatrix}\end{aligned}$$

---

① Leopold Kronecker(1823—1891) 是德国著名数学家、逻辑学家, 其名言: God made the integers; all else is the work of man. 此处的符号是最著名的数学符号之一, 被称为 Kronecker delta.

$$= x_1A_1 + x_2A_2 + \cdots + x_nA_n.$$

因此, 矩阵乘一个列向量等于该矩阵所有列的线性组合, 组合系数即是该列向量的对应元素. 同理, 一个行向量左乘一个矩阵等于该矩阵所有行的线性组合, 组合系数即是该行向量的对应元素, 即有

$$(y_1\ y_2\ \cdots\ y_m)\begin{pmatrix} a_{11} & a_{12} & \cdots & a_{1n} \\ a_{21} & a_{22} & \cdots & a_{2n} \\ \cdots & \cdots & \cdots & \cdots \\ a_{m1} & a_{m2} & \cdots & a_{mn} \end{pmatrix} = y_1A^1 + y_2A^2 + \cdots + y_mA^m.$$

于是两个矩阵的乘积 $C = AB$ 的行向量与列向量的结构为 (这实际上是优化的计算机算法):

$$C_j = AB_j, \quad C^i = A^iB.$$

即矩阵 AB 的第 j 列是 A 的列向量的线性组合, 组合系数恰为矩阵 B 的第 j 列的相应元素; AB 的第 i 行是 B 的行向量的线性组合, 组合系数恰为矩阵 A 的第 i 行的相应元素. 特别地, 用 e_j 表示第 j 个**基本列向量**(第 j 个元素为 1 其余元素均为 0), 则 $Ae_j = A_j$, $e_i^{\mathrm{T}}A = A^i$ 以及 $E_{ij} = e_ie_j^{\mathrm{T}}$(此处默认 e_i 与 e_j^{T} 有合适的行数与列数).

例 1.1.1　(矩阵乘法的行列结构)

(1) $\begin{pmatrix} 0 & 0 & x \\ 0 & y & 0 \\ z & 0 & 0 \end{pmatrix}\begin{pmatrix} a_{11} & a_{12} & a_{13} \\ a_{21} & a_{22} & a_{23} \\ a_{31} & a_{32} & a_{33} \end{pmatrix} = \begin{pmatrix} xa_{31} & xa_{32} & xa_{33} \\ ya_{21} & ya_{22} & ya_{23} \\ za_{11} & za_{12} & za_{13} \end{pmatrix}$ (行结构);

(2) $\begin{pmatrix} a_{11} & a_{12} & a_{13} \\ a_{21} & a_{22} & a_{23} \\ a_{31} & a_{32} & a_{33} \end{pmatrix}\begin{pmatrix} 0 & 0 & 0 \\ x & y & 0 \\ 0 & 1 & z \end{pmatrix} = \begin{pmatrix} xa_{12} & ya_{12}+a_{13} & za_{13} \\ xa_{22} & ya_{22}+a_{23} & za_{23} \\ xa_{32} & ya_{32}+a_{33} & za_{33} \end{pmatrix}$ (列结构).

例 1.1.2 ($AB = 0$ 的意义)　若 $AB = 0$, 则 $AB_j = 0$, 故 B 的每个列向量都是齐次线性方程组 $Ax = 0$ 的解向量 (特别地, 若 A 是方阵, 则 B 的每个非零列向量都是 A 的属于特征值 0 的特征向量). 同理, 由于 $A^iB = 0$, 故 A 的每个行向量都是齐次线性方程组 $y^{\mathrm{T}}B = 0$ 的解向量或 $B^{\mathrm{T}}y = 0$ 的解向量的转置.

例 1.1.3 (线性方程组的分类)　如果一个线性方程组有解, 则称它是相容方程组; 否则就称其为矛盾方程组. 方程组 $Ax = b$ 有解 $\Longleftrightarrow$ b 是系数矩阵 A 的列的线性组合 $\Longleftrightarrow$ $r(A) = r(A, b)$, 即系数矩阵的秩等于增广矩阵的秩. 特别地, 齐次线性方程组 $Ax = 0$ 有非零解 $\Longleftrightarrow$ A 的列向量线性相关; 有唯一解 (即零解)$\Longleftrightarrow$ A 的列向量线性无关.

设 A 是 n 阶方阵, $f(x) = a_0 + a_1x + \cdots + a_mx^m$ 是 $\mathbb{F}$ 上的一个多项式, 称 n 阶

方阵

$$a_0I+a_1A+\cdots+a_mA^m$$

为 A 的多项式, 记为 $f(A)$. 易知, 同一方阵的两个多项式是可以交换的, 即若

$$f(x)=a_0+a_1x+\cdots+a_mx^m,\ g(x)=b_0+b_1x+\cdots+b_lx^l,$$

则 $f(A)g(A)=g(A)f(A)$.

n 阶方阵 $A=(a_{ij})$ 的行列式记为 $|A|$ (另一个通用记号是 $\det A$), 它具有性质 $|AB|=|A|\,|B|$. 方阵 A 的迹 $\operatorname{tr} A$ 是 A 的对角线元素之和 $\sum\limits_{i=1}^{n}a_{ii}$. 矩阵的迹具有下列基本性质:

命题 1.1.1 设 $A=(a_{ij})$, B 均为 n 阶方阵, λ 是数, 则

(1) $\operatorname{tr}(A+B)=\operatorname{tr}A+\operatorname{tr}B$;

(2) $\operatorname{tr}(\lambda A)=\lambda(\operatorname{tr}A)$;

(3) $\operatorname{tr}(AB)=\operatorname{tr}(BA)$ (此仅需 A, B 分别为 $m\times n$ 和 $n\times m$ 矩阵即可);

(4) $\operatorname{tr}A^{\mathrm{T}}=\operatorname{tr}A$;

(5) $\operatorname{tr}(AA^*)=\sum\limits_{i,j=1}^{n}|a_{ij}|^2$. 特别地, $\operatorname{tr}(AA^*)=0\Longleftrightarrow A=0$.

其中, 性质 (5) 是因为 AA^* 的第 j 个对角线元素为 $\sum\limits_{k=1}^{n}|a_{jk}|^2$, 即 A 的第 j 行作为 n 维向量的长度的平方.

与矩阵密切相关的另一个数字是**矩阵的秩**. 矩阵 A 的所有不为零的子式的最高阶数称为矩阵 A 的秩, 记为 $r(A)$. 约定零矩阵的秩是 0.

对任意 n 阶方阵 $A=(a_{ij})$, 去掉第 i 行第 j 列后所剩余的 $n-1$ 阶方阵的行列式称为元素 a_{ij} 的**余子式**, 记为 M_{ij}. 而 $(-1)^{i+j}M_{ij}$ 称为元素 a_{ij} 的**代数余子式**, 记为 A_{ij}. n 阶方阵

$$\begin{pmatrix} A_{11} & A_{21} & \cdots & A_{n1}\\ A_{12} & A_{22} & \cdots & A_{n2}\\ \vdots & \vdots & & \vdots\\ A_{1n} & A_{2n} & \cdots & A_{nn}\end{pmatrix}$$

称为方阵 A 的**伴随矩阵**, 记为 $\operatorname{adj}A$(如果仅在实数域范围内讨论, 则常用符号 A^*). 伴随矩阵的重要性由下式体现:

$$A(\operatorname{adj}A)=(\operatorname{adj}A)A=|A|I. \tag{1.1.1}$$

对 n 阶方阵而言, "秩为 n" (也称为"**满秩**"), "**非奇异**"与"**可逆**"是等价的三个概念. 可逆矩阵的逆矩阵是唯一的, 记为 A^{-1}. 逆矩阵具有下述性质:

命题 1.1.2　(1) $A^{-1}=\dfrac{1}{|A|}\operatorname{adj}A$;

(2) $(A^{-1})^{-1}=A$;

(3) $(A^{\mathrm{T}})^{-1}=(A^{-1})^{\mathrm{T}}$;

(4) $(AB)^{-1}=B^{-1}A^{-1}$;

(5) 若数 $\lambda\neq 0$, 则 $(\lambda A)^{-1}=\lambda^{-1}A^{-1}$;

(6) $|A^{-1}|=|A|^{-1}$;

(7) 设 A 是 $m\times n$ 矩阵, P 是 m 阶可逆方阵, Q 是 n 阶可逆方阵. 则

$$r(A)=r(PA)=r(AQ)=r(PAQ),$$

即可逆矩阵与任何矩阵乘积的秩等于该矩阵的秩.

矩阵秩的另一个极端是 1. 一个非零矩阵 A 的秩为 $1\Longleftrightarrow A$ 是一个非零列矩阵与一个非零行矩阵的乘积, 即存在列向量 α,β, 使得 $A=\alpha\beta^{\mathrm{T}}$. 因此秩为 1 的方阵的高次幂可计算如下:

$$A^m=(\alpha\beta^{\mathrm{T}})^m=(\beta^{\mathrm{T}}\alpha)^{m-1}\alpha\beta^{\mathrm{T}}=(\beta^{\mathrm{T}}\alpha)^{m-1}A.$$

(注意上式中 $\beta^{\mathrm{T}}\alpha$ 是数.)

对矩阵的和与乘积的秩的估计由下述不等式给出:

定理 1.1.1　(1) $r(A+B)\leqslant r(A)+r(B)$;

(2) (Sylvester 不等式) 设 A,B 分别为 $m\times p$, $p\times n$ 矩阵. 则

$$r(A)+r(B)-p\leqslant r(AB)\leqslant\min\{r(A),r(B)\}. \tag{1.1.2}$$

定理 1.1.1(1) 中的不等式和 (2) 中右边的不等式都容易用矩阵的和与乘积的行列结构来证明, 但 (2) 中左边的不等式有更好的办法, 即利用分块矩阵.

分块初等矩阵是由分块单位矩阵经过一次行 (或列) 初等变换得到的. 它们的作用与普通初等矩阵一样, 即设 P 是一个初等分块矩阵, A 是一个适当分块的分块矩阵, 则 PA 等于对 A 的行作与 P 匹配的初等变换. 类似地, 用一个初等分块矩阵 Q 右乘 A 则是对 A 的列作与 Q 匹配的初等变换.

现考虑下面的矩阵等式

$$\begin{pmatrix} I_m & A\\ \mathbf{0} & I_p\end{pmatrix}\begin{pmatrix} AB & \mathbf{0}\\ \mathbf{0} & I_p\end{pmatrix}\begin{pmatrix} I_n & \mathbf{0}\\ -B & I_p\end{pmatrix}=\begin{pmatrix} \mathbf{0} & A\\ -B & I_p\end{pmatrix}.$$

右端的矩阵的秩显然不小于

$$r\begin{pmatrix} \mathbf{0} & A\\ -B & \mathbf{0}\end{pmatrix}=r(A)+r(B),$$

而左端矩阵的秩恰好是 $r(AB)+p$, Sylvester 不等式得证.

分块对角矩阵是分块矩阵的最简形式, 它们有一种非常简洁的记法, 即

$$\begin{pmatrix} A_1 & & & \\ & A_2 & & \\ & & \ddots & \\ & & & A_s \end{pmatrix} = A_1 \oplus A_2 \oplus \cdots \oplus A_s = \sum_{i=1}^{s} \oplus A_i,$$

这种表示称为矩阵的**直和**, 每个子矩阵 A_i 称为一个直和项.

例 1.1.4 (分块对角矩阵乘分块矩阵)　设 $A = A_1 \oplus A_2\,, B = \begin{pmatrix} B_{11} & B_{12} \\ B_{21} & B_{22} \end{pmatrix}$, 则

$$AB = \begin{pmatrix} A_1B_{11} & A_1B_{12} \\ A_2B_{21} & A_2B_{22} \end{pmatrix}, \quad BA = \begin{pmatrix} B_{11}A_1 & B_{12}A_2 \\ B_{21}A_1 & B_{22}A_2 \end{pmatrix}.$$

例 1.1.4 显然可以推广到任意有限多直和项的情形, 它实际上是对角矩阵与一般矩阵乘积的推广 (请注意其中的"左行右列"规则):

$$\begin{pmatrix} \lambda_1 & \\ & \lambda_2 \end{pmatrix} \begin{pmatrix} a_{11} & a_{12} \\ a_{21} & a_{22} \end{pmatrix} = \begin{pmatrix} \lambda_1 a_{11} & \lambda_1 a_{12} \\ \lambda_2 a_{21} & \lambda_2 a_{22} \end{pmatrix},$$

$$\begin{pmatrix} a_{11} & a_{12} \\ a_{21} & a_{22} \end{pmatrix} \begin{pmatrix} \lambda_1 & \\ & \lambda_2 \end{pmatrix} = \begin{pmatrix} \lambda_1 a_{11} & \lambda_2 a_{12} \\ \lambda_1 a_{21} & \lambda_2 a_{22} \end{pmatrix}.$$

分块矩阵是研究矩阵的强有力工具, 值得多加学习.

思　考　题

1. 秩为 0 的 n 阶矩阵只有 1 个. 秩为 1 的矩阵与秩为 2 的矩阵是否可以比较多少?

2. 当 $n \geqslant 2$ 时, n 阶可逆矩阵与不可逆矩阵都是无限的. 是否存在某种方式可以比较它们的多少?

3. 试给出矩阵秩的一种直观意义.

第二节　线性方程组与 n 维线性空间 $\mathbb{F}^n$

如果线性方程组 $Ax=b$ 有解 x_0, 则 $b = Ax_0$, 从而原方程组可化为 $A(x-x_0)=0$, 因此解线性方程组的根本在于解齐次线性方程组.

定理 1.2.1 ($Ax=0$ 的解的结构)　设 α, β 是 $Ax=0$ 的两个解向量, $\lambda \in \mathbb{F}$, 则

(1) $\alpha+\beta$ 也是 $Ax=0$ 的解;

(2) $\lambda\alpha$ 也是 $Ax=0$ 的解.

由此定理知齐次线性方程组的任意有限个解 $\alpha_1, \alpha_2, \cdots, \alpha_s$ 的线性组合

$$k_1\alpha_1 + k_2\alpha_2 + \cdots + k_s\alpha_s$$

也是解, 因此最好可以找到能够表示所有解的一组向量, 这就是极大线性无关组. 为此, 需要**线性无关**的概念.

定义 1.2.1 (线性无关与线性相关)　设 $S=\{\alpha_1,\alpha_2,\cdots,\alpha_s\}$ 是 $\mathbb{F}^n$ 的一组向量, 如果线性方程组 $x_1\alpha_1+x_2\alpha_2+\cdots+x_s\alpha_s=0$ 仅有零解, 则称向量组 S 是线性无关的, 否则就称 S 是**线性相关**的.

定义 1.2.2 (极大线性无关组)　设 $S=\{\alpha_1,\alpha_2,\cdots,\alpha_s,\cdots\}$ 是 $\mathbb{F}^n$ 的一组向量 (有限或无限), 设其中部分向量 $M=\{\alpha_{i_1},\alpha_{i_2},\cdots,\alpha_{i_r}\}$ 满足下列条件:

(1) M 线性无关;

(2) S 中任何向量均能由 M 线性表示.

则称 M 是 S 的一个**极大线性无关组**. 特别地, 齐次线性方程组 $Ax=0$ 的解集的一个极大线性无关组称为该方程组的一个**基础解系**.

向量组的极大线性无关组可能不唯一 (何时唯一?), 但每个极大线性无关组包含的向量个数均相同, 称为该向量组的秩. 矩阵的列向量组与行向量组的秩分别称为该矩阵的**列秩与行秩**, 它们与该矩阵的秩相等.

定理 1.2.2 (齐次线性方程组的基本定理)　齐次线性方程组 $A_{m\times n}x=0$ 的任何一个基础解系恰含 $n-r(A)$ 个解向量, 它的全体解为

$$x=c_1\alpha_1+c_2\alpha_2+\cdots+c_{n-r}\alpha_{n-r},$$

其中, $c_1,c_2,\cdots,c_{n-r}$ 是任意常数, $\alpha_1,\alpha_2,\cdots,\alpha_{n-r}$ 是该方程组的一个基础解系.

定理 1.2.3 (线性方程组的基本定理)　设线性方程组 $A_{m\times n}x=b$ 有解, 则它的全体解为

$$x=x_0+c_1\alpha_1+c_2\alpha_2+\cdots+c_{n-r}\alpha_{n-r},$$

其中, x_0 是其任意一个解 (称为**特解**), $c_1,c_2,\cdots,c_{n-r}$ 是任意常数, $\alpha_1,\alpha_2,\cdots,\alpha_{n-r}$ 是 $Ax=0$ 的一个基础解系.

当系数矩阵 $A=0$ 时, 齐次线性方程组 $Ax=0$ 的解是整个 $\mathbb{F}^n$, 它是二维平面或三维空间的自然推广, 因此称为 n 维线性空间或向量空间. 此时的基础解系称为该线性空间的**基**, 一组基包含的向量个数称为该线性空间的**维数**, 比如标准单位向量 $e_1,\cdots,e_n$ 构成 $\mathbb{F}^n$ 的一组基, 因此 $\mathbb{F}^n$ 的维数是 n. 设 $\alpha_1,\alpha_2,\cdots,\alpha_n$ 是 $\mathbb{F}^n$ 的一组基, 则 $\mathbb{F}^n$ 的任何向量 α 均可唯一地表示为

$$\alpha=x_1\alpha_1+x_2\alpha_2+\cdots+x_n\alpha_n,$$

有序数组 $(x_1,x_2,\cdots,x_n)$ 称为向量 α 在基 $\alpha_1,\alpha_2,\cdots,\alpha_n$ 下的**坐标**.

一般地, 齐次线性方程组 $Ax=0$ 的解集是 $\mathbb{F}^n$ 的关于向量加法与向量数乘两种运算均封闭的特殊子集合, 称为 $\mathbb{F}^n$ 的**子空间**, 其维数为 $n-r(A)$. 值得指出的是, n 维线性空间 $\mathbb{F}^n$ 是一般抽象线性空间的原型, 对 $\mathbb{F}^n$ 的几乎所有研究方法和结果均可以不加改动地移植到任何一个线性空间中去, 这正是本章第四节的内容.

计算线性方程组的解和矩阵的秩等需要合适的办法, 这就是 Gauss① 消元法或初等变换. 初等变换可以通过下面的初等矩阵来实现:

(1) (重排变换) 交换第 i 行 (列) 与第 j 行 (列) 的初等矩阵为 $I - E_{ii} - E_{jj} + E_{ij} + E_{ji}$;

(2) (倍乘变换) 给第 i 行 (列) 乘以非零数 a 的初等矩阵为 $I + (a-1)E_{ii}$;

(3) (倍加变换) 将第 j 行 (第 i 列) 的 a 倍加到第 i 行 (第 j 列) 的初等矩阵为 $I + aE_{ij}$.

注: 初学者务必仔细写出以上三种初等矩阵的 n 阶形式, 并确实搞清其结构.

矩阵的一次行初等变换相当于左乘一个初等矩阵, 而矩阵的一次列初等变换相当于右乘一个初等矩阵. 比如, 设有按列分块矩阵 $A = (A_1, A_2, \cdots, A_n)$, 则

$$A(I + (a-1)E_{ii}) = A + (a-1)AE_{ii} = (A_1, \cdots, A_{i-1}, aA_i, A_{i+1}, \cdots, A_n),$$

此即是将 A 的第 i 列乘 a 而其余列均不变的矩阵.

Gauss 消元法或初等变换的基本目的是将任意一个矩阵通过适当的初等变换化成结构比较简单的另一个矩阵, 其中由行初等变换能够得到的最简形式称为该矩阵的 **Hermite 标准形** 或**简化行阶梯形**.

定义 1.2.3 (Hermite 标准形)　设 $m \times n$ 矩阵 H 的秩为 r 且满足以下条件:

(1) 它的非零行恰为前 r 行, 且这 r 行的第一个非零元 (称为该行的先导元素) 为 1;

(2) 非零行的先导元素的列标随行标严格递增, 即若设第 k 行的先导元素出现在第 j_k 列, 则 $j_1 < j_2 < \cdots < j_r$;

(3) 非零行的先导元素所在的列的其他位置的元素为零, 即第 j_k 列为标准单位列向量 e_k.

则称 H 是 Hermite 标准形或简化行阶梯形.

定理 1.2.4　任一矩阵 A 都可经过一系列行初等变换化为 Hermite 标准形 H_A, 且相应的线性方程组同解, 即若 $H_A = PA$, 则 $Ax = b$ 与 $H_A x = Pb$ 同解.

利用 Hermite 标准形可以得到矩阵的满秩分解, 其定义如下.

定义 1.2.4　设 $A \neq 0$. 如果列满秩矩阵 L 与行满秩矩阵 R 使得 $A = LR$, 则称 $A = LR$ 是 A 的一个满秩分解.

矩阵的满秩分解是不唯一的, 但矩阵 A 的满秩分解中的矩阵 L 与 R 的秩显然等于矩阵 A 的秩.

例 1.2.1　设 A 的秩为 r, 则存在可逆矩阵 P, Q, 使得

$$A = P\begin{pmatrix} I_r & 0 \\ 0 & 0 \end{pmatrix}Q = \left(P\begin{pmatrix} I_r \\ 0 \end{pmatrix}\right)\left(\begin{pmatrix} I_r & 0 \end{pmatrix}Q\right) \tag{1.2.1}$$

① Johann Carl Friedrich Gauss(1777—1855), 德国著名数学家, 史称"数学王子", 对数学的众多分支和相关领域, 如统计学、物理学、天文学、大地测量学、地理学以及电磁学等, 均做出了重要贡献.

注意 $P\begin{pmatrix} I_r \\ 0 \end{pmatrix}$ 是矩阵 P 的前 r 列构成的矩阵, 而 $\begin{pmatrix} I_r & 0 \end{pmatrix}Q$ 是矩阵 Q 的前 r 行构成的矩阵, 故它们分别是列满秩与行满秩的矩阵, 因此公式 (1.2.1) 给出矩阵 A 的一个满秩分解.

不过公式 (1.2.1) 给出的满秩分解需要记录变换矩阵 P 与 Q, 因此需要较大的计算量和较多的存储空间. 下面介绍一种不需要记录变换矩阵而只需要最后的 Hermite 标准形 H_A 的计算满秩分解的方法.

设矩阵 $A=(a_{ij})_{m\times n}$ 经过行初等变换化为 Hermite 标准形 H_A. 由 H_A 的定义, 可设

$$H_A=\begin{pmatrix} H_r \\ 0 \end{pmatrix},$$

其中, $r=r(A)$, H_r 为 $r\times n$ 的行满秩的 Hermite 标准形矩阵. 设 H_r 的第 k 行的先导元素所在的列标为 j_k, 则 $j_1<j_2<\cdots<j_r$, 且 H_r 的 $j_1, j_2, \cdots, j_r$ 列组成一个 r 阶单位矩阵, 故 A 的 $j_1, j_2, \cdots, j_r$ 列线性无关, 且

$$A=(A_{j_1}, A_{j_2}, \cdots, A_{j_r})H_r, \tag{1.2.2}$$

则公式 (1.2.2) 是 A 的一个满秩分解.

例 1.2.2 求下列矩阵的满秩分解:

$$A=\begin{pmatrix} 3 & -1 & 3 & 2 & 5 \\ 5 & -3 & 2 & 3 & 4 \\ 1 & -3 & -5 & 0 & -7 \\ 2 & -2 & -1 & 1 & -1 \end{pmatrix}.$$

解: 对 A 施行行初等变换, 化为 Hermite 标准形:

$$A=\begin{pmatrix} 3 & -1 & 3 & 2 & 5 \\ 5 & -3 & 2 & 3 & 4 \\ 1 & -3 & -5 & 0 & -7 \\ 2 & -2 & -1 & 1 & -1 \end{pmatrix} \to \begin{pmatrix} 0 & 8 & 18 & 2 & 26 \\ 0 & 12 & 27 & 3 & 39 \\ 1 & -3 & -5 & 0 & -7 \\ 0 & 4 & 9 & 1 & 13 \end{pmatrix}$$

$$\to \begin{pmatrix} 1 & -3 & -5 & 0 & -7 \\ 0 & 4 & 9 & 1 & 13 \\ 0 & 0 & 0 & 0 & 0 \\ 0 & 0 & 0 & 0 & 0 \end{pmatrix} \to \begin{pmatrix} 1 & -3 & -5 & 0 & -7 \\ 0 & 1 & \frac{9}{4} & \frac{1}{4} & \frac{13}{4} \\ 0 & 0 & 0 & 0 & 0 \\ 0 & 0 & 0 & 0 & 0 \end{pmatrix}$$

$$\to \begin{pmatrix} 1 & 0 & \frac{7}{4} & \frac{3}{4} & \frac{11}{4} \\ 0 & 1 & \frac{9}{4} & \frac{1}{4} & \frac{13}{4} \\ 0 & 0 & 0 & 0 & 0 \\ 0 & 0 & 0 & 0 & 0 \end{pmatrix} = H_A.$$

所以

$$A = \begin{pmatrix} 3 & -1 \\ 5 & -3 \\ 1 & -3 \\ 2 & -2 \end{pmatrix} \begin{pmatrix} 1 & 0 & \frac{7}{4} & \frac{3}{4} & \frac{11}{4} \\ 0 & 1 & \frac{9}{4} & \frac{1}{4} & \frac{13}{4} \end{pmatrix}.$$

满秩分解可以用来计算低秩方阵的高次幂 (另一应用是求矩阵的广义逆, 见第六章).

例 1.2.3 求矩阵 A 的满秩分解, 并求 $A^n (n \geqslant 1)$, 其中

$$A = \begin{pmatrix} -3 & 2 & -2 & 3 \\ -2 & 1 & -1 & 2 \\ -2 & 2 & -2 & 2 \\ -1 & 1 & -1 & 1 \end{pmatrix}.$$

解: 易知 A 的第一、第二列分别是第四、第三列的 -1 倍, 故 A 的满秩分解为

$$A = \begin{pmatrix} -3 & 2 \\ -2 & 1 \\ -2 & 2 \\ -1 & 1 \end{pmatrix} \begin{pmatrix} 1 & 0 & 0 & -1 \\ 0 & 1 & -1 & 0 \end{pmatrix} = LR.$$

于是, 当 $n \geqslant 1$ 时,

$$A^n = (LR)^n = L(RL)^{n-1}R = \begin{pmatrix} -3 & 2 \\ -2 & 1 \\ -2 & 2 \\ -1 & 1 \end{pmatrix} \begin{pmatrix} -2 & 1 \\ 0 & -1 \end{pmatrix}^{n-1} \begin{pmatrix} 1 & 0 & 0 & -1 \\ 0 & 1 & -1 & 0 \end{pmatrix}$$

$$= \begin{pmatrix} -3 & 2 \\ -2 & 1 \\ -2 & 2 \\ -1 & 1 \end{pmatrix} \begin{pmatrix} (-2)^{n-1} & (-1)^{n-1} - (-2)^{n-1} \\ 0 & (-1)^{n-1} \end{pmatrix} \begin{pmatrix} 1 & 0 & 0 & -1 \\ 0 & 1 & -1 & 0 \end{pmatrix}$$

$$= \begin{pmatrix} \frac{3}{2}(-2)^n & \frac{1}{2}[-3(-2)^n + 2(-1)^n] & \frac{1}{2}[3(-2)^n - 2(-1)^n] & -\frac{3}{2}(-2)^n \\ (-2)^n & (-2)^n - (-1)^n & -(-2)^n + (-1)^n & -(-2)^n \\ (-2)^n & -(-2)^n & (-2)^n & -(-2)^n \\ \frac{1}{2}(-2)^n & -\frac{1}{2}(-2)^n & \frac{1}{2}(-2)^n & -\frac{1}{2}(-2)^n \end{pmatrix}.$$

例 1.2.4　设 A 是秩为 1 的 n 阶方阵, 试求 $A^n (n \geqslant 1)$.

解: 设 $A = LR$ 为 A 的满秩分解, 其中 L, R 分别为列、行向量. 则 RL 为一阶方阵, 且 $RL = \mathrm{tr}(RL) = \mathrm{tr}(LR) = \mathrm{tr}\, A$. 从而当 $n \geqslant 1$ 时, 有

$$A^n = (LR)^n = L(RL)^{n-1}R = (\mathrm{tr}\, A)^{n-1}LR = (\mathrm{tr}\, A)^{n-1}A.$$

思 考 题

1. 齐次线性方程组的解的几何意义是什么? 非齐次线性方程组的解与其对应的齐次线性方程组的解的几何意义是什么?

2. 设 A 是 $m \times n$ 矩阵, b 是非零向量. 问: 线性方程组 $Ax = b$ 有解还是无解的可能性更大? 为什么?

3. 初等变换的几何意义是什么?

4. 试给出满秩分解的一种直观意义.

第三节　特征值与矩阵的相似对角化

例 1.2.4 表明利用满秩分解可以计算一些小秩矩阵的高次幂, 但该方法对于大秩特别是满秩矩阵无效, 因此我们需要更为普遍的方法, 这就是对角化方法. 确切地说, 设 A 是 n 阶复矩阵, 若存在对角矩阵 $D = \mathrm{diag}(\lambda_1, \lambda_2, \cdots, \lambda_n)$ 与可逆矩阵 $P = (\alpha_1, \alpha_2, \cdots, \alpha_n)$ 使得 $A = PDP^{-1}$, 则称 A 与 D 相似, 同时称 A 可以相似对角化或简称为可以对角化, 一般称矩阵 $P^{-1}AP$ 与矩阵 A 是相似的矩阵. 如此, 则有 $A^m = PD^mP^{-1}$, 因此 A 的任意高次幂可以较方便地求出. 由于 $AP = PD$, 故 $A\alpha_i = \lambda_i\alpha_i$, $1 \leqslant i \leqslant n$. 所以 α_i 是齐次线性方程组 $Ax = \lambda_i x$ 的非零解, 即数 λ_i 与非零向量 α_i 均满足齐次线性方程组

$$Ax = \lambda x. \tag{1.3.1}$$

因此方程组 (1.3.1) 的系数矩阵 $\lambda I - A$ 不可逆, 故每一个 λ_i 均是多项式方程

$$|\lambda I - A| = 0$$

的根, 称为 A 的特征值或特征根 (物理等学科多称为**本征值**), 复系数多项式 $|\lambda I-A|$ 称为 A 的**特征多项式**. 对 A 的每个特征值 λ, 每一个 α_i 均是线性方程组 $(\lambda I-A)x=0$ 的非零解, 称为 A 的属于特征值 λ 的特征向量, 该齐次线性方程组的解集称为矩阵 A 的特征值 λ 的**特征子空间**, 记为 V_λ. 其维数 (等于 $n-r(\lambda I-A)$) 称为特征值 λ 的**几何重数**.

矩阵 A 的所有特征值的集合记为 $\sigma(A)$, 称为 A 的谱. 特征值的最大模称为 A 的**谱半径**, 记为 $\rho(A)$, 即

$$\rho(A)=\max\{|\lambda|:\lambda\in\sigma(A)\}.$$

从几何上看, 矩阵 A 的特征值全部位于以原点为圆心, 谱半径 $\rho(A)$ 为半径的圆盘内.

设 $\sigma(A)=\{\lambda_1,\lambda_2,\cdots,\lambda_s\}$, 且

$$|\lambda I-A|=\prod_{i=1}^{s}(\lambda-\lambda_i)^{n_i},\tag{1.3.2}$$

则正整数 n_i 称为特征值 λ_i 的**代数重数**.

定理 1.3.1 (特征值的性质)

(1) 矩阵 A 的行列式等于其所有特征值的积, 即 $|A|=\prod\limits_{i=1}^{s}(\lambda_i)^{n_i}$;

(2) 矩阵 A 的迹等于其所有特征值的和, 即 $\mathrm{tr}(A)=\sum\limits_{i=1}^{s}n_i\lambda_i$;

(3) A 可逆 $\Longleftrightarrow$0 不是 A 的特征值;

(4) 设 $f(x)$ 是任意多项式, λ 是 A 的一个特征值, α 是属于 λ 的特征向量, 则 $f(\lambda)$ 是 $f(A)$ 的一个特征值, α 是属于 $f(\lambda)$ 的特征向量;

(5) 设 A 可逆且其特征多项式为 (1.3.2), 则其逆矩阵的特征多项式为

$$|\lambda I-A^{-1}|=\prod_{i=1}^{s}(\lambda-\lambda_i^{-1})^{n_i},$$

且若 α 是 A 的属于特征值 λ 的特征向量, 则 α 也是 A^{-1} 的属于特征值 λ^{-1} 的特征向量;

(6) 任何特征值的几何重数不超过其代数重数;

(7) 相似矩阵具有相同的特征多项式 (因此具有相同的特征值).

定理 1.3.2 (特征向量的性质)

(1) 属于不同特征值的特征向量线性无关;

(2) n 阶矩阵 A 可以对角化 $\Longleftrightarrow A$ 有 n 个线性无关的特征向量 $\Longleftrightarrow\mathbb{F}^n$ 有一组由 A 的特征向量组成的基.

定理 1.3.3 (对角化主定理) 一个 n 阶矩阵 A 可以对角化 $\Longleftrightarrow$ A 的每个特征值的代数重数与几何重数相等. 特别地, 若 A 有 n 个不同的特征值, 则 A 可以对角化.

证: 由于代数重数之和为 n, 故条件的充分性由定理 1.3.2 的 (2) 可得. 现证必要性:

设 A 可以对角化, 于是存在可逆矩阵 $P=(\alpha_1,\alpha_2,\cdots,\alpha_2)$ 与对角矩阵

$$D=\operatorname{diag}(\lambda_1,\cdots,\lambda_1,\lambda_2,\cdots,\lambda_2,\cdots,\lambda_s,\cdots,\lambda_s),$$

使得 $P^{-1}AP=D$, 即

$$(A\alpha_1,A\alpha_2,\cdots,A\alpha_n)=(\lambda_1\alpha_1,\cdots,\lambda_1\alpha_{n_1},\lambda_2\alpha_{n_1+1},\cdots,\lambda_2\alpha_{n_1+n_2},\cdots,\lambda_n\alpha_n),$$

故知 $\alpha_1,\cdots,\alpha_{n_1}$ 是属于 λ_1 的特征向量, $\alpha_{n_1+1},\cdots,\alpha_{n_1+n_2}$ 是属于 λ_2 的特征向量等. 因此对每个特征值 λ_i, $1\leqslant i\leqslant n$, 其几何重数至少是其代数重数 n_i. 但由定理 1.3.1(6) 知任何特征值的几何重数最多是其代数重数, 故必相等. □

思　考　题

1. 矩阵的特征向量和特征值有何直观意义?

2. 交换矩阵 A 的两行对其特征值与特征向量有何影响? 交换两列呢? 试总结之.

3. 如果同时交换矩阵 A 与 B 的相同两行 (比如同时交换第 1、2 行), 所得的矩阵相似, 那么 A 与 B 是否相似? 如果既交换第 1、2 两行, 又交换第 1、2 两列, 则又如何?

4. 能否有某种办法衡量有相同特征值的矩阵与无相同特征值的矩阵的多少? 你认为哪种多一些?

5. 能否有某种办法衡量可对角化的矩阵与不可对角化的矩阵的多少? 你认为哪种多一些?

第四节　线 性 空 间

考察 n 维线性空间 $\mathbb{F}^n$ 可知, 其运算加法"+"满足下面五个条件:

(C) **封闭性**: 对任意 α, $\beta\in\mathbb{F}^n$, $\alpha+\beta\in\mathbb{F}^n$;

(A1) **结合律**: 对任意 α, β, $\gamma\in\mathbb{F}^n$, $(\alpha+\beta)+\gamma=\alpha+(\beta+\gamma)$;

(A2) **交换律**: 对任意 α, $\beta\in\mathbb{F}^n$, $\alpha+\beta=\beta+\alpha$;

(A3) 存在**零向量**: 存在元素 0, 使得对任意 $\alpha\in\mathbb{F}^n$, $\alpha+0=\alpha$;

(A4) 存在**负向量**: 对任意 $\alpha\in\mathbb{F}^n$, 存在一个向量, 记为 $-\alpha$, 使得 $\alpha+(-\alpha)=0$.

带有满足上述条件的加法"+"的集合 V 广泛存在, 称为**加群**或**交换群** (顾名思义, 去掉交换律 (A2) 的系统就称为**群**; 不过此种情况下, 运算一般称为"乘法"而非"加法", 运算符号也用"·"或省略, 而不用"+"), 记为 $(V,+)$, 此时 V 中的元素一般就称为"元素"而不是"向量". 在不至于混淆的情况下, 经常省略 $(V,+)$ 的加法符号"+"而简称 V 是加群. 比如我们在中小学就已经熟悉的整数集合 $\mathbb{Z}$、有理数域 $\mathbb{Q}$、实数域 $\mathbb{R}$ 与复数域 $\mathbb{C}$ 等均是加群 (其中的加法"+"均指普通加法), 但自然数集

合 $\mathbb{N}$ 不是 (为什么?). 在线性代数课程中, 我们又知道数域 $\mathbb{F}$ 上的 $m \times n$ 阶矩阵的加法也满足上述五条性质, 因此 $\mathbb{F}^{m\times n}$ 是一个加群. 在高等数学或数学分析中, 闭区间上的连续函数全体 $C[a,b]$ 在函数的加法下 (即 $(f+g)(x) = f(x) + g(x)$) 也构成一个加群. 一般而言, 封闭性条件 (C) 是默认的, 即对任何非空集合 V, 称某种规则 R 是 V 上的 (二元)运算, 则该规则必须满足封闭性, 即对任意 $x, y \in V, xRy \in V$.

线性空间 $\mathbb{F}^n$ 的另一个特征是 $\mathbb{F}$ 中的数 (或称数字、数量) a 与 $\mathbb{F}^n$ 中的元素 (称为向量) α 可以作"乘法", 称为"数乘", 记为 $a \bullet \alpha$(经常简记为 $a\alpha$), 注意这仍是 $\mathbb{F}^n$ 中的元素. $\mathbb{F}^n$ 中的数乘满足下列四个条件 (以下将 $\mathbb{F}^n$ 记为 V):

(B1) 数乘的结合律: 设 $a, b \in \mathbb{F}$, $\alpha \in V$, 有 $a(b\alpha) = (ab)\alpha$;

(B2) 数乘关于向量加法的分配律: 设 $a \in \mathbb{F}$, $\alpha, \beta \in V$, 有 $a(\alpha + \beta) = a\alpha + a\beta$;

(B3) 数乘关于数的加法的分配律: 设 $a, b \in \mathbb{F}$, $\alpha \in V$, 有 $(a+b)\alpha = a\alpha + b\alpha$;

(B4) 数乘的初始条件: $1 \bullet \alpha = \alpha$, 其中 $1 \in \mathbb{F}$.

由于数乘是两个不同的集合之间的联系, 所以需要与各自的"运算"(即 V 中的加法"+"和 $\mathbb{F}$ 中的加法"+"和乘法) 保持和谐 (警示: 两个加法, 同一符号"+", 不同含义! 参考例 1.4.2), 这就是条件 (B1)~(B3) 的含义. 条件 (B4) 一是为了使数乘有意义, 否则, 令 $1 \bullet \alpha = 0$, 将有 $a\alpha = 0$, 任意 $a \in \mathbb{F}$; 二是给数乘一个自然的初始规则, 有兴趣的读者可以研究如下问题: 若将条件 (B4) 改为 $1 \bullet \alpha = 2\alpha$ 将如何? 同加法一样, 数乘是普通乘法的概括与抽象, 并不仅限于我们熟悉的系统, 比如所有数域的乘法、$\mathbb{F}^{m\times n}$ 中的数乘矩阵等. 因此, 所谓非空集合 V 的"加法"泛指满足 (A1)~(A4) 的所有运算, 而"数乘"则是数域对于 V 的"加法"满足 (B1)~(B4) 的所有运算, 因此"加法"与"数乘"均不限于我们所知道的普通加法与普通乘法, 请参考下面的例 1.4.2.

定义 1.4.1 设 $(V,+)$ 是一个加群, 如果定义了数域 $\mathbb{F}$ 中的数与 V 中元素 (称为向量) 的数乘 (记为 $\bullet$, 一般省略不写), 则称 $(V,+,\bullet)$ 是数域 $\mathbb{F}$ 上的**线性空间**(或**向量空间**), 简称 V 是 ($\mathbb{F}$) 线性空间①. 特别地, 当 $\mathbb{F} = \mathbb{R}$ 或 $\mathbb{C}$ 时, V 称为实空间或复空间. 一般地, 数域 $\mathbb{F}$ 称为线性空间 V 的**基域**. 本书除特别指明, 所有线性空间的基域均指数域 $\mathbb{F}$(所以我们经常略去定语"数域 $\mathbb{F}$ 上的"), 而将 $\mathbb{F}$ 中的元素统称为"数".

以下列出最常见的几种线性空间.

例 1.4.1 (1) 任何单元集 $\{\alpha\}$ 构成任何域上的线性空间, 只需将 α 定义成零向量即可;

(2) 任何域 $\mathbb{F}$ 按照其加法和乘法构成本身上的一维线性空间, 任何非零元素均构成 $\mathbb{F}$ 的一组基;

(3) 域 $\mathbb{F}$ 上的 $m \times n$ 矩阵全体按矩阵加法和数乘矩阵作成 $\mathbb{F}$ 上的 mn 维线性空间, 其一组基为全体基本矩阵 $E_{ij}, 1 \leqslant i \leqslant m, 1 \leqslant j \leqslant n$; 特别地, 全体 n 阶方阵作

① 线性空间的一般定义由意大利数学家 Giuseppe Peano 于 1888 年给出.

成一个 n^2 维线性空间; 而全体 $n\times 1$ 阶矩阵, 即全体 n 维 (列) 向量构成 $\mathbb{F}$ 上的一个 n 维线性空间, 其一组基由所有标准向量构成, 即 $e_1, e_2, \cdots, e_n$;

(4) 系数取自 $\mathbb{F}$ 的全体一元多项式按多项式加法和多项式数乘作成 $\mathbb{F}$ 上的一个无限维线性空间 $\mathbb{F}[x]$, 其一组基为 $1, x, x^2, \cdots, x^n, \cdots$; 线性空间 $\mathbb{F}[x]$ 中次数小于 n 的多项式也构成 $\mathbb{F}$ 上的一个 n 维线性空间, 即 $\mathbb{F}[x]_n=\{f(x)\in\mathbb{F}[x]:\partial f(x)<n\}$($\partial f(x)$ 表示 $f(x)$ 的次数, 零多项式的次数可以约定为 $-\infty$), 其一组基为 $1, x, x^2, \cdots, x^{n-1}$;

(5) 我们已经知道 $C[a,b]$ 按照普通意义下的函数加法构成一个加群, 如果再按照普通意义定义数乘, 即对任何 $f\in C[a,b], \lambda\in\mathbb{R}$, 定义

$$(\lambda\bullet f)(x)=\lambda f(x),\quad \forall x\in[a,b], \tag{1.4.1}$$

则 $C[a,b]$ 就是一个无限维实线性空间;

(6) 设 A 是任意非空集合, A 到数域 $\mathbb{F}$ 的所有函数 (映射) 的全体记为 $\mathbb{F}^A$. $\mathbb{F}^A$ 按照普通意义下的函数加法和函数数乘构成一个 ($\mathbb{F}$) 线性空间, 称为集合 A 上的**函数空间**;

(7) 设 A 是一个 $m\times n$ 矩阵, 则齐次线性方程组 $Ax=0$ 的所有解构成一个线性空间.

常常我们需要构造新的不熟悉的例子 (唯其如此, 才有可能"创新"), 试分析下面的例子:

例 1.4.2 (奇怪的加法与数乘)　设 $V=\{$所有正实数$\}$, $\mathbb{F}=\mathbb{R}$ 是实数域. 定义 V 中的加法运算为 $x\oplus y=xy$ (即通常的实数乘法); 定义 V 中元素与 $\mathbb{F}$ 中数的数乘运算为 $k\bullet x=x^k$(通常的幂运算). 那么, $(V,\oplus,\bullet)$ 是实线性空间 (证明见习题 21).

我们在习题 22、习题 23 中也设计了几个不同寻常的"加法"与"数乘", 请读者仔细体会.

由线性空间的两种运算:"加法"和"数乘"(合称为"线性运算"), 可以与 n 维线性空间 $\mathbb{F}^n$ 类似地导出三个最为基本的概念: 线性组合、线性相关与线性无关. 实际上, 我们稍后将看到: 本书讨论的线性空间与 $\mathbb{F}^n$ 的唯一差别是元素的名称 (此差别显然是无关紧要的).

定义 1.4.2　如果线性空间 V 中存在 n 个线性无关的向量 $\alpha_1, \alpha_2, \cdots, \alpha_n$, 使得 V 中任意向量和它们线性相关, 则称 V 是 n 维线性空间, 向量组 $\alpha_1, \alpha_2, \cdots, \alpha_n$ 称为 V 的一组**基**, 向量 α_j 称为**基向量**, 非负整数 n 称为 V 的维数, 记作 $\dim V$ (或更为准确地, 记作 $\dim_{\mathbb{F}}V$). 如果不存在这样的有限整数, 则线性空间 V 称为是**无限维线性空间**. $n=0$ 时, 线性空间 V 没有基, 称为平凡线性空间或零线性空间, 简记为 0 (注意: 本书使用符号 0 表示数字 0 、向量 0 和矩阵 0 等不同对象, 请读者注意区分).

例 1.4.1 中 (1)~(4) 的基较为明显, 然而寻找 (5) 中的线性空间 $C[a,b]$ 的一组基就非常不容易了 (基的存在性便是很难的问题). 当 A 是有限集时, (6) 中的函数空间

$\mathbb{F}^A$ 的基较易构造, 见习题 24. 矩阵理论课程的讨论几乎只限于有限维线性空间, 无限维线性空间是泛函分析等课程的研究对象.

定理 1.4.1 设 $\alpha_1, \alpha_2, \cdots, \alpha_n$ 是 n 维线性空间 V 的一组基, 则 V 中任意向量 α 均可唯一地表为线性组合

$$\alpha = k_1\alpha_1 + k_2\alpha_2 + \cdots + k_n\alpha_n. \tag{1.4.2}$$

由组合系数 $k_1, k_2, \cdots, k_n$ 确定的 n 元有序数组称为向量 α 关于基 $\alpha_1, \alpha_2, \cdots, \alpha_n$ 的坐标, k_j 称为第 j 个坐标或分量. 本书将坐标写成列向量的形式, 即 $(k_1, k_2, \cdots, k_n)^{\mathrm{T}}$.

一般来说, 线性空间的基不是唯一的 (对照极大线性无关组), 但线性空间的维数是唯一确定的 (见习题 26). 因为我们可以证明: 不同的基包含的向量个数相同 (对照向量组的秩), 这可由下面的定理推出 (对照线性代数课程的替换定理).

定理 1.4.2 n 维线性空间中任意 $n+1$ 个向量必线性相关.

证明轮廓: 设这 $n+1$ 个向量的一个线性组合等于 0, 由于这 $n+1$ 个向量中的每一个都可由一组基的基向量线性表示, 于是可以得到一个 $n+1$ 个未知数、n 个方程的齐次线性方程组, 因此该方程组必有非零解, 即这 $n+1$ 个向量线性相关.

推论 1.4.1 n 维线性空间中任意 n 个线性无关的向量均构成一组基, 且任何一组基恰含 n 个向量.

定理 1.4.3 n 维线性空间中任意 r 个线性无关的向量均能扩充成一组基.

设 V 是 n 维线性空间, $\alpha_1, \alpha_2, \cdots, \alpha_n$ 与 $\beta_1, \beta_2, \cdots, \beta_n$ 是 V 的两组基, 分别简称为 α-基与 β-基. 它们的关系可以用下面的方程组表示:

$$\begin{cases} \beta_1 = p_{11}\alpha_1 + p_{21}\alpha_2 + \cdots + p_{n1}\alpha_n, \\ \beta_2 = p_{12}\alpha_1 + p_{22}\alpha_2 + \cdots + p_{n2}\alpha_n, \\ \qquad \cdots\cdots \\ \beta_n = p_{1n}\alpha_1 + p_{2n}\alpha_2 + \cdots + p_{nn}\alpha_n, \end{cases}$$

或用矩阵形式表达为

$$(\beta_1, \beta_2, \cdots, \beta_n) = (\alpha_1, \alpha_2, \cdots, \alpha_n)P, \tag{1.4.3}$$

其中, n 阶矩阵 $P = (p_{ij})$ 称为由 α-基到 β-基的**过渡矩阵**. 显然, 此时由 β-基到 α-基的过渡矩阵为 P^{-1}(过渡矩阵必是可逆矩阵, 见习题 27).

现在假设 $\gamma \in V$ 在 α-基下的坐标为 $x = (x_1, x_2, \cdots, x_n)^{\mathrm{T}}$, 关于 β-基的坐标为 $y = (y_1, y_2, \cdots, y_n)^{\mathrm{T}}$. 问 x 与 y 有何联系? 为此, 将 $\gamma = y_1\beta_1 + y_2\beta_2 + \cdots + y_n\beta_n$ 代

入公式 (1.4.3) 可得

$$\begin{aligned}\gamma=&y_1(p_{11}\alpha_1+p_{21}\alpha_2+\cdots+p_{n1}\alpha_n)\\&+y_2(p_{12}\alpha_1+p_{22}\alpha_2+\cdots+p_{n2}\alpha_n)+\cdots\\&+y_n(p_{n1}\alpha_1+p_{n2}\alpha_2+\cdots+p_{nn}\alpha_n)\\=&(y_1p_{11}+y_2p_{12}+\cdots+y_np_{1n})\alpha_1\\&+(y_1p_{21}+y_2p_{22}+\cdots+y_np_{2n})\alpha_2+\cdots\\&+(y_1p_{n1}+y_2p_{n2}+\cdots+y_np_{nn})\alpha_n,\end{aligned}$$

即

$$\gamma=(\alpha_1,\alpha_2,\cdots,\alpha_n)(P(y_1,y_2,\cdots,y_n)^{\mathrm{T}}).$$

由坐标的唯一性可知

$$\begin{pmatrix}x_1\\x_2\\\vdots\\x_n\end{pmatrix}=P\begin{pmatrix}y_1\\y_2\\\vdots\\y_n\end{pmatrix}\quad\text{或}\quad\begin{pmatrix}y_1\\y_2\\\vdots\\y_n\end{pmatrix}=P^{-1}\begin{pmatrix}x_1\\x_2\\\vdots\\x_n\end{pmatrix}.\tag{1.4.4}$$

公式 (1.4.4) 称为**坐标变换公式**.

例 1.4.3 设 $V=\mathbb{R}^2$, 取 $\alpha_1=(1,0)^{\mathrm{T}}$, $\alpha_2=(0,1)^{\mathrm{T}}$ 与 $\beta_1=(1,1)^{\mathrm{T}}$, $\beta_2=(-1,1)^{\mathrm{T}}$, 求由 α-基到 β-基的过渡矩阵以及 $\gamma=(2,3)^{\mathrm{T}}$ 在 β-基下的坐标.

解: 由于 α-基是标准基, 易知由 α-基到 β-基的过渡矩阵为

$$P=\begin{pmatrix}1&-1\\1&1\end{pmatrix},$$

写成分块矩阵为 $P=(\beta_1,\beta_2)$. 因此, $\gamma=(2,3)^{\mathrm{T}}$ 在 β-基下的坐标为 $P^{-1}(2,3)^{\mathrm{T}}=\left(\dfrac{5}{2},\dfrac{1}{2}\right)^{\mathrm{T}}$.

例 1.4.4 求任意 $f(x)\in\mathbb{F}[x]_n$ 在标准基 $1,x,x^2,\cdots,x^{n-1}$ 下的坐标. 向量组 $1,x-a,(x-a)^2,\cdots,(x-a)^{n-1}$ 也构成 $\mathbb{F}[x]_n$ 的一组基, 求 $f(x)$ 在该组基下的坐标. 求从标准基到第二组基的过渡矩阵.

解: 由高等数学或数学分析中的 Taylor①(泰勒) 公式可知:

$$f(x)=\sum_{k=0}^{n-1}\frac{f^{(k)}(0)}{k!}x^k,$$

① Brook Taylor(1685—1739), 英国数学家.

即 $f(x)$ 在标准基下的坐标为

$$\left(f(0), f'(0), \cdots, \frac{f^{(k)}(0)}{k!}, \cdots, \frac{f^{(n-1)}(0)}{(n-1)!}\right)^{\mathrm{T}}.$$

对任意 $a \in \mathbb{F}$, 仍由 Taylor 公式可知, $f(x)$ 在第二组基下的坐标为

$$\left(f(a), f'(a), \cdots, \frac{f^{(k)}(a)}{k!}, \cdots, \frac{f^{(n-1)}(a)}{(n-1)!}\right)^{\mathrm{T}}.$$

由于

$$(x-a)^k = \sum_{r=0}^{k} C_k^r x^r (-a)^{k-r},$$

故从标准基到第二组基的过渡矩阵 $P = (p_{ij})$ 由下式给出

$$p_{ij} = \begin{cases} C_{j-1}^{i-1}(-a)^{j-i}, & i \leqslant j, \\ 0, & i > j. \end{cases}$$

思　考　题

1. 将线性空间的条件 (B4) 即 $1 \cdot \alpha = \alpha$ 改为 $1 \cdot \alpha = 2\alpha$ 将如何?

2. 线性空间的定义实际上没有用到“每个非零元素均有逆元”这个条件. 如何改造线性空间的定义, 使其包括更多的系统, 比如包括通常加法和乘法下的整数集合 (去掉数域 $\mathbb{F}$ 中“每个非零元素均有逆元”的条件将得到**数环**的概念)?

3. 设 $u = u(x, y, z, t)$ 是未知函数, c 是常数, $\nabla^2 = \dfrac{\partial^2}{\partial x^2} + \dfrac{\partial^2}{\partial y^2} + \dfrac{\partial^2}{\partial z^2}$ 是**Laplace**① **算符**. **波动方程** $\dfrac{\partial^2 u}{\partial t^2} = c^2 \nabla^2 u$ 的全体解是否构成线性空间? 若 u 与时间 t 无关, 则波动方程变为 **Laplace 方程** $\nabla^2 u = 0$. 该方程的全体解是否构成线性空间? 总结之.

4. 试给出基与基向量一个直观的解释.

5. 试给出过渡矩阵的一种直观解释.

第五节　内积空间与正定二次型

由定理 1.3.3 知, 并非每个矩阵都可以对角化, 但任何实对称矩阵却能够以更精细的方式进行对角化, 为此需要正交矩阵的概念. 由于这个概念有很强的几何背景, 引出该概念的自然方式是先在一般的实或复线性空间内引入长度, 而**内积**较长度更容易处理 (因为内积具有双线性性质), 因此有下面的定义.

① Pierre-Simon Laplace(1749—1827), 法国著名数学家、物理学家、天文学家、被称为“法国的牛顿”.

定义 1.5.1　设 $\mathbb{F}$ 是实数域或复数域, V 是 $\mathbb{F}$ 上的线性空间. 若对 V 中任意两个向量 α, β, 都定义了 $\mathbb{F}$ 中一个数 (α,β)(称为向量 α 与 β 的内积), 使得

(1) (共轭对称性) $(\alpha,\beta)=\overline{(\beta,\alpha)}$, 其中 $\overline{(\beta,\alpha)}$ 是复数 (β,α) 的共轭复数;

(2) (正定性) $(\alpha,\alpha)\geqslant 0$, 且等号成立 $\Longleftrightarrow \alpha=0$;

(3) (双线性) $(a\alpha+b\beta,\gamma)=a(\alpha,\gamma)+b(\beta,\gamma)$, 对任意 $\alpha,\beta,\gamma\in V,\ a,b\in\mathbb{F}$ 成立.

则称 V 为一个**内积空间**.

请注意, 由于内积的共轭对称性, 内积的第三个条件“双线性”仅对第一个变量成立, 而对第二个变量是“共轭双线性”的, 即

$$(\alpha, a\beta+b\gamma)=\bar{a}(\alpha,\beta)+\bar{b}(\alpha,\gamma).$$

若 $\mathbb{F}=\mathbb{R}$ 是实数域, 则内积确为对称的 (也称为可交换的), 即 $(\alpha,\beta)=(\beta,\alpha)$, 故此时的内积对两个变量均为“双线性”的; 有限维实内积空间又称为欧几里得空间或**欧氏空间**; 当 $\mathbb{F}=\mathbb{C}$ 是复数域, 则内积空间称为**酉空间**(或复内积空间). 除特别说明, 本书仅限于讨论有限维内积空间.

例 1.5.1　设 $V=\mathbb{R}[x]_n$ 是次数小于 n 的实系数多项式构成的 n 维实线性空间, $a<b$ 是实数. 设 $f,g\in V$, 规定

$$(f,g)=\int_a^b f(x)g(x)\,\mathrm{d}\,x, \tag{1.5.1}$$

则 (f,g) 定义了 V 上的一个内积.

实际上, 公式 (1.5.1) 也是无限维空间 $C[a,b]$ 上的内积.

我们把非负实数 (α,α) 的算数平方根定义为向量 α 的**模**(或**范数**、长度), 记为

$$\|\alpha\|=\sqrt{(\alpha,\alpha)}.$$

特别地, 模为 1 的向量称为**单位向量或标准向量** .

命题 1.5.1 (内积与范数的性质)

(1) $(a\alpha,\, b\beta)=a\bar{b}(\alpha,\beta)$;

(2) $(\alpha+\beta,\gamma)=(\alpha,\gamma)+(\beta,\gamma)$;

(3) $(0,\alpha)=(\alpha,0)=0$;

(4) $\|c\alpha\|=|c|\|\alpha\|$;

(5) (Cauchy-Schwarz① 不等式)$|(\alpha\,,\beta)|\leqslant\|\alpha\|\|\beta\|$ 且等号成立 $\Longleftrightarrow$ α 与 β 线性相关;

① Augustin-Louis Cauchy(1789—1857), 法国著名数学家, 对数学的多个分支以及数学物理有重要贡献, 著名的 ε-δ 语言即是其一大发明. Hermann Schwarz(1843—1921), 德国数学家. Cauchy-Schwarz 不等式首先由 Cauchy 于 1821 年发现, 再由俄国数学家 Viktor Yakovlevich Bunyakovsky(1804—1889) 于 1859 年重新发现, 后由 Schwarz 于 1888 年再次重新发现.

(6) (三角不等式) $\|\alpha+\beta\| \leqslant \|\alpha\|+\|\beta\|$.

由 Cauchy-Schwarz 不等式即可一般地定义"角度", 即设 α 与 β 的夹角为 θ, 则

$$\theta=\arccos \frac{|(\alpha\,,\beta)|}{\|\alpha\|\|\beta\|}, \tag{1.5.2}$$

此时 $0 \leqslant \theta \leqslant \dfrac{\pi}{2}$ (参考本节思考题 2). 特别地, 若 $\mathbb{F}=\mathbb{R}$, 则这里的夹角可以更精确地定义为

$$\theta=\arccos \frac{(\alpha\,,\beta)}{\|\alpha\|\|\beta\|}, \tag{1.5.3}$$

此时有 $0 \leqslant \theta \leqslant \pi$.

内积具有比较明显的物理意义, 即"恒力做功", 范数则揭示了内积的几何意义. 比如我们最熟悉的欧氏空间 $V=\mathbb{R}^n$ 中的通常内积一般定义为

$$(\alpha, \beta)=\beta^{\mathrm{T}} \alpha=\alpha^{\mathrm{T}} \beta=(\beta, \alpha),$$

此即是坐标乘积之和, 而 $U=\mathbb{C}^n$ 中的内积则定义为

$$(\alpha, \beta)=\beta^* \alpha=\overline{(\beta, \alpha)}=\overline{\alpha^* \beta}.$$

在 $\mathbb{R}^2$ 中有

$$(\alpha\,,\beta)=\|\alpha\|\|\beta\| \cos \theta, \tag{1.5.4}$$

其中, θ 是 α 与 β 的夹角. 由于

$$(\alpha-\beta\,,\alpha-\beta)=\|\alpha\|^2-2(\alpha,\,\beta)+\|\beta\|^2, \tag{1.5.5}$$

记 $a=\|\alpha\|$, $b=\|\beta\|$, $c=\|\alpha-\beta\|$, 则由等式 (1.5.4) 与 (1.5.5) 可得余弦定理:

$$c^2=a^2+b^2-2ab \cos \theta. \tag{1.5.6}$$

而当 $\cos \theta=0$ 即 $\theta=\dfrac{\pi}{2}$ 时, 即得勾股定理.

内积的引入使得线性空间的结构更加丰富多彩, 因为长度与角度实际上带来了"图形"与"位置"等概念 (由此线性空间能够更好地模拟真实的宇宙). 由角度的定义立即可知, 两个非零向量平行 (即线性相关)当且仅当其夹角为 0 或 π (当 $\mathbb{F}=\mathbb{R}$ 时), 而两个非零向量垂直当且仅当其夹角为 $\dfrac{\pi}{2}$. 两个向量的相互位置中以"垂直"最为重要, 故有下面的定义.

定义 1.5.2　两个内积为 0 的向量 α 与 β 称为**正交**的, 记为 $\alpha \perp \beta$. 一组非零向量如果两两正交则称为**正交组**. 单位向量构成的正交组称为**标准正交组**.

命题 1.5.2　正交组必是线性无关的.

定理 1.5.1　内积空间必存在**标准正交基**.

证: 对内积空间 V 的任意一个线性无关组 $\alpha_1, \alpha_2, \cdots, \alpha_s$, 利用 **Gram-Schmidt**① **正交化方法** 即可求得 V 的一个标准正交组, 即取

$$\beta_1 = \alpha_1, \quad \gamma_1 = \frac{\beta_1}{\|\beta_1\|}.$$

归纳地, 假设 $\gamma_1, \gamma_2, \cdots, \gamma_{k-1}$ 已被确定, 则取

$$\beta_k = \alpha_k - (\alpha_k, \gamma_{k-1})\gamma_{k-1} - (\alpha_k, \gamma_{k-2})\gamma_{k-2} - \cdots - (\alpha_k, \gamma_1)\gamma_1. \tag{1.5.7}$$

令

$$\gamma_k = \frac{\beta_k}{\|\beta_k\|},$$

则 $\gamma_1, \gamma_2, \cdots, \gamma_s$ 是 V 的一个标准正交组, 且

$$[\alpha_1, \alpha_2, \cdots, \alpha_{k-1}] = [\gamma_1, \gamma_2, \cdots, \gamma_{k-1}], \quad 1 \leqslant k \leqslant s.$$

因此, 对内积空间 V 的任意一组基 $\alpha_1, \alpha_2, \cdots, \alpha_n$, 利用 Gram-Schmidt 正交化方法可求得 V 的一个标准正交基. □

注意, 如果 β 是一个非零向量, α 是任意向量, 则向量 $\dfrac{(\alpha,\beta)}{\|\beta\|^2}\beta$ 恰好是向量 α 在向量 β 上的**投影向量**, 一般记为 $\mathrm{Proj}_\beta\alpha$. 特别地, 若 β 是一个单位向量, 则 $\mathrm{Proj}_\beta\alpha = (\alpha,\beta)\beta$. 因此, Gram-Schmidt 正交化方法的几何意义是: 设 $\alpha_1, \alpha_2 \in \mathbb{R}^3$ 线性无关, 则向量 $\alpha \in \mathbb{R}^3$ 在 α_1, α_2 确定的平面上的投影等于它在该平面的一组正交坐标轴上的投影之和. 比如, 公式 (1.5.7) 中的被减各项恰好是 α_k 在每一个 $\gamma_j\,(1 \leqslant j \leqslant k-1)$ 上的投影. (注意: Gram-Schmidt 正交化方法是数值不稳定的, 在计算机上使用时需要改进.)

设 $\alpha_1, \alpha_2, \cdots, \alpha_n$ 是 $V = \mathbb{R}^n$ 或 $V = \mathbb{C}^n$ 的一组标准正交基, 则矩阵

$$Q = (\alpha_1, \alpha_2, \cdots, \alpha_n)$$

称为**酉矩阵**. 实的酉矩阵称为**正交矩阵**.

定理 1.5.2 (酉矩阵的刻画)　矩阵 Q 是酉矩阵 $\Longleftrightarrow Q^*Q = I$. 特别地, 实矩阵 Q 是正交矩阵 $\Longleftrightarrow Q^{\mathrm{T}}Q = I \Longleftrightarrow Q^{-1} = Q^{\mathrm{T}}$.

一般而言, 逆矩阵的计算是非常困难的问题, 但定理 1.5.2 告诉我们, 酉矩阵的逆矩阵就是其共轭转置矩阵!

---

① Jørgen Pedersen Gram(1850—1916), 丹麦著名数学家与精算学家, 曾任丹麦保险协会主席, 1883 年发现 Gram-Schmidt 正交化方法, 被自行车撞伤而亡. Erhard Schmidt(1876—1959), 德国数学家, 师从德国著名数学家 David Hilbert, 1907 年发现 Gram-Schmidt 正交化方法. 实际上该方法早在 1836 年即已被 Cauchy 所使用.

在第二章我们将看到, 当 $n = 2$ 时, 正交矩阵的几何意义几乎就是平面解析几何中的旋转变换. 由于可以利用旋转变换将中心在原点的有心二次曲线 (即椭圆和双曲线) 变成标准形式 (这是化简二次型的范例), 故利用正交矩阵就可以将实对称矩阵对角化.

需要注意的是, 与实对称矩阵相对应的复数矩阵不是复对称矩阵, 而是复共轭对称矩阵, 习惯上称为 **Hermite 矩阵**, 即需要满足 $A^* = A$. Hermite 矩阵是最重要的一类矩阵, 比如量子力学中的物理量均是由 Hermite 矩阵来表达的, 而酉空间中的内积则由所谓"正定" Hermite 矩阵完全确定 (见下面的定理 1.5.6).

定理 1.5.3　Hermite 矩阵的特征值均为实数, 且属于不同特征值的特征向量彼此正交 (证明见习题 20).

定理 1.5.4 (Hermite 矩阵的酉对角化)　Hermite 矩阵 A 可以酉对角化, 即存在酉矩阵 U 使得 $U^*AU = D$ 是对角矩阵. 特别地, 实对称矩阵可以正交对角化.

证明思路: 由定理 1.5.3 可知, 可以选出 n 维线性空间 $\mathbb{F}^n(\mathbb{F} = \mathbb{R}$ 或 $\mathbb{C})$ 的一组标准正交基, 使得每个基向量都是该 Hermite 矩阵的特征向量, 以此组标准正交基为列作成的矩阵就是所需要的酉矩阵. 容易验证：实对称矩阵具有实特征向量, 故定理成立.

定理 1.5.4 为化简一般 n 元 (Hermite) 二次型提供了理论依据.

设 $x = (x_1, \cdots, x_n)^{\mathrm{T}}$ 是未定元 (即未知数) 向量, 称下面关于 $x_1, \cdots, x_n, \bar{x}_1, \cdots, \bar{x}_n$ 的复系数二次多项式

$$f(x) = \sum_{i=1}^{n}\sum_{j=1}^{n} b_{ij}\bar{x}_i x_j$$

为 (复) Hermite 二次型, 简称二次型. 易知存在唯一的 n 阶 Hermite 矩阵 $A = (a_{ij})$, 使得 $f(x) = x^*Ax$, 该矩阵 A 称为二次型 $f(x)$ 的矩阵.

定义 1.5.3　设 $f(x) = x^*Ax$ 是复二次型, A 是 Hermite 矩阵, 若对任意非零向量 $\alpha \in \mathbb{C}^n$, 均有 $f(\alpha) = \alpha^*A\alpha > 0$, 则称 $f(x)$ 是正定二次型, A 是正定矩阵. 类似地可以定义"**半正定**"、"负定"、"**半负定**二次型"、"半正定"、"负定"和"**半负定**矩阵"等. 对实二次型和实对称矩阵的定义类似.

定理 1.5.5　设 A 是 n 阶 Hermite 矩阵, 则下列条件等价:

(1) A 是正定的;

(2) $f(x) = x^*Ax$ 是正定二次型;

(3) A 的特征值均为正实数;

(4) 存在 $m \times n$ 阶列满秩矩阵 M, 使得 $A = M^*M$;

(5) 存在 n 阶可逆矩阵 M, 使得 $A = M^*M$;

(6) 存在 n 阶可逆矩阵 P, 使得 $P^*AP = I$(即 A 与 I **合同**).

由于存在酉矩阵 U 与实对角矩阵 $D = \mathrm{diag}\,(\lambda_1, \cdots, \lambda_n)$, 使得 $U^*AU = D$ (故

$\lambda_1, \cdots, \lambda_n$ 是 A 的实特征值), 作坐标变换 $x = Uy, y = (y_1, y_2, \cdots, y_n)^{\mathrm{T}}$ 即可将 $f(x)$ 化简为下面的对角形式:

$$f(x) = (Uy)^* A(Uy) = \lambda_1|y_1|^2 + \lambda_2|y_2|^2 + \cdots + \lambda_n|y_n|^2. \tag{1.5.8}$$

上式具有重要意义, 因为由此不仅可以判断二次型 $f(x)$ 及其矩阵 A 的正定性等, 而且可以确定 (实) 二次型 $f(x)$ 所确定的几何体 $f(x) = 0$ 或 $f(x) = 1$ 的形状 (对照: 如果使用更广泛的坐标变换 $x = Py$, 其中 P 为可逆矩阵, 则还可以将 $f(x)$ 化简为比公式 (1.5.8) 更简单的形式, 但却失去了大部分几何意义).

正定矩阵与内积有密切的关系. 设 $\alpha_1, \alpha_2, \cdots, \alpha_n$ 是 n 维内积空间 V 的一组基, 设 $a, \beta \in V$ 的坐标分别是 $x = (x_1, x_2, \cdots, x_n)^{\mathrm{T}}$ 与 $y = (y_1, y_2, \cdots, y_n)^{\mathrm{T}}$, 则有

$$(\alpha, \beta) = \left(\sum_{i=1}^{n} x_i\alpha_i, \sum_{j=1}^{n} y_j\alpha_j\right) = \sum_{i=1}^{n}\sum_{j=1}^{n}(\alpha_i, \alpha_j)x_i\bar{y}_j. \tag{1.5.9}$$

记 $(\alpha_i, \alpha_j) = a_{ji}$, 则公式 (1.5.9) 变为

$$(\alpha, \beta) = y^* Ax, \tag{1.5.10}$$

其中, $A = (a_{ij})$ 是 Hermite 矩阵. 由定义 1.5.1(2) 的正定性可知, $A = (a_{ij})$ 还是正定矩阵, 称为基 $\alpha_1, \alpha_2, \cdots, \alpha_n$ 的**度量矩阵**或 Gram①矩阵. 反过来, 如果 Hermite 矩阵 $A = (a_{ij})$ 是正定的, 则容易验证由公式 (1.5.10) 定义的二元向量函数确是 n 维线性空间 V 的一个内积. 因此有下述定理:

定理 1.5.6 (内积与正定矩阵)　设 V 是 n 维复线性空间, 则其上的内积与正定矩阵一一对应. 确切地说, 设 (α, β) 是 V 上的二元向量函数, 则 (α, β) 是内积 $\Longleftrightarrow$ 存在正定 Hermite 矩阵 $A = (a_{ij})$, 使得 $(\alpha, \beta) = y^* Ax$, 其中 x 与 y 分别是 α 与 β 在某组基下的坐标.

由定理 1.5.6 可知, 任何非平凡的实或复线性空间上均可以定义无限多种不同的内积, 我们将在本书第五章看到这些"不同的"内积之间的关系 (结论是: 有限维实或复线性空间上的任意两个内积**本质上是完全相同的**). 本章习题 29~42 展示了一些实或复线性空间上的各种各样的内积.

标准正交基可以使内积的计算大为简化. 设 $\alpha_1, \alpha_2, \cdots, \alpha_n$ 是内积空间 V 的一个标准正交基, $\alpha, \beta \in V$, 则

$$\alpha = a_1\alpha_1 + a_2\alpha_2 + \cdots + a_n\alpha_n, \quad \beta = b_1\alpha_1 + b_2\alpha_2 + \cdots + b_n\alpha_n,$$

从而

$$\begin{aligned}(\alpha, \beta) &= (a_1\alpha_1 + a_2\alpha_2 + \cdots + a_n\alpha_n, b_1\alpha_1 + b_2\alpha_2 + \cdots + b_n\alpha_n) \\ &= a_1\bar{b}_1 + a_2\bar{b}_2 + \cdots + a_n\bar{b}_n,\end{aligned}$$

① 即 Gram-Schmidt 正交化方法中的 J. P. Gram.

即在标准正交基下, 向量的内积就是对应坐标的 (共轭) 乘积之和; 这与 $\mathbb{R}^n$ 或 $\mathbb{C}^n$ 的普通内积完全一致. 这里的本质是标准正交基的度量矩阵乃是单位矩阵, 因此其确定的二次型没有交叉项, 且平方项的系数均为 1.

对任意 n 阶复矩阵 $A=(a_{ij})$, 一般称

$$y^*Ax=\sum_{i=1}^{n}\sum_{j=1}^{n}a_{ji}x_i\bar{y}_j \tag{1.5.11}$$

为矩阵 A(对应) 的 (n 维)**双线性型**或 $\mathbb{C}^n$ 上的双线性型 (注意, 它对第一个变元 x 是线性的, 对第二个变元 y 是共轭线性的). 二次型 x^*Ax 称为双线性函数 y^*Ax 的二次型. 按照二次型的正定、半正定等, 我们可以定义相应的双线性型的正定性、半正定性等概念, 于是内积不过是一种特殊的, 即正定的双线性型而已. 但注意由公式 (1.5.11) 定义的双线性型中的矩阵 A 不必是 Hermite 的, 因此 A 不必是该双线性型的二次型的矩阵.

例 1.5.2 实双线性型 $(x,y)=ax_1y_1+bx_1y_2+bx_2y_1+cx_2y_2$ 的矩阵形式为

$$(x,y)=(y_1,y_2)\begin{pmatrix}a & b\\ b & c\end{pmatrix}\begin{pmatrix}x_1\\ x_2\end{pmatrix}=y^{\mathrm{T}}Gx.$$

因此该双线性型定义 $\mathbb{R}^2$ 的一个内积 $\Longleftrightarrow$ 其定义矩阵

$$G=\begin{pmatrix}a & b\\ b & c\end{pmatrix}$$

是正定矩阵. (请思考: 如果 x_1y_2 与 x_2y_1 的系数不相等如何?)

例 1.5.3 (度量矩阵的行列式的几何意义) 设 $\alpha_1,\alpha_2\in\mathbb{R}^2$, 考察行列式

$$D=\begin{vmatrix}(\alpha_1,\alpha_1) & (\alpha_2,\alpha_1)\\ (\alpha_1,\alpha_2) & (\alpha_2,\alpha_2)\end{vmatrix}$$

的几何意义.

解: 设 α_1 与 α_2 的夹角为 θ. 直接计算可知 (注意 $(\alpha_2,\alpha_1)=(\alpha_1,\alpha_2)$)

$$D=\|\alpha_1\|^2\|\alpha_2\|^2-(\alpha_1,\alpha_2)^2=\|\alpha_1\|^2\|\alpha_2\|^2-\|\alpha_1\|^2\|\alpha_2\|^2\cos^2\theta=\|\alpha_1\|^2\|\alpha_2\|^2\sin^2\theta,$$

这恰好是以 α_1,α_2 为邻边的平行四边形的面积的平方. (对照: 在线性代数课程中, 三阶行列式的几何意义是平行六面体的有向体积.)

思 考 题

1. 将内积的正定性条件去掉将如何? 这是否是无稽之谈?

2. 比较公式 (1.5.2) 与 (1.5.3), 说明为什么不在公式 (1.5.2) 中将内积的绝对值符号去掉?

3. 正交性概念是通常垂直概念的推广. Gram-Schmidt 正交化方法在立体几何中有何解释?

4. 试给出标准正交基的一个直观解释.

5. 由标准正交基到另一组标准正交基的过渡矩阵有何特点?

6. 设 $\mathbb{F}=\mathbb{C}$ 或 $\mathbb{R}$. $\mathbb{F}$ 上的 n 元二次型全体是否构成 $\mathbb{F}$ 上的线性空间? n 维双线性型全体呢?

7. 试对 $\mathbb{F}$ 上的任意 m 维向量 x 与 n 维向量 y, 推广双线性型的概念. 这样的双线性型全体是否构成 $\mathbb{F}$ 上的线性空间?

8. 三阶度量矩阵的行列式有何几何解释?

9. 设 $(\cdot,\cdot)_i, i=1,2$ 是 n 维实线性空间 V 上的两个不同的内积, $\alpha,\beta\in V$. 是否可能 $(\alpha,\beta)_1=0$, 但 $(\alpha,\beta)_2\neq 0$? 是否可能 $(\alpha,\alpha)_1<(\beta,\beta)_1$, 但 $(\alpha,\alpha)_2>(\beta,\beta)_2$? 一般地, 这两个内积有何关系?

10. 试对 n 维实线性空间 V 上的双线性型讨论上题类似的问题?

第六节　应用: 网络流、投入产出模型、随机变量的独立性

线性方程组、矩阵等概念和方法无论在工业生产、信息技术, 还是经济社会科学领域均有非常广泛的应用, 本节我们仅作一简要介绍.

一、网络流

网络流是最简单也最常见的实际问题, 比如经济学中的收支平衡、车流量、化学方程式配平等, 其数学模型是线性方程组. 著名的 Kirchhoff①第一、第二定律实际上就是平衡电路网络的线性方程组. 这类问题通常都涉及较多的未知数, 常需要借助相应的数值计算软件 (如 Matlab、Maple、Mathematica 等) 予以解决.

例 1.6.1　图 1.6.1 是某区域某天的 (平均) 交通流量图. 图中有 A,B,C,D,E,F 共 6 个路口, 已有 7 条街道记录了当天的平均车流量. 另有 7 处的平均车流量 $x_i\,(1\leqslant i\leqslant 7)$ 未知, 试利用每个路口的进出车流量相等关系推算这 7 处的平均车流量.

分析: 由于进入每个路口的流量和离开该路口的流量相等, 故可建立含有 7 个未知数 $x_i\,(1\leqslant i\leqslant 7)$ 的 6 个方程, 因此这是求解线性方程组的问题, 见习题 51.

① Gustav Robert Kirchhoff(1824—1887), 德国著名物理学家.

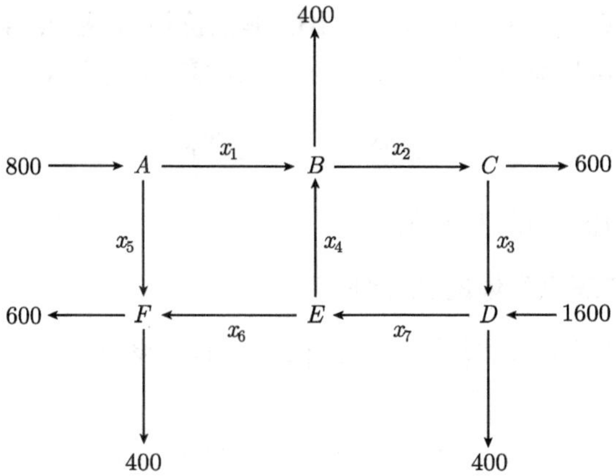

图 1.6.1

二、投入产出模型

以下我们简要介绍经济学中著名的 Leontief[①] 投入产出模型. 按 W. Leontief 的理论, 可以将一个国家的经济体系分为 n 个生产商品和服务的部门, 以及一些不生产产品或服务 (而仅仅消费商品与服务) 的部门. 用 $x \in \mathbb{R}^n$ 记录每一部门一年的产出, 称为**产出向量**; 用 $d \in \mathbb{R}^n$ 表示各种非生产部门所需求的商品与服务, 称为**最终需求向量**.

显然, x 与 d 的元素均非负, 称为非负向量, 类似地可以定义**非负矩阵**. Leontief 的投入产出模型 (又称生产方程) 为

$$\text{(Leontief 投入产出模型)} \qquad x = Cx + d, \tag{1.6.1}$$

其中, $C \in M_n(\mathbb{R})$ 称为**消耗矩阵**, Cx 称为**中间需求**.

定理 1.6.1 (Leontief 定理)　设 Leontief 投入产出模型中的消耗矩阵 C 和最终需求向量 d 均非负, C 的每一列的和均小于 1, 则 $I-C$ 可逆, 产出向量 $x=(I-C)^{-1}d$ 非负并且是方程 (1.6.1) 的唯一解.

证明见习题 52. 由于 C 的每一列的和均小于 1, 故矩阵 $I-C$ 实际上是一个**M- 矩阵** (即形如 $sI-B$ 的矩阵, 其中 B 为非负矩阵而 $s \geqslant \rho(B)$), 因此其逆矩阵 $(I-C)^{-1}$ 是一个非负矩阵. 实际上, 矩阵 $(I-C)^{-1}$ 的第 j 列表示当第 j 个部门的最终需求增加 1 单位时, 各部门需要增加的产出的数量.

Leontief 生产方程的对偶形式是**价格方程**

$$\text{(Leontief 价格方程)} \qquad p = C^{\mathrm{T}}p + v, \tag{1.6.2}$$

① Wassily Wassilyovich Leontief(1905—1999), 俄裔美籍著名经济学家, 1973 年获得诺贝尔经济学奖. 他的三个博士研究生 Paul Samuelson, Robert Solow 与 Vernon Lomax Smith 分别于 1970 年, 1987 年和 2002 年获得诺贝尔经济学奖.

其中, p 称为**价格向量**, 它表示各部门产出的单位价格, v 称为**增值向量**, 它表示每单位产出的附加值. 经济中最重要的指标“国内生产总值”(GDP) 实际上可以表示为

$$\mathrm{GDP} = p^{\mathrm{T}} d = v^{\mathrm{T}} x. \tag{1.6.3}$$

上式中第二个等号的证明见习题 53.

三、秩 1 矩阵与随机变量的独立性

概率统计的一个基本概念是随机变量的独立性. 设 X 与 Y 是两个随机变量, 如果

$$p(XY) = p(X)p(Y),$$

则称 X 与 Y 是独立的. 设二维离散随机变量 (X, Y) 的联合分布矩阵为 $P = (p_{ij})_{m\times n}$, 关于 X 和 Y 的**边缘分布**分别为 $P_X = (p_{i\,\bullet})_{m\times 1}$ 与 $P_Y = (p_{\bullet\,j})_{1\times n}$. 则有下述定理:

定理 1.6.2　离散随机变量 X 与 Y 相互独立$\Longleftrightarrow$ 对任意 i, j 均有 $p_{ij} = p_{i\,\bullet}\, p_{\bullet\,j}$ $\Longleftrightarrow$ 二维随机变量 (X, Y) 的联合分布矩阵 $P = (p_{ij})$ 的秩为 1 (证明见习题 55).

常见的概率统计教材或著作中仅指出了第一个等价, 但第二个等价显然更为简洁有效.

例 1.6.2 (1999 年考研数学一试题)　设随机变量 X 与 Y 独立, 填充下表

(X,Y)	y_1	y_2	y_3	$p_{i\,\bullet}$
x_1		1/8		
x_2	1/8			
$p_{\bullet\,j}$	1/6			1

解: 因为 $p_{11} = 1/6 - 1/8 = 1/24$ 以及 X 与 Y 独立, 故由定理 1.6.2 可知所有的列 (与行) 均成比例, 因此第 2 列是第 1 列的 3 倍, 最后一列是第一列的 6 倍, 于是所有数据均被确定.

四、图与矩阵

一个 (无向) 图 G 可以用集合 $G = (V, E)$ 来定义, 其中 V 是 G 的顶点集, E 是 G 的边集. 如果 V 与 E 都是有限集 (绝大多数有意义的情形如此), 则可以用矩阵来表示图 G. 为此, 设 $V = \{v_1, \cdots, v_n\}$, 设 v_i 与 v_j 之间的边的数目为 a_{ij}, $1 \leqslant i, j \leqslant n$, 则称矩阵 $A(G) = (a_{ij})_{n\times n}$ 为图 G 的**邻接矩阵**.

例 1.6.3　设 G 是下面的图:

图 1.6.2

则其邻接矩阵为 (顶点从左至右, 从上到下编号)

$$A(G)=\begin{pmatrix}0&1&0&0\\1&1&1&1\\0&1&0&0\\0&1&0&0\end{pmatrix}.$$

显然, 图的邻接矩阵是一个对称的非负整数矩阵, 而且每个图有唯一确定的邻接矩阵; 反过来, 每个对称的非负整数矩阵确定唯一一个图. 尚有其他多种图的矩阵表示法. 用矩阵表示图, 便于用代数方法与计算机研究处理较为复杂的图. 实际上研究图的现代理论, 即“代数图论”的相当部分的数学基础就是矩阵理论.

习 题 一

1. 计算:

$$(1)\ \begin{pmatrix}\cos x&\sin x\\-\sin x&\cos x\end{pmatrix}^n;\quad (2)\ \begin{pmatrix}1&1\\-1&1\end{pmatrix}^n;\quad (3)\ \begin{pmatrix}a&1&&&\\&a&1&&\\&&a&1&\\&&&a&1\\&&&&a\end{pmatrix}^n.$$

2. 证明: 与任意 n 阶方阵可交换的矩阵必是纯量矩阵 λI.
3. 利用初等变换求 $A^{-1}B$ 及 CA^{-1}, 其中

$$A=\begin{pmatrix}4&5&0\\2&3&1\\2&7&-3\end{pmatrix},\ B=\begin{pmatrix}4&5&0&10\\2&3&1&-1\\2&7&9&-3\end{pmatrix},\ C=\begin{pmatrix}4&5&0\\2&3&1\\2&7&9\\-2&3&7\end{pmatrix}.$$

4. 设 $A,B\in M_n$, 证明: $\operatorname{adj}(AB)=\operatorname{adj}(B)\operatorname{adj}(A)$.
5. 证明: 对任意矩阵 A, 有 $r(A^*A)=r(AA^*)=r(A)$.
6. 证明: 对任意 n 阶矩阵 A, 有 $r(A^n)=r(A^{n+1})$.
7. 设 ω 是 n 次本原单位根 $\left(\text{可设 } \omega=\mathrm{e}^{2\pi i/n}=\cos\dfrac{2\pi}{n}+\mathrm{i}\sin\dfrac{2\pi}{n}\right)$, 试求 Fourier① 矩阵

$$\begin{pmatrix}1&1&1&\cdots&1\\1&\omega&\omega^2&\cdots&\omega^{n-1}\\1&\omega^2&\omega^4&\cdots&\omega^{2(n-1)}\\\vdots&\vdots&\vdots&&\vdots\\1&\omega^{n-1}&\omega^{2(n-1)}&\cdots&\omega^{(n-1)(n-1)}\end{pmatrix}$$

的逆矩阵.

① Joseph Fourier(1768—1830), 法国著名数学家与物理学家, 发现了三角级数、Fourier 变换、热传导方程、热传导定律和温室效应.

8. 设 $A=(a_{ij})_{n\times n}$ 是可逆的对称实矩阵. 证明: 二次型

$$f(x_1,x_2,\cdots,x_n)=\begin{vmatrix} 0 & x_1 & \cdots & x_n \\ -x_1 & a_{11} & \cdots & a_{1n} \\ \vdots & \vdots & & \vdots \\ -x_n & a_{n1} & \cdots & a_{nn} \end{vmatrix}$$

的矩阵是 A 的伴随矩阵.

9. 证明矩阵秩的 Frobenius①不等式: $r(AB)+r(BC)\leqslant r(B)+r(ABC)$.

10. 证明行初等变换不改变矩阵的列向量之间的线性关系.

11. 设 A 是 n 阶矩阵, 对任意 $0\neq x\in\mathbb{F}^n$ 均有 $Ax\neq x$, 证明 $I-A$ 可逆并求其逆.

12. 设 n 阶矩阵 A 可逆, x 与 y 是 n 维列向量. 如果 $(A+xy^*)^{-1}$ 可逆, 证明 **Sherman-Morrison② 公式**:

$$(A+xy^*)^{-1}=A^{-1}-\frac{A^{-1}xy^*A^{-1}}{1+y^*A^{-1}x}.$$

13. 设 n 阶矩阵 A 可逆, B,C,D 分别是 $n\times m, m\times n, m\times m$ 矩阵. 证明

$$\begin{vmatrix} A & B \\ C & D \end{vmatrix}=|A|\cdot|D-CA^{-1}B|.$$

14. (1) 设矩阵 A,C 均可逆, 求分块矩阵 $\begin{pmatrix} A & B \\ 0 & C \end{pmatrix}$ 的逆矩阵. (2) 设矩阵 A 可逆, $D-CA^{-1}B$ 也可逆, 证明分块矩阵 $\begin{pmatrix} A & B \\ C & D \end{pmatrix}$ 可逆并求其逆.

15. 设矩阵 A 与 $A-BC$ 均可逆, 试用 A,A^{-1},B,C 表示 $(A-BC)^{-1}$(提示: 研究分块矩阵 $\begin{pmatrix} A & B \\ C & I \end{pmatrix}$ 的逆矩阵.).

16. 设 $\Omega=\begin{pmatrix} 0 & I_n \\ -I_n & 0 \end{pmatrix}$ 为 $2n$ 阶分块矩阵. 一个 $2n$ 阶复矩阵 M 称为是**辛矩阵**, 如果 $M^{\mathrm{T}}\Omega M=\Omega$. 证明:

(1) $2n$ 阶辛矩阵的全体构成一个群, 即辛矩阵的逆矩阵仍是辛矩阵, 两个辛矩阵的乘积仍是辛矩阵;

(2) 任何辛矩阵的行列式均为 1. (提示: 利用分块矩阵.)

17. 求下列各矩阵的满秩分解:

$$(1)\quad A=\begin{pmatrix} 1 & 2 & 3 & 0 \\ 0 & 2 & 1 & -1 \\ 1 & 0 & 2 & 1 \end{pmatrix};\qquad (2)\quad A=\begin{pmatrix} 1 & -1 & 1 & 1 \\ -1 & 1 & -1 & -1 \\ -1 & -1 & 1 & 1 \\ 1 & 1 & -1 & -1 \end{pmatrix}.$$

---

① Ferdinand Georg Frobenius(1849—1917), 德国著名数学家.

② Jack Sherman(1927—2007) 和 Winifred Morrison(1910—1961) 均为美国统计学家, 该公式发表于 1949 年.

18. 证明第三种初等矩阵 (即 $I+aE_{ij}$, $i\neq j$, $a\neq 0$) 彼此相似. 另, 第一种初等矩阵是否彼此相似?

19. 设矩阵 A 满足方程 $A^2-A+2I=0$, 问: A 可以对角化吗? 为什么? 将本题一般化.

20. 证明: (1) Hermite 矩阵的特征值均为实数, 且属于不同特征值的特征向量彼此正交.

(2) Hermite 矩阵 A 是正定矩阵 $\Longleftrightarrow$ 存在可逆下三角矩阵 L, 使得 $A=LL^*$.

21. 证明例 1.4.2 中的 $(V,\oplus,\bullet)$ 是 $\mathbb{R}$ 上的线性空间.

22. 设 $V=\mathbb{R}\setminus\{-1\}$. 利用普通加法和普通乘法定义 V 上的加法 "$\diamond$" 如下:

$$a\diamond b=a+b+ab.$$

证明 $\diamond$ 满足线性空间的加法的全部条件. 进一步, 构造复数与 V 中向量的一个数乘 "$\heartsuit$", 使得 $(V,\diamond,\heartsuit)$ 是 $\mathbb{R}$ 上的线性空间. 请给出该线性空间的一组基.

23. 请将上题的集合 $V=\mathbb{C}\setminus\{-1\}$ 做一适当调整, 使其在加法 "$\clubsuit$" 下成为加群, 其中 "$a\clubsuit b=a+b+xab$", x 是某固定的复数. 试设计一个与加法 "$\clubsuit$" 和谐的数乘运算 "$\spadesuit$", 使得 $(V,\clubsuit,\spadesuit)$ 构成复线性空间. 请给出该线性空间的一组基. 另, 将 $\mathbb{C}$ 换为 $\mathbb{R}$ 结果如何?

24. 设 $A=\{a_1,a_2,\cdots,a_n\}$ 是非空有限集合.

(1) 证明: $\dim_{\mathbb{F}}\mathbb{F}^A=n$;

(2) 求 $\mathbb{F}^A$ 的一组基;

(3) 描述函数空间 $\mathbb{F}^A$ 的结构并推广到 A 是无限集合的情形.

25. 证明线性空间的替换定理: 设 $J=\{\alpha_1,\alpha_2,\cdots,\alpha_s\}$ 与 $K=\{\beta_1,\beta_2,\cdots,\beta_t\}$ 是 n 维线性空间 V 的两个向量组, 其中 J 线性无关. 如果每个 $\alpha_j\in J$ 都可由 K 线性表示, 则 $s\leqslant t$; 且可将 K 中的某 s 个向量换成 $\alpha_1,\alpha_2,\cdots,\alpha_s$, 使得新的向量组生成的子空间与 K 生成的子空间相同.

26. 证明有限维线性空间的任意两个基所含向量的个数相同.

27. 证明过渡矩阵必是可逆矩阵.

28. 证明 $1, x-1, (x-1)^2,\cdots,(x-1)^n$ 是 $\mathbb{R}[x]_{n+1}$ 的一组基, 并求多项式 $f(x)=a_0+a_1x+a_2x^2+\cdots+a_nx^n$ 在该组基下的坐标.

29. 验证: 若 $(\alpha,\beta)_1$ 与 $(\alpha,\beta)_2$ 是欧氏空间 V 的两个不同的内积, 则 $(\alpha,\beta)=(\alpha,\beta)_1+(\alpha,\beta)_2$ 也是 V 的一个内积. 试创造一种新办法再构造 V 的一种内积.

30. 对 $x=(x_1,x_2)^{\mathrm{T}}$, $y=(y_1,y_2)^{\mathrm{T}}$, 规定

$$(x,y)=ax_1y_1+bx_1y_2+bx_2y_1+cx_2y_2.$$

证明 (x,y) 是 $\mathbb{R}^2$ 的内积 $\Longleftrightarrow a>0,\ ac>b^2$.

31. 设 $V=\{a\cos t+b\sin t:$ 其中 a,b 为任意实数$\}$ 是实二维线性空间. 对任意 $f,g\in V$, 定义

$$(f,g)=f(0)g(0)+f\left(\frac{\pi}{2}\right)g\left(\frac{\pi}{2}\right).$$

证明 (f,g) 是 V 上的内积, 并求 $h(t)=3\cos(t+7)+4\sin(t+9)$ 的长度.

32. 设欧氏空间 $\mathbb{R}[x]_2$ 中的内积为

$$(f,g)=\int_{-1}^{1}f(x)g(x)\mathrm{d}x.$$

(1) 求基 $1, t, t^2$ 的度量矩阵;

(2) 用矩阵乘法形式计算 $f(x) = 1 - x + x^2$ 与 $g(x) = 1 - 4x - 5x^2$ 的内积.

33. 设 $a_i, 1 \leqslant i \leqslant n$ 是正实数, x_i, y_i 是任意实数, 证明或否定不等式

$$\left(\sum_{i=1}^{n} a_i x_i y_i\right)^2 \leqslant \left(\sum_{i=1}^{n} a_i x_i^2\right)\left(\sum_{i=1}^{n} a_i y_i^2\right).$$

34. (1) 复数域 $\mathbb{C}$ 是实数域 $\mathbb{R}$ 上的二维线性空间. 是否存在 $\mathbb{C}$ 上的一个内积, 使得 i 与 $1+\mathrm{i}$ 成为 $\mathbb{C}$ 的一组标准正交基, 为什么?

(2) 试构造实线性空间 $\mathbb{R}^3$ 上的一个内积, 使得向量组 $e_1, e_1+e_2, e_1+e_2+e_3$ 是一组标准正交基. 问此时 e_2 与 e_3 的长度各是多少? 它们的夹角又是多少?

35. 试尽可能一般性地讨论习题 34 中的问题.

36. 证明 Cauchy-Schwarz 不等式与三角不等式.

37. 在欧氏空间 $\mathbb{R}^4$ 中, 求三个向量 $\alpha_1 = (1,0,1,1)^{\mathrm{T}}$, $\alpha_2 = (2,1,0,-3)^{\mathrm{T}}$ 和 $\alpha_3 = (1,-1,1,-1)^{\mathrm{T}}$ 所生成的子空间的一个标准正交基.

38. 定义任意内积空间 V 中两个向量 α 与 β 的距离为

$$d(\alpha, \beta) = \|\alpha - \beta\|.$$

证明如上定义的函数 $d(\alpha, \beta)$ 确实定义了 V 上一个距离, 即满足下列三个条件:

(d1) 对称性: $d(\alpha, \beta) = d(\beta, \alpha)$;

(d2) 非负性: $d(\alpha, \beta) \geqslant 0$, 且等号成立 $\Longleftrightarrow \alpha = \beta$;

(d3) 三角不等式: $d(\alpha, \beta) + d(\beta, \gamma) \geqslant d(\alpha, \gamma)$.

39. 设二维欧氏空间 V 的一组基为 α_1, α_2, 其度量矩阵为

$$\boldsymbol{A} = \begin{pmatrix} 5 & 4 \\ 4 & 5 \end{pmatrix}.$$

试求 V 的一个标准正交基到 α_1, α_2 的过渡矩阵.

40. 设 n 维内积空间 V 的一个基为 $\alpha_1, \alpha_2, \cdots, \alpha_n$, 该基的度量矩阵为 A. 设 $\alpha, \beta \in V$ 在该基下的坐标分别为 x 与 y.

(1) 证明 $(\alpha, \beta) = x^{\mathrm{T}} A \bar{y}$. 特别地, 当 V 为欧氏空间时, $(\alpha, \beta) = x^{\mathrm{T}} A y$.

(2) 证明 (1) 中内积的矩阵乘法形式与选取的基无关.

41. 设 $V = M_n(\mathbb{R})$ 或 $M_n(\mathbb{C})$. 设 $A = (a_{ij}), B = (b_{ij}) \in V$.

(1) 证明 $(A, B) = \mathrm{tr}(AB^*)$ 是 V 的一个内积;

(2) 按 (1) 的内积, 矩阵 A 的长度是多少? 哪些是单位向量?

(3) 证明或否定: 基本矩阵 $E_{ij}, 1 \leqslant i, j \leqslant n$ 是 V 的一组标准正交基;

(4) 求 $M_2(\mathbb{R})$ 的一组由可逆矩阵构成的标准正交基.

42. 设线性空间 $V = \mathbb{R}^2$ 是欧氏空间 (未必是通常的欧氏空间). 设 $\alpha_1 = (1,1)^{\mathrm{T}}, \alpha_2 = (1,-1)^{\mathrm{T}}$ 与 $\beta_1 = (0,2)^{\mathrm{T}}, \beta_2 = (6,12)^{\mathrm{T}}$ 是 V 的两组基. 设 α_j 与 β_k 的内积分别为

$$(\alpha_1, \beta_1) = 1, \quad (\alpha_1, \beta_2) = 15, \quad (\alpha_2, \beta_1) = -1, \quad (\alpha_2, \beta_2) = 3.$$

(1) 求两组基的度量矩阵;

(2) 求 V 的一个标准正交基.

43. 设 n 维欧氏空间 V 的一组基为 $\alpha_1,\alpha_2,\cdots,\alpha_n$. 证明: 存在正定矩阵 C, 使得由

$$(\beta_1,\beta_2,\cdots,\beta_n)=(\alpha_1,\alpha_2,\cdots,\alpha_n)C$$

确定的向量组 $\beta_1,\beta_2,\cdots,\beta_n$ 是 V 的一个标准正交基.

44. 设 A 是**反对称**实矩阵 (即 $A^{\mathrm{T}}=-A$), 证明:

(1) A 的特征值为 0 或纯虚数;

(2) 设 $\alpha+\beta\mathrm{i}$ 是 A 的属于一个非零特征值的特征向量, 其中 α,β 均为实向量, 则 α 与 β 正交.

45. 设 A 是 Hermite 矩阵. 如果对任意向量 x 均有 $x^*Ax=0$, 则 $A=0$.

46. 设 $A=\begin{pmatrix}1&-1\\-1&1\end{pmatrix}$. 定义 $\mathbb{R}^2$ 上的二元 (向量) 函数 $<x,y>$ 如下:

$$\langle x,y\rangle=x^{\mathrm{T}}Ay.$$

此二元函数与普通内积的差别是什么? 以此二元函数为基础, 建立相应的长度、角度等概念, 研究其中的正交与平行的定理.

47. 设 $f(x,y)$ 是 $\mathbb{C}^n$ 上的对称**双线性函数** (即 $f(x,y)=f(y,x)$ 且关于两个变元 x 与 y 均是线性的).

(1) 给出 $f(x,y)$ 的一般表达式;

(2) 证明方程 $f(x,x)=0$ 总有非零解;

(3) 设 $f(x,y)$ 非退化 (即若 $f(x,\alpha)=0,\forall x\in\mathbb{C}^n$, 则 $\alpha=0$), 证明存在线性无关的向量 α,β, 使得 $f(\alpha,\beta)=f(\beta,\alpha)=0$ 且 $f(\alpha,\beta)=1$.

48. 设 x 是矩阵 A 的一个特征向量, 证明相应于 x 的特征值为 x^*Ax/x^*x(此商称为 **Rayleigh**① **商**, 是研究特征值的重要工具). 据此研究 n 元二次型 x^*Ax 与 A 的特征值的关系.

49. Vandermonde (范德蒙德)② 行列式对应的矩阵称为 Vandermonde 矩阵. 研究 Vandermonde 矩阵是否可以对角化.

50. 设 $I=I_2$, 试求整数矩阵方程 $X^2=\pm I$ 的所有解. 试一般地讨论方程 $X^n=I_n$ 的解 (这样的整数矩阵称为周期矩阵), 其中 n 为某自然数. (提示: 利用特征多项式.)

51. 完整给出例 1.6.1 的解. (数值计算可以使用相关软件.)

52. 证明定理 1.6.1.

53. 证明 (1.6.3) 中的第二个等式.

54. 设 (1.6.1) 中的 n 阶消耗矩阵 C 的列和均小于 1, 设 Δx 为满足最终需求 Δd 的产出向量.

(1) 证明: 如果最终需求由 d 变为 $d+\Delta d$, 则新的产出向量必须为 $x+\Delta x$;

---

① Rayleigh 男爵, 全名 John William Strutt(1842—1919), 英国著名物理学家, 1904 年诺贝尔物理学奖得主.

② Alexandre-Théophile Vandermonde(1735—1796), 法国数学家、音乐家和化学家.

(2) 设 $\Delta d = e_1$ 是第一个标准向量, 证明 Δx 恰好是矩阵 $(I-C)^{-1}$ 的第一列. 解释这个结果.

55. 设图 G 的邻接矩阵为

$$A(G) = \begin{pmatrix} 1 & 1 & 0 & 2 \\ 1 & 1 & 1 & 1 \\ 0 & 1 & 0 & 0 \\ 2 & 1 & 0 & 0 \end{pmatrix},$$

求图 G.

第二章　矩阵与线性变换

引言　矩阵是什么

在线性代数中，矩阵是表示线性方程组的一种简便形式. 对于二元或三元线性方程组 $Ax=b$ 来说，其解 (集) 有非常直观的几何意义，即若干直线或平面的交集; 多元的情形也有类似的意义. 那么，矩阵是否也有类似的解释呢？从函数或映射的角度来理解，线性方程组 $Ax=b$ 的解 (集) 可以看成是在 $\mathbb{F}^n$ 到 $\mathbb{F}^m$ 的映射 $\sigma: x \mapsto Ax$ 下，向量 $b \in \mathbb{F}^m$ 的原像. 特别地，齐次线性方程组 $Ax=0$ 的解 (集) 恰好是映射 $\sigma: x \mapsto Ax$ 的"零点". 注意映射 $\sigma: x \mapsto Ax$ 满足下述两条简单性质:

(T1) (**可加性**) $\sigma(x+y)=\sigma(x)+\sigma(y)$;

(T2) (**齐次性**) $\sigma(ax)=a\sigma(x), \quad a \in \mathbb{F}$.

我们将在本章中证明，如果映射 $\sigma: \mathbb{F}^n \to \mathbb{F}^m$ 满足上述两条性质，则必然存在矩阵 $A_{m\times n}$ 使得 $\sigma(x)=Ax, \forall x \in \mathbb{F}^n$. 于是，求向量 $b \in \mathbb{F}^m$ 在 σ 下的原像等价于解线性方程组 $Ax=b$. 因此，矩阵 A 和满足条件 (T1) 与 (T2) 的映射 (此即本章的核心: 线性变换或线性映射) 之间具有非常深刻的天然联系，本章的目的即是研究二者之间的联系.

第一节　子空间: 直和与空间分解

复数域 $\mathbb{C}$ 是实数域 $\mathbb{R}$ 上的二维线性空间，实数域作为复数域的子集，其自身是实数域上的一维线性空间，这时我们称 $\mathbb{R}$ 是 $\mathbb{C}$ 的"子空间". 一般地，有下述定义:

定义 2.1.1 (子空间)　设 V 是一个线性空间，U 是 V 的一个非空子集. 如果 U 本身关于 V 的向量加法与数乘作成一个线性空间，则称 U 是 V 的一个线性子空间或子空间.

任何非零线性空间都至少有两个子空间，即零子空间 $\{0\}$ 与它自身，称为平凡子空间. 其余的子空间称为真子空间. 零子空间常简记为 0.

注意子空间的定义强调"关于 V 的向量加法与数乘"，比如 $\mathbb{R}$ 是 $\mathbb{C}$ 的子集且本身是线性空间，因此 $\mathbb{R}$ 是 $\mathbb{C}$ 的实线性子空间，但 $\mathbb{R}$ 却不是复线性空间 $\mathbb{C}$ 的子空间，因为 $\mathbb{R}$ 关于 $\mathbb{C}$ 的数乘并不封闭. 再比如，在第一章例 1.4.1 中，$V=\{$全体正实数$\}$ 是 $\mathbb{R}$ 的子集，V 本身也是实线性空间，但它并不是 $\mathbb{R}$ 的子空间，因为 V 的两个运算均与 $\mathbb{R}$ 中的不同.

例 2.1.1　$\mathbb{F}[x]_n$ 是多项式空间 $\mathbb{F}[x]$ 的一个 n 维子空间. 若把实系数多项式也看成闭区间 $[a,b]$ 上的函数, 则 $\mathbb{R}[x]$ 与 $\mathbb{R}[x]_n$ 都是 $[a,b]$ 上的连续函数空间 $C[a,b]$ 的子空间, 其中, $C[a,b]$ 的加法和数乘都是普通的.

一个有限维线性空间 V 的子空间 U 仍是有限维的, 且 U 的维数不超过 V 的维数; 且若二者维数相等, 则它们本身也是相等的. 这是因为, 由第一章推论 1.4.1, n 维线性空间中任意 n 个线性无关的向量均构成 V 的一组基.

下述简单易行的子空间判别准则 (证明见习题1) 告诉我们: 一个非空子集是子空间当且仅当它关于加法与数乘均封闭.

定理 2.1.1 (子空间判别法)　设 U 是线性空间 V 的一个非空子集. 则 U 是子空间 $\Longleftrightarrow$ 对任意 $\lambda \in \mathbb{F}, \alpha, \beta \in U$, 有 $\alpha+\beta \in U$ 与 $\lambda\alpha \in U$.

注意, 子空间必然包含 0 向量 (在平面或空间解析几何中, 就是子空间要过原点), 因此初学者不妨将此条也加入到上述准则中去.

可以直接验证子空间的下述性质 (见习题2):

命题 2.1.1　(1) 传递性: 即若 U 是 V 的子空间, W 是 U 的子空间, 则 W 也是 V 的子空间;

(2) 任意多个 (可以无限) 子空间的交集仍是子空间, 称为这些子空间的交, 且是含于这些子空间的最大子空间; 特别地, 两个子空间 U 与 W 的交 $U \bigcap W$ 仍是子空间.

一般来说, 两个子空间的并集 $U \bigcup W$ 不再是子空间. 为什么? 但 V 是包含 U 与 W 的一个子空间, 因此要问包含 U 与 W 的最小的子空间是否存在? 显然, 这样的子空间必须包含所有形如 $\alpha+\beta$, $\alpha \in U$, $\beta \in W$ 的向量. 将全体这样的向量构成的子集合记为 $U+W$, 由定理 2.1.1 可知 $U+W$ 是子空间, 且是包含 U 与 W 的最小的子空间, 称为 U 与 W 的**和**.

子空间的和的概念可以推广到任意有限多个子空间的情形. 设 $U_1, U_2, \cdots, U_s$ 是线性空间 V 的子空间, 则集合

$$\{\alpha_1+\alpha_2+\cdots+\alpha_s : \alpha_j \in U_j,\ 1 \leqslant j \leqslant s\}$$

也是子空间, 为什么? 称为 $U_1, U_2, \cdots, U_s$ 的和, 记为 $U_1+U_2+\cdots+U_s$ 或 $\sum\limits_{j=1}^{s} U_j$.

设 V 是线性空间, $S \subset V$, 称 V 的包含 S 的最小子空间为由 S 生成 (或张成) 的子空间, 记为 $\operatorname{span} S$, S 称为 $\operatorname{span} S$ 的生成元集. 显然, 当 $S=\varnothing$ 或 $S=\{0\}$ 时, $\operatorname{span} S = 0$ 是零维子空间; 若 $S=\{\alpha\}$ 是一元集且 $\alpha \neq 0$, 则 $\operatorname{span}\{\alpha\} = \{k\alpha : k \in \mathbb{F}\}$ 是一维子空间, 记为 $\mathbb{F}\alpha$; 若 $S=\{\alpha_1, \alpha_2, \cdots, \alpha_s\}$ 是有限集, 则记 $\operatorname{span} S = \operatorname{span}\{\alpha_1, \alpha_2, \cdots, \alpha_s\}$, 此时有

$$\operatorname{span}\{\alpha_1, \alpha_2, \cdots, \alpha_s\} = \{k_1\alpha_1+k_2\alpha_2+\cdots+k_s\alpha_s : k_j \in \mathbb{F}, 1 \leqslant j \leqslant s\}.$$

一般地, 直接验证可知,

$$\operatorname{span} S=\{k_1\alpha_1+k_2\alpha_2+\cdots+k_s\alpha_s : \alpha_j\in S, k_j\in\mathbb{F}, s\geqslant 0\},$$

即 $\operatorname{span} S$ 由 S 中元素的所有可能的 (有限) 线性组合构成. 特别地, 两个子空间 U 与 W 的和 $U+W=\operatorname{span} U\bigcup W$.

例 2.1.2　设 $V=M_n(\mathbb{R})$ 是 n 阶实矩阵构成的线性空间. 令 $D=${全体对角矩阵}, $U=${全体上三角矩阵}, $W=${全体下三角矩阵}. 则 D, U 与 W 均是 V 的子空间, 且 $U+W=V$; $U\bigcap W=D$; 但 $U\bigcup W$ 不是子空间 (加法不封闭). 其中 D 的维数等于 n; U 与 W 的维数均等于 $n(n+1)/2$; $U+W=V$ 的维数等于 n^2. 即

$$(\dim U+\dim W)-\dim(U+W)=\dim(U\bigcap W). \tag{2.1.1}$$

(请读者比较该公式与普通集合的计数公式: $|A\bigcup B|=|A|+|B|-|A\bigcap B|$, 其中 $|A|$ 表示 A 的元素个数.)

例 2.1.3　设 $V=\mathbb{R}[x]_n$, $U=\{f(x)\in V : f(1)=0\}$, $W=\{f(x)\in V : f(2)=0\}$, 则 $U+W=V$, $U\bigcap W=\{f(x)\in V : f(1)=0\text{ 且 } f(2)=0\}$. 但 $U\bigcup W=\{f(x)\in V : f(1)=0\text{ 或 } f(2)=0\}$ 不是子空间 (比如, $x-1+x-2\notin U\bigcup W$). 容易计算, $\dim U=n-1=\dim W$, $\dim(U\bigcap W)=n-2$. 故仍有 (2.1.1) 式.

定理 2.1.2 (维数定理)　设 V 是线性空间, U 与 W 是 V 的两个子空间, 则

$$\dim(U+W)=(\dim U+\dim W)-\dim(U\bigcap W). \tag{2.1.2}$$

证:　我们仅给出证明的思路, 细节见习题3. 设 $\dim U=s, \dim W=t$, $\dim(U\bigcap W)=r$. 任取 $U\bigcap W$ 的一组基 $\alpha_1,\alpha_2,\cdots,\alpha_r$. 由于 $U\bigcap W$ 是 U 与 W 的公共子空间, 故 $U\bigcap W$ 的基是 U 与 W 的线性无关的向量组, 因此可以扩充成 U 或 W 的基. 设

$$\alpha_1,\alpha_2,\cdots,\alpha_r,\beta_{r+1},\beta_{r+2},\cdots,\beta_s$$

与

$$\alpha_1,\alpha_2,\cdots,\alpha_r,\gamma_{r+1},\gamma_{r+2},\cdots,\gamma_t$$

分别是 U 与 W 的基, 则

$$\alpha_1,\alpha_2,\cdots,\alpha_r,\beta_{r+1},\beta_{r+2},\cdots,\beta_s,\gamma_{r+1},\gamma_{r+2},\cdots,\gamma_t$$

是 $U+W$ 的一组基. (为此只需证明该向量组线性无关, 且 $U+W$ 的任何向量均可由这些向量线性表示.)　□

由维数定理可知, 欲使子空间 $U+W$ 的维数最大, 必要且只要 $U\bigcap W=0$, 亦即 U 与 W 重合的部分最小. 这时我们称 $U+W$ 是**直和**, 记为 $U\oplus W$. 因此 $\dim(U\oplus W)=\dim U+\dim W$.

例 2.1.4 二维平面 $\mathbb{R}^2$ 是 x 轴与 y 轴 (均是一维子空间) 的直和. 类似地, $\mathbb{R}^3$ 是 x 轴, yOz 平面 (这是一个二维子空间) 的直和.

例 2.1.5 只含奇 (偶) 次项的多项式称为奇 (偶) 多项式. 零多项式既是奇多项式也是偶多项式. 全体奇 (偶) 多项式作成多项式空间的子空间, 称为奇 (偶) 多项式子空间. 多项式空间是奇多项式子空间与偶多项式子空间的直和.

例 2.1.6 n 阶矩阵空间 $M_n(\mathbb{F})$ 是纯量矩阵子空间 $\{A \in M_n : A = \lambda I, \lambda \in \mathbb{F}\}$ 与迹零子空间 $\{A \in M_n : \mathrm{tr}A = 0\}$ 的直和.

定理 2.1.3 (直和的判定) 设 U 与 W 是线性空间 V 的两个子空间, 则下列命题等价:

(1) $U + W$ 是直和 (即 $U \bigcap W = 0$);

(2) 对任意 $\alpha \in U + W$, 分解式 $\alpha = u + w$, 其中 $u \in U$, $w \in W$ 是唯一的, 即若还有 $\alpha = u' + w'$, 则 $u = u'$, $w = w'$;

(3) 零向量的分解式唯一, 即若 $0 = u + w$, $u \in U$, $w \in W$, 则 $u = w = 0$;

(4) $\dim(U + W) = \dim U + \dim W$.

注: 经常将定理 2.1.3(3) 作为直和的定义.

证: 由直和的定义, (1) 与 (4) 是等价的, 而 (2) 显然蕴涵 (3). 故只需证明 (3)$\Longrightarrow$(1)$\Longrightarrow$(2).

现设 (3) 成立, 而 $\alpha \in U \bigcap W$, 则 $-\alpha \in U \bigcap W$, 因此 $0 = \alpha + (-\alpha)$, 但零向量的分解式唯一, 故 $-\alpha = \alpha = 0$, 即 $U \bigcap W = 0$, 故 (1) 成立.

如果 (1) 成立, 而 $\alpha \in U + W$ 有两个分解式 $\alpha = u + w = u' + w'$, 其中 $u, u' \in U$, $w, w' \in W$, 则 $u - u' = w' - w$, 但 $u - u' \in U$, $w' - w \in W$, 从而 $u - u' = w' - w \in U \bigcap W = 0$, 即 $u = u', w' = w$, 故 (2) 成立. □

直和的概念可以推广到任意有限多个子空间, 即归纳地定义子空间 $W_1, W_2, \cdots, W_s$ 的直和 $W_1 \oplus W_2 \oplus \cdots \oplus W_s$ 为 $(W_1 + W_2 + \cdots + W_{s-1}) \oplus W_s$. 需要注意的是此时每一个子空间与其余子空间的和的交为 0.

类似两个子空间的直和的判定, 有下述多子空间直和的判定定理, 其证明留作习题.

定理 2.1.4 (多子空间直和的判定) 设 $W_1, W_2, \cdots, W_s$ 是线性空间 V 的子空间, 则下列命题等价:

(1) $W_1 + W_2 + \cdots + W_s$ 是直和, 即 $\dim(W_1 + W_2 + \cdots + W_s) = \dim W_1 + \dim W_2 + \cdots + \dim W_s$;

(2) $W_j \bigcap \sum\limits_{k \neq j} W_k = 0, 1 \leqslant j \leqslant s, 1 \leqslant k \leqslant s$;

(3) 任意向量 $\alpha \in W_1 + W_2 + \cdots + W_s$ 的分解式唯一;

(4) 零向量的分解式唯一.

例 2.1.7　三维实空间 $\mathbb{R}^3$ 是 x 轴、y 轴与 z 轴的直和, 即 $\mathbb{R}^3=\mathbb{R}\vec{i}\oplus\mathbb{R}\vec{j}\oplus\mathbb{R}\vec{k}$.

例 2.1.8　设 $\alpha_1,\alpha_2,\cdots,\alpha_n$ 是 n 维线性空间 V 的一组基, 则 $V=\mathbb{F}\alpha_1\oplus\mathbb{F}\alpha_2\oplus\cdots\oplus\mathbb{F}\alpha_n$. 因此每个有限维线性空间均可以分解成一维子空间的直和.

例 2.1.9　n 阶矩阵空间是严格上三角矩阵子空间、严格下三角矩阵子空间与对角矩阵子空间的直和.

设 V 是线性空间, U 是 V 的一个子空间, 则存在另一个子空间 W, 使得 $V=U\oplus W$(此仅需将 U 的一组基扩充成 V 的一组基即可, 新扩充的部分生成的子空间即是一个 W). W 称为 U 的**补子空间**. 显然 U 的补子空间一般不是唯一的.(什么时候唯一?)

例 2.1.10　设 $V=\mathbb{R}^3$. 则 V 的一维子空间就是通过原点的所有直线; 二维子空间就是通过原点的所有平面. 任何一个一维子空间的补子空间可以是任意一个不含该一维子空间的二维子空间. 反之亦然.

例 2.1.11　常数多项式子空间与常数项为 0 的多项式子空间互为补子空间.

例 2.1.12　设 A 是一个3阶实数矩阵, $V=\mathbb{R}^3$. 齐次线性方程组 $Ax=0$ 的解空间 U 是 V 的一个维数等于 $3-r(A)$ 的子空间; 其一个补空间恰是 A 的行空间 (由 A 的行向量所生成的子空间, 见下段) $\mathrm{span}\{A^1,A^2,A^3\}$.

我们需要特别关注与一个矩阵 $A_{m\times n}$ 相联系的下列四个子空间:

(1) A 的零 (化) 空间$N(\boldsymbol{A})$: 即齐次线性方程组 $Ax=0$ 的解空间;

(2) A 的列空间(或像空间, 值域)$R(A)$: 即 A 的列向量生成的子空间;

(3) A 的行空间$R(A^{\mathrm{T}})$: 即 A 的行向量生成的子空间;

(4) A 的左零 (化) 空间$N(A^{\mathrm{T}})$: 即线性方程组 $y^{\mathrm{T}}A=0$ 或 $A^{\mathrm{T}}x=0$ 的解空间.

注意, $N(A)$ 与 $R(A^{\mathrm{T}})$ 是 $\mathbb{F}^n$ 的子空间; 而 $R(A)$ 与 $N(A^{\mathrm{T}})$ 是 $\mathbb{F}^m$ 的子空间, 且有

$$\dim N(A)+\dim R(A^{\mathrm{T}})=n;\quad \dim N(A^{\mathrm{T}})+\dim R(A)=m.$$

于是, 矩阵的秩就是列空间与行空间的维数. 请注意, 行空间中的向量仍然看成是列向量.

计算矩阵的四个子空间的方法如下:

首先将A通过行初等变换化为其Hermite标准形 H_A. 因为 $Ax=0$ 等价于 $H_Ax=0$, 所以 $N(A)=N(H_A)$, 同时, 由于行初等变换不改变列向量之间的线性关系, 从而由 H_A 的列向量的极大线性无关组可得到 A 的列向量的极大线性无关组, 这就是 $R(A)$ 的一组基; 其次, H_A 的行是 A 的行的线性组合, 于是 A 的行空间等于 H_A 的行空间, 即 $R(A^{\mathrm{T}})=R(H_A^{\mathrm{T}})$. 但由 H_A 不能同时得出 A 的左零化空间. 为此, 需要记录将 A 化为Hermite标准形时的可逆矩阵 P(参看下例), 即 $PA=H_A$. 设 $r(A)=r$, 则 H_A 的最后 $m-r$ 行均为0, 由矩阵乘法的行向量结构可知, 矩阵 P 的最后 $m-r$ 行是齐次线性方程组 $y^{\mathrm{T}}A=0$ 的线性无关解, 因此它们恰好是 A 的左零化空间 $N(A^{\mathrm{T}})$ 的一组基.

例 2.1.13　设

$$A=\begin{pmatrix}1&1&2\\0&1&1\\1&2&3\end{pmatrix},$$

求 A 的四个相关子空间.

解: 将 A 化为 Hermite 标准形, 并记录相应的可逆矩阵 P:

$$(A,I_3)=\begin{pmatrix}1&1&2&1&0&0\\0&1&1&0&1&0\\1&2&3&0&0&1\end{pmatrix}\longrightarrow\begin{pmatrix}1&0&1&1&-1&0\\0&1&1&0&1&0\\0&0&0&-1&-1&1\end{pmatrix}=(H_A,P),$$

由此可得 $PA=H_A$, 即

$$\begin{pmatrix}1&-1&0\\0&1&0\\-1&-1&1\end{pmatrix}\begin{pmatrix}1&1&2\\0&1&1\\1&2&3\end{pmatrix}=\begin{pmatrix}1&0&1\\0&1&1\\0&0&0\end{pmatrix}.$$

从而矩阵 A 的秩 $=2$, 而 H_A 的前两列线性无关, 所以 A 的前两列线性无关, 即

$$R(A)=\mathrm{span}\{A_1,A_2\}=\mathrm{span}\{(1,0,1)^{\mathrm{T}},(1,1,2)^{\mathrm{T}}\};$$

$$R(A^{\mathrm{T}})=R(H_A^{\mathrm{T}})=\mathrm{span}\{(H_A^1)^{\mathrm{T}},(H_A^2)^{\mathrm{T}}\}=\mathrm{span}\{(1,0,1)^{\mathrm{T}},(0,1,1)^{\mathrm{T}}\};$$

$$N(A)=N(H_A)=\mathrm{span}\{(-1,-1,1)^{\mathrm{T}}\}.$$

最后, 为了求出 $N(A^{\mathrm{T}})$, 可考察矩阵 P, 它的最后一行左乘 A 为零向量, 故它是 $xA=0$ 的解. 于是

$$N(A^{\mathrm{T}})=\mathrm{span}\{(P^3)^{\mathrm{T}}\}=\mathrm{span}\{(-1,-1,1)^{\mathrm{T}}\}.$$

思　考　题

1. 两个子空间的并何时是子空间?
2. 两个向量张成的子空间的几何意义是什么?
3. 两个子空间的交、并与和的几何意义分别是什么?
4. 实数域 $\mathbb{R}$ 作为实线性空间的所有子空间是什么? 作为有理数域上的线性空间呢?
5. 复数域 $\mathbb{C}$ 作为实线性空间的所有子空间是什么? 作为复数域上的线性空间呢?
6. 解释 3 阶矩阵 A 的四个子空间的几何意义和相互位置关系.
7. 设 $\mathbb{F}=\mathbb{C}$ 或 $\mathbb{R}$, 则 $\mathbb{F}$ 上的 n 元二次型全体构成 $\mathbb{F}$ 上的线性空间 (第一章第五节思考题 5). 全体半正定二次型是否是该线性空间的子空间? 全体不定二次型呢?

8. 设 $\mathbb{F}=\mathbb{C}$ 或 $\mathbb{R}$, 则 $\mathbb{F}$ 上的 n 维双线性型全体构成 $\mathbb{F}$ 上的线性空间 (第一章第五节思考题 5). 全体 n 维对称双线性型是否是该线性空间的子空间?

第二节 矩阵与线性变换

为了比较两个线性空间, 需要建立两者之间具有一定性质的映射, 最基本的性质当然是 (T1) 与 (T2). 以实数域 $\mathbb{R}$ 为例, 设 f 是从 $\mathbb{R}$ 到 $\mathbb{R}$ 自身的满足 (T1) 与 (T2) 的映射 (此时是普通的函数), 则由 (T2) 可得, 对任意 $x\in\mathbb{R}, f(x)=xf(1)$, 于是 $f(x)=kx$, 即某正比例函数或线性函数, 故线性变换可以看成是线性函数的推广. 现若 f 仍满足 (T1) 与 (T2), 而仅将其定义域 $\mathbb{R}$ 变为 $\mathbb{R}^2$, 值域仍为 $\mathbb{R}$, 则容易得到 (请计算!) $f(x,y)=ax+by$, 其中 $a=f(1,0)$, 而 $b=f(0,1)$. 这是二元线性函数. 进一步, 如果将 f 的定义域与值域 $\mathbb{R}$ 均变为 $\mathbb{R}^2$ 会发生什么情况? 满足条件 (T1) 与 (T2) 的对应是否仍然存在呢?

例 2.2.1 考虑平面坐标系中坐标轴的旋转. 假定坐标轴顺时针旋转了 θ 角度, 于是原坐标系中的点 $P(x,y)$ 将变为 $P'(x',y')$. 现在的问题是两种坐标间的关系, 此即所谓转轴公式:

$$\begin{aligned} x &= x'\cos\theta + y'\sin\theta, \\ y &= -x'\sin\theta + y'\cos\theta. \end{aligned} \tag{2.2.1}$$

可以看出, 如果点 P 与 Q 分别被变到点 P' 与 Q', 则点 $P+Q$ 与 kP (平面可以定义向量加法与数乘从而构成线性空间!) 将被分别变到点 $P'+Q'$ 与 kP'! 现将任意一个点 $P(x,y)$ 记成 α, 旋转后的点记成 $f(\alpha)$, 则有

$$f(\alpha+\beta)=f(\alpha)+f(\beta);\quad f(k\alpha)=kf(\alpha).$$

这就是 (T1) 与 (T2). 另外, 转轴公式中的两个等式各自表示一个二元线性函数, 因此平面坐标系中的旋转变换是两个二元线性函数.

例 2.2.2 考察定义在 $\mathbb{R}$ 上的全体无限次可微函数的集合 V(这是一个无限维实线性空间) 的求导运算 $\partial: f(x)\mapsto f'(x)$, 它是 V 到自身的一个映射. 由高等数学或数学分析,

$$\partial(f+g)=\partial(f)+\partial(g);\quad \partial(kf)=k\partial(f).$$

类似地, 变上限的定积分 $f(x)\mapsto \displaystyle\int_a^x f(x)\,\mathrm{d}x$ 也给出 V 到自身的一个满足 (T1) 与 (T2) 的映射, 只不过此时的“自变量”是函数, 函数值也是函数.

例 2.2.3 考察 n 阶线性常微分方程

$$y^{(n)}+f_1(x)y^{(n-1)}+f_2(x)y^{(n-2)}+\cdots+f_{n-1}(x)y'+f_n(x)y=0, \tag{2.2.2}$$

其中 $y^{(i)} = \dfrac{\mathrm{d}^i y}{\mathrm{d}x^i}, i = 1, 2, \cdots, n$. 如果将方程的左边记为 $L(y)$, 则 $L : y \mapsto L(y)$ 给出全体 $\geqslant n$ 阶可导函数之集合到全体实函数之集合的映射 (二者均是无限维实线性空间), 显然 L 满足 (T1) 与 (T2). 微分方程 (2.2.2) 的解恰好是映射 L 的“零点”集 $\{y : L(y) = 0\}$.

例 2.2.4 考虑函数 $f(x)$ 的 Laplace 变换

$$L(f(x)) = \int_{-\infty}^{+\infty} f(t)\mathrm{e}^{-\mathrm{i}xt}\,\mathrm{d}\,t.$$

则 L 满足 (T1) 与 (T2). (读者可以自证其反演公式也满足这两个条件.)

可以看出, 满足条件 (T1) 与 (T2) 的映射不但基本而且广泛存在, 于是有下面的定义:

定义 2.2.1 设 U 与 V 是两个线性空间. U 到 V 内的一个映射 σ 如果满足可加性条件 (T1) 与齐次性条件 (T2), 则称 σ 是 U 到 V 的线性变换 (Linear Transformation) 或线性映射 (Linear Mapping).

一般将 U 到自身的线性变换称为线性算子 (本书将不区分线性变换、线性映射和线性算子这三个名词), U 到 V 的线性变换全体记为 $\mathrm{Hom}(U, V)$ (或更精确地, 记为 $\mathrm{Hom}_{\mathbb{F}}(U, V)$). 特别地, 将 $\mathrm{Hom}(V, V)$ 记为 $\mathrm{End}\,V$, 而将 $\mathrm{Hom}(V, \mathbb{F})$ 记为 V^*, 称为 V 的**对偶空间**或**共轭空间**.

例 2.2.5 对偶空间的最简单例子是 $\mathrm{Hom}_{\mathbb{R}}(\mathbb{R}, \mathbb{R}) = \mathbb{R}^*$, 即由全体正比例实函数构成的集合, 因为每个正比例函数的几何意义是通过原点的直线, 故对偶空间也可以理解为全体通过原点的直线. 稍后我们将看到, 这样的理解实际上恰好解释了“对偶”一词.

设 $\sigma \in \mathrm{Hom}(U, V)$. 则当 σ 作为映射是单的 (或满的) 时, 称 σ 是单变换 (或满变换); 既单又满的变换称为同构. 如果存在同构 $\sigma \in \mathrm{Hom}(U, V)$, 则 U 与 V 称为是同构的线性空间, 记为 $U \cong V$.

注 1: 可加性条件 (T1) 与齐次性条件 (T2) 等价于:

$$\sigma(a\alpha + b\beta) = a\sigma(\alpha) + b\sigma(\beta), \quad a, b \in \mathbb{F},\ \alpha, \beta \in U. \tag{2.2.3}$$

满足上述公式的映射称为“保持线性性质”(因此线性变换就是“保持线性性质”的映射). 重复使用上述公式, 即可导出计算上非常有用的“线性叠加原理”

$$\sigma(a_1\alpha_1 + \cdots + a_s\alpha_s) = a_1\sigma(\alpha_1) + \cdots + a_s\sigma(\alpha_s), \quad a_j \in \mathbb{F},\ \alpha_j \in U. \tag{2.2.4}$$

一般来说, 称函数或映射 f 是 r-齐次的是指: 存在固定的常数 r, 使得对任意的 x 均有 $f(kx) = k^r f(x)$. 但如果 f 还满足可加性条件, 则 r-齐次性必是齐次性, 即有 $r = 1$, 请读者自证.

注 2: 如果 $\mathbb{F}$ 是有理数域$\mathbb{Q}$, 则容易证明可加性蕴涵齐次性. 因为由 (T1) 可知, 对任意正整数 n, m 有

$$f(2x) = f(x+x) = 2f(x),\ f(nx) = f(x+(n-1)x) = nf(x).$$

故有

$$f(nx) = f\left(m \times \left(\frac{n}{m}x\right)\right) = mf\left(\frac{n}{m}x\right),$$

即可得

$$f\left(\frac{n}{m}x\right) = \frac{n}{m}f(x),$$

即对任意正有理数 r, 有

$$f(rx) = rf(x).$$

但由 $f(0) = f(0+0) = f(0)+f(0)$, 故有 $f(0) = 0$, 从而 $0 = f(x+(-x)) = f(x)+f(-x)$, 即有 $f(-x) = -f(x)$, 故知条件 T(2) 对所有有理数成立.

请读者举例说明, 即使 $\mathbb{F}$ 是有理数域 $\mathbb{Q}$, 齐次性条件 (T2) 也不必蕴涵可加性条件 (T1).

一般将满足可加性的映射称为加性映射, 对非有理数域的其他数域 $\mathbb{F} \subseteq \mathbb{C}$, 加性映射未必是齐次的, 如下例.

例 2.2.6 设 $\mathbb{F} = \mathbb{Q}(\sqrt{2})$, 则数域 $\mathbb{F}$ 是其自身上的一维线性空间. 对任意 $\alpha = a + b\sqrt{2} \in \mathbb{F}, a, b \in \mathbb{Q}$, 定义

$$\sigma(\alpha) = \sigma(a + b\sqrt{2}) = a,$$

则 σ 显然是 $\mathbb{F}$ 到自身的一个加性映射; 但 σ 不满足齐次性条件, 因为

$$\sigma(\sqrt{2} \cdot \sqrt{2}) = \sigma(2) = 2,\ 而\ \sqrt{2}\sigma(\sqrt{2}) = 0.$$

例 2.2.7 (非线性变换的例子) 平面上的极坐标变换

$$\begin{pmatrix} r \\ \theta \end{pmatrix} \longmapsto \begin{pmatrix} r\cos\theta \\ r\sin\theta \end{pmatrix} \tag{2.2.5}$$

不是线性变换. 类似地, 空间中的柱面坐标变换与球面坐标变换也不是线性变换.

由定义立即可得线性变换如下的简单性质.

命题 2.2.1 (1) $\sigma(0) = 0,\ \sigma(-\alpha) = -\sigma(\alpha)$;

(2) 若 $\alpha_1, \alpha_2, \cdots, \alpha_s$ 线性相关, 则 $\sigma(\alpha_1), \sigma(\alpha_2), \cdots, \sigma(\alpha_s)$ 也线性相关;

(3) 若 $\sigma(\alpha_1), \sigma(\alpha_2), \cdots, \sigma(\alpha_s)$ 线性无关, 则 $\alpha_1, \alpha_2, \cdots, \alpha_s$ 也线性无关.

(结论 (2) 与 (3) 的逆命题见习题 15.)

注意性质 $\sigma(0)=0$ 的几何意义就是线性变换必须保持原点不动, 因此平面或空间解析几何中的平移变换一般不是线性变换 (何时是线性变换?).

定理 2.2.1 (线性变换的构造)　设 $\alpha_1, \alpha_2, \cdots, \alpha_n$ 是线性空间 U 的一组基, $\beta_1, \beta_2, \cdots, \beta_n$ 是线性空间 V 的任意 n 个向量, 则唯一地存在一个线性变换 σ, 使得 $\sigma(\alpha_j)=\beta_j, 1\leqslant j\leqslant n$.

证明思路: 如果线性变换 σ 满足条件, 则 σ 必须将 U 中任意向量 $\alpha=k_1\alpha_1+k_2\alpha_2+\cdots+k_n\alpha_n$ 映到

$$\sigma(\alpha)=k_1\sigma(\alpha_1)+k_2\sigma(\alpha_2)+\cdots+k_n\sigma(\alpha_n)=k_1\beta_1+k_2\beta_2+\cdots+k_n\beta_n.$$

容易验证, 如上定义的映射 σ 确是一个 U 到 V 的满足条件 $\sigma(\alpha_j)=\beta_j, 1\leqslant j\leqslant n$ 的线性变换, 且是唯一可能满足这些条件的线性变换. □

注 1: 上述证明中构造线性变换 σ 的方法是基本的, 称为"线性扩展法", 即确定一组基的像, 再对任意的向量, 定义其像就是相应于基元素的像的线性组合.

注 2: 定理 2.2.1 告诉我们, 要确定一个定义域为 n 维线性空间的线性变换, 只需要知道该线性变换在一组基下的像就足够了. 因此, 表达一个线性变换, 只需要列出其在一组基下的像即可. 这有些类似于确定一个一元 n 次多项式只需要知道该多项式在 $n+1$ 个不同点的值就行了.

例 2.2.8 (线性函数)　为了确定一个从 $\mathbb{R}^n$ 到 $\mathbb{R}$ 的线性变换 σ, 我们只需要知道它在任意一组基下的值. 为简单起见, 假设我们知道了 σ 在标准基下的值, 设

$$\sigma(e_i)=a_i,\ 1\leqslant i\leqslant n.$$

则对任意 $x=(x_1, x_2, \cdots, x_n)^{\mathrm{T}}\in\mathbb{R}^n$, 有

$$\sigma(x)=\sigma\left(\sum_{i=1}^n x_ie_i\right)=\sum_{i=1}^n x_i\sigma(e_i)=\sum_{i=1}^n a_ix_i.$$

因此从 $\mathbb{R}^n$ 到 $\mathbb{R}$ 的线性变换 σ 恰好就是 n 元线性函数. 换句话说, $\mathbb{R}^n$ 的对偶空间 $(\mathbb{R}^n)^*$ 就是 n 元线性函数的集合. 容易看出, $(\mathbb{R}^n)^*$ 在函数的自然加法和数乘下构成线性空间.

实际上, 任何线性空间 V 的对偶空间 V^* 都有一个自然的线性空间结构. 更一般地, 稍后我们将看到 $\mathbb{F}$ 上的线性空间 U 到 V 的全体线性变换之集合 $\mathrm{Hom}_{\mathbb{F}}(U,V)$ 都有一个自然的 $\mathbb{F}$ 线性空间结构.

下面介绍一些特殊的线性变换:

(1) 零变换: 将线性空间 V 的所有向量均变为 $0\,(\in V)$ 向量的变换, 称为零变换, 记为 0 (更确切地, 0_V); 即对任意 $\alpha\in V$, 有 $0(\alpha)=0$.

(2) **恒等变换**: 将线性空间 V 中任意向量均变为自己的变换, 称为恒等变换或单位变换, 记为 I_V(或简单地记为 I 或 1); 即对任意 $\alpha \in V$, $I(\alpha) = \alpha$. 恒等变换显然是 V 到自身的同构 (称为 V 的**自同构**).

(3) **位似**: 设 $k \in \mathbb{F}$. 将线性空间 V 的任意向量 α 变为 $k\alpha$ 的变换 σ 称为 (伸缩) 系数为 k 的位似, 即 $\sigma(\alpha) = k\alpha$. 零变换与恒等变换分别是 $k = 0$ 与 $k = 1$ 时的位似. 非零位似均是自同构.

(4) **可逆变换**: 设线性变换 $\sigma \in \mathrm{Hom}(U, V)$, 如果存在线性变换 $\tau \in \mathrm{Hom}(V, U)$ 使得对任意 $\alpha \in U, \beta \in V$, 均有 $\tau(\sigma(\alpha)) = \alpha, \sigma(\tau(\beta)) = \beta$, 则称 σ 是可逆线性变换, τ 称为其逆变换. 可以证明: 如果 σ 的逆变换存在则必定唯一, 其逆记为 σ^{-1}, 且 $(\sigma^{-1})^{-1} = \sigma$(习题 16).

比如, 任何系数为 $k(k \neq 0)$ 的位似均是可逆的, 且其逆变换是系数为 k^{-1} 的位似. 又如, 例 2.2.1 中的旋转变换就是线性空间 $\mathbb{R}^2$ 的可逆线性变换, 其逆变换就是顺时针旋转 θ 角度或逆时针旋转 $-\theta$ 角度.

例 2.2.9 由于 $\mathbb{R}$ 上的线性变换就是线性函数 (即正比例函数), 故 $\mathbb{R}$ 上的可逆线性变换 f 的逆变换就是 f 的反函数 f^{-1}.

例 2.2.10 设 $A \in M_n(\mathbb{F})$. 考虑 $\mathbb{F}^n$ 上的由 A 定义的线性变换 $\sigma_A : x \mapsto Ax$, 则 σ_A 可逆 $\Longleftrightarrow$ 矩阵 A 可逆, 且此时 $\sigma^{-1} : x \mapsto A^{-1}x$, 即 $(\sigma_A)^{-1} = \sigma_{A^{-1}}$.

例 2.2.11 (相似变换) 设 P 是 n 阶可逆矩阵, 则

$$X \mapsto P^{-1}XP \tag{2.2.6}$$

是矩阵空间 $M_n(\mathbb{F})$ 的一个自同构, 称为由 P 诱导的相似变换或共轭变换. 任何矩阵 A 在相似变换下的像是与 A 相似的矩阵.

和线性变换 $\sigma \in \mathrm{Hom}(U, V)$ 密切相关的有两个集合, 一个是其“零点”集 $\{\alpha \in U : \sigma(\alpha) = 0\}$, 称为 σ 的核, 记为 $\mathrm{Ker}(\sigma)$ 或 $\sigma^{-1}(0)$; 另一个是其“函数值”的集合, 即 $\{\alpha \in V : \exists \beta \in U, \text{使得}\, \alpha = \sigma(\beta)\}$, 称为 σ 的像, 记为 $\mathrm{Im}(\sigma)$ 或 $\sigma(U)$. 易证: $\mathrm{Ker}\sigma$ 与 $\mathrm{Im}\sigma$ 分别是 U 与 V 的子空间 (见习题 17), 其维数分别记为 $\eta(\sigma)$ 与 $r(\sigma)$, 称为 σ 的**零度**与**秩**.

例 2.2.12 设 $U = \mathbb{F}^n$, $V = \mathbb{F}^m$, A 是一个 $m \times n$ 矩阵. 对任意 $x \in U$, 定义 U 到 V 的线性变换 σ 为 $\sigma(x) = Ax$, 则 σ 的核就是 A 的零空间, σ 的零度恰好等于 $n - r(A)$ (故此数又称为矩阵 A 的零度). σ 的像空间就是 A 的列空间 $R(A)$, σ 的秩就是 A 的秩 $r(A)$.

例 2.2.13 设 U 是 V 的子空间. 对任意 $x \in U$, 定义 U 到 V 的映射 ι 为 $\iota(x) = x$. 那么, ι 是线性变换, 常称为**包含映射**. 显然, 包含映射是单的.

例 2.2.14 设 U, V 是 $\mathbb{F}$ 上的线性空间 (不必有限维), $\sigma \in \mathrm{Hom}(U, V)$. 定义 U 到线性空间 $\mathrm{Im}(\sigma)$ 的映射 $\widetilde{\sigma}$ 为 $\widetilde{\sigma}(x) = \sigma(x)$, 则 $\widetilde{\sigma}$ 是线性变换. 显然, $\widetilde{\sigma}$ 是满的. 于是,

由一个线性变换 σ 可以诱导出如下三个线性变换

$$\mathrm{Ker}(\sigma) \xrightarrow{\iota} U \xrightarrow{\widetilde{\sigma}} \mathrm{Im}(\sigma) \xrightarrow{\iota} V,$$

其中两个 ι 均为包含映射 (同一符号不同映射).

利用核空间与像空间可以给出单变换与满变换的简洁刻画.

定理 2.2.2 设 U, V 是 $\mathbb{F}$ 上的线性空间 (不必有限维), $\sigma \in \mathrm{Hom}(U, V)$, 则

(1) σ 是单的 $\Longleftrightarrow \mathrm{Ker}(\sigma) = 0$;

(2) σ 是满的 $\Longleftrightarrow \mathrm{Im}(\sigma) = V$;

(3) σ 是同构 $\Longleftrightarrow \sigma$ 可逆.

特别地, 如果 $U = V$ 是有限维线性空间, $\sigma \in \mathrm{End}V$, 则 σ 是单的 $\Longleftrightarrow \sigma$ 是满的 $\Longleftrightarrow \sigma$ 可逆.

证: 我们仅给出 (3) 的证明框架, 其余见习题 16. 显然, 可逆线性变换必然既是单映射也是满映射, 即可逆线性变换必是同构. 反过来, 定义同构变换 $\sigma \in \mathrm{Hom}(U, V)$ 的逆变换 τ 如下: 对任意 $\beta \in V$, 由于 σ 是满的, 故存在 $\alpha \in U$ 使得 $\sigma(\alpha) = \beta$. 令

$$\tau : \beta \mapsto \alpha,$$

由于 σ 是单的, 故上面的定义是合理的. 验证 $\tau\sigma = I_U,\quad \sigma\tau = I_V$ 以及 τ 是线性变换即可. □

设 $\sigma \in \mathrm{Hom}(U, V)$, 我们知道, σ 由其在任何一组基下的像唯一确定, 因此我们需要了解两件事：第一, 这组基的像是什么？第二, 每个向量 $\alpha \in U$ 的像是什么？

设 $\alpha_1, \alpha_2, \cdots, \alpha_n$ 是 U 的一组基, $\alpha'_1, \alpha'_2, \cdots, \alpha'_m$ 是 V 的一组基. 设

$$\begin{aligned}
\sigma(\alpha_1) &= a_{11}\alpha'_1 + a_{21}\alpha'_2 + \cdots + a_{m1}\alpha'_m,\\
\sigma(\alpha_2) &= a_{12}\alpha'_1 + a_{22}\alpha'_2 + \cdots + a_{m2}\alpha'_m,\\
&\cdots\cdots\\
\sigma(\alpha_n) &= a_{1n}\alpha'_1 + a_{2n}\alpha'_2 + \cdots + a_{mn}\alpha'_m,
\end{aligned}$$

或用矩阵形式表达为

$$(\sigma(\alpha_1), \sigma(\alpha_2), \cdots, \sigma(\alpha_n)) = (\alpha'_1, \alpha'_2, \cdots, \alpha'_m)A, \tag{2.2.7}$$

其中 $A = (a_{ij}) \in \mathbb{F}^{m\times n}$ 称为 σ 关于 α-基和 α'-基的矩阵. 特别地, 如果 $U = V$, α-基等于 α'-基, 则 σ 关于 α-基和 α-基的矩阵简称为 σ 关于 α-基的矩阵.

公式 (2.2.7) 的左端一般简记为 $\sigma(\alpha_1, \alpha_2, \cdots, \alpha_n)$, 即有

$$\sigma(\alpha_1, \alpha_2, \cdots, \alpha_n) = (\alpha'_1, \alpha'_2, \cdots, \alpha'_m)A.$$

这样的简写有两个含义：其一是简化记号；其二是强调“线性变换”是作用在“向量”上而非系数上 (线性变换的齐次性)! 从而系数、坐标或坐标形成的矩阵都可以拿到线性变换的外面!

公式 (2.2.7) 描述了一组基在线性变换下的像，由此立即可得任何向量在该线性变换下的像，即有下述定理.

定理 2.2.3 (线性变换下的坐标变换)　设线性变换 $\sigma \in \mathrm{Hom}(U, V)$ 在 α-基和 α'-基下的矩阵为 A, 向量 $\alpha \in U$ 在 α-基下的坐标为 x, 则 $\sigma(\alpha)$ 在 α'-基下的坐标为 Ax.

例 2.2.15　为计算例 2.2.1 的旋转变换 σ 在标准基 $e_1 = (1,0)^{\mathrm{T}}, e_2 = (0,1)^{\mathrm{T}}$ 下的矩阵 A, 需要计算 $\sigma(e_1), \sigma(e_2)$. 直接计算可得, $\sigma(e_1) = (\cos\theta, \sin\theta)^{\mathrm{T}}$, $\sigma(e_2) = (-\sin\theta, \cos\theta)^{\mathrm{T}}$. 故

$$A = \begin{pmatrix} \cos\theta & -\sin\theta \\ \sin\theta & \cos\theta \end{pmatrix}.$$

例 2.2.16　设 $V = \mathbb{F}^n$, σ 是 V 的线性变换, 其在标准基 $e_1, e_2, \cdots, e_n$ 下的矩阵为 A, 则对任意 $\alpha = (x_1, x_2, \cdots, x_n)^{\mathrm{T}} = (e_1, e_2, \cdots, e_n)(x_1, x_2, \cdots, x_n)^{\mathrm{T}}$, 有

$$\begin{aligned}\sigma(\alpha) &= \sigma(e_1, e_2, \cdots, e_n)(x_1, x_2, \cdots, x_n)^{\mathrm{T}} \\ &= (e_1, e_2, \cdots, e_n)A(x_1, x_2, \cdots, x_n)^{\mathrm{T}} = A(x_1, x_2, \cdots, x_n)^{\mathrm{T}}.\end{aligned}$$

即 $\sigma : \alpha \mapsto A\alpha$. 换句话说, $\mathbb{F}^n$ 的线性变换几乎就是左乘一个矩阵 (只要选取标准基). 进一步, 设 $A = (a_{ij})$, 则

$$\begin{aligned}\sigma(\alpha) &= A(x_1, x_2, \cdots, x_n)^{\mathrm{T}} \\ &= (a_{11}x_1 + a_{12}x_2 + \cdots + a_{1n}x_n, \cdots, a_{n1}x_1 + a_{n1}x_2 + \cdots + a_{nn}x_n)^{\mathrm{T}} \\ &= (\sigma_1(\alpha), \cdots, \sigma_n(\alpha)),\end{aligned}$$

其中, $\sigma_j(\alpha) = a_{j1}x_1 + a_{j2}x_2 + \cdots + a_{jn}x_n$, $1 \leqslant j \leqslant n$ 恰好是 n 元线性函数; 换句话说, 线性变换不过是多个多元线性函数而已.

上例具有普遍意义, 即对有限维线性空间而言, 线性变换与矩阵是一回事. 稍后我们将确切地描述这个事实.

由于线性空间有不同的基, 自然要问线性变换在不同基下的矩阵有何联系? 为此, 设

$$\{\alpha_1, \alpha_2, \cdots, \alpha_n\}, \quad \{\beta_1, \beta_2, \cdots, \beta_n\}$$

是 U 的两组基, P 是由 α-基到 β-基的过渡矩阵; 设

$$\{\alpha_1', \alpha_2', \cdots, \alpha_m'\}, \quad \{\beta_1', \beta_2', \cdots, \beta_m'\}$$

是 V 的两组基, Q 是由 α'-基到 β'-基的过渡矩阵. 设 $\sigma \in \mathrm{Hom}(U,V)$ 关于 α-基和 α'-基的矩阵为 A, 关于 β-基和 β'-基的矩阵为 B. 设 $\alpha = (\alpha_1, \alpha_2, \cdots, \alpha_n)x$, 问 $\sigma(\alpha)$ 关于 β'-基的坐标是什么?

首先, α 关于 β-基的坐标为 $P^{-1}x$; 再按公式 (2.2.7), $\sigma(\alpha)$ 关于 α'-基的坐标为 Ax, 关于 β'-基的坐标为 $BP^{-1}x$. 故由坐标变换公式得, $Q^{-1}Ax = BP^{-1}x$. 故 $Q^{-1}A = BP^{-1}$, 即 $QB = AP$ 或

$$B = Q^{-1}AP. \tag{2.2.8}$$

实际上, 线性空间的由 α-基到 β-基的过渡矩阵也是一个线性变换 σ 在 α-β-基下的矩阵, 只要定义 σ 将 α-基的第 i 个基向量对应到 β-基的第 i 个基向量即可. 因此公式 (2.2.8) 不过是说下面的图是交换图 (即两组用矩阵表达的线性变换的合成相等).

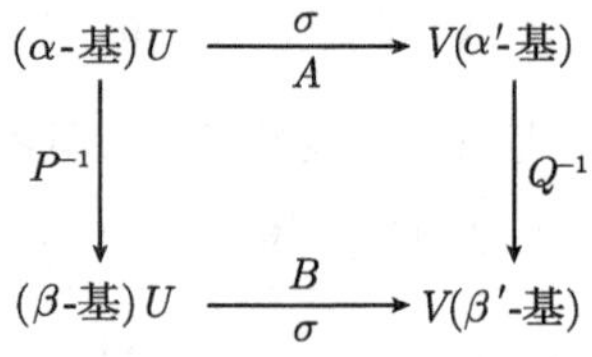

图 2.2.1

注： 公式 (2.2.8) 说明线性变换在 α-α'-基下的矩阵与在 β-β'-基下的矩阵是等价的; 反过来, 如果两个同阶矩阵 A 与 B 是等价的, 即公式 (2.2.8) 成立, 则可以构造相应的线性变换 σ, 使得 A 与 B 分别是 σ 在 α-α'-基与 β-β'-基下的矩阵, 见本节思考题 5.

现假定 $U = V$ 且 α-基等于 α'-基, β-基等于 β'-基, 于是图 2.2.1 中的矩阵 P 与 Q 相等, 则公式 (2.2.8) 变为

$$B = P^{-1}AP. \tag{2.2.9}$$

这就是下面的定理.

定理 2.2.4　设 V 是 n 维线性空间, σ 是 V 的一个线性变换. 设 $\alpha_1, \cdots, \alpha_n$ 与 $\beta_1, \cdots, \beta_n$ 是 V 的两组基, A 与 B 分别是 σ 关于该两组基的矩阵, 则 A 与 B 相似.

该定理揭示了相似矩阵 $B = P^{-1}AP$ 的实质, 即它们不过是同一线性变换在不同基下的矩阵而已, 而矩阵 P 不过是两个基之间的过渡矩阵. 因此相似矩阵具有相同的特征值就不难理解了. 由于相似矩阵具有相同的行列式和迹, 因此我们将线性变换 σ 在任意一组基下的矩阵的行列式和迹称为 σ 的行列式与迹, 分别记为 $|\sigma|$ 与 $\mathrm{tr}(\sigma)$.

例 2.2.17 设 σ 是平面 $\mathbb{R}^2$ 的旋转 $\pi/4$ 的变换. 则 σ 在标准基下的矩阵为

$$A=\begin{bmatrix}\dfrac{1}{\sqrt{2}} & -\dfrac{1}{\sqrt{2}}\\ \dfrac{1}{\sqrt{2}} & \dfrac{1}{\sqrt{2}}\end{bmatrix}.$$

易知 σ 在基 $(1,0)^{\mathrm{T}},(1,1)^{\mathrm{T}}$ 下的矩阵为

$$B=\begin{bmatrix}0 & -\sqrt{2}\\ \dfrac{1}{\sqrt{2}} & \sqrt{2}\end{bmatrix}.$$

由于标准基到基 $(1,0)^{\mathrm{T}},(1,1)^{\mathrm{T}}$ 的过渡矩阵为

$$T=\begin{bmatrix}1 & 1\\ 0 & 1\end{bmatrix}.$$

所以 $AT=TB$, 或 $B=T^{-1}AT$. 因此 $|\sigma|=1$, $\mathrm{tr}(\sigma)=\sqrt{2}$.

什么是相似矩阵? 公式 (2.2.9) 告诉我们, 同一线性变换在不同基下的矩阵是相似矩阵. 反过来, 如果矩阵 A 与 B 相似, 即满足公式 (2.2.9), 则取 $\sigma\in\mathrm{End}V$, 使得 σ 在 α-基下的矩阵为 A; 现选取 V 的另一组 α'-基, 使由 α-基到 α'-基的过渡矩阵为 P, 则可断言 σ 在 α'-基下的矩阵为 B! 从而 "相似矩阵就是同一线性变换在不同基下的矩阵!" 可以反过来提上面的问题, 即是否有这样的两个线性变换 σ 与 τ, 它们在不同基下的矩阵相同? 见习题 18. (当然, 它们在同一组基下的矩阵必然不同.)

例 2.2.18 设 $\sigma\in\mathrm{End}\mathbb{R}^2$ 是向 x 轴的投影:

$$\sigma((x,y)^{\mathrm{T}})=(x,0)^{\mathrm{T}},$$

则 σ 在标准基 (α-基) 下的矩阵为

$$A=\begin{pmatrix}1 & 0\\ 0 & 0\end{pmatrix}.$$

而 σ 在基 (α'-基)$\{\beta_1=(1,1)^{\mathrm{T}},\beta_2=(1,-1)^{\mathrm{T}}\}$ 下的矩阵为

$$B=\frac{1}{2}\begin{pmatrix}1 & 1\\ 1 & 1\end{pmatrix}.$$

由公式 (2.2.9) 可知, $B=P^{-1}AP$, 且矩阵 P 正是由 α-基到 α'-基的过渡矩阵

$$P=\begin{pmatrix}1 & 1\\ 1 & -1\end{pmatrix}.$$

(由于 α-基是标准基, 故过渡矩阵 $\boldsymbol{P}$ 就是矩阵 (β_1, β_2).)

请注意: 矩阵 A 与 B 均满足条件 $A^2 = A$, $B^2 = B$, 这样的矩阵称为**幂等矩阵**. 显然, σ 在任意一组基下的矩阵均是幂等矩阵.

下面我们将建立线性空间的分类定理以及线性变换与矩阵联系的基本定理.

定理 2.2.5 (同构定理)　域 $\mathbb{F}$ 上的两个线性空间 U 与 V 同构 $\Longleftrightarrow \dim_{\mathbb{F}} U = \dim_{\mathbb{F}} V$.

证明思路: 必要性是显然的, 因为同构变换必然将 U 的一组基变为 V 的一组基, 因此 U 与 V 的维数相同. 反之, 若 U 与 V 的维数相同, 则将 U 的一组基变为 V 的一组基的线性变换必然是同构. 证明细节见习题 19. □

定理 2.2.5 是线性空间理论中最重要的定理之一, 它表明: 域 $\mathbb{F}$ 上的任意 n 维线性空间 V 均与 $\mathbb{F}^n$ 同构, 即它们具有完全相同的线性空间的结构, 可以认为它们的唯一差别仅是元素命名不同, 因此对 V 的研究可以归结到对 $\mathbb{F}^n$ 的研究, 而后者不仅表达最为简单, 也是我们最熟悉的. 见下面的几个例子.

例 2.2.19　设 $U = \mathbb{F}[x]_n$, $V = \mathbb{F}^n$(为简便起见, 本例 $\mathbb{F}^n$ 中的向量记为行向量). 因为它们的维数均为 n, 故由定理 2.2.5 知 U 与 V 同构. 这就是说, U 与 V 的差别仅是 U 中的向量被称为"多项式"而已. 考虑 U 与 V 的如下同构映射 σ:

$$\sigma: f(x) = \sum_{i=0}^{n-1} a_i x^i \mapsto (a_0, a_1, \cdots, a_{n-1}),$$

则 σ 可以看成是一个"重起名字"的操作, 即将 U 中的向量 $f(x) = \sum\limits_{i=0}^{n-1} a_i x^i$ 重新命名为 (或者"重新记为") $(a_0, a_1, \cdots, a_{n-1})$. 这种"重新命名"实际上没有改变 U 的任何结构, 即 U 中的加法与数乘得以完全保留, 比如, 多项式 $1 + x$ 与 $2 - x + x^2$ 的和现在变为向量 $(1, 1, 0, \cdots, 0)$ 与 $(2, -1, 1, 0, \cdots, 0)$ 的和, 前者的结果是 $3 + x^2$, 后者是 $(3, 0, 1, 0, \cdots, 0)$. 但我们知道, 后者就是多项式 $3 + x^2$ 的"新名字". 这就是说, U 与 V 作为线性空间实际上是一回事! 尽管在我们心目中多项式与 n 元数组应该有很大差别, 那是因为我们给多项式附加了许多线性空间以外的东西, 诸如多项式的根、"一元二次多项式的图像是抛物线"等, 但多项式的这些性质都不能由多项式的加法和数乘导出.)

例 2.2.20　设 A 是非空有限集合, $|A| = n$, 则 $\mathbb{F}^A \cong \mathbb{F}^n$; 故函数空间 $\mathbb{F}^A$ 的 (线性) 结构与我们熟悉的线性空间 $\mathbb{F}^n$ 完全一致 (参照第一章习题 24).

例 2.2.21　第一章例 1.4.2 中的实线性空间 $V = \{$全体正实数$\}$是几维的? 注意, 由于 V 不是 $\mathbb{R}$ 的子空间, 故我们不能直接推出 $\dim V \leqslant 1$. 但容易证明映射 $x \mapsto \lg x$ 是 V 到 $\mathbb{R}$ 的一个同构变换, 故由定理 2.2.5 知 $\dim V = \dim \mathbb{R} = 1$. 另外, 我们还知道, 全体正实数的乘法运算就是全体实数的加法运算, 而正实数的幂就是普通的实数乘法 (自然, 此时每一个正实数 x 都有一个新名字 $\lg x$).

以下我们考察线性变换的整体结构. 首先我们将建立 $\mathrm{Hom}(U,V)$ 的线性空间结构. 对于 $\mathrm{Hom}(U,V)$ 中的两个线性变换, 可以自然地定义加法以及数乘两个运算.

设 $\sigma,\tau\in\mathrm{Hom}\,(U,V)$, $\alpha\in V$, $k\in\mathbb{F}$, 定义

$$\sigma+\tau:\alpha\mapsto\sigma(\alpha)+\tau(\alpha);\quad k\sigma:\alpha\mapsto k\sigma(\alpha). \tag{2.2.10}$$

显然, 如上面 (2.2.10) 定义的 $\sigma+\tau$ 与 $k\sigma$ 仍是 U 到 V 的线性变换, 分别称为 σ 与 τ 的和以及数 k 与 σ 的数乘. 如此, 我们在 $\mathrm{Hom}\,(U,V)$ 中定义了向量的加法与数乘. 易证: $\mathrm{Hom}\,(U,V)$ 在上述加法与数乘下, 作成 $\mathbb{F}$ 上的一个线性空间. 设 $\dim_{\mathbb{F}}U=n$, $\dim_{\mathbb{F}}V=m$, 则 (证明见习题 21)

$$\dim_{\mathbb{F}}\mathrm{Hom}(U,V)=mn=(\dim_{\mathbb{F}}U)(\dim_{\mathbb{F}}V). \tag{2.2.11}$$

进一步地, 如果 $U=V$, 则还可以定义 $\mathrm{End}\,V$ 中两个线性变换 σ 与 τ 的乘法

$$\sigma\tau:\alpha\mapsto\sigma(\tau(\alpha)),\quad\forall\,\alpha\in V. \tag{2.2.12}$$

需要注意的是, 与线性变换的加法不同, 由公式 (2.2.12) 定义的线性变换的乘法实际上是映射的合成, 因此不具有交换性. 线性变换 σ 与自己的乘积 $\sigma\sigma$ 记为 σ^2. 归纳地, 对任意自然数 k, 可以定义 σ 的 k 次幂 $\sigma^k=\sigma^{k-1}\sigma$ (为方便记, 规定 $\sigma^0=I$). 继而, 对 $\mathbb{F}$ 上的任意多项式 $f(x)$, 可以定义线性变换 σ 的多项式 $f(\sigma)$. 可以证明 (请读者自证), 它是一个可以和 σ 交换的线性变换, 即 $\sigma f(\sigma)=f(\sigma)\sigma$.

类似于矩阵的情形, 满足 $\sigma^2=\sigma$ 的线性变换称为幂等变换; 满足 $\sigma^k=0$ 的线性变换称为**幂零变换**(且使此式成立的最小自然数称为 σ 的**幂零指数**). 零变换与恒等变换都是幂等变换.

例 2.2.22 设 $V=\mathbb{F}^n$. 对 $\alpha=(x_1,x_2,\cdots,x_n)^{\mathrm{T}}$, 定义

$$\sigma(\alpha)=(x_1,0,\cdots,0)^{\mathrm{T}};\quad\tau(\alpha)=(x_2,x_3,\cdots,x_n,0)^{\mathrm{T}}.$$

则 σ 与 τ 均是 V 的线性变换, 且 σ 是幂等变换, τ 是幂零变换.(幂零指数是多少?)

例 2.2.23 零变换在任何基下的矩阵都是零矩阵. 恒等变换在任何基下的矩阵都是单位矩阵. 位似变换在任何基下的矩阵都是同一纯量矩阵. 幂等变换在任何基下的矩阵都是幂等矩阵. 幂零变换在任何基下的矩阵都是幂零矩阵.

例 2.2.24 幂等变换与投影变换等价. 首先, 投影变换显然是幂等的; 反之, 如果线性空间 V 的线性变换 σ 是幂等的, 则 $V=\mathrm{Im}(\sigma)\oplus\mathrm{Ker}(\sigma)$ (请证明!), 因此 σ 就是 V(沿子空间 $\mathrm{Ker}(\sigma)$) 向子空间 $\mathrm{Im}(\sigma)$ 上的投影变换.

定理 2.2.6 (矩阵与线性变换) 设 V 是 $\mathbb{F}$ 上的 n 维线性空间, $\alpha_1,\alpha_2,\cdots,\alpha_n$ 是 V 的一组基. 设 $M_n(\mathbb{F})$ 是 $\mathbb{F}$ 上全体 n 阶矩阵组成的线性空间. 对任意 $\sigma\in\mathrm{End}\,V$,

记 $A(\sigma)$ 是 σ 在该基下的矩阵. 定义 $\operatorname{End} V$ 到 $M_n(\mathbb{F})$ 的映射 ψ 为

$$\begin{aligned}\psi: \operatorname{End} V &\longrightarrow M_n(\mathbb{F})\\ \sigma &\longmapsto A(\sigma),\end{aligned}$$

则 ψ 是一个保持运算 (加法、数乘与乘法) 的一一映射, 即满足下列条件:

(1) $A(\sigma+\tau)=A(\sigma)+A(\tau)$;

(2) $A(k\sigma)=kA(\sigma),\ \forall\, k\in\mathbb{F}$;

(3) $A(\sigma\tau)=A(\sigma)A(\tau)$;

(4) σ 可逆 $\Longleftrightarrow A(\sigma)$ 可逆; 且此时 $A(\sigma)^{-1}=A(\sigma^{-1})$;

(5) $A(0)=0$; $A(I)=I$.

证: 此处仅证明 ψ 是一一映射, 其余见习题 22. 由前两条可知 ψ 是线性变换. 为证 ψ 是单的, 只需证明 $\operatorname{Ker}(\psi)=0$. 设 $\psi(\sigma)=0$, 即 $A(\sigma)=0$. 对任意 $\alpha\in V$, 设 x 是 α 在该基下的坐标, 则由定理 2.2.3 可知 $\sigma(\alpha)$ 的坐标为 $A(\sigma)x=0x=0$. 于是 $\sigma=0$. 再证 ψ 是满的. 设 B 是任意 n 阶矩阵. 令 $\sigma(\alpha)=(\alpha_1,\alpha_2,\cdots,\alpha_n)Bx$, 则显然 σ 是 V 的线性变换, 且 σ 在该基下的矩阵是 B, 从而 $\psi(\sigma)=B$, 即 ψ 是满的. □

例 2.2.25 设 $\sigma\in \operatorname{End}\mathbb{R}^2$, 则对任意 $\alpha=(x\,,y)^{\mathrm{T}}\in\mathbb{R}^2$, 有

$$\sigma(\alpha)=\sigma(xe_1)+\sigma(ye_2)=x\sigma(e_1)+y\sigma(e_2).$$

记 $\sigma(e_1)=(a_{11},\,a_{12})^{\mathrm{T}}$, $\sigma(e_2)=(a_{21},\,a_{22})^{\mathrm{T}}$, 则

$$\sigma(\alpha)=x\sigma(e_1)+y\sigma(e_2)=\begin{pmatrix}a_{11}&a_{12}\\a_{21}&a_{22}\end{pmatrix}\begin{pmatrix}x\\y\end{pmatrix}.$$

于是 σ 与矩阵

$$\begin{pmatrix}a_{11}&a_{12}\\a_{21}&a_{22}\end{pmatrix}$$

确实是一回事.

定义了适当乘法 (即自身满足结合律并且关于加法满足分配律, 关于数乘满足结合律) 的 ($\mathbb{F}$) 线性空间称为 ($\mathbb{F}$)**代数**, 而保持两个代数所有运算的映射称为**同态**; 既单又满的同态称为同构. 因此 $\operatorname{End} V$ 被称为是 V 的自同态代数. 于是定理 2.2.6 中的映射 ψ 是两个代数 $\operatorname{End} V$ 与 $M_n(\mathbb{F})$ 之间的同构映射, 而 $\operatorname{End} V$ 与 $M_n(\mathbb{F})$ 是同构的代数. 换句话说, 有限维线性空间的线性变换就是矩阵! 我们知道 $\operatorname{End} V$ 中的乘法乃是映射的合成, 因此矩阵的乘法实际上是线性变换的合成, 这就解释了矩阵乘法的许多"怪异", 诸如无交换性、有零因子等.

设 V 是 n 维线性空间, 其自同态代数 $\operatorname{End} V$ 中的可逆线性变换具有重要意义, 其全体构成的集合记为 $\operatorname{Aut} V$, 称为 V 的自同构群, 其中的群运算是线性变换的乘积

(即合成). 由定理 2.2.6 可知, $\mathrm{Aut}\,V$ 与全体 n 阶可逆矩阵构成的集合 $GL_n(\mathbb{F})$ 相对应, 后者按矩阵的乘法也做成群, 称为 ($\mathbb{F}$ 上的) 一般线性群, 该群无论在理论上还是应用上都具有无比重要的作用. 类似于线性空间, 可以定义群的同构, 则知 $\mathrm{Aut}\,V$ 与 $GL_n(\mathbb{F})$ 是同构的群.

对定理 2.2.6 略加修改即可得到如下的线性变换基本定理 (证明见习题 23):

定理 2.2.7 (线性变换基本定理)　设 U 与 V 分别为 n 维与 m 维 $\mathbb{F}$ 线性空间, 则 $\mathrm{Hom}_{\mathbb{F}}(U,V)\cong\mathbb{F}^{m\times n}$. 特别地, V^* 与 V 同构.

下面的例子解释了 V^* 与 V 同构的本质, 请比较例 2.2.5.

例 2.2.26　设 $V=\mathbb{R}^n$, 则 $V^*=(\mathbb{R}^n)^*$ 是全体 n 元线性函数形成的线性空间. 我们如下建立这两个线性空间之间的一个同构 $*$. 对 $\mathbb{R}^n$ 中的每一个向量 (点)$v=(v_1,v_2,\cdots,v_n)$, 定义 $*(v)$ 是如下的线性函数: 对任意 $x=(x_1,x_2,\cdots,x_n)\in\mathbb{R}^n$, 规定

$$*(v):(x_1,x_2,\cdots,x_n)\mapsto v_1x_1+v_2x_2+\cdots+v_nx_n.$$

如果我们将线性函数 $*(v)$ 记作 v^*, 则 $\mathbb{R}^n$ 与 $(\mathbb{R}^n)^*$ 之间的这个同构 $*$ 把 $\mathbb{R}^n$ 中的每个向量 v 对应到 $(\mathbb{R}^n)^*$ 的一个以向量 $(-1,v)$ 为法向量的超平面 v^*, 如下图:

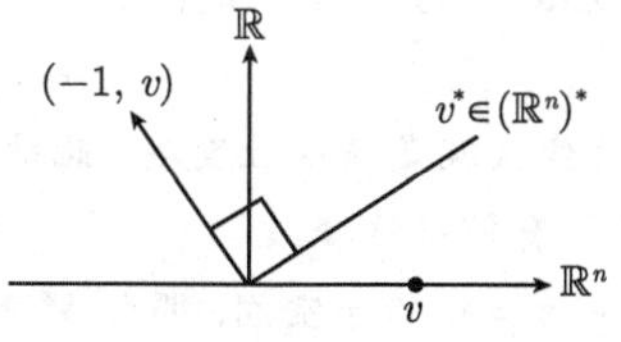

图 2.2.2

因此, 线性空间与其对偶空间的同构实际上是将点看作 (超) 平面. 比如, $\mathbb{R}^2$ 与 $(\mathbb{R}^2)^*$ 之间的这个同构 $*$ 将平面上的点 (向量)(A,B) 对应到 $(\mathbb{R}^2)^*$ 中的线性函数 $z=Ax+By$, 这恰好是 $\mathbb{R}^3$ 中以向量 $(-1,A,B)$ 为法向量的 (超) 平面.

例 2.2.27(对偶空间的**对偶基**)　设 n 维线性空间 V 的一组基为 $\alpha_1,\alpha_2,\cdots,\alpha_n$, 则可定义其对偶空间 V^* 的一组基 $\alpha_1^*,\alpha_2^*,\cdots,\alpha_n^*$ 如下:

$$\alpha_i^*(\alpha_j)=\delta_{ij},\quad 1\leqslant i,j\leqslant n. \tag{2.2.13}$$

这组基称为 $\alpha_1,\alpha_2,\cdots,\alpha_n$ 的对偶基. 例如, 关于 $\mathbb{R}^2$ 的标准基 e_1, e_2 的对偶基为 e_1^*, e_2^*, 其中

$$e_1^*(x,y)=x,\quad e_2^*(x,y)=y.$$

由例 2.2.8, 设 $f(x,y)=a_1x+a_2y$ 是 $(\mathbb{R}^2)^*$ 中的任意一个向量 (即 $\mathbb{R}^2$ 上的线性函数), 则 $f=a_1e_1^*+a_2e_2^*$.

例 2.2.28 (双重对偶)　线性空间 V 的对偶空间 V^* 的对偶空间 $(V^*)^*$ 称为 V 的**双重对偶**或二次对偶, 记为 V^{**}. 这实际上是由线性函数的线性函数 (即所谓

线性泛函) 构成的线性空间. 由线性变换基本定理, 如果 V 是有限维线性空间, 则 $V \cong V^* \cong V^{**}$. 但实际上 V 与 V^{**} 间有更为自然的同构, 即不依赖于基的选取. 对任意 $v \in V$, $f \in V^*$, 定义 V 到 V^{**} 的映射 ϕ 如下:

$$\phi : v \mapsto \phi(v) : f \mapsto f(v),$$

则 ϕ 是 V 到 V^{**} 的同构变换, 证明见习题 24.

思 考 题

1. 是否有可加性与齐次性等价的情形?

2. 平面 (即 $\mathbb{R}^2$) 上的线性变换能否将直线变为抛物线或者椭圆? 能否将抛物线或者椭圆变为直线? 空间 (即 $\mathbb{R}^3$) 中的线性变换能否将平面变为直线? 能否将抛物线变为直线或者椭圆?

3. 如何建立空间中的过原点的直线和平面上的过原点的直线之间的同构映射?

4. 解释关于线性变换的公式 (2.2.8) 与矩阵的等价之间的关系.

5. 以线性变换的观点解释列满秩与行满秩矩阵以及矩阵的满秩分解.

6. 设 V 是一维线性空间, 则 $\mathrm{End}V$ 与 $\mathrm{Aut}V$ 是什么? 特别地, 什么是 $\mathrm{End}\mathbb{R}$, $\mathrm{Aut}\mathbb{R}$, $\mathrm{End}\mathbb{C}$, $\mathrm{Aut}\mathbb{C}$?

7. 有限维线性空间上的单线性变换就是满线性变换, 此结论对无限维线性空间成立吗?

8. 同构 $\mathbb{R} \cong \mathbb{R}^*$ 与 $\mathbb{R}^3 \cong (\mathbb{R}^3)^*$ 有何自然含义?

9. 设 V 是空间中满足 $x + y + z = 0$ 的子空间, 那么 V 的对偶空间是什么?

第三节　内积空间的正交分解

在内积空间中, 每个子空间除去有无穷多个补子空间外, 还有唯一一个“好的”补子空间, 即所谓**正交补**. 设 V 是 n 维内积空间, U 是 V 的子空间. 令 $W = \{\alpha \in V : (\alpha, \beta) = 0, \forall \beta \in U\}$. 容易证明 (习题 30), W 是 V 的一个子空间, 称为 U 的正交补, 记为 $U^{\perp}$. 显然有下面的定理.

定理 2.3.1　设 V 是 n 维内积空间, U 是 V 的子空间, 则 $V = U \oplus U^{\perp}$. 特别地, $\dim U^{\perp} = n - \dim U$.

实际上, 对内积空间 V 的任何子空间 U, 正交补 $U^{\perp}$ 总是存在的. 为此, 只需将 U 的一个标准正交基 (极大线性无关标准正交向量组)$\alpha_1, \alpha_2, \cdots, \alpha_s$ 扩充为 V 的一个标准正交基 $\alpha_1, \alpha_2, \cdots, \alpha_s, \alpha_{s+1}, \cdots, \alpha_n$ 即可知,

$$U^{\perp} = \mathrm{span}\{\alpha_{s+1}, \alpha_{s+2}, \cdots, \alpha_n\}.$$

另外, 若 $U^{\perp} = W$, 则 $W^{\perp} = U$, 即正交补还是对称的: $(U^{\perp})^{\perp} = U$.

显然, 可以对内积空间 V 中的任何非空子集定义其正交补. 特别地, 单个非零向量 $v \in V$ 的正交补记为 $v^{\perp}$, 由定理 2.3.1 可知 $\dim v^{\perp} = \dim V - 1$, 即 $v^{\perp}$ 是 V 的一个超平面.

回顾任意 $m \times n$ 矩阵 A 的四个相关子空间:

$N(A)$ 与 $R(A^*)$ 是 $\mathbb{F}^n$ 的子空间; 而 $R(A)$ 与 $N(A^*)$ 是 $\mathbb{F}^m$ 的子空间. 并且, $N(A)$ 与 $R(A^*)$ 互补; $R(A)$ 与 $N(A^*)$ 互补; 实际上, 它们还是正交 (垂直) 的. 即有

定理 2.3.2　(1) $N(A) = R(A^*)^{\perp}$;　(2) $R(A) = N(A^*)^{\perp}$.

证: 设 $A \in \mathbb{F}^{m\times n}$. 我们只证 (1), (2) 的证明类似, 见习题 31. 设 $x \in N(A)$, 即 $Ax = 0$, 亦即 $A^{(i)}x = 0\,, i = 1, 2, \cdots, m$. 由 $\mathbb{C}^n$ 中的 (普通) 内积定义, 这就是 $\bar{A}$ (注意: 不是 A!) 的每个行向量 $\overline{A^{(i)}}$ 与 x 正交. 从而 $\bar{A}$ 的行空间的每个向量也与 x 正交. 故 $x \in R(A^*)^{\perp}$. 反之亦然. □

例 2.3.1 (Fourier 系数)　设 $V = \{f(x) : f(x) = \sum_{n=0}^{m}(a_n \cos nx + b_n \sin nx),\ \forall a_n, b_n \in \mathbb{R}\}$, 则 V 是一个 $2m+1$ 维实线性空间. 定义其上的内积为:

$$(f(x), g(x)) = \frac{1}{\pi}\int_{-\pi}^{\pi} f(x)g(x)\,\mathrm{d}\,x.$$

则 $\frac{1}{\sqrt{2}}$, $\cos x$, $\sin x$, $\cos 2x$, $\sin 2x$, $\cdots$, $\cos mx$, $\sin mx$ 构成 V 的一组标准正交基 (这是内积定义中乘以系数 $\frac{1}{\pi}$ 的唯一理由). 对任何非零常函数 c, 有 (见习题 34)

$$c^{\perp} = 1^{\perp} = \operatorname{span}\{\cos x,\ \sin x,\ \cos 2x,\ \sin 2x,\ \cdots,\ \cos mx,\ \sin mx\}.$$

我们在数学分析或高等数学课程中已经知道

$$a_n = \frac{1}{\pi}\int_{-\pi}^{\pi} f(x)\cos nx\,\mathrm{d}\,x, \quad b_n = \frac{1}{\pi}\int_{-\pi}^{\pi} f(x)\sin nx\,\mathrm{d}\,x.$$

实际上, $a_n = (f(x), \cos nx)$ 与 $b_n = (f(x), \sin nx)$ 恰好是 $f(x)$ 与该组标准正交基的每个基向量的内积.

正交补空间有众多应用, 此处我们仅介绍“最佳近似定理”与其在“广义相对论”中的应用. 先引入一个定义.

定义 2.3.1 (最佳近似)　设 U 是欧氏空间 V 的子空间, $\beta \in V$. 如果 $\alpha \in U$ 满足下面的条件:

$$\|\beta - \alpha\| \leqslant \|\beta - \gamma\|, \quad \forall \gamma \in U,$$

则称 α 是 β 在 U 中的**最佳近似 (向量)**, 常记为 $\hat{\beta}$(如果不需要强调子空间 U).

由上述定义可知, β 在子空间 U 中的最佳近似 (向量) 就是 U 中与 β 最近 (距离最短) 的向量, 这样的向量一定存在而且唯一.(为什么?)

例 2.3.2 (几何意义) 设 U 是 $\mathbb{R}^3$ 的一个二维子空间, 即 U 是一个通过原点的平面, 则由三垂线定理, 任何向量 $\alpha=(x, y, z)$ 在 U 上的最佳近似就是 α 在平面 U 上的投影向量, 即 $\hat{\beta}=\mathrm{Proj}_U\alpha$.

例 2.3.3 在 $\mathbb{R}^3$ 中, 任何向量 $\alpha=(x, y, z)$ 在子空间 x 轴上的最佳近似为 $(x, 0, 0)$.

定理 2.3.3 (最佳近似定理) 设 U 是欧氏空间 V 的子空间, $\beta\in V, \alpha\in U$, 则 α 是 β 在 U 上的最佳近似向量 $\Longleftrightarrow \beta-\alpha\in U^{\perp}$.

证: 设 γ 是 U 中任一向量, 注意 $\beta-\gamma=(\beta-\alpha)+(\alpha-\gamma)$, 且 $\beta-\alpha\in U^{\perp}$, $\alpha-\gamma\in U$, 所以 $\|\beta-\gamma\|^2=\|\beta-\alpha\|^2+\|\alpha-\gamma\|^2\geqslant\|\beta-\alpha\|^2$. 因此, 对任意 $\gamma\in U$, 有

$$\|\beta-\alpha\|\leqslant\|\beta-\gamma\|,$$

即 α 是 β 在 U 上的最佳近似向量. □

由最佳近似定理, 求向量 β 在子空间 U 中的最佳近似向量, 等价于求 β 在直和分解 $V=U\oplus U^{\perp}$ 下的表达式, 即若 $\beta=\alpha+\gamma$, 其中 $\alpha\in U, \gamma\in U^{\perp}$, 则 α 就是 β 在 U 上的最佳近似向量 $\hat{\beta}$. 那么, 如何求得这样的分解呢? 先考察 $U=\mathbb{R}v$ 是一维子空间的情形. 设向量 β 在子空间 U 中的最佳近似为 $\hat{\beta}=xv$, 则由最佳近似定理, 内积 $(\beta-xv, v)=0$, 故

$$x=\frac{(\beta,v)}{(v,v)}, \tag{2.3.1}$$

因此 $\hat{\beta}=\dfrac{(\beta,v)}{(v,v)}v$, 这恰好是 β 在 v 上的投影向量 $\mathrm{Proj}_v\beta$; 而 $\gamma=\beta-\mathrm{Proj}_v\beta$ 恰是 β 关于子空间 U 的正交投影向量 (该向量在 U 的正交补中). 如果 $U=\mathbb{R}v_1\oplus\mathbb{R}v_2$ 是二维子空间, 则

$$\hat{\beta}=x_1v_1+x_2v_2, \tag{2.3.2}$$

且内积 $(\beta-\hat{\beta}, v_i)=0,\ i=1,2$, 即有下面的方程组

$$(\beta-x_1v_1-x_2v_2, v_i)=0, \quad i=1,2. \tag{2.3.3}$$

由于 v_1, v_2 线性无关, 故方程组 (2.3.3) 有唯一解, 由此即可求得 $\hat{\beta}$. 特别地, 若 v_1, v_2 还是正交的, 则

$$x_1=\frac{(\beta,v_1)}{(v_1,v_1)}, \quad x_2=\frac{(\beta,v_2)}{(v_2,v_2)}, \tag{2.3.4}$$

因此 $\hat{\beta}$ 在表达式 (2.3.2) 中的两个分量 x_1v_1 与 x_2v_2 恰好分别是 β 在 v_1 与 v_2 上的投影向量 $\mathrm{Proj}_{v_1}\beta$ 与 $\mathrm{Proj}_{v_2}\beta$. 故此时 β 在子空间 U 中的最佳近似就是 β 在 U 的各个正交基向量的投影向量之和 $\mathrm{Proj}_{v_1}\beta+\mathrm{Proj}_{v_2}\beta$. 一般地, 若 U 是任何非 0 子空间, 则有下述计算最佳近似的结论 (证明见习题 35).

命题 2.3.1 设 β 是欧氏空间 V 的一个向量, U 是 V 的一个子空间, $\alpha_1,\cdots,\alpha_s$ 是 U 的一个正交基, 则 β 在 U 上的最佳近似向量为

$$\hat{\beta}=\mathrm{Proj}_{\alpha_1}\beta+\cdots+\mathrm{Proj}_{\alpha_s}\beta=\frac{(\beta,\alpha_1)}{(\alpha_1,\alpha_1)}\alpha_1+\cdots+\frac{(\beta,\alpha_s)}{(\alpha_s,\alpha_s)}\alpha_s. \tag{2.3.5}$$

特别地, 若 $\alpha_1,\cdots,\alpha_s$ 还是 U 的一个标准正交基, 则 β 在 U 上的最佳近似向量为

$$\hat{\beta}=(\beta,\alpha_1)\alpha_1+(\beta,\alpha_2)\alpha_2+\cdots+(\beta,\alpha_s)\alpha_s. \tag{2.3.6}$$

根据命题 2.3.1 即可知欧氏空间中的向量 β 在任何非零子空间 U 中的投影向量 $\mathrm{Proj}_U\beta$ 为其最佳近似向量, 即

$$\mathrm{Proj}_U\beta=\hat{\beta}.$$

而命题 2.3.1 可以重新表述为"向量 β 在子空间 U 中的最佳近似就是其在 U 上的投影向量, 就是其在 U 的一组正交基的各个基向量上的投影向量之和".

例 2.3.4 在 $\mathbb{R}^3$ 中, 任何向量 $\alpha=(x,y,z)$ 在子空间 xoy 平面中的最佳近似为 $(x,y,0)$, 此恰好是向量 α 在 xoy 平面的标准正交基 (即坐标轴)$\{(1,0,0),(0,1,0)\}$ 上的投影向量 $(x,0,0)$ 与 $(0,y,0)$ 之和.

最佳近似向量的一个应用是求方程组的近似解. 设 $Ax=b$ 是一个矛盾方程, 即对任何 $x=(x_1,x_2,\cdots,x_n)^{\mathrm{T}}\in\mathbb{R}^n$ 均有 $Ax\neq b$. 此时, 如果存在向量 $x^0\in\mathbb{R}^n$, 使得对任意向量 $x\in\mathbb{R}^n$, 均有 $\|Ax^0-b\|\leqslant\|Ax-b\|$, 则称 x^0 是方程的一个**最优解**. (注: 该解即是函数 $y=\|Ax-b\|$ 的最小值点, 而此时的函数值恰好是"点"b 到"直线"或"平面"(或更一般地, "子空间")$R(A)$ 的最小距离. 由于函数 $y=\|Ax-b\|$ 与函数 $y=\|Ax-b\|^2=(Ax-b)^{\mathrm{T}}(Ax-b)=x^{\mathrm{T}}A^{\mathrm{T}}Ax-2x^{\mathrm{T}}A^{\mathrm{T}}b+b^{\mathrm{T}}b$ 的最小值点相同, 而后者更方便求解, 因此, 最优解也称为"最小二乘解".)

对任何向量 $x\in\mathbb{R}^n$, 向量 Ax 总是属于矩阵 A 的列空间 $R(A)$, 因此矛盾方程 $Ax=b$ 的最优解 x^0 必须使 Ax^0 为向量 b 在子空间 $R(A)$ 上的最佳近似向量. 由最佳近似定理可知, $Ax^0-b\in R(A)^{\perp}=N(A^{\mathrm{T}})$. 所以, 向量 Ax^0-b 应满足方程 $A^{\mathrm{T}}(Ax^0-b)=0$, 故向量 x^0 应满足方程

$$A^{\mathrm{T}}Ax=A^{\mathrm{T}}b. \tag{2.3.7}$$

此方程称为矛盾方程 $Ax=b$ 的**正规化方程**. 由第一章习题 5 易知, 方程 (2.3.7) 总是相容的! 因此, 最优解总是存在的, 且当方程组 $Ax=b$ 相容时, 最优解就是该方程组的解! 故有下述命题 2.3.2.

命题 2.3.2 方程组 $A^{\mathrm{T}}Ax=A^{\mathrm{T}}b$ 与方程组 $Ax=\mathrm{Proj}_{R(A)}b$ 同解, 即方程组 $Ax=b$ 的最优解就是方程组 $Ax=\mathrm{Proj}_{R(A)}b$ 的解.

所以问题最终归结为如何表示投影向量 $\mathrm{Proj}_{R(A)}b$. 我们将在第六章第一节利用矩阵的广义逆讨论此问题.

例 2.3.5　已知变量 b 是变量 x_1, x_2 的函数. 现有观测数据为:

b	x_1	x_2
-1	1	-6
2	1	-2
1	1	1
6	1	7

求线性近似公式: $b = a_1x_1 + a_2x_2$.

解: 按上述数据, 可得方程组

$$\begin{cases} a_1 - 6a_2 = -1, \\ a_1 - 2a_2 = 2, \\ a_1 + a_2 = 1, \\ a_1 + 7a_2 = 6, \end{cases}$$

用矩阵表示为 $A\boldsymbol{y} = \boldsymbol{\beta}$, 其中

$$A = \begin{pmatrix} 1 & -6 \\ 1 & -2 \\ 1 & 1 \\ 1 & 7 \end{pmatrix}, \quad \boldsymbol{\beta} = \begin{pmatrix} -1 \\ 2 \\ 1 \\ 6 \end{pmatrix}, \quad \boldsymbol{y} = \begin{pmatrix} a_1 \\ a_2 \end{pmatrix},$$

易知这是一个矛盾方程, 故可求其最优解. 直接的方法是求其正规化方程的解. 但注意到 A 的两列 A_1, A_2 是正交的, 故由公式 (2.3.5) 知: $\boldsymbol{\beta}$ 在 $R(A)$ 上的最佳近似为

$$\hat{\beta} = \frac{(\boldsymbol{\beta}, A_1)}{(A_1, A_1)}A_1 + \frac{(\boldsymbol{\beta}, A_2)}{(A_2, A_2)}A_2 = \frac{8}{4}A_1 + \frac{45}{90}A_2.$$

故由命题 2.3.2 知方程组 $A\boldsymbol{y} = \boldsymbol{\beta}$ 的唯一 (为什么?), 最优解就是组合系数

$$a_1 = 2, \quad a_2 = 1/2.$$

故所求近似公式为 $b = 2x_1 + \dfrac{1}{2}x_2$.

以下我们介绍正交补在广义相对论中的应用.

对于实线性空间 V, 如果在其内积的定义中去掉正定性而代之以非退化性即

$$若(\alpha\,, v) = 0, \quad \forall\, v \in V, \quad 则\alpha = 0,$$

则称 V 是一个 **Minkowski** ① **空间**, 而该内积称为 **Minkowski 内积**. 注意非退化性只是防止出现平凡的内积:

$$(\alpha\,, \beta) = 0, \quad \forall\, \alpha\,, \beta \in V.$$

① Hermann Minkowski(1864—1909), 著名俄裔德国数学家, 创造"数的几何"(Geometry of Numbers), 为相对论奠定了数学基础, 是爱因斯坦的老师.

欧氏空间当然是 Minkowski 空间, 因为内积的正定性蕴涵非退化性. 由于没有正定性, Minkowski 空间中的向量与自身的内积 (称为该向量的范数) 可以为负数. 广义相对论使用的是四维 Minkowski 空间 V (称为 Minkowski 4-空间), 其一组正交基记为 e_0, e_1, e_2, e_3, 但

$$-(e_0)^2=(e_1)^2=(e_2)^2=(e_3)^2=1.$$

因此, 两个向量 $\alpha=(x_0, x_1, x_2, x_3)^{\mathrm{T}}$ 与 $\beta=(y_0, y_1, y_2, y_3)^{\mathrm{T}}$ 的内积为

$$(\alpha, \beta)=-x_0y_0+x_1y_1+x_2y_2+x_3y_3,$$

从而向量 $\alpha=(x_0, x_1, x_2, x_3)^{\mathrm{T}}$ 的范数为

$$\alpha^2=-x_0^2+x_1^2+x_2^2+x_3^2.$$

根据其范数的符号, 向量被分成三类:

(1) 类空的 (Spacelike): $\alpha^2>0$;

(2) 类时的 (Timelike): $\alpha^2<0$;

(3) 类光的 (Lightlike): $\alpha^2=0$.

所有类光向量的集合称为 (一个事件的) 光锥 (Light Cone).

类似于向量, V 的子空间 W 也被分为上述三类:

(a) 类空的 (Spacelike): $\alpha^2>0, \forall\alpha\in W$;

(b) 类光的 (Lightlike): $\alpha^2\geqslant 0, \forall\alpha\in W$ 且存在 $0\neq\alpha\in W$, 使得 $\alpha^2=0$;

(c) 类时的 (Timelike): 其他.

命题 2.3.3 (正交性与相对论) 设 W 是 Minkowski 4- 空间 V 的子空间, 则

(1) W 是类时的 $\Longleftrightarrow W^{\perp}$ 是类空的, 反之亦然;

(2) W 是类光的 $\Longleftrightarrow W\bigcap W^{\perp}\neq 0\Longleftrightarrow W^{\perp}$ 是类光的.

下面是极有趣的一条:

命题 2.3.4 (平行 = 垂直) 两个类光向量正交 $\Longleftrightarrow$ 它们平行 (即成比例).

思 考 题

1. 试用正交分解理论解释勾股定理.

2. 试利用正交分解理论在空间中建立关于面积的勾股定理. 能否建立更高维的勾股定理?

3. 最优解何时唯一?

4. 如果在 $\mathbb{R}^3$ 中定义"广义内积" $(x, y)=x_1y_1+x_2y_2-x_3y_3$, 则正交性有何变化? 是否存在非零向量 x 与自己正交?

第四节　内积空间中的线性变换

在内积空间中，线性变换的性质更加丰富有趣，比如可以问线性变换将三角形变成了什么图形？是否仍然将抛物线变为抛物线？等. 此时最本质的问题实际上是线性变换是否保持长度、角度和距离 (内积空间中的距离概念见第一章习题38). 于是有下面的定义：

定义 2.4.1　设 V 是内积空间，$\sigma \in \mathrm{End}\,V$. 如果 σ 保持向量间的距离，即对任意 $\alpha, \beta \in V$，均有 $d(\sigma(\alpha), \sigma(\beta)) = d(\alpha, \beta)$，则称 σ 是**等距变换**或保距变换.

等距变换必然是可逆变换. 恒等变换是等距变换；$\mathbb{R}^2$ 中的旋转也是等距变换；但比例系数的模不等于1 的位似变换均非等距变换.

定理 2.4.1　设 V 是内积空间，$\sigma \in \mathrm{End}\,V$，则 σ 是等距变换 $\Longleftrightarrow$ σ 保持向量的长度 $\Longleftrightarrow$ σ 保持内积.

证： 对任意 $\alpha \in V$，由于 $\|\alpha\| = \sqrt{(\alpha, \alpha)} = d(\alpha, 0)$，故知保持距离等价于保持长度. 另外，保持内积显然蕴含保持长度. 现设 σ 保持长度，则

$$\begin{aligned}(\sigma(\alpha+\beta), \sigma(\alpha+\beta)) &= (\sigma(\alpha), \sigma(\alpha)) + (\sigma(\alpha), \sigma(\beta)) + (\sigma(\beta), \sigma(\alpha)) + (\sigma(\beta), \sigma(\beta))\\ &= (\alpha, \alpha) + (\sigma(\alpha), \sigma(\beta)) + \overline{(\sigma(\alpha), \sigma(\beta))} + (\beta, \beta).\end{aligned}$$

而

$$\begin{aligned}(\alpha+\beta, \alpha+\beta) &= (\alpha, \alpha) + (\alpha, \beta) + (\beta, \alpha) + (\beta, \beta)\\ &= (\alpha, \alpha) + (\alpha, \beta) + \overline{(\alpha, \beta)} + (\beta, \beta),\end{aligned}$$

故

$$(\sigma(\alpha), \sigma(\beta)) + \overline{(\sigma(\beta), \sigma(\alpha))} = (\alpha, \beta) + \overline{(\alpha, \beta)},$$

即 $(\sigma(\alpha), \sigma(\beta))$ 与 (α, β) 具有相同的实部. 但容易验证 (请验证!) $\mathrm{Re}(\alpha, \mathrm{i}\beta) = \mathrm{Im}(\alpha, \beta)$，即 $(\alpha, \mathrm{i}\beta)$ 的实部即是 (α, β) 的虚部，从而 $(\sigma(\alpha), \sigma(\beta))$ 与 (α, β) 也具有相同的虚部，因此 $(\sigma(\alpha), \sigma(\beta)) = (\alpha, \beta)$，故定理成立. □

定理 2.4.2　设 V 是 n 维内积空间，$\alpha_1, \alpha_2, \cdots, \alpha_n$ 是 V 的一组标准正交基，$\sigma \in \mathrm{End}\,V$，$A$ 是 σ 在该组基下的矩阵，则 σ 是等距变换 $\Longleftrightarrow$ A 是酉矩阵.

证： 对任意 $\alpha \in V$，设 $\alpha = (\alpha_1, \alpha_2, \cdots, \alpha_n)x$，$x \in \mathbb{C}^n$，则因 $\alpha_1, \alpha_2, \cdots, \alpha_n$ 是标准正交基，故其长度为 $\|\alpha\| = \sqrt{(\alpha, \alpha)} = \sqrt{x^*x}$. 设 $\sigma(\alpha) = \beta = (\alpha_1, \alpha_2, \cdots, \alpha_n)Ax$，则 $\|\beta\| = \sqrt{(Ax)^*(Ax)} = \sqrt{x^*(A^*A)x}$. 故若 $A^*A = I$，则 $\|\sigma(\alpha)\| = \|\beta\| = \sqrt{x^*x} = \|\alpha\|$，即 σ 保持长度，故由定理 2.4.1 知 σ 是等距变换.

反过来，设 σ 是等距变换，则 σ 保持长度，故对任意向量 $x \in \mathbb{C}^n$(或 $\mathbb{R}^n$)，有

$$(\beta, \beta) = x^*(A^*A)x = (\alpha, \alpha) = x^*x.$$

故 Hermite 二次型 $x^*(I-A^*A)x=0$ 对一切向量 x 成立, 故知 $I-A^*A=0$(见第一章习题 46), 即 $A^*A=I$. 所以 A 是酉矩阵. □

需要注意, 定理 2.4.2 中的条件"标准正交"不可去, 即等距变换在一般基下的矩阵未必是酉矩阵, 见下例.

例 2.4.1 设 σ 为实平面上逆时针旋转 $\pi/2$, 则它在基 $\{e_1, e_1+e_2\}$ 下的矩阵为

$$\begin{pmatrix} -1 & -2 \\ 1 & 1 \end{pmatrix}.$$

这显然不是酉矩阵.

由于定理 2.4.2, 欧氏空间的等距变换又称为**正交变换**; 而复内积空间的等距变换也称为**酉变换**.

显然等距变换之积仍是等距变换, 等距变换之逆仍是等距变换. 从而等距变换的全体组成 $\mathrm{Aut}\,V$ 的一个子群, 称为等距变换群. 特别, 欧氏空间的全体正交变换构成正交变换群. 相应地, 全体正交矩阵组成 $GL_n(\mathbb{R})$ 的一个子群, 称为正交矩阵群.

定理 2.4.3 设 V 是内积空间, $\sigma\in\mathrm{End}\,V$, 则 σ 是等距变换 $\Longleftrightarrow$ σ 将标准正交基变为标准正交基.

证: 设 $\alpha_1, \alpha_2, \cdots, \alpha_n$ 是 V 的任意一组标准正交基, A 是 σ 在该组基下的矩阵, $\beta_j=\sigma(\alpha_j)$, $1\leqslant j\leqslant n$. 若 σ 是等距变换, 则由定理 2.4.1, σ 保持内积与长度, 故 $\beta_1, \beta_2, \cdots, \beta_n$ 仍是一个标准正交基.

反过来, 如果 σ 将标准正交基变为标准正交基, 则 σ 关于任何标准正交基的矩阵是标准正交基到标准正交基的过渡矩阵; 而由第一章第五节思考题 4, 可知这样的过渡矩阵是酉矩阵, 从而由定理 2.4.2 知 σ 是等距变换. □

例 2.4.2 (二维正交矩阵) 实直线 $\mathbb{R}$ 上的正交变换只有 $\pm I$, 即恒等变换及其负变换 (将 x 变为 $-x$). 实平面 $\mathbb{R}^2$ 上的正交变换可以计算如下: 选定标准基 e_1, e_2. 设正交变换 σ 在标准基下的矩阵为 A, 则由定理 2.4.3 知 A 是正交矩阵, 于是

$$Q=\begin{pmatrix} c & s \\ -s & c \end{pmatrix}, \tag{2.4.1}$$

或

$$P=\begin{pmatrix} c & s \\ s & -c \end{pmatrix}, \tag{2.4.2}$$

其中 $c^2+s^2=1$. 矩阵 Q 对应的正交变换是我们熟悉的旋转, 而矩阵 P 既是正交矩阵又是对称矩阵, 其对应的正交变换是一种反射$\left(\text{对称轴为 } y=\dfrac{1-c}{s}x\text{, 见习题 39}\right)$, 故称为反射矩阵.

例 2.4.3 (三维正交矩阵) 对 $\mathbb{R}^3$, 正交矩阵必正交相似于下面 6 种矩阵 (见习题 40):

$$\begin{pmatrix}1&&\\&1&\\&&1\end{pmatrix},\quad\begin{pmatrix}1&&\\&1&\\&&-1\end{pmatrix},\quad\begin{pmatrix}1&&\\&-1&\\&&-1\end{pmatrix},$$

$$\begin{pmatrix}-1&&\\&-1&\\&&-1\end{pmatrix},\quad\begin{pmatrix}1&&\\&\cos\theta&\sin\theta\\&-\sin\theta&\cos\theta\end{pmatrix},\quad\begin{pmatrix}-1&&\\&\cos\theta&\sin\theta\\&-\sin\theta&\cos\theta\end{pmatrix}.$$

一般地, 将三维空间保持长度的映射称为刚体运动. 上述结论表明, 三维空间的刚体运动是平移和上述 6 种变换的合成. 如果上面的矩阵有复数特征值, 则意味着相应的正交变换是: 绕一固定轴的旋转, 且旋转的平面与轴正交.

例 2.4.4 设

$$A=\begin{pmatrix}\dfrac{1}{4}&\dfrac{\sqrt{3}}{4}&\dfrac{\sqrt{3}}{2}\\\dfrac{\sqrt{3}}{2}&-\dfrac{1}{2}&0\\\dfrac{\sqrt{3}}{4}&\dfrac{3}{4}&-\dfrac{1}{2}\end{pmatrix}$$

是正交矩阵, 求相应的正交变换的旋转轴与旋转的角度.

解: A 的一个特征值为 1, 设其对应的特征向量为 $\alpha=(x_1,x_2,x_3)^{\mathrm{T}}$, 则由方程组 $A\alpha=\alpha$ 可得 $\alpha=(\sqrt{3},1,1)^{\mathrm{T}}$, 故旋转轴为过点 $(0,0,0)$ 与 $(\sqrt{3},1,1)$ 的直线.

为求 A 的旋转角, 可利用矩阵的相似不变量 —— 迹, 即设

$$B=\begin{pmatrix}1&0&0\\0&\cos\theta&\sin\theta\\0&-\sin\theta&\cos\theta\end{pmatrix}=Q^{-1}AQ,$$

则 $\operatorname{tr}B=\operatorname{tr}A$, 故 $1+2\cos\theta=\dfrac{1}{4}-\dfrac{1}{2}-\dfrac{1}{2}=-\dfrac{3}{4}$, 所以 $\cos\theta=-\dfrac{7}{8}$.

现在可以回答本节开始的几个问题了. 由于保距变换保持长度和内积, 从而也保持向量之间的角度, 因此保距变换不改变图形的形状. 比如保距变换将圆仍变为圆、将三角形仍变为三角形等, 但一般的线性变换则可能将图形变得面目全非. 例如, 向 x 轴的投影变换把圆心在原点的单位圆变成了 x 轴上的线段, 而将抛物线 $y=x^2$ 变为整个 x 轴. 其他一些简单图形在线性变换下的形状, 见习题 40~42.

最著名的正交变换当属 **Householder**① **变换**与 **Givens**② **旋转**, 分别介绍如下:

---

① Alston Scott Householder(1904—1993), 美国著名数值分析学家和生物数学家, 曾任美国数学会主席、美国工业与应用数学会主席和美国计算机学会主席. 他在数值计算方面的开创性研究奠定了计算机科学的基础. 国际数值代数会议自 1996 年开始改称为 Householder 会议.

② James Wallace Givens(1910—1993), 美国数学家、计算机科学的先驱. 曾任美国工业与应用数学会主席.

例 2.4.5 (Householder 变换)　设 $v \in \mathbb{C}^n$ 是非零向量, 定义 n 阶复矩阵 H 如下:

$$H = I - \frac{2vv^*}{v^*v}. \tag{2.4.3}$$

矩阵 H 称为 **Householder 矩阵**. 由矩阵 H 定义的线性变换 H_v 称为 Householder 变换, 即对任意 $x \in \mathbb{C}^n$,

$$H_v x = x - \frac{2vv^*}{v^*v}x. \tag{2.4.4}$$

容易看出, Householder 变换 H_v 实际上是关于超平面$v^\perp$ 的镜面反射(即将 $v^\perp$ 的向量固定, 而将 v 变为 $-v$, 详见习题 43). 如果将向量 x 按直和 $\mathbb{C}^n = \mathrm{span}\{v\} \oplus v^\perp$ 正交分解为

$$x = P_v x + P_v^\perp x,$$

则

$$H_v x = P_v^\perp x - P_v x,$$

如下图 2.4.1:

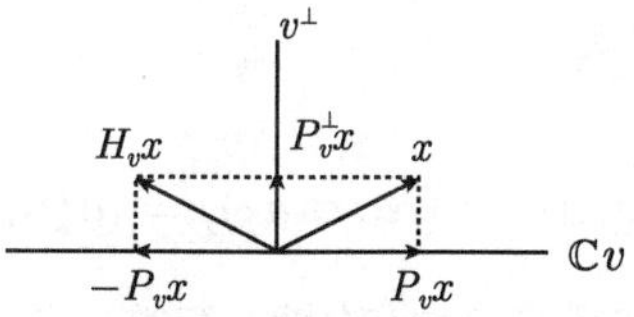

图 2.4.1

例 2.4.6　设 $v = e_3 \in \mathbb{R}^3$ 是标准向量, 则 $v^*v = 1$, 故相应的 Householder 变换 H_v 变为 $H_v x = x - 2vv^*x$. 此时 H_v 正是关于 xoy 平面的反射.

例 2.4.7 (Givens 变换)　由矩阵 (2.4.1) 决定的旋转称为 Jacobi [①]旋转或 (二维) Givens 旋转. 一般地, 设 $c^2 + s^2 = 1$, $\theta = \arctan \frac{s}{c}$, 则将 n 阶实矩阵

$$G(i, j, \theta) = I_n - (1-c)(E_{ii} + E_{jj}) + s(E_{ij} - E_{ji}) \tag{2.4.5}$$

称为 Givens 旋转矩阵 (感兴趣的读者可写出该矩阵的形状). 这是一个正交矩阵 (习题 44).

Householder 变换与 Givens 变换都可以用来将矩阵中某些特定的元素变为 0, 是矩阵快速计算中不可或缺的方法.

作为本节的结束, 我们讨论实对称矩阵对应的欧氏空间的线性变换 —— 对称变换, 酉空间的情形见习题 46.

① Carl Gustav Jacob Jacobi(1804—1851), 德国著名数学家, 数学上有著名的 Jacobian Conjecture (雅可比猜想), 见本书第五章.

定义 2.4.2　设 σ 是欧氏空间 V 的线性变换. 如果对任意 $\alpha, \beta \in V$, 均有

$$(\sigma(\alpha), \beta) = (\alpha, \sigma(\beta)), \tag{2.4.6}$$

则称 σ 是一个**对称变换**.

位似变换都是对称变换, 反射变换也是对称变换, 这可以直接验证, 也可以由下面的定理得到.

定理 2.4.4　欧氏空间的线性变换 σ 是对称变换 $\Longleftrightarrow \sigma$ 在一组标准正交基下的矩阵是对称矩阵.

证:

充分性: 设 σ 在一组标准正交基 $\alpha_1, \alpha_2, \cdots, \alpha_n$ 下的矩阵 A 是对称矩阵, 设 α, β 在该标准正交基下的坐标分别为 x, y, 则 $\sigma(\alpha) = (\alpha_1, \alpha_2, \cdots, \alpha_n)Ax, \sigma(\beta) = (\alpha_1, \alpha_2, \cdots, \alpha_n)Ay$, 因此

$$(\sigma(\alpha), \beta) = (Ax, y) = y^{\mathrm{T}}Ax = (A^{\mathrm{T}}y)^{\mathrm{T}}x = (Ay)^{\mathrm{T}}x = (x, Ay) = (\alpha, \sigma(\beta)).$$

必要性: 设 σ 是对称变换, 其在标准正交基 $\alpha_1, \alpha_2, \cdots, \alpha_n$ 下的矩阵记为 $A = (a_{ij})$, 则 $\sigma(\alpha_j) = \sum\limits_{i=1}^{n} a_{ij}\alpha_i$. 于是

$$a_{ij} = (\sigma(\alpha_j), \alpha_i) = (\alpha_i, \sigma(a_j)) = (\sigma(\alpha_i), \alpha_j) = a_{ji},$$

上式第二个等号用到欧氏空间内积的对称性, 而第三个等号用到 σ 是对称变换.　□

例 2.4.8　由二维正交矩阵的分类可知, 如果一个线性变换既是对称变换又是正交变换, 则它必然是反射. 因此, 平面上非反射变换的对称变换不是等距变换, 从而对称变换和我们通常的理解相去甚远, 比如线性变换

$$(x, y)^{\mathrm{T}} \mapsto (x + y, x)^{\mathrm{T}}$$

是平面上的对称变换, 它将单位正方形 $0 \leqslant x, y \leqslant 1$ 变为如下的平行四边形

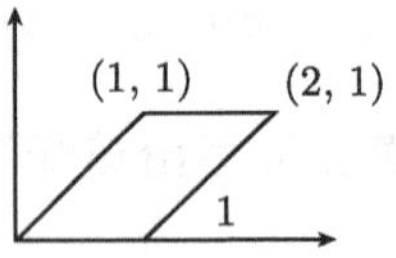

图 2.4.2

由对称变换可以自然导出另一类重要的线性变换, 称为一个线性变换的伴随, 其定义如下.

定义 2.4.3　设 σ, τ 是欧氏空间 V 的两个线性变换. 如果对任意 $\alpha, \beta \in V$, 均有

$$(\sigma(\alpha), \beta) = (\alpha, \tau(\beta)), \tag{2.4.7}$$

则称 τ 是 σ 的一个**伴随变换**.

容易证明 (见习题45)：任何线性变换 σ 的伴随变换存在且唯一, 记为 σ^*. 如果 $\sigma=\sigma^*$, 则称 σ 是**自伴随的**或自伴的. 因此, 欧氏空间的对称变换就是自伴变换. 为了理解一般线性变换的伴随变换, 我们先考察一个例子.

例 2.4.9　设 σ 是平面上的线性变换

$$\sigma:(x,y)^{\mathrm{T}}\mapsto(a_1x+b_1y,a_2x+b_2y)^{\mathrm{T}},$$

则容易验证 (见习题45)σ 的伴随变换 σ^* 是

$$\sigma^*:(x,y)^{\mathrm{T}}\mapsto(a_1x+a_2y,b_1x+b_2y)^{\mathrm{T}}.$$

因此 σ^* 在标准基下的矩阵恰好是 σ 在标准基下的矩阵的转置! 因此, 伴随变换可看作是转置矩阵的几何意义.

一般地, 我们有下面的定理, 证明见习题45.

定理 2.4.5　设 σ,τ 是欧氏空间 V 的两个线性变换, A,B 分别是 σ,τ 在某组标准正交基下的矩阵, 则

(1) $(\sigma^*)^*=\sigma$;

(2) $(\sigma+\tau)^*=\sigma^*+\tau^*$;

(3) $(\lambda\sigma)^*=\lambda\sigma^*,\forall\lambda\in\mathbb{R}$;

(4) $(\sigma\tau)^*=\tau^*\sigma^*$;

(5) $\tau=\sigma^*\Longleftrightarrow B=A^{\mathrm{T}}$.

自伴变换的最重要的例子是正交投影变换.

例 2.4.10 (正交分解)　由定理 2.3.1, 任何向量 $x\in V$ 可以唯一分解为如下形式:

$$x=P_Ux+P_U^{\perp}x,$$

其中 $P_Ux\in U$, $P_U^{\perp}x\in U^{\perp}$ 分别为 x 在 U 上的**投影向量**和**正交投影向量**. 因此, 可将 P_U 与 $P_U^{\perp}$ 分别理解为内积空间 V 的向子空间 U 与 $U^{\perp}$ 的**正交投影变换**, 即

$$P_U:x\mapsto P_Ux,$$

而

$$P_U^{\perp}:x\mapsto P_U^{\perp}x.$$

显然有 $P_U^{\perp}=P_{U^{\perp}}$, 以及 $P_U+P_U^{\perp}=I$.

一般地, 如果 $U=\mathrm{span}\{v\}$ 是一维子空间, 则将下标 U 改记为 v, 如 P_Ux 记为 P_vx 等.

定理 2.4.6　设 σ 是内积空间 V 的一个线性变换, 则 σ 是 V 向某子空间 U 上的正交投影变换 $\Longleftrightarrow$ σ 是自伴的幂等变换.

证:

必要性: 设 σ 是 V 向某子空间 U 上的正交投影变换, 即 $\sigma = P_U$, 则 σ 显然是幂等变换. 对任意 $x, y \in V$,

$$(P_U x, y) = (P_U x, P_U y + P_U^{\perp} y) = (P_U x, P_U y) = (x - P_U^{\perp} x, P_U y) = (x, P_U y),$$

因此 σ 是自伴的.

充分性: 设 σ 是自伴的幂等变换, 则由例 2.2.24 知 σ 是 V 向 $\mathrm{Im}(\sigma)$ 上的投影变换. 由于 σ 还是自伴的, 故 $\mathrm{Im}(\sigma)^{\perp} = \mathrm{Ker}(\sigma)$, 即 σ 还是正交投影变换. □

例 2.4.11 由矩阵 $A \in M_n(\mathbb{C})$ 定义的线性变换 $x \mapsto Ax$ 是正交投影变换 $\Longleftrightarrow A^2 = A$, $A^* = A$. 此时, A 实际上是 $\mathbb{C}^n$ 向 A 的列空间 $R(A)$ 上的正交投影变换.

思 考 题

1. 平面 (即 $\mathbb{R}^2$) 上的非等距线性变换不能保持所有向量的长度, 但可否保持所有角度?

2. 空间 (即 $\mathbb{R}^3$) 中的非等距线性变换能否保持一些向量的长度? 能否将某个半径为 1 的圆还变为半径为 1 的圆? 特别地, 空间中的幂零变换能否保持一些向量的长度? 幂等变换保持哪些向量的长度?

3. 平面上的反射变换能否由旋转实现? 反过来呢?

4. 按例 2.4.8, 对称变换并不保持图形的对称性, 如何为"对称"一词找一个恰当的几何解释?

5. 反对称矩阵对应的线性变换有何特点?

6. 对称变换是否在任何一组基下的矩阵均为对称矩阵? 在某组基下的矩阵为对称矩阵的线性变换是否一定是对称变换?

7. 定理 2.4.5 中的"某组标准正交基"是否可以减弱为"某组基"?

第五节* 张量积与商空间: 构造新线性空间

子空间的交与和都可以看成是由已知线性空间构造新线性空间的方法, 但这些方法局限在一个已知空间的内部. 本节我们研究如何由两个给定的 $\mathbb{F}$ 空间 U 与 V 构造新的线性空间. 最简单的办法是仿照子空间的直和, 构造所谓的"直和", 其定义如下:

考虑集合 U 与 V 的卡氏积(也称笛卡尔积)$U \times V = \{(u, v) : u \in U, v \in V\}$. 按分量定义 $U \times V$ 的加法与数乘运算, 即对 $(u, v), (u_1, v_1), (u_2, v_2) \in U \times V$ 以及任意数 λ, 定义:

$$(u_1, v_1) + (u_2, v_2) = (u_1 + u_2, v_1 + v_2), \quad \lambda(u, v) = (\lambda u, \lambda v),$$

则容易验证: $U \times V$ 在如上的加法和数乘下构成线性空间, 称为 U 与 V 的直和, 记为 $U \oplus V$. U 与 V 分别称为**直和项**.

关于直和有下述基本定理 (证明见习题 47):

定理 2.5.1 (直和空间的基) 设 $\alpha_1, \alpha_2, \cdots, \alpha_n$(称为 α-基) 与 $\beta_1, \beta_2, \cdots, \beta_m$(称为 β-基) 分别是 U 与 V 的一组基, 则向量组

$$(\alpha_i, 0), (0, \beta_j), \quad 1 \leqslant i \leqslant n, 1 \leqslant j \leqslant m \tag{2.5.1}$$

构成 $U \oplus V$ 的一组基, 称为 $\alpha \oplus \beta$-基. 特别地,

$$\dim(U \oplus V) = \dim U + \dim V. \tag{2.5.2}$$

(如果 U 与 V 还是内积空间, 则还可以按分量定义 $U \oplus V$ 的内积, 即定义

$$((u_1, v_1), (u_2, v_2)) = (u_1, u_2) + (v_1, v_2). \tag{2.5.3}$$

见习题 48.)

一般将子空间的直和称为"内直和", 而将上面定义的直和称为"外直和". 但这两种直和本质上是一样的. 这是因为"外直和" $U \oplus V$ 中的两个直和项 U 与 V 可以分别看成是线性空间 $W = U \oplus V$ 的子空间 $\{(u, v) \in W : u \in U, v = 0\}$ 与 $\{(u, v) \in W : v \in V, u = 0\}$. 例如, 实平面 $\mathbb{R}^2$ 既可以看成是由 x 轴和 y 轴的内直和产生的, 也可以看成是由两个数轴的外直和产生的, 因为这两个数轴可以分别看成是 x 轴和 y 轴.

常将外直和 $U \oplus V$ 中的向量 (u, v) 改记为 $u + v$, 这样外直和与内直和就完全统一了. 特别地, $\alpha \oplus \beta$-基就变成了 $\alpha \bigcup \beta$-基. 以下我们将不区分外直和与内直和.

现考虑直和空间的线性变换. 设 $\sigma_i \in \mathrm{Hom}(U_i, V_i)$, $i = 1, 2$. 则可以定义 $U_1 \oplus U_2$ 到 $V_1 \oplus V_2$ 的映射 σ 如下 (其中 $u_i \in U_i$):

$$\sigma(u_1 + u_2) = \sigma_1(u_1) + \sigma_2(u_2). \tag{2.5.4}$$

容易验证 (习题 49), σ 是一个线性变换, 称为 σ_1 与 σ_2 的直和, 记为 $\sigma_1 \oplus \sigma_2$.

关于线性变换的直和有下面的定理:

定理 2.5.2 设线性变换 σ_1 与 σ_2 关于 α-α'-基与 β-β'-基的矩阵分别为 A 与 B, 则 $\sigma_1 \oplus \sigma_2$ 关于 $\alpha \oplus \beta$-$\alpha' \oplus \beta'$-基的矩阵为 $A \oplus B$.

证: 由于 $\sigma_1 \oplus \sigma_2$ 在 $\alpha \oplus \beta$-基上的作用是按照分量进行的, 故

$$\sigma_1 \oplus \sigma_2(\alpha_i) = \sigma_1(\alpha_i), \quad \sigma_1 \oplus \sigma_2(\beta_j) = \sigma_2(\beta_j).$$

因此

$$\sigma_1 \oplus \sigma_2(\alpha \oplus \beta) = (\sigma_1(\alpha_1), \cdots, \sigma_1(\alpha_n), \sigma_2(\beta_1), \cdots, \sigma_2(\beta_m)) = (\alpha \oplus \beta)(A \oplus B).$$

□

例 2.5.1 设 $\sigma, \tau \in (\mathbb{R}^2)^*$ 分别为函数 $\sigma(x,y) = ax+by$ 与 $\tau(x,y) = cx+dy$, 则 $\sigma \oplus \tau \in \mathrm{Hom}(\mathbb{R}^2 \oplus \mathbb{R}^2, \mathbb{R} \oplus \mathbb{R})$ 为:

$$\sigma \oplus \tau(x,\, y,\, u,\, v) = (ax+by,\, cu+dv).$$

进一步, 直接计算可知 $\sigma \oplus \tau$ 关于标准基–标准基的矩阵为

$$C = \begin{pmatrix} a & b & 0 & 0 \\ 0 & 0 & c & d \end{pmatrix}.$$

注意 σ 与 τ 关于标准基的矩阵分别为 $A = (a \;\; b)$ 与 $B = (c \;\; d)$, 所以确有 $C = A \oplus B$.

定理 2.5.2 可以推广到任意有限个线性空间的直和, 即有下面的定理 (证明见习题 50):

定理 2.5.3 设 $\sigma_i \in \mathrm{Hom}(U_i,\, V_i)$, $1 \leqslant i \leqslant n$, 再设 σ_i 关于 α_i-α_i'-基的矩阵为 A_i, 则 $\sum\limits_{i=1}^{n} \oplus \sigma_i \in \mathrm{Hom}\left(\sum\limits_{i=1}^{n} \oplus U_i,\, \sum\limits_{i=1}^{n} \oplus V_i\right)$ 关于 $\sum\limits_{i=1}^{n} \oplus \alpha_i$-$\sum\limits_{i=1}^{n} \oplus \alpha_i'$-基的矩阵为 $\sum\limits_{i=1}^{n} \oplus A_i$.

上面的过程实际上是利用较小的空间的线性变换构造较大的空间上的线性变换. 这个过程可以反过来考虑, 即讨论如何将较大空间的线性变换化为较小的空间的线性变换的直和. 设 $V = U \oplus W$, $\sigma \in \mathrm{End}V$. 如果 σ 分解为 $\sigma_1 \in \mathrm{End}U$ 与 $\sigma_2 \in \mathrm{End}W$ 的直和, 即 $\sigma = \sigma_1 \oplus \sigma_2$, 则 $\sigma(u+w) = \sigma_1(u) + \sigma_2(w)$. 特别地, 对任意 $u \in U$, $w \in W$, 有

$$\sigma(u) = \sigma_1(u) \in U, \quad \sigma(w) = \sigma_2(w) \in W.$$

换句话说, $\sigma(U) \subseteq U$, $\sigma(W) \subseteq W$. 这样的子空间 U(与 W) 称为 σ 的**不变子空间**. 平凡子空间是任何线性变换的不变子空间. 另外, 核空间与像空间也是不变子空间.

定理 2.5.4 设 $V = V_1 \oplus V_2 \oplus \cdots \oplus V_s$, $\sigma \in \mathrm{End}V$. 如果每个 V_i 均为 σ 的不变子空间, 则存在 $\sigma_i \in \mathrm{End}V_i$, $1 \leqslant i \leqslant s$, 使得

$$\sigma = \sigma_1 \oplus \sigma_2 \oplus \cdots \oplus \sigma_s.$$

证: 由于每个 V_i 均为 σ 的不变子空间, 故可定义 V_i 的映射 σ_i 如下:

$$\sigma_i(x) = \sigma(x), \quad \forall x \in V_i.$$

σ_i 显然是线性变换, 且对任意 $v \in V$, 设

$$v = v_1 + v_2 + \cdots + v_s, \quad v_i \in V_i,$$

则有

$$\begin{aligned} & \sigma_1 \oplus \sigma_2 \oplus \cdots \oplus \sigma_s(v) \\ = & \sigma_1(v_1) + \sigma_2(v_2) + \cdots + \sigma_s(v_s) \\ = & \sigma(v_1) + \sigma(v_2) + \cdots + \sigma(v_s) \\ = & \sigma(v_1 + v_2 + \cdots + v_s) = \sigma(v), \end{aligned}$$

即: $\sigma = \sigma_1 \oplus \sigma_2 \oplus \cdots \oplus \sigma_s$. □

一般将上述 σ_i 称为线性变换 σ 在子空间 V_i 上的限制, 记为 $\sigma|_{V_i}$.

推论 2.5.1 设 $V = V_1 \oplus V_2 \oplus \cdots \oplus V_s$, $\sigma \in \mathrm{End}V$. 如果每一个 V_i 均为 σ 的不变子空间, 则存在 V 的基, 使得 σ 在该基下的矩阵是分块对角矩阵.

证: 由定理 2.5.4, 可设 $\sigma = \sigma_1 \oplus \sigma_2 \oplus \cdots \oplus \sigma_s$. 设诸 σ_i 在 V_i 的 α_i-基下的矩阵是 A_i, 则 σ 在 $\sum\limits_{i=1}^{s} \oplus \alpha_i$-基下的矩阵为

$$\sum_{i=1}^{s} \oplus A_i.$$ □

例 2.5.2 设 $\sigma \in \mathrm{End}V$. 对任意非零向量 v, 投影变换 $x \mapsto P_v x$ 是幂等变换. 对任何幂等变换 σ 有

$$V = \mathrm{Ker}(\sigma) \oplus \mathrm{Im}(\sigma). \tag{2.5.5}$$

这是因为 $v = (v - \sigma(v)) + \sigma(v)$, 其中 $v - \sigma(v) \in \mathrm{Ker}(\sigma)$, $\sigma(v) \in \mathrm{Im}(\sigma)$ 且 $\mathrm{Ker}(\sigma) \bigcap \mathrm{Im}(\sigma) = 0$. 现选取 $\mathrm{Ker}(\sigma)$ 与 $\mathrm{Im}(\sigma)$ 的各一组基, 它们的并构成 V 的一组基, 在这组基下, σ 的矩阵为分块矩阵

$$0_{n-r} \oplus I_r,$$

其中, r 是 σ 的秩, n 是 V 的维数. 换句话说, σ 在 $\mathrm{Ker}(\sigma)$ 上的限制是 0 变换, 在 $\mathrm{Im}(\sigma)$ 上的限制是恒等变换.

由矩阵与线性变换的对应关系可知, 方阵 A 是幂等矩阵 $\Longleftrightarrow$ 它所对应的线性变换 $x \mapsto Ax$ 是投影变换, 因此幂等矩阵也称为**投影矩阵**.

由于两个线性空间的直和中的运算是按分量进行的, 故两个直和项没有相互“融入”, 因此这个“新”线性空间本质上没有带来任何真正新的信息. 可以设想将 U 与 V 的基相互融合, 即以

$$(\alpha_i, \beta_j), \quad 1 \leqslant i \leqslant n, 1 \leqslant j \leqslant m \tag{2.5.6}$$

为基构造新的线性空间, 称为 U 与 V 的**张量积**①, 记为 $U \otimes V$. 一般地, 将 $U \otimes V$ 的基 (2.5.6) 写成

$$\alpha_i \otimes \beta_j, \quad 1 \leqslant i \leqslant n, 1 \leqslant j \leqslant m \tag{2.5.7}$$

从而 $U \otimes V$ 中的向量形如

$$\sum_{i=1}^{n} \sum_{j=1}^{m} x_{ij} \alpha_i \otimes \beta_j. \tag{2.5.8}$$

① 张量 (运算) 由意大利数学家 Gregorio Ricci-Curbastro (1853—1925) 提出的, 后经其学生 Tullio Levi-Civita (1873—1941) 发展而成为众多学科的重要理论和工具 (包括相对论).

由上述定义立即可得下述的

定理 2.5.5　设 U 与 V 均是有限维线性空间, 则 $\dim(U\otimes V)=(\dim U)(\dim V)$.

所以"张量积"可以看成是线性空间的"乘法". 显然, 如上定义的张量积对无限维线性空间依然有意义 (只需在式 (2.5.8) 中取任意有限和即可).

例 2.5.3　考察行向量空间 $U=\mathbb{F}^{1\times n}$ 与列向量空间 $V=\mathbb{F}^{m\times 1}$ 的张量积. 选取 U 与 V 的标准基 $e_1^{\mathrm{T}},\cdots,e_n^{\mathrm{T}}$ 与 $e_1^{(m)},\cdots,e_m^{(m)}$ (其中 $e_i^{(m)}$ 表示第 i 个 m 维标准向量). 则 $\mathbb{F}^{1\times n}\otimes\mathbb{F}^{m\times 1}$ 有一组标准基如下:

$$e_i^{\mathrm{T}}\otimes e_j^{(m)},\quad 1\leqslant i\leqslant n,\ 1\leqslant j\leqslant m. \tag{2.5.9}$$

如果将基向量 $e_i^{\mathrm{T}}\otimes e_j^{(m)}$ 对应到基本矩阵 E_{ji}, 则可得

$$\mathbb{F}^{1\times n}\otimes\mathbb{F}^{m\times 1}\cong\mathbb{F}^{m\times n}. \tag{2.5.10}$$

例 2.5.4 (二元多项式的产生)　证明 $\mathbb{F}[x]\otimes\mathbb{F}[y]\cong\mathbb{F}[x,y]$.

证: 分别取 $\mathbb{F}[x]$ 与 $\mathbb{F}[y]$ 的标准基

$$1,\,x\,,x^2,\,\cdots,\,x^n,\,\cdots,$$

以及

$$1,\,y\,,y^2,\,\cdots,\,y^m,\,\cdots,$$

则可得 $\mathbb{F}[x]\otimes\mathbb{F}[y]$ 的一组基如下

$$x^n\otimes y^m,\quad m\,,n\geqslant 0.$$

将 $x^n\otimes y^m$ 对应到 x^ny^m 即给出需要的一个同构变换.

请注意, 本例并未涉及多项式的乘法结构, 有兴趣的读者可自行查阅相关材料. □

以下我们讨论张量积空间的线性变换. 设 $\sigma_i\in\mathrm{Hom}(U_i,V_i)$, $i=1,2$. 类似于直和的情形, 可以定义 $U_1\otimes U_2$ 到 $V_1\otimes V_2$ 的张量积映射 $\sigma_1\otimes\sigma_2$ 如下 (其中 $u_i\in U_i$):

$$\sigma_1\otimes\sigma_2(u_1\otimes u_2)=\sigma_1(u_1)\otimes\sigma_2(u_2). \tag{2.5.11}$$

容易验证 (习题 51), $\sigma_1\otimes\sigma_2$ 是一个线性变换, 称为 σ_1 与 σ_2 的张量积. 需要注意的是, 张量积空间 $U_1\otimes U_2$ 中的元素的一般形式如式 (2.5.8), 因此公式 (2.5.11) 只定义了 $U_1\otimes U_2$ 中的一部分向量的像, 其余向量的像可由线性扩张得到, 见定理 2.2.1.

为了得到线性变换的张量积的矩阵表示, 我们先考察一个例子.

例 2.5.5　设 $\sigma\in(\mathbb{F}^2)^*$, $\tau\in\mathrm{Hom}(\mathbb{F},\mathbb{F}^2)$. 设 σ 与 τ 关于标准基–标准基的矩阵分别为 $A=(a\ \ b)$ 与 $B=(x\ \ y)^{\mathrm{T}}$, 则 $\sigma\otimes\tau$ 将 $\mathbb{F}^2\otimes\mathbb{F}$ 的基向量分别映到

$$\sigma\otimes\tau(e_1\otimes 1)=\sigma(e_1)\otimes\tau(1)=a\otimes(x\,,y)^{\mathrm{T}}=ax(1\otimes e_1)+ay(1\otimes e_2);$$
$$\sigma\otimes\tau(e_2\otimes 1)=\sigma(e_2)\otimes\tau(1)=b\otimes(x\,,y)^{\mathrm{T}}=bx(1\otimes e_1)+by(1\otimes e_2).$$

因此 $\sigma\otimes\tau$ 在 $\{e_1\otimes 1, e_2\otimes 1\}$-$\{1\otimes e_1, 1\otimes e_2\}$-基下的矩阵为 $\begin{pmatrix} ax & bx \\ ay & by \end{pmatrix}$, 该矩阵正是所谓矩阵 $A=(a\ b)$ 与 $B=(x\ y)^{\mathrm{T}}$ 的张量积. 一般地, 有下述定义:

定义 2.5.1 (矩阵的张量积) 设 $A=(a_{ij})$ 与 $B=(b_{st})$ 分别是 $m\times n$ 与 $p\times q$ 矩阵. A 与 B 的 (左) 张量积 (矩阵) 或Kronecker积, 记作 $A\otimes B$, 是指 $mp\times nq$ 矩阵

$$\begin{pmatrix} a_{11}B & a_{12}B & \cdots & a_{1n}B \\ a_{21}B & a_{22}B & \cdots & a_{2n}B \\ \cdots & \cdots & \cdots & \cdots \\ a_{m1}B & a_{m2}B & \cdots & a_{mn}B \end{pmatrix}.$$

例 2.5.6 (1) $e_i^{(n)}\otimes(e_j^{(m)})^{\mathrm{T}}=E_{ij}$;

(2) $I_n\otimes I_m=I_{mn}$;

(3) $\begin{pmatrix} a \\ b \end{pmatrix}\otimes(x\quad y)=\begin{pmatrix} ax & ay \\ bx & by \end{pmatrix}=\begin{pmatrix} a \\ b \end{pmatrix}(x\quad y)$;

(4) $(a\quad b)\otimes\begin{pmatrix} x \\ y \end{pmatrix}=\begin{pmatrix} ax & bx \\ ay & by \end{pmatrix}\neq(a\quad b)\begin{pmatrix} x \\ y \end{pmatrix}=ax+by$.

例 2.5.7 设 A, B 均为二阶矩阵. 设 σ 是 $\mathbb{F}^{2\times 2}$ 上的一个线性变换, 其中

$$\sigma:\ X\mapsto\sigma(X)=AXB^{\mathrm{T}},$$

则直接计算可知, σ 关于 (按行顺序) 标准基 $E_{11}, E_{12}, E_{21}, E_{22}$ 的矩阵是 $A\otimes B$, 关于 (按列顺序) 标准基 $E_{11}, E_{21}, E_{12}, E_{22}$ 的矩阵是 $B\otimes A$.

此例提示我们矩阵的张量积与线性矩阵方程$AXB=C$ 的求解有密切关系.

以下列出矩阵张量积的一些性质 (证明见习题52).

命题 2.5.1 (1) (结合律) $(A\otimes B)\otimes C=A\otimes(B\otimes C)$;

(2) (分配律 1) $(A\otimes B)(C\otimes D)=AC\otimes BD$;

(3) (分配律 2) $A\otimes(B\pm C)=A\otimes B\pm A\otimes C$;

(4) (保转置) $(A\otimes B)^{\mathrm{T}}=A^{\mathrm{T}}\otimes B^{\mathrm{T}}$;

(5) (保可逆) $(A\otimes B)^{-1}=A^{-1}\otimes B^{-1}$ (故 $A\otimes B$ 可逆 $\Longleftrightarrow A$ 与 B 均可逆);

(6) 设 A 与 B 分别为 n 阶与 m 阶矩阵, 则 $|A\otimes B|=|A|^m|B|^n$;

(7) (保秩与迹) $r(A\otimes B)=r(A)r(B)$; $\mathrm{tr}(A\otimes B)=\mathrm{tr}(A)\mathrm{tr}(B)$;

(8) (保特征值) 设 λ 与 μ 分别是 m 阶矩阵 A 与 n 阶矩阵 B 的特征值, x 与 y 是相应的特征向量, 则 $\lambda\mu$ 是 $A\otimes B$ 的特征值, $\lambda+\mu$ 是 $A\otimes I_m+I_n\otimes B$ 的特征值, $x\otimes y$ 是相应的特征向量.

实际上例 2.5.5 的结论具有一般性, 即关于线性变换的张量积与矩阵的张量积有下述关系 (证明见习题53):

定理 2.5.6　设 $\sigma_i \in \mathrm{Hom}(U_i, V_i)$, $i=1,2$, 其关于 α_i-α_i' 基的矩阵分别为 A_i, $i=1,2$. 则 $\sigma_1\otimes\sigma_2$ 关于 $\alpha_1\otimes\alpha_2$-$\alpha_1'\otimes\alpha_2'$ 基的矩阵为 $A_1\otimes A_2$.

由公式 (2.5.7) 定义的线性空间的张量积依赖于两个因子空间的基的选择, 故常用另一种办法来定义张量积, 这就是**商空间**.

设 U 是线性空间 V 的子空间. 对任意 $\alpha\in V$, 将 V 的子集 $\{\beta\in V:\beta=\alpha+u, u\in U\}$ 称为向量 α 关于 U 的**陪集**, 记为 $\alpha+U$. 注意对两个不同的向量 $\alpha_1\neq\alpha_2$, 它们的陪集可能相同, 即可以有 $\alpha_1+U=\alpha_2+U$. 将 V 的关于 U 的所有不同的陪集构成的集合记为 V/U. 则该集合有一个自然的线性空间结构 (见习题 54), 其中的加法和数乘为

$$(\alpha_1+U)+(\alpha_2+U)=(\alpha_1+\alpha_2)+U,\quad a(\alpha+U)=a\alpha+U. \tag{2.5.12}$$

线性空间 V/U 称为 V 关于 U 的商空间. 一般常将商空间 V/U 中的向量 $\alpha+U$ 记为 $\bar{\alpha}$.

例 2.5.8　考虑 $V=\mathbb{R}^2$ 的子空间 $U=x$ 轴. 对任意向量 $\alpha\in\mathbb{R}^2$, 陪集 $\alpha+U$ 就是 x 轴平移 α 所得到的平行于 x 轴的一条直线, 因此所有关于 x 轴的陪集就是全体平行于 x 轴的直线, 它们就是 V/U 的全体元素 (向量). 所以商空间 V/U 的几何意义就是将平行于 x 轴的直线看成一个点, 或者说将它们压缩成 y 轴上的点, 于是商空间 V/U 就是 y 轴, 即 $V/U\cong y$ 轴. 请读者自行建立该同构映射.

类似于例 2.5.8, 线性空间 V 的子空间 U 的陪集 $\alpha+U$ 实际上是将 U 沿向量 α"平移"所得, 故几何学中常将点、直线、平面等称为**线性流形**. 因此, 线性空间的子空间实际上是过原点的线性流形.

商空间的本质是"分类", 即将所谓"等价的元素"视为相同的. 比如, 在整数环 $\mathbb{Z}$ 中, 记全体偶数的集合为 $2\mathbb{Z}$. 如果 $a-b\in2\mathbb{Z}$, 则称 a 与 b 等价. 因此所有偶数等价, 每个偶数 n 的陪集 $n+2\mathbb{Z}=0+2\mathbb{Z}=\bar{0}$; 所有奇数等价, 每个奇数 m 的陪集 $m+2\mathbb{Z}=1+2\mathbb{Z}=\bar{1}$. 因此"商" $\mathbb{Z}/2\mathbb{Z}$ 实际上是一个 2 元集合 $\{\bar{0},\bar{1}\}$. 可以自然地定义该集合上的加法运算"+"与乘法运算"•"(即由 $\mathbb{Z}$ 的运算诱导) 如下:

$$\begin{aligned}&\bar{0}+\bar{0}=\bar{0},\quad \bar{0}+\bar{1}=\bar{1}+\bar{0}=\bar{1},\\&\bar{0}\bullet\bar{0}=\bar{0}\bullet\bar{1}=\bar{1}\bullet\bar{0}=\bar{0},\quad \bar{1}\bullet\bar{1}=\bar{1}.\end{aligned} \tag{2.5.13}$$

容易看出, 由公式 (2.5.13) 定义的 $\mathbb{Z}/2\mathbb{Z}$ 上的加法与乘法运算就是熟知的"偶数 + 偶数 = 偶数, 奇数 • 奇数 = 奇数"等的简洁表达. 在这样的加法与乘法下, 商 $\mathbb{Z}/2\mathbb{Z}$ 构成了应用中最为重要的一个有限域 – 二元域 $\mathbb{Z}_2$ 或 $\mathbb{F}_2$. 一般地, 将 $\bar{0}$ 与 $\bar{1}$ 分别简记为 0 与 1, 即有 $\mathbb{F}_2=\{0,1\}$.

上述做法可以推广到任意素数 p, 即将 $2\mathbb{Z}$ 换成 $p\mathbb{Z}$, 便可得到有限域 $\mathbb{F}_p=\mathbb{Z}/p\mathbb{Z}$.

为了更好地理解商空间的结构, 我们先列出以下简单性质, 证明见习题 55.

命题 2.5.2　(1) 对任意 $u\in U$, 有 $u+U=0+U=U$, 即 U 是商空间 V/U 的 0 向量;

(2) $v+U=\bar{0} \Longleftrightarrow v \in U$;

(3) $\alpha+U=\beta+U \Longleftrightarrow \alpha-\beta \in U$.

定理 2.5.7　设 $V=U \oplus W$, 则 $V/U \cong W$. 特别地, $\dim V/U=\dim V-\dim U$.

证: 设 $\alpha_1, \cdots, \alpha_s$ 是 U 的一组基, $\alpha_{s+1}, \cdots, \alpha_n$ 是 W 的一组基, 则

$$\alpha_1, \cdots, \alpha_s, \alpha_{s+1}, \cdots, \alpha_n$$

是 V 的一组基. 我们断言:

$$\alpha_{s+1}+U, \cdots, \alpha_n+U \tag{2.5.14}$$

是 V/U 的一组基. 一方面, 该组向量是线性无关的: 设

$$k_1(\alpha_{s+1}+U)+\cdots+k_{n-s}(\alpha_n+U)=0,$$

则

$$(k_1\alpha_{s+1}+\cdots+k_{n-s}\alpha_n)+U=0,$$

即

$$k_1\alpha_{s+1}+\cdots+k_{n-s}\alpha_n \in U.$$

因此各系数均为 0.

另一方面, 对任意 $\alpha+U \in V/U$, 设 $\alpha=x_1\alpha_1+\cdots+x_s\alpha_s+x_{s+1}\alpha_{s+1}+\cdots+x_n\alpha_n$, 则

$$\begin{aligned}
\alpha+U &= (x_1\alpha_1+\cdots+x_s\alpha_s+x_{s+1}\alpha_{s+1}+\cdots+x_n\alpha_n)+U \\
&= [(x_1\alpha_1+\cdots+x_s\alpha_s)+U]+[(x_{s+1}\alpha_{s+1}+\cdots+x_n\alpha_n)+U] \\
&= (x_{s+1}\alpha_{s+1}+\cdots+x_n\alpha_n)+U \\
&= x_{s+1}(\alpha_{s+1}+U)+\cdots+x_n(\alpha_n+U),
\end{aligned}$$

即 (2.5.14) 是 V/U 的一组基. □

由上面的证明可以知道商空间的基的结构, 即有下面的这个推论.

推论 2.5.2　设 $\alpha_1, \cdots, \alpha_s$ 是 U 的一组基, $\alpha_1, \cdots, \alpha_s, \alpha_{s+1}, \cdots, \alpha_n$ 是 V 的一组基, 则

$$\alpha_{s+1}+U, \cdots, \alpha_n+U$$

是商空间 V/U 的一组基.

定义 2.5.2　设 V 是线性空间, $\sigma \in \mathrm{End}V$, U 是 σ 的不变子空间. 定义 V/U 到自身的映射 $\bar{\sigma}$ 如下:

$$\bar{\sigma}: \ \alpha+U \mapsto \sigma(\alpha)+U, \tag{2.5.15}$$

则 $\bar{\sigma}$ 是线性变换 (习题56), 称为 σ 的**诱导变换** 或**商变换**.

例 2.5.9　设 σ 是 $\mathbb{R}^3$ 的关于 xoy 平面的投影变换, 则 σ 关于基 e_3, e_1, e_2 的矩阵为 $(0) \oplus I_2$. 设 U 是 z 轴 (看成是 $\mathbb{R}^3$ 的子空间), 则 σ 诱导的商空间 V/U 的线性变换为 $\bar{\sigma}((x,y,z)^{\mathrm{T}}+U) = (x,y,0)^{\mathrm{T}}+U = (x,y,z)^{\mathrm{T}}+U$, $\bar{\sigma}$ 关于基 $\bar{e}_1, \bar{e}_2$ 的矩阵为 I_2. σ 关于基 e_3, e_1+e_3, e_2+e_3 的矩阵为 $\begin{pmatrix} 0 & -1 & -1 \\ 0 & 1 & 0 \\ 0 & 0 & 1 \end{pmatrix}$. $\bar{\sigma}$ 关于基 $\overline{e_1+e_3}, \overline{e_2+e_3}$ 的矩阵仍然为 I_2(实际上 $\bar{\sigma}$ 是恒等变换).

以下考察诱导变换的矩阵表示.

定理 2.5.8　设 $\boldsymbol{A} \in M_s(\mathbb{F}), \boldsymbol{B}, \boldsymbol{C} \in M_{n-s}(\mathbb{F})$. 设 V 是有限维线性空间, $\sigma \in \mathrm{End}V$. 设 σ 在 V 的两组基 $\alpha_1, \cdots, \alpha_s, \alpha_{s+1}, \cdots, \alpha_n$ 与 $\alpha_1, \cdots, \alpha_s, \beta_{s+1}, \cdots, \beta_n$ 下的矩阵分别为 $\boldsymbol{A} \oplus \boldsymbol{B}$ 与 $\boldsymbol{A} \oplus \boldsymbol{C}$, 则 $U = \mathrm{span}\{\alpha_1, \cdots, \alpha_s\}$ 是 σ 的不变子空间, 且 σ 的诱导映射 $\bar{\sigma}$ 关于商空间 V/U 的两组基 $\bar{\alpha}_{s+1}, \cdots, \bar{\alpha}_n$ 与 $\bar{\beta}_{s+1}, \cdots, \bar{\beta}_n$ 下的矩阵分别为 $\boldsymbol{B}$ 与 $\boldsymbol{C}$.

证: 由 σ 在此两组基下的矩阵为分块对角矩阵可知, 不仅 $U = \mathrm{span}\{\alpha_1, \cdots, \alpha_s\}$ 是 σ 的不变子空间, $\mathrm{span}\{\alpha_{s+1}, \cdots, \alpha_n\}$ 与 $\mathrm{span}\{\beta_{s+1}, \cdots, \beta_n\}$ 也均是 σ 的不变子空间. 由推论 2.5.2 可知, $\bar{\alpha}_{s+1}, \cdots, \bar{\alpha}_n$ 与 $\bar{\beta}_{s+1}, \cdots, \bar{\beta}_n$ 都是 V/U 的基. 由诱导映射 $\bar{\sigma}$ 的定义可得

$$(\bar{\sigma}(\bar{\alpha}_{s+1}), \cdots, \bar{\sigma}(\bar{\alpha}_n)) = (\bar{\alpha}_1, \cdots, \bar{\alpha}_s, \bar{\alpha}_{s+1}, \cdots, \bar{\alpha}_n) \begin{pmatrix} 0 \\ B \end{pmatrix}.$$

由于 $\bar{\alpha}_1 = 0, \cdots, \bar{\alpha}_s = 0$, 故有

$$(\bar{\sigma}(\bar{\alpha}_{s+1}), \cdots, \bar{\sigma}(\bar{\alpha}_n)) = (\bar{\alpha}_{s+1}, \cdots, \bar{\alpha}_n)B,$$

即 $\bar{\sigma}$ 在基 $\bar{\alpha}_{s+1}, \cdots, \bar{\alpha}_n$ 下的矩阵为 $\boldsymbol{B}$. 同理知 $\bar{\sigma}$ 在基 $\bar{\beta}_{s+1}, \cdots, \bar{\beta}_n$ 下的矩阵 $\boldsymbol{C}$. □

上面的证明实际上并不需要子空间 $\mathrm{span}\{\alpha_{s+1}, \cdots, \alpha_n\}$ 与 $\mathrm{span}\{\beta_{s+1}, \cdots, \beta_n\}$ 是 σ 的不变子空间, 其中的细节见习题 57.

由于线性变换在不同基下的矩阵彼此相似, 故由定理 2.5.8 可得下述推论.

推论 2.5.3　设 $\boldsymbol{A}, \boldsymbol{B}, \boldsymbol{C}$ 均是方阵, 则 $\boldsymbol{A} \oplus \boldsymbol{B}$ 与 $\boldsymbol{A} \oplus \boldsymbol{C}$ 相似 $\Longleftrightarrow$ $\boldsymbol{B}$ 与 $\boldsymbol{C}$ 相似.

现在我们可以利用商空间来重新定义线性空间的张量积了.

设 U 与 V 是两个线性空间, 将以集合 $U \times V$ 为基的无限维线性空间记为 $F(U \times V)$, 称为 $U \times V$ 上的**自由线性空间**, 即

$$F(U \times V) = \left\{ \sum_{i=0}^{n} x_i(u_i, v_i) : u_i \in U,\ v_i \in V, x_i \in \mathbb{F}, n \in \mathbb{N} \right\}. \tag{2.5.16}$$

记线性空间 $F(U \times V)$ 的由下列三种向量生成的子空间为 N:

$$(u_1+u_2,v)-(u_1,v)-(u_2,v),$$
$$(u,v_1+v_2)-(u,v_1)-(u,v_2),$$
$$x(u,v)-(xu,v),\quad x(u,v)-(u,xv).$$

定义 2.5.3 称商空间 $F(U\times V)/N$ 为 U 与 V 的张量积 (空间).

利用商空间定义的张量积空间 $F(U\times V)/N$ 不依赖于 U 与 V 的特定的基, 但其困难也是显而易见的, 即涉及到无限维空间 $F(U\times V)$, 而且子空间 N 往往也不易确定.

例 2.5.10 考察最简单的情形, 即取 $U=V=\mathbb{F}$. 固定 U 与 V 的各一组基 α 与 β, 则定义 2.5.3 中的子空间 N 由以下三种元素生成:

$$(x_1\alpha+x_2\alpha,y\beta)-(x_1\alpha,y\beta)-(x_2\alpha,y\beta),$$
$$(x\alpha,y_1\beta+y_2\beta)-(x\alpha,y_1\beta)-(x\alpha,y_2\beta),$$
$$z(x\alpha,y\beta)-(zx\alpha,y\beta),\quad z(x\alpha,y\beta)-(x\alpha,zy\beta).$$

因此在商空间 $F(U\otimes V)/N$ 中, 任意向量 $(x\alpha,y\beta)+N=xy(\alpha,\beta)+N$, 因此向量 $(\alpha,\beta)+N$ 是商空间 $F(U\otimes V)/N$ 的一组基. 从而商空间 $F(U\otimes V)/N$ 是一维线性空间. 实际上, 对应 $(\alpha,\beta)\mapsto\alpha\otimes\beta$ 给出商空间 $F(U\otimes V)/N$ 和张量积 $U\otimes V$ 之间的一个同构映射, 见习题 61.

更一般地, 有下述 (证明见习题 62) 定理.

定理 2.5.9 设 U 与 V 是两个线性空间, 则商空间 $F(U\otimes V)/N$ 与张量积 $U\otimes V$ 同构.

我们将在下一节介绍矩阵的张量积在解线性矩阵方程中的应用. 它的另一个应用是矩阵函数乘积的导数公式, 我们将在第五章中讨论该问题.

思 考 题

1. 设 $U_i,V_j,1\leqslant i\leqslant n,1\leqslant j\leqslant m$ 是线性空间. 描述 $\mathrm{Hom}\left(\sum_{i=1}^{n}\oplus U_i,\sum_{j=1}^{m}\oplus V_i\right)$ 中的元素的结构, 并以此给出分块矩阵的一个几何解释.

2. $\mathbb{Q}(\sqrt{2})$ 是有理数域上的二维线性空间. 它与 $\mathbb{Q}$ 及自身的张量积 (空间) 分别是什么?

3. 复数域 $\mathbb{C}$ 是实数域 $\mathbb{R}$ 上的二维线性空间. 商空间 $\mathbb{C}/\mathbb{R}$ 是什么?

4. 设 p 是素数, 有限域 $\mathbb{F}_p=\mathbb{Z}/p\mathbb{Z}$ 的加法与乘法结构如何? 能否建立 $\mathbb{F}_2$(或 $\mathbb{F}_p$) 上的线性空间 (线性变换) 理论?

5. 实多项式空间 $\mathbb{R}[x]$ 与复数域 $\mathbb{C}$ 均是 $\mathbb{R}$ 上的线性空间, 它们的张量积是什么?

6. 设 V 是线性空间, $\sigma\in\mathrm{End}V$ 是幂零 (幂等、同构等) 变换, U 是 σ 的不变子空间, $\bar{\sigma}$ 是由 σ 诱导的 V/U 上的商变换, 问 $\bar{\sigma}$ 是否也是幂零 (幂等、同构等) 变换?

第六节　应用: 拟合曲线、移动通信、滤波、线性矩阵方程

本章简要介绍子空间、线性变换、张量积等理论与方法的一些应用.

一、最小二乘拟合曲线

当观测的数据点明显不接近任何直线或平面时, 仍然用一条直线或平面等去拟合所有数据会产生较大的误差, 这时合适的方法是尝试用更高次的拟合曲线. 比如, 若数据点 $(x_1, y_1), \cdots, (x_n, y_n)$ 明显位于某条抛物线之上时, 就应该选择方程

$$y = a_0 + a_1 x + a_2 x^2$$

来逼近数据. 更一般地, 记上面的方程导出的方程组为

$$Y = X\alpha,$$

其中, X 称为**设计矩阵**, α 称为参数 (系数) 向量, y 称为观测向量. 为了使误差向量(也称为余差向量)$Y - X\alpha$ 的长度最小, 相当于求出 $Y = X\alpha$ 的最小二乘解, 即方程组 $X^{\mathrm{T}}Y = X^{\mathrm{T}}X\alpha$ 的解.

例 2.6.1　试分别求观测数据

$$(-2, 12), \quad (-1, 5), \quad (0, 3), \quad (1, 2), \quad (2, 4)$$

的最小二乘二次拟合曲线与三次拟合曲线.(见习题 63)

二、 正交性与移动通信

例 2.6.2　设 $\mathbb{S} = \{\{x_k\} = (\cdots, x_{-2}, x_{-1}, x_0, x_1, x_2, \cdots) : x_i \in \mathbb{R}\}$ 表示双向无穷实数列的集合, 按分量自然定义 $\mathbb{S}$ 中的向量加法和数乘, 则 V 构成一个无限维实线性空间. 工程上常将 $\mathbb{S}$ 称为 (离散时间) 信号空间.

实践中常用的是信号空间 $\mathbb{S}$ 的一个子空间, 即平方可和子空间

$$l_2 = \left\{ \{x_k\} \in \mathbb{S} : \sum_{k=-\infty}^{+\infty} x_k^2 < +\infty \right\}.$$

信号空间 $\mathbb{S}$ 的另几个常用的子空间是:

(1) 绝对收敛子空间

$$l_1 = \left\{ \{x_k\} \in \mathbb{S} : x_k = 0, \quad 若\ k \leqslant 0\ 且 \sum_{k=1}^{+\infty} |x_k| < +\infty \right\};$$

(2) 有限非零序列子空间

$$\{\{x_k\}\in\mathbb{S}: x_k \text{ 几乎处处为 } 0\}\text{ (即仅有有限个 } x_k \text{ 非 } 0\text{)};$$

(3) 有界序列子空间

$$l_\infty=\{\{x_k\}\in\mathbb{S}: x_k=0, \text{若 } k\leqslant 0, \text{且存在整数} C, |x_k|<C, \forall k\}.$$

平方可和子空间 l_2 是一个无限维内积空间, 其中的内积是自然定义的 (见习题64), 即

$$(\{x_k\},\{y_k\})=\sum_{k=-\infty}^{+\infty} x_k y_k. \tag{2.6.1}$$

于是两个离散信号 $\{x_k\}$ 与 $\{y_k\}$ 正交 $\Longleftrightarrow \sum\limits_{k=-\infty}^{+\infty} x_k y_k=0.$

在实际应用中, 所有用户共享整个频率信道, 但不同用户被分配至不同的时区, 并且不同用户的通信信号在时域上没有任何重叠, 即若以 $\{x_k\}$ 与 $\{y_k\}$ 分别表示两个不同用户的通信信号, 则 $x_k y_k=0$, $\forall k$ (此时由向量 $\{x_k\}$ 与 $\{y_k\}$ 生成的子空间不但相交为0, 而且还是正交的), 因此 $\{x_k\}$ 与 $\{y_k\}$ 正交. 这就是时分多址通信的工作原理. 移动通信中的**频分多址**与**码分多址**的工作原理完全类似. 所以正交性对移动通信起着至为关键的作用.

三、差分方程与线性滤波器

在数字信号处理中, 线性滤波器可以用如下的 n 阶线性差分方程来表示 (a_i 为常数且 $a_0a_n\neq 0$)

$$y_k=a_n x_k+a_{n-1}x_{k+1}+\cdots+a_1 x_{k+n-1}+a_0 x_{k+n}, \tag{2.6.2}$$

其中 $\{x_k\}$ 是输入信号而 $\{y_k\}$ 为输出信号. 如果 $\{y_k\}$ 是零序列, 则称该差分方程为齐次的, 此时的解对应于被过滤掉的信号 (并被换为零信号).

例 2.6.3　对二阶滤波器 $y_k=\dfrac{1}{2\sqrt{2}}x_k+\dfrac{1}{2}x_{k+1}+\dfrac{1}{2\sqrt{2}}x_{k+2}$ 输入信号 $\left(\text{来自于连续信号 } x=\cos\dfrac{\pi t}{4} \text{ 的整数抽样}\right)$

$$\{x_k\}=\left\{\cdots, x_0=1, \frac{1}{\sqrt{2}}, 0, -\frac{1}{\sqrt{2}}, -1, -\frac{1}{\sqrt{2}}, 0, \frac{1}{\sqrt{2}}, 1, -\frac{1}{\sqrt{2}}, 0, \cdots\right\}$$

可得输出信号 (具体计算见习题65)

$$\{y_k\}=\left\{\cdots, y_0=\frac{1}{\sqrt{2}}, y_1=1, \frac{1}{\sqrt{2}}, 0, -\frac{1}{\sqrt{2}}, -1, -\frac{1}{\sqrt{2}}, 0, \frac{1}{\sqrt{2}}, 1, -\frac{1}{\sqrt{2}}, 0, \cdots\right\}.$$

如果再输入一个新的更高的频率信号 $\{u_k\}$(来自于连续信号 $x = \cos\dfrac{3\pi t}{4}$ 的整数抽样), 则输入信号为 (具体计算见习题 65)

$$\{u_k\} = \left\{\cdots, u_0 = 1, -\frac{1}{\sqrt{2}}, 0, \frac{1}{\sqrt{2}}, -1, \frac{1}{\sqrt{2}}, 0, -\frac{1}{\sqrt{2}}, 1, -\frac{1}{\sqrt{2}}, 0, \cdots\right\}.$$

此时滤波器产生的输出序列是零序列, 因此该滤波器将高频信号过滤掉了 (故称为低通滤波器).

命题 2.6.1 n 阶齐次线性差分方程的解集是一个 n 维线性空间. 因此, 被线性滤波器过滤掉的所有信号构成一个线性空间.

研究 n 阶齐次线性差分方程的一种方法是降阶法, 即化为等价的一阶差分方程, 而每个一阶差分方程可写成如下形式:

$$y_{k+1} = Ay_k, \quad \forall k, \tag{2.6.3}$$

其中 $y_k \in \mathbb{R}^n$, $A \in M_n(\mathbb{R})$. 比如差分方程 (注意 $a_0 = 1$)

$$a_n x_k + a_{n-1} x_{k+1} + \cdots + a_1 x_{k+n-1} + x_{k+n} = 0, \quad \forall k$$

可以化为 $y_{k+1} = Ay_k\ (\forall k)$, 其中 $y_k = (x_k, x_{k+1}, \cdots, x_{k+n-1})^{\mathrm{T}}$, 而

$$A = \begin{pmatrix} 0 & 1 & 0 & \cdots & 0 \\ 0 & 0 & 1 & \cdots & 0 \\ \vdots & & & \ddots & \vdots \\ 0 & 0 & 0 & & 1 \\ -a_n & -a_{n-1} & -a_{n-2} & \cdots & -a_1 \end{pmatrix}.$$

注意, 矩阵 A 正是多项式 $f(x) = a_n + a_{n-1}x + \cdots + a_1 x^{n-1} + x^n$ 的友矩阵.

如果设 $x_k = 0, k < 0$, 则由迭代法可以将 (2.6.3) 化为

$$y_k = A^k y_0, \tag{2.6.4}$$

其中 $y_0 = (x_0, x_1, \cdots, x_{n-1})^{\mathrm{T}}$. 于是矩阵 A 的高次幂的计算成为解决问题的关键. 我们将在下一章继续讨论该问题.

四、线性变换与度量

在线性代数课程中, 我们已经知道二阶与三阶行列式的绝对值的几何意义分别是 (平面或立体) 图形的面积与体积. 由于行列式可以看成是矩阵的一个数字特征, 所以研究图形在线性变换下的度量变化是有意义的. 确切地说, 设 S 是欧氏空间 V(此处为 $\mathbb{R}^2$ 或 $\mathbb{R}^3$, 当然可以更一般地研究高维欧氏空间中的类似度量) 中的图形, σ 是 V 的线性变换, 问 $\sigma(S) = \{y \in V : y = \sigma(x), \exists x \in S\}$ 与 S 的面积或体积的关系. 下面的定理回答了此问题 (证明见习题 67).

定理 2.6.1　记 V 中图形 S 的面积或体积为 $vol(S)$, 则 $vol(\sigma(S)) = |\sigma|vol(S)$.

例 2.6.4　不使用微积分, 求椭圆 $S = \left\{(x,y) : \dfrac{x^2}{a^2} + \dfrac{y^2}{b^2} \leqslant 1\right\}$ 的面积.

这里的本质是任何椭圆一定是单位圆在线性变换下的像. 实际上本题中的椭圆是单位圆盘在 $\alpha \mapsto A\alpha$ 下的像, 其中 $A = \begin{pmatrix} a & 0 \\ 0 & b \end{pmatrix}$. 因此由定理 2.6.1 知 S 的面积为 $|\boldsymbol{A}|\pi = \pi ab$.

例 2.6.5　($|AB| = |A||B|$ 的几何意义) 设 $A, B \in M_n(\mathbb{F})$, 有界图形 $G \subset \mathbb{F}^n$ 的体积为 $V \neq 0$. 考察 $\mathbb{F}^n$ 到自身的两个线性变换 $\sigma : x \mapsto Ax$ 与 $\tau : x \mapsto Bx$ 及其复合 $\sigma\tau : x \mapsto (AB)x$. 由定理 2.6.1 知, $\tau(G)$ 的体积为 $|B|V$, $\sigma(\tau(G))$ 的体积为 $|A||B|V$, 而 $\sigma\tau(G)$ 的体积为 $|AB|V$. 由于 $\sigma(\tau(G)) = \sigma\tau(G)$, 故 $|AB|V = |A||B|V$. 所以

$$|AB| = |A||B|.$$

五、张量积与线性矩阵方程

利用矩阵的张量积可以求线性矩阵方程

$$A_1XB_1 + A_2XB_2 + \cdots + A_sXB_s = C \tag{2.6.5}$$

的解, 其中 $A_i \in M_m(\mathbb{C}), B_i \in M_n(\mathbb{C}), C \in \mathbb{C}^{m\times n}$ 是已知矩阵, $X \in \mathbb{C}^{m\times n}$ 为未知矩阵.

首先考察方程 (2.6.5) 的左端只有一项的情形. 此时, 矩阵方程 $AXB^{\mathrm{T}} = C$ 可以看成是求向量 C 在 σ 下的原像, 其中 $\sigma : X \mapsto AXB^{\mathrm{T}}$ 是矩阵空间 $\mathbb{C}^{m\times n}$ 的线性变换. 我们在例 2.5.7 的讨论中已经知道, σ 在 (按列顺序) 标准基 E_{ij} 下的矩阵恰好是 $B \otimes A$, 因此若记 X 在 (按列顺序) 标准基下的坐标为 $\boldsymbol{x}$, 则 σ 可以改写为

$$\sigma : (E_{11}, \cdots, E_{mn})\boldsymbol{x} \longmapsto (E_{11}, \cdots, E_{mn})(B \otimes A)\boldsymbol{x}. \tag{2.6.6}$$

于是矩阵方程 $AXB^{\mathrm{T}} = C$ 不过是下面的线性方程组而已, 即

$$(B \otimes A)\boldsymbol{x} = \boldsymbol{c}, \tag{2.6.7}$$

其中 $\boldsymbol{c}$ 是矩阵 C 在 (按列顺序) 标准基下的坐标.

容易看出, 一个 $m \times n$ 矩阵在 (按列顺序) 标准基下的坐标恰好是将其元素按列排成的 mn 维列向量, 因此有下面的定义 2.6.1.

定义 2.6.1　设 $A = (a_{ij})_{m\times n}$, 将 A 的各列依次竖排得到 mn 维列向量, 称为矩阵 A 的**列展开**, 记为 $\mathrm{vec}(A)$, 即

$$\mathrm{vec}(A) = (a_{11}, a_{21}, \cdots, a_{m1}, a_{12}, a_{22}, \cdots, a_{m2}, \cdots\cdots, a_{1n}, a_{2n}, \cdots, a_{mn})^{\mathrm{T}}.$$

类似地, 矩阵 A 的**行展开**为

$$\mathrm{rvec}(A) = (a_{11}, a_{12}, \cdots, a_{1n}, a_{21}, a_{22}, \cdots, a_{2n}, \cdots\cdots, a_{m1}, a_{m2}, \cdots, a_{mn}).$$

显然, vec 可以看成是线性空间 $\mathbb{F}^{m\times n}$ 到线性空间 $\mathbb{F}^{mn}$ 的同构线性变换, 称为 (矩阵的) **向量化变换**. 由上述定义, 得 $\mathrm{rvec}(A^{\mathrm{T}})=(\mathrm{vec}(A))^{\mathrm{T}}$, $\mathrm{vec}(A^{\mathrm{T}})=\mathrm{rvec}(A)^{\mathrm{T}}$.

下面的定理列出了矩阵的行 (列) 展开的一些性质, 证明见习题 70.

定理 2.6.2　(1) $\mathrm{rvec}(ABC)=\mathrm{rvec}(B)(A^{\mathrm{T}}\otimes C)$, $\mathrm{vec}(ABC)=(C^{\mathrm{T}}\otimes A)\mathrm{vec}(B)$. 特别地,

$\mathrm{vec}(A_{m\times m}B_{m\times n})=(I_n\otimes A)\mathrm{vec}(B)$, $\quad \mathrm{vec}(B_{m\times n}C_{n\times n})=(C^{\mathrm{T}}\otimes I_m)\mathrm{vec}(B)$;

(2) $\mathrm{vec}(xA+yB)=x\mathrm{vec}(A)+y\mathrm{vec}(B)$, $x,y\in\mathbb{C}$;

(3) $\mathrm{vec}(AC+CB)=(I_n\otimes A+B^{\mathrm{T}}\otimes I_m)\mathrm{vec}(C)$.

现在可以给出线性矩阵方程 (2.6.5) 的解了.

定理 2.6.3　矩阵 $X\in\mathbb{C}^{m\times n}$是方程 (2.6.5) 的解 $\Longleftrightarrow$ $\mathrm{vec}(X)$ 是方程 $G\boldsymbol{x}=\boldsymbol{c}$ 的解, 其中 $\boldsymbol{x}=\mathrm{vec}(X)$, $\boldsymbol{c}=\mathrm{vec}(C)$, $G=\sum\limits_{i=1}^{s}(B_i^{\mathrm{T}}\otimes A_i)$.

证: 只需将方程 (2.6.5) 两端按列展开, 即可得

$$\boldsymbol{c}=\mathrm{vec}(C)=\sum_{i=1}^{s}\mathrm{vec}(A_iXB_i)=\sum_{i=1}^{s}(B_i^{\mathrm{T}}\otimes A_i)\mathrm{vec}(X)=G\,\mathrm{vec}(X)=G\boldsymbol{x}.\qquad\square$$

推论 2.6.1　矩阵方程 (2.6.5) 有解 $\Longleftrightarrow$ $r([G,\boldsymbol{c}])=r(G)$; 有唯一解 $\Longleftrightarrow$ G 是可逆矩阵.

例 2.6.6　求 **Lyapunov**[①]**方程** $AX+XB=C$ 的解, 其中

$$A=\begin{pmatrix}1&1\\0&1\end{pmatrix},\quad B=\begin{pmatrix}2&1\\0&2\end{pmatrix},\quad C=\begin{pmatrix}-2&3\\3&4\end{pmatrix}.$$

解:

$$G=I_2\otimes A+B^{\mathrm{T}}\otimes I_2=\begin{pmatrix}3&1&0&0\\0&3&0&0\\1&0&3&1\\0&1&0&3\end{pmatrix},$$

$\boldsymbol{c}=\mathrm{vec}(C)=(-2,3,3,4)^{\mathrm{T}}$. 解方程 $G\boldsymbol{x}=\boldsymbol{c}$ 得

$$\boldsymbol{x}=(-1,1,1,1)^{\mathrm{T}}.$$

因此原矩阵方程的解为

$$X=\begin{pmatrix}-1&1\\1&1\end{pmatrix}.$$

---

① Aleksandr Mikhailovich Lyapunov(1857—1918), 俄罗斯著名数学家、力学家、物理学家, 稳定性理论与动力系统的奠基人. 于其妻病逝当天开枪自杀.

习 题 二

1. 证明定理 2.1.1.

2. 证明命题 2.1.1.

3. (1) 证明维数定理 (定理 2.1.2);

(2) 设 V 是有限维线性空间. 证明并解释下面的维数公式:

$$\dim V = \max\{m : 0 = V_0 \subset V_1 \subset \cdots \subset V_{m-1} \subset V_m = V,\ V_i \text{ 是 } V_{i+1} \text{ 的真子空间}\}.$$

4. 证明定理 2.1.4(多子空间直和的判定).

5. 设

$$A = \begin{pmatrix} 1 & 1 & 2 \\ 0 & 1 & 1 \\ 1 & 3 & 4 \end{pmatrix},$$

求 A 的四个相关子空间.

6. 设 V 是线性空间, $W_1, W_2, \cdots, W_s$ 是 V 的真子空间. 证明 $W_1 \bigcup W_2 \bigcup \cdots \bigcup W_s \neq V$.(提示: 利用 Vandermonde 行列式或归纳法.)

7. 设 V 是所有 n 阶实数矩阵按矩阵的加法和数乘作成的实线性空间, U 是 V 中所有迹为零的矩阵的集合. 证明 U 是 V 的子空间, 并求 U 的维数和一个补空间.

8. 设 V 是所有次数小于 n 的实系数多项式组成的实线性空间, $U = \{f(x) \in V : f(1) = 0\}$. 证明 U 是 V 的子空间, 并求 V 的一个补空间.

9. 设 $U = [(1,2,3,6)^{\mathrm{T}}, (4,-1,3,6)^{\mathrm{T}}, (5,1,6,12)^{\mathrm{T}}]$, $W = [(1,-1,1,1)^{\mathrm{T}}, (2,-1,4,5)^{\mathrm{T}}]$ 是 $\mathbb{R}^4$ 的两个子空间,

(1) 求 $U \bigcap W$ 的基;

(2) 扩充 $U \bigcap W$ 的基, 使其成为 U 的基;

(3) 扩充 $U \bigcap W$ 的基, 使其成为 W 的基;

(4) 求 $U + W$ 的基.

10. 设 $U = \{(x,y,z,w) : x+y+z+w = 0\}$, $W = \{(x,y,z,w) : x-y+z-w = 0\}$. 求 $U \bigcap W$, $U + W$ 的维数与基.

11. 设 A, B 分别是 $n \times m$, $m \times p$ 矩阵, V 是齐次线性方程组 $xAB = 0$ 的解空间. 证明 $U = \{y = xA : x \in V\}$ 是 $\mathbb{F}^m$ 的子空间, 并求 U 的维数.

12. 设 A 是 n 阶方阵. 证明

(1) A 可以唯一地表示成一个对称矩阵和一个反对称矩阵的和. 试用子空间的直和分解理论解释这一结果;

(2) A 可以唯一地表示成一个 Hermite 矩阵和一个反 Hermite 矩阵的和. 试用子空间的直和分解理论解释这一结果;

(3) 解释定义域为 $\mathbb{R}$ 的任意实函数可以唯一地表示成一个偶函数与一个奇函数的和;

(4) 请举一个类似于上面 (1)~(3) 的例子并解释之.

13. 证明数域 $\mathbb{F}$ 上的一元多项式的欧几里得带余除法: 设 $f(x), g(x)$ 是任意两个多项式, 其中 $g(x) \neq 0$, 则存在唯一一对多项式 $q(x)$ 与 $r(x)$, 使得

$$f(x) = g(x)q(x) + r(x),$$

其中 $r(x) = 0$ 或 $\partial r(x) < \partial g(x)$. 试用线性空间的理论解释这一结果.

14. (1) 设 f 是定义在实数域上的加性函数. 证明: 如果 f 是连续的, 则它一定是齐次的, 从而是线性变换;

(2) 试将 (1) 中的结论推广到一般情形.

15. 若 $\sigma(\alpha_1), \sigma(\alpha_2), \cdots, \sigma(\alpha_s)$ 线性相关, 证明或否定 $\alpha_1, \alpha_2, \cdots, \alpha_s$ 也线性相关.

16.(1) 证明定理 2.2.2;

(2) 设 $\sigma \in \mathrm{Hom}(U, V)$ 是可逆线性变换, 证明其逆唯一; 且若 $\tau = \sigma^{-1}$, 则 $\sigma = \tau^{-1}$;

(3) 计算二维实线性空间 $\mathbb{C}$ 的所有自同构.

17. 设 $\sigma \in \mathrm{Hom}(U, V)$.

(1) 证明 σ 的核 $\mathrm{Ker}\sigma$ 与像 $\mathrm{Im}\sigma$ 分别是 U 与 V 的子空间;

(2) 证明商空间 $U/\mathrm{Ker}\sigma$ 与 $\mathrm{Im}\sigma$ 同构并建立相应的一个同构映射.

18. 设 $\sigma \in \mathrm{End}V$ 在某组基下的矩阵为 A. 证明或否定: 存在 $\tau \in \mathrm{End}V, \tau \neq \sigma$, 使得 τ 在另一组基下的矩阵也是 A.

19. 证明线性空间的同构定理即定理 2.2.5.

20. 第一章习题 22 与 23 中的线性空间各是几维的? 试分别建立它们与某 $\mathbb{R}^n$ 之间的同构变换.

21. 设 U 与 V 均是有限维线性空间, 证明 $\dim_{\mathbb{F}}\mathrm{Hom}(U, V) = (\dim_{\mathbb{F}}U)(\dim_{\mathbb{F}}V)$.

22. 证明定理 2.2.6.

23. 证明线性变换基本定理 (定理 2.2.7).

24. 证明例 2.2.28 中的映射 ϕ 是 V 与 V^{**} 的同构变换并求其逆变换.

25. 分别求导数运算 $\partial : f(x) \mapsto f'(x)$ 在标准基 $1, x, x^2, \cdots, x^{n-1}$ 与基 $1, (x-a), (x-a)^2, \cdots, (x-a)^{n-1}$ 下的矩阵. 问 ∂ 的行列式与迹是多少? 解释之.

26. 设 V 是数域 $\mathbb{F}$ 上的 n 阶矩阵全体, σ 是将 V 中任意元素的严格下三角部分变为 0 的映射. 判断 σ 是否为 V 的线性变换. 若是, 求其核与像; 并任选 V 的一组基, 求 σ 在该组基下的矩阵.

27. (1) 求例 2.2.22 中的幂零变换 τ 的幂零指数及其在标准基下的矩阵;

(2) 设 $\sigma, \tau \in \mathrm{End}V$ 分别是线性空间 V 的同构变换和幂零变换, 证明或否定 $\sigma + \tau$ 是 V 的同构变换;

(3) 设 A, D 是可逆矩阵, B, C 是幂零矩阵, 证明或否定分块矩阵 $\begin{pmatrix} A & B \\ C & D \end{pmatrix}$ 可逆.

28. 设 V 是数域 $\mathbb{F}$ 上的 n 阶矩阵全体, A 是 V 中一个固定元素, P 是 V 中一个固定的可逆矩阵, σ 是左乘 A 的映射, τ 是左乘 P^{-1} 右乘 P 的映射. 判断 σ 与 τ 是否为 V 的线性变换. 若是, 求其核与像; 并任选 V 的一组基, 计算 σ 与 τ 在该组基下的矩阵.

29. 设 $V = \mathbb{R}^3$, $\sigma(x, y, z) = (x + 2y - z, y + z, x + y - 2z)$. 求

(1) σ 的核与像空间的基与维数;

(2) σ 的行列式与迹.

30. 设 V 是 n 维内积空间, U 是 V 的子空间. 令 $W=\{\alpha\in V:(\alpha,\beta)=0,\forall\beta\in U\}$. 证明 W 是 V 的子空间且 $V=U\oplus W$.

31. 证明定理 2.3.2(2).

32. 设 $V=\mathbb{R}[x]_n$, 其上的内积为

$$(f(x),g(x))=\int_0^1 f(x)g(x)\,\mathrm{d}x.$$

设 $U=\{f(x)\in V:f(0)=0\}$.

(1) 证明 U 是 V 的一个 $n-1$ 维子空间, 并求 U 的一组基;

(2) 当 $n=3$ 时, 求 U 的正交补 $U^{\perp}$.

33. 在欧氏空间 $\mathbb{R}^n$ 中求一个超平面 W, 使得向量 e_1+e_2 在 W 中的最佳近似向量为 e_2.

34. 证明: 函数 $f(x)$ 的 Fourier 级数中的系数 $a_n, b_n\ (n>0)$ 恰好是 $f(x)$ 与诸基向量 $\cos nx$, $\sin nx$ 的内积.

35. 证明命题 2.3.1.

36. 试任意构造维数大于 5 的一个线性空间 V 以及 V 的一个线性映射 σ, 使得 σ 的核的维数等于 5. 进一步, 试将 V 改造成内积空间, 求 $\mathrm{Im}\sigma$ 的正交补空间. 再构造一个线性变换 τ, 使得 $\mathrm{Ker}\tau=\mathrm{Im}\sigma$, $\mathrm{Im}\tau=\mathrm{Ker}\sigma$.

37. 设 α_0 是欧氏空间 V 中的单位向量, $\sigma(\alpha)=\alpha-2(\alpha,\alpha_0)\alpha_0$, $\alpha\in V$. 证明

(1) σ 是线性变换;

(2) σ 是正交变换.

38. 证明: 欧氏空间 V 的线性变换 σ 是反对称变换 (即 $(\sigma(\alpha),\beta)=-(\alpha,\sigma(\beta))$)$\Longleftrightarrow\sigma$ 在 V 的标准正交基下的矩阵是反对称矩阵.

39. 设 σ 是实平面 $\mathbb{R}^2$ 上的线性变换, 其关于标准基的矩阵为

$$P=\begin{pmatrix} c & s \\ s & -c \end{pmatrix},$$

其中 $c^2+s^2=1$. 证明 σ 是反射变换, 并计算其对称轴.

40. 证明例 2.4.3 关于三维正交矩阵的结论. (提示: 利用三维正交矩阵有 1 个或 3 个实特征值并结合二维正交矩阵的分类.)

41. 设 $\sigma\in\mathrm{End}\mathbb{R}^2$. 记单位正方形 $S=\{(x,y):0\leqslant x,y\leqslant 1\}$ 在 σ 下的图形为 $G=\sigma(S)=\{\sigma(x,y):(x,y)\in S\}$. 回答下列问题:

(1) 列出 G 所有可能的形状;

(2) 如果 G 仍为正方形, σ 应满足什么条件?

(3) 如果 σ 可逆, 则 G 是什么形状?

42. (1) 设 $\sigma\in\mathrm{End}\mathbb{R}^2$. 设 C 是一个二次曲线 (即抛物线、椭圆或双曲线). 计算 $\sigma(C)$ 所有可能的形状 (可设 C 的方程均为标准方程);

(2) 设 P 是一个平面 n 次代数曲线 (即 C 的方程是 n 次多项式), 计算 $\sigma(Q)$ 所有可能的形状;

(3) 分别对指数函数、对数函数、三角函数研究其曲线在 σ 下的图像;

(4) 设 $\sigma \in \mathrm{End}\mathbb{R}^3$, Q 是一个二次曲面. 计算 $\sigma(Q)$ 所有可能的形状 (可设 Q 的方程均为标准方程).

43. 证明 Householder 变换 H_v 是关于超平面 $v^{\perp}$ 的反射, 从而是正交变换. 试画出三维 Householder 变换的示意图.

44. 证明 Givens 旋转矩阵 G 是正交矩阵. 对任意向量 $x = (x_1, x_2, \cdots, x_n)^{\mathrm{T}}$, 计算 Gx 的各个分量. 设 x 是单位向量, 讨论如何重复使用若干 Givens 旋转矩阵将 x 变为标准向量 e_1.

45. (1) 证明任何线性变换的伴随变换是唯一存在的;

(2) 验证例 2.4.9 的结论, 并证明定理 2.4.5;

(3) 证明正交投影变换是自伴变换.

46. (1) 如何在酉空间中定义 Hermite 矩阵对应的 Hermite 变换? 导出 Hermite 变换的一个判断准则;

(2) 在酉空间中定义伴随变换与自伴变换, 并导出伴随变换的基本性质 (参考定理 2.4.5).

47. 证明定理 2.5.1.

48. 证明由公式 (2.5.3) 定义的函数是 $U \oplus V$ 上的内积.

49. 证明公式 (2.5.4) 中的映射是线性变换.

50. 证明定理 2.5.3.

51. 证明公式 (2.5.11) 定义了一个线性变换.

52. 证明命题 2.5.1.

53. 证明定理 2.5.6.

54. 证明集合 V/U 按公式 (2.5.12) 定义的加法和数乘作成线性空间.

55. 证明命题 2.5.2.

56. 验证公式 (2.5.18) 定义的诱导映射 $\bar{\sigma}$ 是线性变换. 条件"U 是 σ 的不变子空间"可以去掉吗?

57. 设 $A \in M_s(\mathbb{F}), B, C \in M_{n-s}(\mathbb{F})$, V 是有限维线性空间, $\sigma \in \mathrm{End}V$. 设 σ 在 V 的两组基

$$\alpha_1, \cdots, \alpha_s, \alpha_{s+1}, \cdots, \alpha_n \text{ 与 } \alpha_1, \cdots, \alpha_s, \beta_{s+1}, \cdots, \beta_n$$

下的矩阵分别为 $\begin{pmatrix} A & X \\ \mathbf{0} & B \end{pmatrix}$ 与 $\begin{pmatrix} A & Y \\ \mathbf{0} & C \end{pmatrix}$. 证明 $U = \mathrm{span}\{\alpha_1, \cdots, \alpha_s\}$ 是 σ 的不变子空间, 且 σ 的诱导映射 $\bar{\sigma}$ 关于商空间 V/U 的两组基 $\bar{\alpha}_{s+1}, \cdots, \bar{\alpha}_n$ 与 $\bar{\beta}_{s+1}, \cdots, \bar{\beta}_n$ 下的矩阵分别为 B 与 C. 并据此推广推论 2.5.3.

58. 推广例 2.5.7, 即设 A, B 均为 n 阶矩阵. 设 σ 是 $\mathbb{F}^{n\times n}$ 上的一个线性变换, 其中

$$\sigma:\ X \mapsto \sigma(X) = AXB^{\mathrm{T}}.$$

证明 σ 关于标准基 $E_{11}, \cdots, E_{1n}, E_{21}, \cdots, E_{2n}, E_{n1}, \cdots, E_{nn}$ 的矩阵是 $B \otimes A$.

59. (复数、位似与旋转矩阵) 设 σ 是 $\mathbb{C}$ 到自身的线性变换, 其定义为

$$\sigma: \begin{pmatrix} x \\ y \end{pmatrix} \mapsto A \begin{pmatrix} x \\ y \end{pmatrix},$$

其中,

$$A=\begin{pmatrix} a & b \\ -b & a \end{pmatrix}.$$

将 $(x\,,y)^{\mathrm{T}}$ 记为普通复数 $x+y\mathrm{i}$, 证明 $\sigma((x,y)^{\mathrm{T}})=(a+b\mathrm{i})(x+y\mathrm{i})$. 请解释之.

60. 设 $V=M_2(\mathbb{C}),U=M_2(\mathbb{R})$. 记 $\mathrm{i}U=\{A\in V:A=\mathrm{i}X,\exists X\in U\}$. 研究 (实) 线性空间 $U\oplus(\mathrm{i}U)$, V/U 以及 $(V/U)\otimes\mathbb{C}$ 的结构.

61. 验证例 2.5.10.

62. 证明定理 2.5.9.

63. 建立例 2.6.1 的线性方程组, 并利用适当软件计算之.

64. 验证公式 (2.6.1) 是绝对平方收敛子空间 C 的一个内积. 它是信号空间 $\mathbb{S}$ 的内积吗?

65. 验证例 2.6.3 的滤波器确实将高频信号 $\{u_k\}$ 过滤掉. 研究被该滤波器过滤掉的所有信号具有什么特征?

66. 求差分方程 $y_{k+3}-2y_{k+2}-5y_{k+1}+6y_k=0$(对 $\forall k$ 成立) 的解空间的一组基, 并解释之.

67. 证明定理 2.6.1.

68. 设 σ 同 29 题, $S=\{(x,y,z)^{\mathrm{T}}\in\mathbb{R}^3:0\leqslant x,y,z\leqslant 1\}$ 为标准单位立方体. 计算 $\sigma(S)$ 的体积.

69. 利用定理 2.6.1 求椭球的体积公式.

70. 证明定理 2.6.2.

71. 求方程 $AX+XB=C$ 的解, 其中

$$A=\begin{pmatrix} 1 & -1 & 3 \\ -2 & 2 & 2 \\ -1 & -1 & 5 \end{pmatrix},\ B=\begin{pmatrix} 1 & -1 & 3 & 0 \\ -2 & 2 & 2 & 0 \\ -1 & -1 & 5 & 0 \\ 0 & 1 & -3 & 1 \end{pmatrix},\ C=\begin{pmatrix} 2 & 3 & 1 & 0 \\ 2 & 0 & 1 & 1 \\ 0 & -1 & -2 & 3 \end{pmatrix}.$$

72. 设 $\sigma:X\mapsto AX+XB$ 是 $M_n(\mathbb{C})$ 的线性变换. 证明 σ 是同构 $\Longleftrightarrow$ A 和 $-B$ 没有相同的特征值.

73. 设 U,W 是线性空间 V 的两个子空间.

(1) 证明 $(U+W)/W$ 与 $U/(U\bigcap W)$ 是同构的线性空间;

(2) 试建立 (1) 中的不依赖于任何基的一个同构映射.

74. (双线性函数与张量积) 设 $A\in\mathbb{F}^{m\times n}$, 对任意 $x\in\mathbb{F}^m,y\in\mathbb{F}^n$, 定义

$$f(x,y)=x^{\mathrm{T}}Ay,$$

则 $f(x,y)$ 称为 $\mathbb{F}$ 上的一个 $m\times n$ 维的双线性函数, A 称为该双线性函数的矩阵. $\mathbb{F}$ 上的 $m\times n$ 维双线性函数的全体记为 $\mathcal{B}(m,n)$.

(1) 证明 $\mathcal{B}(m,n)$ 按照普通加法与数乘运算构成 $\mathbb{F}$ 上的线性空间;(对照第一章第五节思考题 6)

(2) 计算 $\mathcal{B}(m,n)$ 的维数与一组基;

(3) 建立 $\mathcal{B}(m,n)$ 与 $\mathrm{Hom}_{\mathbb{F}}(\mathbb{F}^m\otimes\mathbb{F}^n,\mathbb{F})=(\mathbb{F}^m\otimes\mathbb{F}^n)^*$ 之间的一个同构映射. 解释之.

75. 设 U 与 W 是线性空间 V 的两个子空间, $\alpha,\beta\in V$. 证明:

(1) $\alpha + U = P_{U^\perp}(\alpha) + U$;

(2) $(\alpha + U) + (\beta + W) = (\alpha + \beta) + (U + W)$;

(3) $(\alpha + U) \bigcap (\beta + W) \neq \varnothing \Longleftrightarrow \alpha - \beta \in U + W$.

76. 证明迹函数 $\mathrm{tr} : X \mapsto \mathrm{tr}(X)$ 是线性空间 $M_n(\mathbb{F})$ 到 $\mathbb{F}$ 的满足性质 $\sigma(XY) = \sigma(YX)$ 以及 $\sigma(I) = n$ 的唯一线性变换.

第三章　特征值与矩阵的 Jordan 标准形

除特别说明, 本章讨论的矩阵都是复数矩阵.

引言　如何计算矩阵的高次幂 A^m

在第二章第六节公式 (2.6.4)(差分方程与线性滤波器) 中, 我们看到计算方阵 A 的任意次幂 A^m 是矩阵理论的基本问题. 我们知道, 如果 A 可以 (相似) 对角化, 即存在可逆矩阵 P 使得 $P^{-1}AP = D$ 为对角矩阵, 则可以方便地计算 $A^m = PD^mP^{-1}$. 但并不是任何方阵都可以对角化, 因此寻找 $P^{-1}AP$ 的最简单形式仍是一个需要解决的问题. 早在1837年, Jacobi 即已证明了任何复矩阵均可以 (相似) 三角化, 一般称此结果为 (矩阵的) **Jacobi 定理**. 本章我们首先证明一个更强的结论, 即任何复矩阵都可以酉三角化, 此即著名的Schur① 三角化定理. 以此为基础, 我们证明 **Cayley-Hamilton② 定理**, 进而利用最小多项式给出矩阵可以对角化的一个刻画. 利用最小多项式, 可以得到计算高次幂 A^m 的一个降幂方法. 利用更精细的分块Schur 三角化定理即可证明任何矩阵的Jordan③ 标准形的存在性与唯一性.

第一节　Schur 三角化定理: 化简矩阵的基础

定理 3.1.1(Schur (酉) 三角化定理)　设 $A \in \mathbb{C}^{n\times n}$, 则存在酉矩阵 U, 使

$$U^*AU = B, \tag{3.1.1}$$

其中, B 为一个上三角矩阵.

证: 对矩阵 A 的阶数 n 施行数学归纳法. 当 $n = 1$ 时, 结论显然成立. 假设结论对阶数小于 n 的矩阵都成立, 下证结论对 n 阶矩阵也成立.

设 $\lambda_1 \in \mathbb{C}$ 为 A 的一个特征值, 相应的单位特征向量为 α_1, 由第二章的讨论可知, α_1 可以扩充成 $\mathbb{C}^n$ 的一组标准正交基 $\alpha_1, \alpha_2, \cdots, \alpha_n$, 因而 $U_1 = (\alpha_1, \alpha_2, \cdots, \alpha_n)$ 是一个酉阵. 因为向量组 $A\alpha_1 = \lambda\alpha_1, A\alpha_2, \cdots, A\alpha_n$ 为基 $\alpha_1, \alpha_2, \cdots, \alpha_n$ 的线性组合, 所以

① Issai Schur (1875—1941), 德国著名数学家, Frobenius 的学生.

② Arthur Cayley(1821—1895), 英国著名数学家, 英国现代数学的奠基人. William Hamilton(1805—1865), 爱尔兰著名物理学家、天文学家和数学家, 以其名字命名的Hamilton 力学是牛顿力学的革新, 数学上以发现四元数 (Quaternions) 而闻名.

③ Marie Ennemond Camille Jordan (1838—1922), 法国著名数学家, 数学上还有著名的 Jordan Curve Theorem. 第 25593 号小行星 Camillejordan 即以其名字命名.

$$AU_1 = A(\alpha_1, \alpha_2, \cdots, \alpha_n) = (\alpha_1, \alpha_2, \cdots, \alpha_n)\begin{pmatrix} \lambda_1 & c_{12} & c_{13} & \cdots & c_{1n} \\ 0 & c_{22} & c_{23} & \cdots & c_{2n} \\ \vdots & \vdots & \vdots & \ddots & \vdots \\ 0 & c_{n2} & c_{n3} & \cdots & c_{nn} \end{pmatrix},$$

其中 c_{ij} 为一些复数. 令

$$C_1 = \begin{pmatrix} c_{22} & c_{23} & \cdots & c_{2n} \\ \vdots & \vdots & \ddots & \vdots \\ c_{n2} & c_{n3} & \cdots & c_{nn} \end{pmatrix},$$

则

$$AU_1 = U_1 \begin{pmatrix} \lambda_1 & c_{12}\ c_{13} \cdots c_{1n} \\ 0 & \\ \vdots & C_1 \\ 0 & \end{pmatrix}.$$

由于 C_1 为 $n-1$ 阶矩阵, 由归纳假设, 存在 $n-1$ 阶酉矩阵 U_2, 使

$$U_2^* C_1 U_2 = B_1 = \begin{pmatrix} b_{22} & b_{23} & \cdots & b_{2n} \\ & b_{33} & \cdots & b_{3n} \\ & & \ddots & \vdots \\ & & & b_{nn} \end{pmatrix}$$

为上三角矩阵. 令

$$U = U_1 \begin{pmatrix} 1 & \\ & U_2 \end{pmatrix},$$

则

$$\begin{aligned} U^* A U &= \begin{pmatrix} 1 & \\ & U_2^* \end{pmatrix} U_1^* A U_1 \begin{pmatrix} 1 & \\ & U_2 \end{pmatrix} \\ &= \begin{pmatrix} 1 & \\ & U_2^* \end{pmatrix} \begin{pmatrix} \lambda_1 & c_{12}\ c_{13} \cdots c_{1n} \\ 0 & \\ \vdots & C_1 \\ 0 & \end{pmatrix} \begin{pmatrix} 1 & \\ & U_2 \end{pmatrix} \end{aligned}$$

$$
= \begin{pmatrix} \lambda_1 & d_{12} & d_{13} & \cdots & d_{1n} \\ & b_{22} & b_{23} & \cdots & b_{2n} \\ & & b_{33} & \cdots & b_{3n} \\ & & & \ddots & \vdots \\ & & & & b_{nn} \end{pmatrix}.
$$

定理得证. □

公式 (3.1.1) 可变形为

$$
A = UBU^*, \tag{3.1.2}
$$

一般称公式 (3.1.2) 为矩阵 A 的 **Schur 分解**.

Schur 三角化定理是矩阵理论中最重要的结果之一 (实际上在许多领域均是如此), 众多深刻的结论均由其导出, 也是矩阵快速计算的基础, 值得深入研究. 由 Schur 三角化定理, 总可以使 $P^{-1}AP$ 为上三角矩阵. 进一步地, 可以使 $P^{-1}AP$ 为分块对角矩阵, 且每个对角块是对角元素均相同的上三角矩阵. 为此只需证明下述引理 (此时 $\mathbb{F}$ 不必是复数域).

引理 3.1.1 设 $A = (a_{ij})$ 是 $\mathbb{F}$ 上的任意上三角矩阵, $1 \leqslant p < q \leqslant n$. 设 $P = I + \alpha E_{pq}$, $\alpha \in \mathbb{F}$, 则 $B = (b_{ij}) = P^{-1}AP$ 是与 A 的主对角线相同 (包括顺序) 的上三角矩阵, 且 $b_{pq} = a_{pq} + \alpha(a_{pp} - a_{qq})$. 特别地, 若 $a_{pp} \neq a_{qq}$, 则可选取适当的 α, 使得 $b_{pq} = 0$.

证: 注意 P 是第三种初等矩阵, $P^{-1} = I - \alpha E_{pq}$. 故 $P^{-1}A$ 仅将 A 的第 q 行的 $-\alpha$ 倍加到第 p 行, 因此所得矩阵仍是上三角矩阵且不改变 A 的对角线; AP 的意义类似. 因此知 B 是与 A 的主对角线相同 (包括顺序) 的上三角矩阵. 直接计算可得 b_{pq}. □

例 3.1.1 设 $\lambda_1 \neq \lambda_2$, $P = I - \dfrac{c}{(\lambda_1 - \lambda_2)}E_{23}$,

$$
A = \begin{pmatrix} \lambda_1 & a & b \\ 0 & \lambda_1 & c \\ 0 & 0 & \lambda_2 \end{pmatrix},
$$

则

$$
B = P^{-1}AP = \begin{pmatrix} \lambda_1 & a & x \\ 0 & \lambda_1 & 0 \\ 0 & 0 & \lambda_2 \end{pmatrix}.
$$

若再取 $Q = I - \dfrac{x}{(\lambda_1 - \lambda_2)}E_{13}$, 则 $Q^{-1}BQ$ 是除将 B 中元素 x 变为 0 而其余元素均不

变的上三角矩阵. 从而 A 相似于分块对角矩阵

$$\begin{pmatrix} \lambda_1 & a & 0 \\ 0 & \lambda_1 & 0 \\ 0 & 0 & \lambda_2 \end{pmatrix}.$$

例 3.1.1 表明, 重复使用引理 3.1.1 可得下述定理 3.1.2.

定理 3.1.2(分块 Schur 三角化定理) 设 n 阶复矩阵 A 的特征多项式 $|\lambda I - A| = \prod_{i=1}^{s}(\lambda-\lambda_i)^{n_i}$, 其中 $\sigma(A)=\{\lambda_i : 1 \leqslant i \leqslant s\}$, $\sum_{i=1}^{s} n_i = n$, 则存在可逆矩阵 P, 使得

$$P^{-1}AP = A_1 \oplus A_2 \oplus \cdots \oplus A_s,$$

其中 A_i 是特征值均为 λ_i 的 n_i 阶上三角矩阵.

注: 请读者思考, 分块 Schur 三角化定理中的可逆矩阵 P 是否可加强为酉矩阵? 见本节思考题 2.

由分块 Schur 三角化定理即可证明下面的 Cayley-Hamilton 定理. 在此之前, 先考察一个简单的例子:

例 3.1.2 设 A 是 n 阶严格上三角矩阵, 则 $A^n = 0$.

定理 3.1.3(Cayley-Hamilton 定理①) 设矩阵 A 的特征多项式为 $f(\lambda)$, 则有 $f(A)=0$.

证: 设 A 的特征多项式为

$$f(\lambda) = (\lambda-\lambda_1)^{n_1}(\lambda-\lambda_2)^{n_2}\cdots(\lambda-\lambda_s)^{n_s},$$

其中 $\sum_{i=1}^{s} n_i = n$. 首先注意, 若 A 与 B 相似, 则对任意多项式 $g(x)$, 有 $g(A)=0 \Longleftrightarrow g(B)=0$. 故由分块 Schur 三角化定理, 可设 $A = A_1 \oplus A_2 \oplus \cdots \oplus A_s$, 其中 A_i 是特征值均为 λ_i 的 n_i 阶上三角矩阵. 那么,

$$f(A) = (A-\lambda_1 I)^{n_1}(A-\lambda_2 I)^{n_2}\cdots(A-\lambda_s I)^{n_s}.$$

由例 3.1.2 可知, 对每个 i, 均有 $(A_i - \lambda_i I_{n_i})^{n_i} = 0$, 故上式的第 i 个因子 $(A-\lambda_i I)^{n_i}$ 的第 i 个块为 n_i 阶 0 矩阵, 从而整个乘积等于 0 矩阵. □

由于 n 阶矩阵 A 的特征多项式是 n 次多项式, Cayley-Hamilton 定理表明, A 的 n 次幂可由其较低次幂的线性组合给出. 因此, A 的高于 n 次的幂可由其低于 n 次的幂的线性组合给出, 故对任意自然数 m, 有

$$A^m \in \operatorname{span}\{I, A, A^2, \cdots, A^{n-1}\}.$$

①该定理当 $n=2,3$ 时由 Cayley 于 1853 年证明; $n=4$ 时由 Hamilton 于 1850 年左右证明, 但一般形式由 Frobenius 于 1878 年证明.

换句话说, n 阶矩阵 A 的任意次幂均属于由 $I, A, A^2, \cdots, A^{n-1}$ 生成的 $M_n(\mathbb{C})$ 的子空间. 这就提供了一种计算高次幂的降幂算法.

例 3.1.3 设

$$A=\begin{pmatrix} 2 & 3 \\ 1 & 2 \end{pmatrix},$$

求 A^2, A^3, A^4.

解: A 的特征多项式为 $f(\lambda)=\lambda^2-4\lambda+1$, 所以 $A^2-4A+I=0$. 故知

$$A^2=4A-I,\ A^3=4A^2-A=15A-4I,\ A^4=15A^2-4A=56A-15I.$$

命题 3.1.1(Sylvester 降幂公式) 设 A 与 B 分别是 $m\times n$ 与 $n\times m$ 矩阵, $m\geqslant n$, 则

$$|\lambda I_m-AB|=\lambda^{m-n}|\lambda I_n-BA|.$$

证: 注意下述分块矩阵的恒等式:

$$\begin{pmatrix} I & B \\ 0 & I \end{pmatrix}\begin{pmatrix} 0 & 0 \\ A & AB \end{pmatrix}=\begin{pmatrix} BA & BAB \\ A & AB \end{pmatrix}=\begin{pmatrix} BA & 0 \\ A & 0 \end{pmatrix}\begin{pmatrix} I & B \\ 0 & I \end{pmatrix},$$

因此, 矩阵

$$C_1=\begin{pmatrix} BA & 0 \\ A & 0 \end{pmatrix} \text{与 } C_2=\begin{pmatrix} 0 & 0 \\ A & AB \end{pmatrix}$$

相似. 而 C_1 的特征值是 BA 的特征值加上 m 个 0; C_2 的特征值是 AB 的特征值加上 n 个 0. 现因 C_1 与 C_2 的特征值相同, 故 AB 与 BA 的非零特征值相同, 故只相差 $m-n$ 个 0. □

上述命题亦称为特征多项式的降阶计算公式.

例 3.1.4 设

$$A=\begin{pmatrix} 1 & 2 \\ 3 & 4 \\ 5 & 6 \end{pmatrix},\quad B=\begin{pmatrix} 1 & -1 & 0 \\ 0 & 1 & -1 \end{pmatrix}.$$

则

$$AB=\begin{pmatrix} 1 & 1 & -2 \\ 3 & 1 & -4 \\ 5 & 1 & -6 \end{pmatrix}.$$

显然较难直接看出 AB 的特征值 (需要一定的计算), 但是

$$BA=\begin{pmatrix} -2 & -2 \\ -2 & -2 \end{pmatrix},$$

故无需计算即可知 BA 的特征值为 $0, -4$. 因此, 由 Sylvester 降幂公式知 AB 的特征值为 $0, 0, -4$. (由于 $r(AB) = 2$, 故还知道 AB 不能对角化, 但显然 BA 可以对角化.)

例 3.1.5 设 u 是 n 维单位向量, 求 n 阶实 Householder 矩阵 $I - 2uu^{\mathrm{T}}$ 的特征值及它的迹和行列式.

解: 由 Sylvester 降幂公式,

$$|\lambda I - (I - 2uu^{\mathrm{T}})| = |(\lambda - 1)I + 2uu^{\mathrm{T}}| = (\lambda - 1)^{n-1}|\lambda - 1 + 2u^{\mathrm{T}}u| = (\lambda - 1)^{n-1}(\lambda + 1).$$

由此知, $\lambda = 1$ 是 $n - 1$ 重根, 而 $\lambda = -1$ 是一重根. 因此, $\mathrm{tr}(I - 2uu^{\mathrm{T}}) = n - 2$; $|I - 2uu^{\mathrm{T}}| = -1$.

例 3.1.6 设 A 是秩为 1 的 n 阶方阵, 试求其特征多项式.

解: 由于 A 的秩为 1, 故它至少有 $n - 1$ 个特征值为 0, 因此其特征多项式 $|\lambda I - A| = \lambda^{n-1}(\lambda - \mathrm{tr}\, A)$.

Sylvester 降幂公式与 Cayley-Hamilton 定理均提供了某种简化矩阵计算的方式. 如例 3.1.4 所示, 当 m 与 n 均较小或当 $m - n$ 较大时, Sylvester 降幂公式较为有效; 而 Cayley-Hamilton 定理仅仅将 n 次幂简化为 $n - 1$ 次幂和较低次幂的线性组合, 显然不是理想的快速计算模式. 然而, Cayley-Hamilton 定理却为我们提供了一种思路, 即如果有次数很低 (设为 d) 的多项式 $g(x)$, 使得 $g(A) = 0$, 则 A 的高次幂就可以通过 A 的 $d - 1$ 次幂及更低次幂的线性组合求出.

例 3.1.7 设三阶矩阵 A 的特征多项式为 $f(\lambda) = \lambda^3 - 5\lambda^2$. 设 $g(x) = x^2 - 5x$ 满足条件 $g(A) = 0$, 试求 A^4.

解: 由特征多项式可知 $A^3 - 5A^2 = 0$, 所以 $A^4 = 25A^2$. 但由 $g(A) = 0$ 可知 $A^2 - 5A = 0$, 所以 $A^4 = 125A$.

定义 3.1.1 设 A 是 n 阶矩阵, $f(x)$ 是多项式. 如果 $f(A) = 0$, 则称 $f(x)$ 是 A 的**零化多项式**. 次数最低的首一零化多项式称为 A 的**最小多项式**, 记为 $m_A(x)$ 或 $m(x)$.

最小多项式存在且唯一, 证明见习题 5.

由于矩阵 A 的特征多项式是它的零化多项式, 因此最小多项式的次数不超过 A 的阶数. 但一般来说, 寻找矩阵的最小多项式是非常困难的工作 (其难度并不亚于计算矩阵的特征多项式), 比如例 3.1.4 中的矩阵 AB 的最小多项式是什么? 所以需要理解最小多项式的基本性质.

命题 3.1.2 设 $m(x)$ 是 A 的最小多项式, $f(x)$ 是 A 的任意零化多项式, 则 $m(x)|f(x)$. 特别地, $m(x)\,|\,|xI - A|$.

证: 设 $f(x) = m(x)q(x) + r(x)$, 其中 $r(x)$ 的次数小于 $m(x)$ 的次数或者 $r(x)$ 为 0 多项式. 则 $0 = f(A) = m(A)q(A) + r(A) = r(A)$, 即 $r(x)$ 也是 A 的零化多项式. 由于 $m(x)$ 是 A 的最小多项式, 故只有 $r(x) = 0$, 从而 $m(x)\,|\,f(x)$. □

例 3.1.8 求下列 n 阶矩阵的最小多项式:

$$J_n = \begin{pmatrix} 0 & 1 & 0 & \cdots & 0 \\ 0 & 0 & 1 & \cdots & 0 \\ 0 & 0 & 0 & \cdots & 0 \\ \vdots & \vdots & \vdots & & \vdots \\ 0 & 0 & 0 & \cdots & 1 \\ 0 & 0 & 0 & \cdots & 0 \end{pmatrix}.$$

解: 矩阵 A 实际上是第一章例 2.2.22 中的线性变换 σ 关于标准基的矩阵. 由于 σ 是幂零指数为 n 的幂零变换, 故由线性变换与矩阵的对应关系可知 $A^n = 0$, 但 $A^{n-1} \neq 0$(也可直接计算), 因此 A 的最小多项式为 $m(x) = x^n$, 恰好等于 A 的特征多项式. 矩阵 J_n 称为 n 阶标准幂零矩阵或 n 阶**幂零块**或 n 阶幂零 Jordan 块. 矩阵 J_n 显然是最简单的秩为 $n-1$ 的 n 阶 (严格上三角) 矩阵, 在矩阵的 Jordan 标准形理论和微积分运算中起关键性作用. 为方便起见, 常将 J_n 中元素 1 所在的斜线称为 (第一) 上对角线.

例 3.1.9 试求下列分块矩阵的最小多项式:

$$A = (a) \oplus \begin{pmatrix} a & 1 \\ 0 & a \end{pmatrix} \oplus \begin{pmatrix} a & 1 & 0 \\ 0 & a & 1 \\ 0 & 0 & a \end{pmatrix}.$$

解: A 的特征多项式为 $f(\lambda) = (\lambda - a)^6$. 从而由命题 3.1.2 可知, 其最小多项式 $m(x) = (x-a)^k$, $k \leqslant 6$, 所以只要考察 $(A - aI)$ 的乘积即可. 因为

$$A - aI = (0) \oplus \begin{pmatrix} 0 & 1 \\ 0 & 0 \end{pmatrix} \oplus \begin{pmatrix} 0 & 1 & 0 \\ 0 & 0 & 1 \\ 0 & 0 & 0 \end{pmatrix}.$$

即 $A - aI$ 是由三个子块组成的分块对角矩阵, 每一个子块都是幂零块, 因此 $m(x) = (x-a)^3$.

例 3.1.10 设 $a \neq b$, 试求下列分块矩阵的最小多项式:

$$A = \begin{pmatrix} a & 1 \\ 0 & a \end{pmatrix} \oplus \begin{pmatrix} a & 1 & 0 \\ 0 & a & 1 \\ 0 & 0 & a \end{pmatrix} \oplus (b) \oplus \begin{pmatrix} b & 1 \\ 0 & b \end{pmatrix}.$$

解: A 的特征多项式为 $(\lambda - a)^5(\lambda - b)^3$. 所以 A 的最小多项式具有形式 $(\lambda - a)^s(\lambda - b)^t$. 考察矩阵 $A - aI$ 与 $A - bI$ 的乘积

$$A - aI = J_2 \oplus J_3 \oplus B, \quad A - bI = C \oplus (0) \oplus J_2,$$

其中 B 与 C 是可逆矩阵 (因为 $a \neq b$). 由分块对角矩阵的乘法可知, 只要分别求出使 $A-aI$ 与 $A-bI$ 的幂零块为零的次数即可. 这两个次数分别为 3 与 2. 因此, A 的最小多项式为 $m(x)=(x-a)^3(x-b)^2$.

命题 3.1.3 设 A 是任意方阵, $m(x)$ 是 A 的最小多项式, 设 $\lambda_0 \in \mathbb{C}$, 则 λ_0 是 A 的特征值 $\Longleftrightarrow m(\lambda_0)=0$.

证: 充分性是显然的, 因为最小多项式的零点也是特征多项式的零点, 故必为特征值.

反之, 设 λ_0 是 A 的特征值, α 是相应的特征向量, 则 $0=m(A)\alpha=m(\lambda_0)\alpha$. 由于 $\alpha \neq 0$, 故只有 $m(\lambda_0)=0$. □

例 3.1.11 矩阵 A 是幂零矩阵 $\Longleftrightarrow A$ 的特征值均为 0.

这是因为, $A^m=0 \Longleftrightarrow A$ 的最小多项式为 x^k, 其中 $k \leqslant m$.

例 3.1.12 求下列矩阵的最小多项式:

$$A=\begin{pmatrix} 2 & 1 \\ 0 & 2 \end{pmatrix} \oplus \begin{pmatrix} 1 & 1 \\ -2 & 4 \end{pmatrix}.$$

解: A 的特征多项式为 $f(\lambda)=(\lambda-3)(\lambda-2)^3$, 故其最小多项式仅有下述三种可能:

$$(x-3)(x-2), \quad (x-3)(x-2)^2, \quad (x-3)(x-2)^3.$$

直接计算得

$$(A-3I)(A-2I) \neq 0; \quad (A-3I)(A-2I)^2=0,$$

因此最小多项式为 $m(x)=(x-3)(x-2)^2$.

由上面的几个例子可以推测下面的结论 (证明见习题 6):

命题 3.1.4 分块对角矩阵的最小多项式等于各个子块的最小多项式的最小公倍式 (对照: 分块对角矩阵的特征多项式等于各个子块的特征多项式的乘积).

命题 3.1.5 相似矩阵具有相同的最小多项式.

证: 设矩阵 A 与 B 相似, 即存在可逆矩阵 P 使得 $B=P^{-1}AP$. 设 A 与 B 的最小多项式分别为 $m_A(x)$ 与 $m_B(x)$, 则 $0=m_B(B)=m_B(P^{-1}AP)=P^{-1}m_B(A)P$, 故 $m_B(A)=0$, 即 $m_B(x)$ 是 A 的零化多项式, 于是 $m_A(x) \mid m_B(x)$; 同理, $m_B(x) \mid m_A(x)$. 由于它们都是首一多项式, 故 $m_A(x)=m_B(x)$. □

定理 3.1.4 矩阵 A 可以对角化 $\Longleftrightarrow A$ 的最小多项式没有重根.

证: 必要性由命题 3.1.4 和命题 3.1.5 可得, 因为对角矩阵的最小多项式没有重根, 故与其相似的矩阵的最小多项式也没有重根. 下证充分性. 设 A 的最小多项式 $m(x)=(x-\lambda_1)(x-\lambda_2)\cdots(x-\lambda_s)$ 无重根. 需要证明分块 Schur 三角化定理中的每个对角块都是对角矩阵. 由于相似矩阵具有相同的对角化性质, 故由分块 Schur 三角化定理可设矩阵

$$A = A_1 \oplus A_2 \oplus \cdots \oplus A_s,$$

其中 A_i 是特征值均为 λ_i 的 n_i 阶上三角矩阵, $\sum\limits_{i=1}^{s} n_i = n$. 需要证明每个 A_i 均是对角矩阵 (实际上是纯量矩阵 $\lambda_i I$). 对 s 作归纳. 当 $s = 1$ 时, $m(x) = x - \lambda_1$ 是一次的, 因此 $m(A) = 0 \Longleftrightarrow A = \lambda_1 I$, 故定理成立. 假设对不同特征值个数 $< s$ 的矩阵定理成立. 由命题 3.1.4 可知, $B = A_1 \oplus A_2 \oplus \cdots \oplus A_{s-1}$ 的最小多项式是 $m(x)$ 的因式故无重根, 因此 B 是对角矩阵. 由 $m(A) = 0$ 得 $m(B) \oplus m(A_s) = 0$, 所以 $m(A_s) = 0$. 但 A_s 仅有一个特征值, 故再由归纳假设知 A_s 也是对角矩阵, 从而 A 是对角矩阵. □

推论 3.1.1 设 A 为方阵, $f(x)$ 是无重因式的多项式. 若 $f(A) = 0$, 则 A 可以对角化.

例 3.1.13 幂等矩阵与对合矩阵均可以对角化.

这是因为幂等矩阵 A 满足 $A^2 = A$, 故其最小多项式 $m(x) \mid (x^2 - x)$, 故无重根; 而对合矩阵 A 满足 $A^2 = I$, 从而其最小多项式 $m(x) \mid (x^2 - 1)$, 也无重根. 因此, 这两类矩阵均可以对角化.

以下我们简要介绍线性变换的特征值与特征向量.

设 V 是 $\mathbb{C}$ 上的线性空间 (可以是无限维), $\sigma \in \mathrm{End}V$, $\lambda \in \mathbb{C}$. 如果存在非零向量 $\alpha \in V$ 使得 $\sigma(\alpha) = \lambda\alpha$, 则称 λ 是 σ 的一个特征值, 而 α 是 σ 的一个 (属于特征值 λ 的) 特征向量.

如果 λ 是 σ 的特征值, 则 V 的子集合 $\{x \in V : \sigma(x) = \lambda x\}$ 称为 σ 的 (属于特征值 λ 的) 特征子空间, 记为 V_λ. 这个子集合的确是 V 的子空间, 因为

$$V_\lambda = \mathrm{Ker}(\lambda I - \sigma). \tag{3.1.3}$$

上述定义与矩阵的特征值和特征向量完全一致. 从线性变换的角度看, 特征向量是在线性变换下不改变方向的那些非零向量, 而特征值则是特征向量的伸缩系数. 注意线性变换在其每个特征子空间上的限制是一个位似, 因此特征值与特征向量具有简化线性变换的矩阵表示的作用. 确切地说, 如果有限维线性空间 V 有一组基其基向量全部为 σ 的特征向量, 则 σ 在这组基下的矩阵是对角矩阵. 故有下述定理 (详细证明见习题 7):

定理 3.1.5 设 V 是有限维线性空间, $\sigma \in \mathrm{End}V$, A 是 σ 在某组基下的矩阵, 则

(1) A 与 σ 有完全相同的特征值 (即重数也一样);

(2) 设 σ 的不同特征值为 $\lambda_1, \cdots, \lambda_s$, 则 A 可以对角化 $\Longleftrightarrow V = \sum\limits_{i=1}^{s} \oplus V_{\lambda_i}$. 于是 A 可以对角化 $\Longleftrightarrow \sigma$ 可以对角化, 即 $\sigma = \sum\limits_{i=1}^{s} \oplus \sigma_i$, 其中, σ_i 是 σ 在 V_{λ_i} 上的限制.

从线性变换的角度理解特征值与特征向量较为直观. 比如考虑旋转矩阵 (设 $\theta \neq$

0, π)

$$A=\begin{pmatrix}\cos\theta & \sin\theta\\ -\sin\theta & \cos\theta\end{pmatrix}$$

的特征值与特征向量问题. 如果仅从矩阵的角度出发, 那就除计算别无他途. 但是, 矩阵 A 是平面上的旋转, 因此它不改变任何向量的长度, 故其特征值的模只能是 1, 特别地, 其实特征值只能是 ±1. 另一方面, 该旋转改变了任何一个非零向量的方向, 因此它没有实特征向量. 所以将矩阵的特征值与特征向量问题转化为线性变换的相应问题常常是有效的方法.

思 考 题

1. 实数域上的 Schur 三角化定理成立吗? 即每个实方阵是否可以正交三角化?
2. 是否每个矩阵都可以分块酉三角化, 即分块 Schur 三角化定理中的可逆矩阵是否可以加强为酉矩阵?
3. 设 A,B 为同阶方阵, 则由降幂公式知 AB 与 BA 有相同的特征多项式, 它们是否相似?
4. 特征多项式与最小多项式的商多项式有何意义?
5. 如果一个线性变换 σ 的特征值的模均小于 1, σ 有何特点?
6. 如果一个线性变换 σ 有一组正交的特征向量, σ 有何特点?

第二节　Jordan 标准形: 复数矩阵的一种最简形式

分块 Schur 三角化定理 (定理 3.1.2) 将寻求矩阵标准形的问题转化为寻找主对角元素均相同的上三角矩阵的标准形. 这样的矩阵可以写成

$$A=\lambda I+N$$

的形式, 其中 N 是严格上三角矩阵. 因为

$$P^{-1}AP=\lambda I+P^{-1}NP,$$

故只需研究严格上三角矩阵的标准形即可.

例 3.2.1　设 A 是 n 阶严格上三角矩阵且 $r(A)=n-1$, 则 A 与 J_n 相似.

证: 将 A 写成分块矩阵的形式有 $A=\begin{pmatrix}0 & B\\ 0 & \mathbf{0}^{\mathrm T}\end{pmatrix}$, 其中 B 是 $n-1$ 阶方阵, 则因 $r(B)=r(A)=n-1$ 知 B 可逆, 因此 B 的主对角线元素全部非 0, 故由归纳法知 A 与 J_n 相似.

例 3.2.2　设 $A=\begin{pmatrix}0 & J_3\\ 0 & \mathbf{0}^{\mathrm T}\end{pmatrix}$ 是 4 阶严格上三角矩阵, 注意 A 不与 $B=\begin{pmatrix}J_3 & 0\\ \mathbf{0}^{\mathrm T} & 0\end{pmatrix}$ 相似, 而与 $C=J_2\oplus J_2$ 相似.

对 $2 \leqslant r(A) \leqslant n-2$ 的 n 阶严格上三角矩阵 A 来说, 其标准形并不能由其秩完全确定. 比如上例中的矩阵 B 与 C 均为秩 2 的最简形式. 仔细分析 B 与 C 的结构可知, 它们的一个差别是 $B^2 \neq 0$ 而 $C^2 = 0$. 因此严格上三角矩阵的幂零指数对其标准形有重要意义. 下面列出 J_n 的一些性质 (证明见习题 16).

命题 3.2.1 (1) $J_n^{\mathrm{T}} J_n = (0) \oplus I_{n-1}$, $J_n J_n^{\mathrm{T}} = I_{n-1} \oplus (0)$;

(2) $J_n e_i = e_{i-1}$, 其中 e_i 是标准向量, 约定 e_0 是 0 向量;

(3) 对任意 $x \in \mathbb{C}^n$, $(I_n - J_n^{\mathrm{T}} J_n)x = (x^{\mathrm{T}} e_1)e_1$.

现在可以证明严格上三角矩阵的 Jordan 标准形定理了.

定理 3.2.1(幂零矩阵的 Jordan 标准形定理①) 设 A 是 n 阶严格上三角复矩阵, 则存在可逆矩阵 P 和正整数 $n_1 \geqslant n_2 \geqslant \cdots \geqslant n_m$, $n_1 + n_2 + \cdots + n_m = n$, 使得

$$P^{-1}AP = J_{n_1} \oplus J_{n_2} \oplus \cdots \oplus J_{n_m}. \tag{3.2.1}$$

上式右端的矩阵称为**幂零 Jordan 矩阵**, 它是矩阵 A 的 Jordan 标准形, 一般记为 J. 如果不计诸 n_j 的次序与大小, 则 A 的 Jordan 标准形是唯一的.

证: 首先我们指出, 任意调整公式 (3.2.1) 右端的每个直和因子的顺序, 得到的矩阵均是相似的, 因此条件

$$n_1 \geqslant n_2 \geqslant \cdots \geqslant n_m, \quad n_1 + n_2 + \cdots + n_m = n$$

总是可以满足的, 故只需证明公式 (3.2.1) 及唯一性.

对 A 的阶数 n 作归纳. 当 $n = 1$ 时, $A = (0)$, 定理显然成立. 假设对阶数 $< n$ 的所有严格上三角矩阵, 定理成立. 现将 A 写成分块矩阵

$$\begin{pmatrix} 0 & \alpha^{\mathrm{T}} \\ 0 & A_1 \end{pmatrix},$$

其中 $\alpha \in \mathbb{C}^{n-1}$ 而 A_1 是 $n-1$ 阶严格上三角矩阵. 由归纳假设, 存在 $n-1$ 阶可逆矩阵 P_1, 使得 $P_1^{-1}A_1P_1$ 具有公式 (3.2.1) 的形式, 即

$$A_2 = P_1^{-1}A_1P_1 = J_{k_1} \oplus J_{k_2} \oplus \cdots \oplus J_{k_s},$$

其中 $k_1 \geqslant k_2 \geqslant \cdots \geqslant k_s$, $k_1 + k_2 + \cdots + k_s = n-1$. 令

$$J = J_{k_2} \oplus \cdots \oplus J_{k_s},$$

并取 $P_2 = (1) \oplus P_1$, 则 $A_2 = J_{k_1} \oplus J$ 且

$$A_3 = P_2^{-1}AP_2 = \begin{pmatrix} 0 & \alpha^{\mathrm{T}}P_1 \\ 0 & A_2 \end{pmatrix} = \begin{pmatrix} 0 & \alpha_1^{\mathrm{T}} & \alpha_2^{\mathrm{T}} \\ 0 & J_{k_1} & 0 \\ 0 & 0 & J \end{pmatrix},$$

① 该定理及其一般形式即本节定理 3.2.2, 由 Jordan 于 1870 年证明.

其中 $(\alpha_1^{\mathrm{T}} \quad \alpha_2^{\mathrm{T}})$ 是矩阵 $\alpha^{\mathrm{T}} P_1$ 的行分块矩阵. 取

$$P_3 = \begin{pmatrix} 1 & \alpha_1^{\mathrm{T}} J_{k_1}^{\mathrm{T}} & 0 \\ 0 & I & 0 \\ 0 & 0 & I \end{pmatrix},$$

则利用 $x \in \mathbb{C}^n$, $(I_n - J_n^{\mathrm{T}} J_n)x = (x^{\mathrm{T}} e_1)e_1$(见命题 3.2.1(3)) 可得

$$A_4 = P_3^{-1} A_3 P_3 = \begin{pmatrix} 0 & (\alpha_1^{\mathrm{T}} e_1)e_1^{\mathrm{T}} & \alpha_2^{\mathrm{T}} \\ 0 & J_{k_1} & 0 \\ 0 & 0 & J \end{pmatrix}. \tag{3.2.2}$$

现若 $\alpha_1^{\mathrm{T}} e_1 = 0$, 则 $A_4 = \begin{pmatrix} 0 & 0 & \alpha_2^{\mathrm{T}} \\ 0 & J_{k_1} & 0 \\ 0 & 0 & J \end{pmatrix}$ 相似于矩阵 $\begin{pmatrix} J_{k_1} & 0 & 0 \\ 0 & 0 & \alpha_2^{\mathrm{T}} \\ 0 & 0 & J \end{pmatrix}$. 再由归纳假设可知矩阵 $\begin{pmatrix} 0 & \alpha_2^{\mathrm{T}} \\ 0 & J \end{pmatrix}$ 相似于一个幂零 Jordan 矩阵 J'. 因此 A 相似于 $J_{k_1} \oplus J'$, 定理成立.

如果数 $a = \alpha_1^{\mathrm{T}} e_1 \neq 0$, 则取可逆矩阵 $P_4 = (a) \oplus I \oplus (aI)$, 直接计算 (见习题 17) 可得

$$A_5 = P_4^{-1} A_4 P_4 = \begin{pmatrix} J'' & e_1 \alpha_2^{\mathrm{T}} \\ 0 & J \end{pmatrix}, \tag{3.2.3}$$

其中 $J'' = \begin{pmatrix} 0 & e_1^{\mathrm{T}} \\ 0 & J_{k_1} \end{pmatrix} = J_{k_1+1}$. 由命题 3.2.1(2) 知, $J'' e_{i+1} = e_i$, 故

$$\begin{pmatrix} I & e_2 \alpha_2^{\mathrm{T}} \\ 0 & I \end{pmatrix} \begin{pmatrix} J'' & e_1 \alpha_2^{\mathrm{T}} \\ 0 & J \end{pmatrix} \begin{pmatrix} I & -e_2 \alpha_2^{\mathrm{T}} \\ 0 & I \end{pmatrix} = \begin{pmatrix} J'' & e_2 \alpha_2^{\mathrm{T}} J \\ 0 & J \end{pmatrix}. \tag{3.2.4}$$

注意上式右端矩阵的右上角与原矩阵相比, 由 $e_1 \alpha_2^{\mathrm{T}}$ 变为 $e_2 \alpha_2^{\mathrm{T}} J$, 因此重复上述步骤 (见习题 18), 可使式 (3.2.4) 右端矩阵的右上角变为 $e_{N+1} \alpha_2^{\mathrm{T}} J^N$, 其中 N 为任意正整数. 而由 k_1 的选取知 $J^{k_1} = 0$, 故 A_5 相似于矩阵 $J'' \oplus J$, 而这是一个幂零 Jordan 矩阵.

再证唯一性: 仍对 n 作归纳. $n = 1$ 时唯一性显然成立. 假设对一切阶数 $< n$ 的严格上三角矩阵唯一性成立, 考虑 n 阶矩阵 A 的两个 Jordan 标准形

$$J = J_{n_1} \oplus J_{n_2} \oplus \cdots \oplus J_{n_s}$$

与

$$\tilde{J} = J_{m_1} \oplus J_{m_2} \oplus \cdots \oplus J_{m_t},$$

其中, $n_1 \geqslant n_2 \geqslant \cdots \geqslant n_s \geqslant 1$, $m_1 \geqslant m_2 \geqslant \cdots \geqslant m_t \geqslant 1$. 则 $n_1 = m_1$; 否则, 不妨设 $n_1 > m_1$, 则 $J^{m_1} \neq 0$ 而 $\tilde{J}^{m_1} = 0$, 矛盾! 现由第二章推论 2.5.3, 知 $J_{n_2} \oplus \cdots \oplus J_{n_s}$

与 $J_{m_2} \oplus \cdots \oplus J_{m_t}$ 相似. 由归纳假设, 它们具有相同的 Jordan 标准形, 因此 $s=t$ 且 $n_2=m_2, \cdots, n_s=m_s$. □

由此定理即可得到判断两个幂零矩阵相似的下述准则 (证明见习题 16):

推论 3.2.1　设 M 与 N 是两个 n 阶幂零矩阵. 则 M 与 N 相似 $\Longleftrightarrow r(M^k)=r(N^k), \forall k \geqslant 1$.

定义 3.2.1　矩阵 $\lambda I_n + J_n$ 称为 n 阶 λ-Jordan 块, 记为 $J_n(\lambda)$.

由分块 Schur 三角化定理以及幂零矩阵的 Jordan 标准形定理可得一般矩阵的 Jordan 标准形定理.

定理 3.2.2(Jordan 标准形定理)　设 A 是 n 阶复矩阵, 则存在可逆矩阵 P 和正整数 $n_1 \geqslant n_2 \geqslant \cdots \geqslant n_m, n_1+n_2+\cdots+n_m=n$, 使得

$$P^{-1}AP = J_{n_1}(\lambda_1) \oplus J_{n_2}(\lambda_2) \oplus \cdots \oplus J_{n_m}(\lambda_m). \tag{3.2.5}$$

上式右端的矩阵称为 **Jordan 矩阵**, 它是矩阵 A 的 Jordan 标准形. 如果不计诸 n_j 的次序与大小, 则 A 的 Jordan 标准形是唯一的.

注 1: 公式 (3.2.5) 中的各特征值 λ_i 可能相同.

注 2: 定理 3.2.2 仅对复数域上的矩阵成立, 见本节思考题 1 与习题 33.

推论 3.2.2　方阵 A 可以对角化 $\Longleftrightarrow$ A 的 Jordan 标准形是对角矩阵.

一般而言, 确定矩阵的 Jordan 标准形是极为困难的问题, 因为基本上不可能求出高阶矩阵的全部特征值. 另外, 即使是幂零矩阵, 定理 3.2.1 的证明中给出的算法也是不能付诸实践的, 因为该算法是不稳定的. 参考下面的例子.

例 3.2.3　设 $A_t = \begin{pmatrix} t & 1 \\ 0 & 0 \end{pmatrix}$, 则当 $t \neq 0$ 时, 其 Jordan 标准形为对角矩阵 $D = \begin{pmatrix} t & 0 \\ 0 & 0 \end{pmatrix}$. 但当 $t=0$ 时, 其 Jordan 标准形为 $A=J_2$. 因此在 $t \to 0$ 的极限过程中, A_t 的 Jordan 标准形并不收敛于其极限的 Jordan 标准形.

上面的例子表明, 矩阵的 Jordan 标准形不具有稳定的数值方法 (这是因为 Jordan 标准形不是矩阵的各个元素的连续函数), 但它在理论上仍是极其重要的. 因为一个矩阵的 Jordan 标准形不仅具有非常简单的形式, 而且包含了该矩阵的几乎所有信息, 比如秩、特征值、线性无关的特征向量的个数、特征子空间的维数等.

思　考　题

1. 设 $A \in M_n(\mathbb{Q})$. 是否存在可逆矩阵 $P \in M_n(\mathbb{Q})$, 使得 $P^{-1}AP$ 为 Jordan 标准形? 将 $\mathbb{Q}$ 换成 $\mathbb{R}$ 又如何?

2. 分块矩阵 $\begin{pmatrix} A & B \\ B & A \end{pmatrix}$ 的 Jordan 标准形与 A, B 的 Jordan 标准形有何关系? 特征值有何联系? 特别地, 讨论 $A=0$ 与 $A=B$ 的情形.

3. 仿照幂零矩阵相似的判别准则 (即推论 3.2.1) 给出两个同阶矩阵相似的判别准则. 是否能够判断该准则与幂零矩阵相似的判别准则哪个更有意义?

第三节　Jordan 标准形的计算

定理 3.2.1 与定理 3.2.2 虽然给出了矩阵的Jordan标准形的存在性与唯一性, 但是都没有给出 Jordan 标准形的具体数据, 比如一共有多少个对角块? 各阶对角块有几个? 下面的命题给出了幂零矩阵的 Jordan 标准形的最大块的阶数.

命题 3.3.1 (最大 Jordan 块)　设 A 是严格上三角矩阵, 则其 Jordan 标准形的 Jordan 块的阶数的最大值等于其幂零指数.

证: 设 A 的幂零指数为 e, 其 Jordan 标准形为 J, J 的 Jordan 块的阶数的最大值为 f, 则因 $A^e=0$ 知 $J^e=0$, 从而 $f \leqslant e$. 同理, 由 $J^f=0$ 可知 $A^f=0$, 故 $e \leqslant f$. □

例 3.3.1　试证下列矩阵为幂零矩阵, 并求其 Jordan 标准形:

$$A=\begin{pmatrix} 1 & 1 & 0 & 1 \\ 0 & -1 & -1 & -1 \\ 1 & 1 & 0 & 1 \\ -1 & 0 & 1 & 0 \end{pmatrix}.$$

解: 直接计算便知 $A^2=0$. 因此 A 为幂零矩阵, 且幂零指数为 2. 故由定理 3.3.1 可知, A 的 Jordan 标准形 J 的最大 Jordan 块为 2 阶的. 由于 $r(A)=2$, 故 A 的零度为 2, 即有 2 个块, 所以 $J=J_2 \oplus J_2$.

上面的例子说明, 对阶数较小的幂零矩阵可以通过其幂零指数和秩来确定其 Jordan 标准形; 但对高阶矩阵, 则需要更为精细的方法, 我们将其列为下面的定理, 证明见习题 20.

定理 3.3.1　设 n 阶严格上三角矩阵 A 的 Jordan 标准形 J 同公式 (3.2.1), 其幂零指数为 e, 则

(1) $e=\max\{n_i : 1 \leqslant i \leqslant m\}$;

(2) J 中 Jordan 块的个数 m 等于 A 的零度;

(3) 记 J 中 k 阶 Jordan 块的个数为 ℓ_k, A^k 的零度为 η_k, $0 \leqslant k \leqslant m$. 则

$$\ell_k = 2\eta_k - \eta_{k-1} - \eta_{k+1}, \quad 1 \leqslant k \leqslant m. \tag{3.3.1}$$

注 1: 计数公式 (3.3.1) 来源于数列

$$\eta_0 = 0, \eta_1, \eta_2, \cdots, \eta_{k-1}, \eta_k, \eta_{k+1}, \cdots$$

的二阶差分, 即 $\ell_k = (\eta_k - \eta_{k-1}) - (\eta_{k+1} - \eta_k)$.

注 2: 上面定理中的 (2) 等价于说 J 中 Jordan 块的个数等于 A 的线性无关的特征向量的个数. 这是因为每个 Jordan 块的秩恰好比其阶数小 1, 即零度为 1, 因此对应于一个线性无关的特征向量.

例 3.3.2 试证下列矩阵为幂零矩阵, 并求其Jordan标准形:

$$A=\begin{pmatrix}2&6&5&0&0&4&0&6\\1&3&2&0&0&2&0&3\\0&0&0&0&0&0&0&0\\-1&-1&-2&0&-1&-4&0&-1\\2&5&4&0&0&4&0&5\\-1&-3&-2&0&0&-2&0&-3\\0&1&0&0&0&1&0&0\\-1&-3&-2&0&0&-2&0&-3\end{pmatrix}.$$

解: 直接计算可知 $A^3=0$. 因此 A 为幂零矩阵, 且幂零指数为3; 再计算可得 $r(A)=5$. 故由定理 3.3.1 可知, A 的Jordan标准形 J 共有3块, 且最大Jordan块为3阶的. 因此其他两块必为一个3阶块和一个2阶块, 故知 $J=J_3\oplus J_3\oplus J_2$.

例 3.3.3 设 A 是例 3.3.1 中的矩阵, 求可逆矩阵 P, 使得 $P^{-1}AP=J$.

解: 设 $P=(\alpha_1,\alpha_2,\alpha_3,\alpha_4)$, 可得

$$A(\alpha_1,\alpha_2,\alpha_3,\alpha_4)=(\alpha_1,\alpha_2,\alpha_3,\alpha_4)(J_2\oplus J_2)=(0,\alpha_1,0,\alpha_3).$$

由此可得 P 的各个列向量应满足的方程组分别为

$$A\alpha_1=0,\quad A\alpha_2=\alpha_1,\quad A\alpha_3=0,\quad A\alpha_4=\alpha_3. \tag{3.3.2}$$

注意到四个方程组的系数矩阵都相同, 可以采用下面的方式统一求解:

$$\begin{pmatrix}1&1&0&1&\cdots&b_1\\0&-1&-1&-1&\cdots&b_2\\1&1&0&1&\cdots&b_3\\-1&0&1&0&&b_4\end{pmatrix}\to\begin{pmatrix}1&0&-1&0&\cdots&b_1+b_2\\0&1&1&1&\cdots&-b_2\\0&0&0&0&\cdots&-b_1+b_3\\0&0&0&0&&b_1+b_2+b_4\end{pmatrix}$$

由此可知要使方程组 $Ax=\beta$ 有解, 向量 $\beta=(b_1,b_2,b_3,b_4)^{\mathrm{T}}$ 要满足

$$b_1=b_3,\quad b_1+b_2+b_4=0.$$

解方程组

$$\begin{cases}x_1-x_3=0,\\x_2+x_3+x_4=0,\end{cases}$$

得 $\alpha_1=(1,-1,1,0)^{\mathrm{T}}$, $\alpha_3=(0,1,0,-1)^{\mathrm{T}}$. 这两个向量都满足 $Ax=\beta$ 的相容性条件. 解 $Ax=\alpha_1$, 即

$$\begin{cases}x_1-x_3=0,\\x_2+x_3+x_4=1,\end{cases}$$

得 $\alpha_2 = (1,0,1,0)^{\mathrm{T}}$. 解 $Ax = \alpha_3$, 即

$$\begin{cases} x_1 - x_3 \qquad\;\; = 1, \\ x_2 + x_3 + x_4 = -1, \end{cases}$$

得 $\alpha_4 = (1,0,0,-1)^{\mathrm{T}}$. 因此,

$$P = \begin{pmatrix} 1 & 1 & 0 & 1 \\ -1 & 0 & 1 & 0 \\ 1 & 1 & 0 & 0 \\ 0 & 0 & -1 & -1 \end{pmatrix}.$$

方程 (3.3.2) 中的向量 α_1 与 α_3 显然是属于特征值 0 的特征向量, 而向量 α_2 与 α_4 不是特征向量, 它们实际上满足方程 (请验证!)

$$A^2 x = 0. \tag{3.3.3}$$

一般地, 设 λ 是 n 阶矩阵 A 的特征值, 则将方程 $(A-\lambda I)^k x = 0$(k 是任意正整数) 的非零解称为 A 的 (属于特征值 λ 的)**广义特征向量**. 可以证明 (见习题 21~24) 广义特征向量和零向量 (即所有方程 $(A-\lambda I)^k x = 0$ 的解空间的并集) 构成 $\mathbb{C}^n$ 的一个子空间, 称为 A 的 (属于特征值 λ 的) **广义特征子空间或根子空间**, 记为 E_λ. 证明矩阵的 Jordan 标准形的存在性的另一个途径即是利用 $\mathbb{C}^n = \sum\limits_{\lambda \in \sigma(A)} \oplus E_\lambda$. 习题 21~24 是这种途径的具体实现, 有兴趣的读者可以尝试完成之. 证明矩阵的 Jordan 标准形的存在性的第三条途径是使用 λ- 矩阵的 Smith① 标准形, 我们在习题 56—60 中介绍了这个方法.

结合 Schur 分块三角化定理, 即可由定理 3.3.1 得到一般矩阵的 Jordan 标准形的结构.

定理 3.3.2 设 n 阶矩阵 A 的 Jordan 标准形 J 同公式 (3.2.5). 设 μ 为 A 的一个特征值, 记 $(A-\mu I)^k$ 的零度为 η_k, J 中对角线元素为 μ 的 k 阶 Jordan 块的个数为 ℓ_k, 则

(1) η_1 等于 J 中对角线元素为 μ 的 Jordan 块的个数;

(2) $\ell_1 = 2\eta_1 - \eta_2$, $\ell_k = 2\eta_k - \eta_{k-1} - \eta_{k+1}$, $k \geqslant 2$.

注意, 与幂零矩阵的相应结果 (定理 3.3.1) 对照, 上面的定理没有太大实用价值 (对照上一节的思考题 3). 因为 n 阶矩阵 A 可以通过 (计算机) 验证 $A^n = 0$ 来判断其幂零性后再使用定理 3.3.1, 但非幂零矩阵在使用定理 3.3.2 前需要先求出 A 的所有特征值. 而正如先前指出的, 这个工作的难度几乎是不能克服的.

① Henry John Stephen Smith(1826—1883), 爱尔兰数学家.

例 3.3.4 求下列矩阵的 Jordan 标准形 J, 并求变换矩阵 P, 使 $P^{-1}AP = J$:

$$A = \begin{pmatrix} 3 & 1 & 0 & 0 \\ -4 & -1 & 0 & 0 \\ 3 & 1 & 2 & 1 \\ -3 & -1 & -1 & 0 \end{pmatrix}.$$

解: 易知 $|\lambda I - A| = (\lambda - 1)^4$, 故 A 的 Jordan 标准形 J 的对角元素均为 1. 再计算 $A - I$ 的幂零度为 3, 故最大子块是 3 阶的, 因此

$$J = J_3(1) \oplus (1).$$

设 $P^{-1}AP = J$. 令 $P = (\alpha_1, \alpha_2, \alpha_3, \alpha_4)$, 则由 $AP = PJ$ 得

$$A(\alpha_1, \alpha_2, \alpha_3, \alpha_4) = (\alpha_1, \alpha_2, \alpha_3, \alpha_4)(J_3(1) \oplus (1)) = (\alpha_1, \alpha_1 + \alpha_2, \alpha_2 + \alpha_3, \alpha_4).$$

于是得到四个方程组:

$$A\alpha_1 = \alpha_1, \quad A\alpha_2 = \alpha_1 + \alpha_2, \quad A\alpha_3 = \alpha_2 + \alpha_3, \quad A\alpha_4 = \alpha_4,$$

即

$$(I - A)\alpha_1 = 0, \quad (I - A)\alpha_2 = -\alpha_1, \quad (I - A)\alpha_3 = -\alpha_2, \quad (I - A)\alpha_4 = 0.$$

解之得 $\alpha_1 = (0, 0, 1, -1)^{\mathrm{T}}$, $\alpha_2 = (1, -2, 0, 0)^{\mathrm{T}}$, $\alpha_3 = (-1, 3, 0, 0)^{\mathrm{T}}$, $\alpha_4 = (-1, 2, 1, 0)^{\mathrm{T}}$.

$$P = \begin{pmatrix} 0 & 1 & -1 & -1 \\ 0 & -2 & 3 & 2 \\ 1 & 0 & 0 & 1 \\ -1 & 0 & 0 & 0 \end{pmatrix}.$$

当然, P 不是唯一的. (为什么?)

例 3.3.5 求下列矩阵的 Jordan 标准形:

$$A = \begin{pmatrix} 3 & -1 & 0 & 0 & 0 & 0 & 0 & 0 \\ 5 & -3 & -1 & 0 & 0 & 0 & 0 & 0 \\ -8 & 7 & 3 & 0 & 0 & 0 & 0 & 0 \\ 8 & 0 & 2 & -1 & 1 & 0 & 0 & 0 \\ 5 & -11 & -6 & 0 & 0 & 1 & 0 & 0 \\ 4 & 8 & 5 & 0 & -1 & -2 & 0 & 0 \\ 6 & 13 & 8 & -4 & -1 & -4 & 2 & 1 \\ 14 & -12 & -4 & -3 & -1 & 1 & 0 & 2 \end{pmatrix}.$$

解: 容易看出 A 是一个分块下三角矩阵. 因此 A 的特征多项式为

$$|\lambda I - A| = \begin{vmatrix} \lambda-3 & 1 & 0 \\ -5 & \lambda+3 & 1 \\ 8 & -7 & \lambda-3 \end{vmatrix} \cdot \begin{vmatrix} \lambda+1 & -1 & 0 \\ 0 & \lambda & -1 \\ 0 & 1 & \lambda+2 \end{vmatrix} \cdot \begin{vmatrix} \lambda-2 & -1 \\ 0 & \lambda-2 \end{vmatrix}$$

$$= (\lambda-1)^3(\lambda+1)^3(\lambda-2)^2.$$

注意三重特征值 1 均来自左上角的主子矩阵 A_1(前三行前三列), 三重特征值 -1 均来自第 4—6 行与列构成的主子矩阵 A_2, 而两重特征值 2 则来自后两行后两列构成的主子矩阵 A_3. 因此由分块 Schur 三角化定理知, 存在严格上三角矩阵 N_i, 使得 A 相似于分块对角矩阵

$$B = (I_3 + N_1) \oplus (-I_3 + N_2) \oplus (2I_2 + N_3),$$

其中 N_i 相似于 $A_i - \lambda_i I$. 由于 $A_1 - I$ 的零度为 1, 故 N_1 相似于 J_3, 即对角元素为 1 的 Jordan 块只有一块. 类似地, $-A-I$ 与 $A-2I$ 的零度都为 1. 故 N_2 与 N_3 分别相似于 J_3 与 J_2. 因此 A 的 Jordan 标准形为

$$J = J_3(1) \oplus J_3(-1) \oplus J_2(2).$$

变换矩阵的求解见习题 26.

例 3.3.6　试求秩为 1 的 n 阶方阵 A 的 Jordan 标准形.

解: 设 $r(A)=1$, 则 A 的 Jordan 标准形只有一个位置不为零. 所以 A 至少有 $n-1$ 个特征值都是 0, 而另一个特征值必为 $\operatorname{tr} A$. 因此 A 的 Jordan 标准形为:

(1) $\operatorname{diag}(\operatorname{tr} A, 0, \cdots, 0)$　(若 $\operatorname{tr} A \neq 0$);

(2) $\begin{pmatrix} 0 & 1 & & \\ & 0 & & \\ & & \ddots & \\ & & & 0 \end{pmatrix}$　(若 $\operatorname{tr} A = 0$, 此时 A 幂零, 且幂零指数为 2).

思　考　题

1. 两个矩阵的和与积的 Jordan 标准形是否等于它们的 Jordan 标准形的和与积?
2. 如果 P 与 Q 均为 Jordan 标准形中的变换矩阵, 它们之间有何关系?

第四节　盖尔圆定理: 特征值的估计

对高阶矩阵来说, 精确计算矩阵的特征值一般是做不到的 (1825 年左右, Abel①

① Niels Henrik (1802—1829), 挪威著名数学家. 月球上有以其名字命名的火山. 以其名字命名的 Abel Prize 是世界上奖金最高 (约一百万美元) 的数学奖.

与 Galois① 等人证明了 5 次及 5 次以上的代数方程无公式解). 幸运的是, 工程实践中的众多问题常常只需要确定特征值是否满足一定精度, 比如线性系统的稳定性仅需要其所有特征值的实部小于 0, 即所有特征值均位于左半平面. 而在第五章中我们将看到矩阵级数 $\sum_{i=0}^{\infty} a_i A^i$ 的敛散性也只需了解 A 的特征值的模是否均小于 1. 因此更为合理的办法是对特征值的范围作出估计. 复数域上 n 阶矩阵的特征值可以用复平面上的点来表示, 因此对这些点的位置的估计就是对特征值的估计.

设 $A = (a_{ij})$ 是 n 阶复数矩阵. 在复平面上, 称集合

$$D_i(A) = \left\{ x \in \mathbb{C} : |x - a_{ii}| \leqslant \sum_{j \neq i} |a_{ij}| \right\} \quad (i = 1, 2, \cdots, n)$$

为矩阵 A 的第 i 个圆盘. 将 $\sum_{j \neq i} |a_{ij}|$ 记为 $R_i(A)$, 称为 A 的去心绝对行和. 那么, 矩阵 A 的第 i 个圆盘又可写成

$$D_i(A) = \{x \in \mathbb{C} : |x - a_{ii}| \leqslant R_i(A)\}.$$

一般地, 称 A 的所有圆盘的并形成的区域 $\bigcup_{i=1}^{n} D_i(A)$ 为 A 的 (关于行的) **Gerschgorin② 区域**, 记为 $G(A)$, 而将 $G(A)$ 中的每一个圆盘称为 **Gerschgorin 圆盘或盖尔圆盘**, 这些圆盘的边界称为 Gerschgorin 圆或盖尔圆.

例 3.4.1　求 A 的圆盘, 其中

$$A = \begin{pmatrix} 0 & 1 & -1 \\ 1 & 2 & 0 \\ \mathrm{i} & 1 & 2\mathrm{i} \end{pmatrix}.$$

解: $D_1(A) = \{x : |x| \leqslant 2\}$, $D_2(A) = \{x : |x - 2| \leqslant 1\}$, $D_3(A) = \{x : |x - 2\mathrm{i}| \leqslant 2\}$.

例 3.4.2　由于盖尔圆盘只涉及矩阵元素的模或绝对值, 因此如果矩阵 $A = (a_{ij})$ 的对角元素均为非负实数, 则 A 与其绝对值矩阵 $|A| = (|a_{ij}|)$ 具有完全相同的盖尔圆盘和盖尔区域.

定理 3.4.1(盖尔圆盘定理③)　设 A 是 n 阶矩阵, 则它的特征值 λ 至少满足下列不等式之一:

$$|\lambda - a_{ii}| \leqslant \sum_{j \neq i}^{n} |a_{ij}|, \ i = 1, 2, \cdots, n.$$

① Évariste Galois(1811—1832), 天才的法国数学家, 群论及有限域的创始人.

② Semyon Aranovich Gershgorin(1901—1933), 前苏联 (现白俄罗斯) 数学家.

③ Gerschgorin 于 1931 年证明了此定理.

等价地, $\sigma(A) \subseteq G(A)$, 即 A 的每个特征值都落在 A 的某个圆盘之内.

证: 设 λ 是 A 的一个特征值, $\alpha = (x_1, \cdots, x_n)^{\mathrm{T}}$ 是它的一个特征向量, 则 $A\alpha = \lambda\alpha$, 即

$$\begin{cases} a_{11}x_1 + a_{12}x_2 + \cdots + a_{1n}x_n = \lambda x_1, \\ a_{21}x_1 + a_{22}x_2 + \cdots + a_{2n}x_n = \lambda x_2, \\ \quad\cdots\cdots \\ a_{n1}x_1 + a_{n2}x_2 + \cdots + a_{nn}x_n = \lambda x_n. \end{cases} \tag{$*$}$$

令 $\max\{|x_1|, \cdots, |x_n|\} = |x_m|$, 则由 $x \neq 0$ 知 $x_m \neq 0$. 将方程组 $(*)$ 中的第 m 个方程改写为

$$(\lambda - a_{mm})x_m = \sum_{j \neq m} a_{mj}x_j.$$

两边取模得

$$|\lambda - a_{mm}||x_m| \leqslant \sum_{j \neq m} |a_{mj}||x_j| \leqslant |x_m| \sum_{j \neq m} |a_{mj}|,$$

所以

$$|\lambda - a_{mm}| \leqslant \sum_{j \neq m} |a_{mj}|.$$

即特征值 λ 落在第 m 个圆盘内. □

注: 对 A^{T} 应用圆盘定理, 可以得到 A 的关于列的相应结果.

例 3.4.3　求 A 的圆盘并估计其特征值, 其中

$$A = \begin{pmatrix} 10 & 1 & 2 & 3 \\ 5 & 30 & 1 & 2 \\ 10 & 3 & -10 & 5 \\ 2 & 3 & 1 & -40 \end{pmatrix}.$$

解: 矩阵 A 的圆盘为

$$|\lambda - 10| \leqslant 1 + 2 + 3 = 6,$$

$$|\lambda - 30| \leqslant 1 + 5 + 2 = 8,$$

$$|\lambda + 10| \leqslant 10 + 3 + 5 = 18,$$

$$|\lambda + 40| \leqslant 2 + 3 + 1 = 6.$$

如示意图 3.4.1:

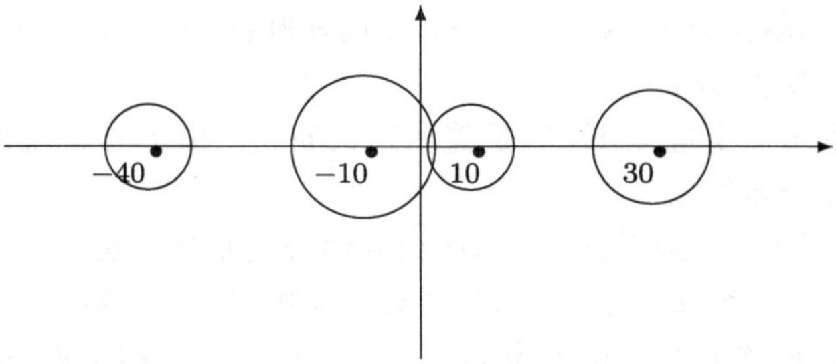

图 3.4.1

因此, 四个特征值均落在四个圆盘之中.

例 3.4.4　设 n 阶矩阵 A 满足对角强优条件 (亦称“严格对角占优”条件)

$$|a_{ii}| > \sum_{j\neq i} |a_{ij}|,\ i = 1, 2, \cdots, n.$$

证明: $|A| \neq 0$.

证:　只需证明 A 的特征值全部不为 0. 设 λ 是 A 的一个特征值, 则由圆盘定理, 它必然落在某个圆盘之内, 即存在 k, 使得 $|\lambda - a_{kk}| \leqslant \sum\limits_{j\neq k} |a_{kj}|$. 如果 $\lambda = 0$, 则有 $|a_{kk}| \leqslant \sum\limits_{j\neq k} |a_{kj}|$, 矛盾! 故 A 不可能有零特征值, 从而 A 的行列式不等于 0. □

请注意, 圆盘定理只是说明每个特征值必然落在一个圆盘内, 但并未指明落在哪个圆盘内. 因此, 有些圆盘可能不含特征值, 而另一些则可能包含多个特征值.

例 3.4.5　求 A 的圆盘, 其中

$$A = \begin{pmatrix} 10 & -8 \\ 5 & 0 \end{pmatrix}.$$

解:　直接计算可知, 矩阵 A 的特征值为

$$\lambda_1 = 5 + \sqrt{15}\mathrm{i},\ \lambda_2 = 5 - \sqrt{15}\mathrm{i}.$$

而 A 的圆盘为

$$|\lambda - 10| \leqslant 8,\quad |\lambda| \leqslant 5.$$

如图 3.4.2:

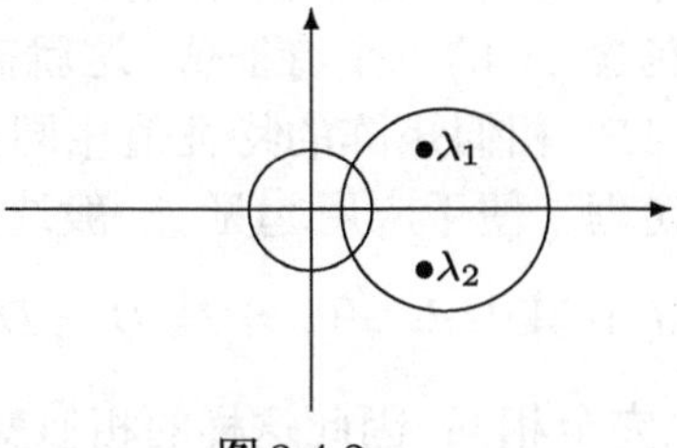

图 3.4.2

因此, 两个特征值全部落在圆盘 $|\lambda-10|\leqslant 8$ 内, 而在圆盘 $|\lambda|\leqslant 5$ 之外!

实际上有下述一般性的结论:

命题 3.4.1(精细圆盘定理)　设 C 是盖尔区域的一个由 k 个圆盘组成的连通分支, 则 C 恰好含有 k 个特征值.

证: 盖尔区域本身可以是不连通的, 所谓连通分支是指其最大的连通部分. 我们以下给出的证明基于一个基本事实, 即复系数多项式的根是其系数的连续函数. 记 $A=(a_{ij})$ 的对角元素构成的对角矩阵为 D, 令 $B=A-D$. 考察矩阵 $A(\varepsilon)=D+\varepsilon B$, 其中 $0\leqslant\varepsilon\leqslant 1$. 显然 $A(0)=D$, $A(1)=A$. 注意 $A(\varepsilon)$ 的特征多项式是 ε 的多项式, 因此 $A(\varepsilon)$ 的特征值是 ε 的连续函数. 由圆盘定理, 对任意 ε, 矩阵 $A(\varepsilon)$ 的特征值均位于以 a_{ii} 为圆心, 半径为 $\varepsilon R_i(A)$ 的圆盘之内. 当 ε 从 0 连续地变到 1 时, 特征值也连续地变化.

不妨设 C 由前 k 个圆盘组成. 由于 C 是一个连通分支, 故它与 A 的其他 $n-k$ 个圆盘是分离的. 因此对于每个 $\varepsilon\in[0,1]$, 矩阵 $A(\varepsilon)$ 的盖尔区域也具有相同的性质. 但当 $\varepsilon=0$ 时, 特征值是 $a_{11},a_{22},\cdots,a_{nn}$. 它们之中的前 k 个落在相应于前 k 个圆盘的区域中, 而其余的 $n-k$ 个特征值则落在该区域之外. 因此, 对所有的 $\varepsilon\in[0,1]$, 该结论依然成立. 特别地, 当 $\varepsilon=1$ 时, 结论也成立. □

比如在例 3.4.3 中, A 的圆盘共有 4 个, 它们共构成三个连通部分 (见例 3.4.3 的图): (1) $|\lambda+40|\leqslant 6$; (2) $|\lambda+10|\leqslant 18$; $|\lambda-10|\leqslant 6$; (3) $|\lambda-30|\leqslant 8$. 因此可以断言第二个连通部分含有两个特征值, 而在第一、三个由单个圆盘组成的连通部分各含有一个特征值. 进一步, 由于 A 是实数矩阵, 其特征多项式的复数根两两共轭, 而第一、三个圆盘是自共轭的 (即属于该圆盘的复数的共轭仍属于该圆盘), 因此它们所包含的唯一的特征值必然是实特征值. 即有下述推论 3.4.1.

推论 3.4.1　设 n 阶矩阵 A 的主对角线元素均为实数, A 的特征多项式是实系数多项式. 若 A 的每个圆盘均与其余圆盘分离, 则 A 的特征值均为实数.

一般来说, 直接使用圆盘定理得到的特征值估计往往较为粗糙. 比如矩阵

$$A=\begin{pmatrix}1&4\\0&2\end{pmatrix}$$

的两个盖尔圆盘分别为 $|x-1|\leqslant 4$ 与 $x=2$. 利用圆盘定理只能知道 A 的两个特征值都落在圆盘 $|x-1|\leqslant 4$ 中, 这个估计当然太差了. 为了得到更为有效的估计, 往往希望每个圆盘只包含 A 的一个特征值, 这就需要将每个圆盘的半径适当缩小. 由于 $\sigma(A)=\sigma(P^{-1}AP)$(相似矩阵的特征值相同), 故可以考虑对矩阵 A 施行相似变换后, 再应用圆盘定理. 便于应用起见, 一般选择对角矩阵作相似变换, 即令 $P=D=\mathrm{diag}\,(d_1,d_2,\cdots,d_n)$, 其中 $d_i>0$. 于是 $B=D^{-1}AD=\left(a_{ij}\dfrac{d_j}{d_i}\right)$. 显然 B 的对角元素与 A 的对角元素完全相同, 因此这样的相似变换 (称为对角相似变换) 只改变盖尔圆盘的半径而不改变它们的中心. d_j 的选取原则是: 欲使第 j 个圆盘缩小, 可

取 $d_j > 1$, 而其余的 d_k 取为 1, 此时 B 的其余圆盘相对放大; 反之, 欲使第 j 个圆盘放大, 可取 $d_j < 1$, 而其余的 d_k 取为 1, 此时 B 的其余圆盘相对缩小. 利用这个技巧, 再研究前面的矩阵 A, 则得到

$$B = \begin{pmatrix} d_1^{-1} & 0 \\ 0 & d_2^{-1} \end{pmatrix} \begin{pmatrix} 1 & 4 \\ 0 & 2 \end{pmatrix} \begin{pmatrix} d_1 & 0 \\ 0 & d_2 \end{pmatrix} = \begin{pmatrix} 1 & \dfrac{4d_2}{d_1} \\ 0 & 2 \end{pmatrix},$$

因此 B 的两个盖尔圆盘分别为 $|x-1| \leqslant \dfrac{4d_2}{d_1}$ 与 $x = 2$, 由于可以将数 $\dfrac{4d_2}{d_1}$ 取为任意正实数, 因此两个特征值必然为 1 与 2.

例 3.4.6 估计矩阵 A 的特征值, 其中

$$A = \begin{pmatrix} 0.9 & 0.01 & 0.11 \\ 0.01 & 0.8 & 0.12 \\ 0.01 & 0.02 & 0.4 \end{pmatrix}.$$

解: 由圆盘定理可知 A 的特征值在下列圆盘之中: $|\lambda-0.9| \leqslant 0.12$; $|\lambda-0.8| \leqslant 0.13$; $|\lambda-0.4| \leqslant 0.03$. 所以第一、二个圆盘构成一个连通部分, 而第三个圆盘单独构成一个连通部分. 这样, 有两个特征值不能分离. 但若作相似变换, $D^{-1}AD = B$, 其中 D 是对角矩阵 $\mathrm{diag}\left(1, 1, \dfrac{1}{10}\right)$, 则

$$B = \begin{pmatrix} 0.9 & 0.01 & 0.011 \\ 0.01 & 0.8 & 0.012 \\ 0.1 & 0.2 & 0.4 \end{pmatrix}.$$

故 B 的圆盘为

$$|\lambda - 0.9| \leqslant 0.021; \quad |\lambda - 0.8| \leqslant 0.022; \quad |\lambda - 0.4| \leqslant 0.3.$$

从而 B 的三个圆盘都是孤立的, 因而每个圆盘中都有一个特征值. 由于 A 与 B 相似, 从而有相同的特征值, 故 A 的特征值分别在上述三个圆盘中, 且按推论 3.4.1, 它们都是实数.

例 3.4.7 证明矩阵 A 至少有两个实特征值, 其中

$$A = \begin{pmatrix} 7 & 1 & 2 & -1 \\ 0 & 8 & 1 & 1 \\ -1 & 0 & 5 & 0 \\ 1 & 0 & 0 & 1 \end{pmatrix}.$$

证: A 的四个圆盘为

$$D_1 = |\lambda - 7| \leqslant 4; \quad D_2 = |\lambda - 8| \leqslant 2; \quad D_3 = |\lambda - 5| \leqslant 1; \quad D_4 = |\lambda - 1| \leqslant 1.$$

直接计算可知, 四个圆盘构成两个连通部分, 分别为 $G_1 = D_1 \bigcup D_2 \bigcup D_3$ 与 $G_2 = D_4$. 因此 G_2 包含唯一的特征值, 该特征值只能与自己共轭, 故为实数. 因此, 含在 G_1 中的三个特征值必有一个是实数, 从而 A 至少有两个实特征值.

利用圆盘定理可以得到矩阵谱半径的如下估计:

命题 3.4.2　设 $A=(a_{ij})$ 是 n 阶复数矩阵, 令 $\nu = \max\limits_{1\leqslant k\leqslant n}\sum\limits_{j=1}^{n}|a_{kj}|$ (此即矩阵行的元素的绝对值之和的最大值), 则 $\rho(A)\leqslant \nu$.

证: 设 λ_0 是 A 的一个特征值, 由圆盘定理可知, 一定存在 k 使得 $|\lambda_0 - a_{kk}| \leqslant \sum\limits_{j=1,j\neq k}^{n}|a_{kj}|$ 成立. 所以 $|\lambda_0| \leqslant |a_{kk}| + \sum\limits_{j=1,j\neq k}^{n}|a_{kj}| = \sum\limits_{j=1}^{n}|a_{kj}| \leqslant \nu$. 因此, 任何特征值的模都不超过 ν, 所以 $\rho(A)\leqslant\nu$. □

注意 A 与 A^{T} 有相同的特征值, 若记矩阵 A 的列的绝对值之和的最大值为 ν', 即 $\nu' = \max\limits_{1\leqslant j\leqslant n}\sum\limits_{k=1}^{n}|a_{kj}|$, 对 A^{T} 使用上述命题可得:

命题 3.4.3　$\rho(A)\leqslant \min\{\nu,\nu'\}$.

盖尔圆盘定理是最简便的特征值估计方法. 自 1931 年发表以来, 又涌现出众多新的拓展方法, 以下介绍其中两种, 证明见习题 50 与 51.

类似于去心绝对行和, 定义矩阵 $A=(a_{ij})$ 的去心绝对列和如下:

$$C_i(A) = \sum_{j\neq i}|a_{ji}|, \quad 1\leqslant i\leqslant n.$$

定理 3.4.2(Ostrowski① 圆盘定理)　设 λ 是 n 阶矩阵 A 的一个特征值, $0\leqslant\alpha\leqslant 1$ 是实数, 则存在 $1\leqslant i\leqslant n$ 使得

$$|\lambda - a_{ii}| \leqslant R_i(A)^{\alpha}C_i(A)^{1-\alpha}.$$

可以将上述定理中的圆盘称为第 i 个 Ostrowski 圆盘. 注意对 Ostrowski 圆盘定理, 类似于盖尔圆盘定理的精细圆盘定理也成立, 这依然因为特征值是矩阵各元素的连续函数.

例 3.4.8　设 $A=\begin{pmatrix}1 & 4\\ 1 & 6\end{pmatrix}$, 则 A 的两个盖尔圆盘分别为 $|x-1|\leqslant 4$ 与 $|x-6|\leqslant 1$. 由于这两个圆相切, 故由盖尔圆盘定理不能得出很好的估计. 但取 $\alpha=\dfrac{1}{2}$, 则可得两个 Ostrowski 圆盘分别为 $|x-1|\leqslant 2$ 与 $|x-6|\leqslant 2$, 这是两个分离的圆盘. 因此可以断言这两个圆盘各包含 A 的一个特征值. 实际上, 将二者结合使用可知, 一个实特征值位于 $|x-1|\leqslant 2$, 而另一个实特征值介于 -1 与 7 之间.

① Alexander Markowich (1893—1986), 俄裔瑞士数学家, 对众多数学分支有重要贡献.

定理 3.4.3(Brauer[①] 定理) 设 λ 是 n 阶矩阵 A 的一个特征值, 则存在 $1 \leqslant i \neq j \leqslant n$, 使得

$$|\lambda - a_{ii}||\lambda - a_{jj}| \leqslant R_i(A)R_j(A).$$

(上式表达的几何图形称为 Cassini[②] 卵形.)

从纯粹的代数角度看, 定理 3.4.3 只不过是两个盖尔圆盘的方程相乘的结果, 但有趣的是, 这个结果不能推广到三个或更多盖尔圆盘的方程相乘的情形, 请读者验证习题 52.

思 考 题

用盖尔圆盘定理如何估计酉矩阵与正交矩阵的特征值?

第五节 应用: 主元分析法、商品定价

本章讨论的矩阵的特征值、特征向量与 Jordan 标准形是矩阵理论的根本，因为矩阵计算的实质是特征值的计算，而矩阵的 Jordan 标准形则从理论上提供了理解矩阵性质、计算矩阵函数、研究矩阵微积分的一种简便方法 (尽管 Jordan 标准形不是矩阵计算的实用方法). Schur 三角化定理有众多应用, 比如我们将在第四章学习的正规矩阵及其谱分解. 矩阵的 Jordan 标准形以及盖尔圆盘定理也都具有广泛的应用, 本节我们仅介绍特征值与特征向量的两个应用, 即**主元分析法与商品定价**.

一、主元分析法

主元分析法也称为主分量分析法, 英文缩写为 PCA, 其主要思想如下:

假设有 n 个统计相关的随机变 (向) 量 $\{x_1, \cdots, x_n\}$. 现在希望通过某种方法重新构造 N 个新随机变量 $\{\tilde{x}_1, \cdots, \tilde{x}_N\}$, 使得这些新变量统计独立, 即这些新变量彼此正交 (因而相互之间不再有信息冗余), 这个过程称为**特征提取**. 以矩阵理论的观点看, 特征提取就是将以 $\{x_1, \cdots, x_n\}$ 为基的 n 维复线性空间 (与 $\mathbb{C}^n$ 同构) 转化为以 $\{\tilde{x}_1, \cdots, \tilde{x}_N\}$ 为基的 N 维复线性空间 (与 $\mathbb{C}^N$ 同构). 显然, 为了使新变量继承尽可能多的原始变量的特征, 应首先使用正交变换将原始变量变为一组彼此正交的新变量 (仍有 n 个), 再使用某种适当的线性变换 (称为**降维变换**) 来完成特征提取. 主元分析法是降维的一个特殊情形 (也是应用最广的情形), 其做法是在 n 个新变量中选取其中 N 个**能量** (见下面的定义) 最大者, 并将这 N 个变量 (称为主分量或主成分) 的特征视为 n 个原始变量的特征.

① Alfred Brauer(1894—1985), 德裔美籍数学家, 是著名德裔美籍数学家 Richard Brauer 的哥哥. 北卡罗莱纳大学教堂山分校 (University of North Carolina, Chapel Hill) 的数学图书馆以其名字命名.

② Giovanni Domenico Cassini(1625—1712), 一位在意大利出生的法国天文学家, 地心说的代表之一. Cassini 卵形即是其描述太阳绕地球旋转的轨迹.

定义 3.5.1　设 $x = (x_1, \cdots, x_n)^{\mathrm{T}}$ 是一个 (复) 随机变量, x 的数学期望是向量 $\mathrm{E}\{x\} = (\mathrm{E}\{x_1\}, \cdots, \mathrm{E}\{x_n\})^{\mathrm{T}}$; x 的能量是随机变量 $|x|^2 = x^*x$ 的数学期望 $\mathrm{E}\{|x|^2\}$, 记为 E_x. x 的**自相关矩阵**是指矩阵 $R_x = \mathrm{E}\{xx^*\} = (\mathrm{E}\{x_i\bar{x}_j\})_{n\times n}$.

注意随机变量 x 的自相关矩阵 R_x 总是 Hermite 矩阵, 因此其特征值都是实数 (第一章定理 1.5.6), 设为 $\lambda_1 \geqslant \lambda_2 \geqslant \cdots \geqslant \lambda_n$. 它的前 N 个特征值 $\lambda_1, \cdots, \lambda_N$ 称为 x 的主特征值.

主元分析法的步骤如下:

第一步: 降维

由 n 个原始变量 $\{x_1, \cdots, x_n\}$ 构造 N 个主分量

$$\tilde{x}_j = \sum_{i=1}^{n} \bar{a}_{ij} x_i = \alpha_j^* x, \quad j = 1, 2, \cdots, N,$$

其中 $x = (x_1, \cdots, x_n)^{\mathrm{T}}$, 而 $\alpha_j = (a_{1j}, a_{2j}, \cdots, a_{nj})^{\mathrm{T}}$ 是待定常数向量.

第二步: 正交化

为使 N 个主分量成为标准正交组, 即内积 (其中 δ_{ij} 是 Kronecker 符号)

$$(\tilde{x}_i, \tilde{x}_j) = \tilde{x}_j^* \tilde{x}_i = x^* \alpha_j \alpha_i^* x = x^* x \alpha_i^* \alpha_j = |x|^2 \alpha_i^* \alpha_j = \delta_{ij},$$

必须有 (因为 $x \neq 0$, 故 $|x|^2 \neq 0$)

$$\alpha_i^* \alpha_j = \frac{\delta_{ij}}{|x|^2}.$$

第三步: 能量最大化

取 $\alpha_i \, (i = 1, 2, \cdots, N)$ 为 x 的自相关矩阵 R_x 的 N 个主特征值的特征向量 v_i, 则可知各主分量的能量为

$$\begin{aligned} E_{\tilde{x}_i} &= \mathrm{E}\{|\tilde{x}_i|^2\} = \mathrm{E}\{(\alpha_i^* x)^* \alpha_i^* x\} = \mathrm{E}\{\alpha_i^* x (\alpha_i^* x)^*\} = v_i^* \mathrm{E}\{xx^* v_i\} = v_i^* R_x v_i \\ &= v_i^* (v_1, v_2, \cdots, v_N) \operatorname{diag}(\lambda_1, \lambda_2, \cdots, \lambda_N) \begin{pmatrix} v_1^* \\ v_2^* \\ \vdots \\ v_N^* \end{pmatrix} v_i = \lambda_i . \end{aligned}$$

由于 $\lambda_i \, (i = 1, 2, \cdots, N)$ 是主特征值, 因此

$$E_{\tilde{x}_1} \geqslant E_{\tilde{x}_2} \geqslant \cdots \geqslant E_{\tilde{x}_N}.$$

这就保证了新变量 $\tilde{x}_i \, (i = 1, 2, \cdots, N)$ 确为能量最大者.

注意到自相关矩阵 R_x 的对角元素恰好是原始变量 x_i 的能量 E_{x_i}, 因此, 若 R_x 仅有 N 个大的特征值 $\lambda_i \, (i = 1, 2, \cdots, N)$, 则

$$\mathrm{tr}(R_x) = E_{x_1} + E_{x_2} + \cdots + E_{x_n} \approx \lambda_1 + \lambda_2 + \cdots + \lambda_N.$$

因此

$$E_{\tilde{x}_1} + E_{\tilde{x}_2} + \cdots + E_{\tilde{x}_N} = \lambda_1 + \lambda_2 + \cdots + \lambda_N \approx E_{x_1} + E_{x_2} + \cdots + E_{x_n}.$$

这就是说, 将原始 n 个随机变量换成 N 个彼此正交的主分量, 可以近似保持原始随机变量的能量之和.

二、商品定价

我们先介绍非负矩阵的一些概念.

将单位矩阵作任意次行 (或列) 交换所得的矩阵称为**置换矩阵**. 如果矩阵 A 的所有元素均是正数, 则称 A 是**正矩阵**, 记作 $A > 0$. 设 A 是一个 n 阶非负矩阵 (记作 $A \geqslant 0$), 如果存在置换矩阵 P 使得 $P^{\mathrm{T}}AP = \begin{pmatrix} B & C \\ 0 & D \end{pmatrix}$, 其中 B, C, D 均为非负矩阵, 则称 A 是可约矩阵, 否则称 A 为**不可约 (非负) 矩阵**. 比如矩阵 $\begin{pmatrix} 1 & 0 \\ 1 & 1 \end{pmatrix}$ 是可约的, 而 $\begin{pmatrix} 1 & 1 \\ 1 & 1 \end{pmatrix}$ 是不可约的. 对非负不可约矩阵有下述刻画 (证明见习题 62):

定理 3.5.1 设 A 是 n 阶非负矩阵, 则 A 是不可约矩阵 $\Longleftrightarrow (I + A)^{n-1} > 0$.

由此定理即可知矩阵 $\begin{pmatrix} 0 & 1 \\ 1 & 1 \end{pmatrix}$ 是不可约的.

定理 3.5.2(Perron①-Froubenius 定理②) 设 A 是 n 阶不可约非负矩阵, 则

(1) A 的谱半径 $\rho(A)$ 是 A 的一个单特征值;

(2) A 有一个属于特征值 $\rho(A)$ 的正特征向量;

(3) A 的其余特征值 λ 均无正特征向量.

Perron-Froubenius 定理是非负矩阵理论中最精彩的部分, 其证明较难 (可以说是矩阵理论的第一难度), 有兴趣的读者可尝试证明之或阅读参考文献 [16] 或 [1]. Perron-Froubenius 定理中的谱半径 $\rho(A)$ 称为 A 的 **Perron 根**, 而属于 Perron 根的正特征向量称为矩阵 A 的 **Perron 向量**. 由 Perron-Froubenius 定理, 不可约非负矩阵的 Perron 向量是该矩阵唯一的正特征向量.

理论经济学中的商品定价问题与 Perron 根及 Perron 向量密切相关.

考虑 n 个工厂的封闭经济系统 $\mathcal{E}$(即自产自销、自给自足的理想经济体系), 每个工厂生产一种商品. 设描述该经济系统的状态矩阵为 $A = (a_{ij})_{n \times n}$, 其中 a_{ij} 表示第 i

---

① Oskar Perron(1880—1975), 德国数学家. 数学上有著名的 **Perron 悖论**, 即若假定有最大的自然数, 则该自然数必然等于 1!(这说明假定存在性是很危险的.)

② Perron 于 1907 年对正矩阵、Frobenius 于 1912 年对非负矩阵证明了该定理.

个工厂购买第 j 个工厂商品的百分比. 显然有

$$a_{ij} \geqslant 0, \quad \sum_{i=1}^{n} a_{ij} = 1, \ j = 1, 2, \cdots, n. \tag{3.5.1}$$

因此 A 是一个非负矩阵且其每个列和均为 1 (这样的矩阵称为**随机矩阵**). 故 1 是 A 的一个特征值, 且由盖尔圆盘定理可知 A 的其余特征值的模均小于 1. 进一步, 可以假设 A 是不可约的. 现在的问题是: 有无可能制定一个"公平的"价格体系使得每个工厂均能收支平衡? 为解决此问题, 设 P_i 表示第 i 个工厂的总收入, 并记 $P = (P_1, \cdots, P_n)^{\mathrm{T}}$ (向量 P 称为**定价向量**或**定价结构**). 如果定价结构 P 使得每个工厂保持收支平衡, 则称 P 是一个**均衡定价结构**.

定理 3.5.3(Leontief 定理①) 设 A 是封闭经济系统 $\mathcal{E}$ 的状态矩阵, P 是一个 n 元正向量, 则 P 是一个均衡定价结构 $\Longleftrightarrow$ P 是 A 的一个 Perron 向量.

证: 由于 a_{ij} 是第 i 个工厂购买第 j 个工厂商品的百分比, 故第 i 个工厂的总支出为 $\sum\limits_{j=1}^{n} a_{ij}P_j$. 因此 P 是一个均衡定价结构 $\Longleftrightarrow$

$$P_i = \sum_{j=1}^{n} a_{ij}P_j, \quad i = 1, 2, \cdots, n, \tag{3.5.2}$$

即 $AP = P$. □

当然, 一个封闭的经济系统是不可能持续发展的, 也就是说, 必须要出售部分商品给外部方能使系统"盈利". 设第 i 个工厂的盈利为 $\gamma_i \geqslant 0$, 即有

$$\gamma_i = P_i - \sum_{j=1}^{n} a_{ij}P_j, \quad i = 1, 2, \cdots, n. \tag{3.5.3}$$

记 $\gamma = (\gamma_1, \cdots, \gamma_n)^{\mathrm{T}}$, 则 γ 是一个非负向量, 且 $\gamma \neq 0$. 将公式 (3.5.3) 写成矩阵形式有

$$(I - A)P = \gamma. \tag{3.5.4}$$

使上述方程对任何非负向量 γ 都有解的一个充分必要条件是 $\rho(A) < 1$(证明见习题 63). 此时矩阵 A 的列和至少有一个小于 1, 即至少有一个工厂向外部出售了商品.

现考虑一个简单情形, 即每个工厂的毛利率都相同 (这看起来比较"公平"), 设为 $r > 0$. 于是 $\gamma_i = rP_i$, 因此方程 (3.5.4) 变为

$$(I - A)P = rP. \tag{3.5.5}$$

即

① 该定理出自 Leontief 的著名论文 "*Input-output economics*"(Scientific American, October 1951, 15—21).

$$AP = \lambda P, \quad \text{其中 } \lambda = 1 - r,$$

于是定价结构 P 仍是 A 的一个正特征向量, 因此由 Perron-Froubenius 定理可知 P 必然是 A 的一个 Perron 向量! 所以, 无论是一个均衡定价的封闭经济系统还是一个具有正盈利的开放经济系统, 其定价结构必然是其系统矩阵的一个正特征向量即 Perron 向量, 只不过后者的状态矩阵的谱半径即 Perron 根小于 1.

思 考 题

1. 置换矩阵的行列结构有何特点?
2. 置换矩阵对应的线性变换有何特点?
3. 设 P 是置换矩阵, A 是任意与 P 同阶的矩阵, 问 $P^{\mathrm{T}}AP$ 与 A 的行列结构有何关系?

习 题 三

1. 详细证明分块 Schur 三角化定理.

2. 设 A 为第一章例 1.2.3 中的矩阵,

(1) 利用满秩分解和 Sylvester 降幂公式求 A 的特征多项式与 A^6;

(2) 求与 A 相似的分块对角矩阵, 使得每块恰有唯一的特征值.

3. 设 $\alpha = (a_1, \cdots, a_n)^{\mathrm{T}}$, $\beta = (b_1, \cdots, b_n)^{\mathrm{T}}$, x 为任意常数, $A = xI_n + \alpha\beta^{\mathrm{T}}$.

(1) 直接计算行列式 $|A|$;

(2) 利用 Sylvester 降幂公式计算行列式 $|A|$;

(3) 利用特征值计算行列式 $|A|$.

4. 设 $\alpha \neq \beta$, 试求矩阵

$$\begin{pmatrix} \alpha & a & b & c \\ 0 & \alpha & d & e \\ 0 & 0 & \beta & x \\ 0 & 0 & 0 & \beta \end{pmatrix}$$

的相似分块对角矩阵.

5. (1) 举例说明 Schur 三角化定理在实数域上不成立;

(2) 证明实数域上的 Schur 三角化定理: 设 $A \in M_n(\mathbb{R})$, 则存在正交矩阵 Q, 使得

$$Q^{\mathrm{T}}AQ = \begin{pmatrix} A_1 & & & * \\ & A_2 & & \\ & & \ddots & \\ & 0 & & A_k \end{pmatrix},$$

其中每个 A_i 或者是一阶实矩阵或者是相似于 $\begin{pmatrix} a_i & b_i \\ -b_i & a_i \end{pmatrix}$ 的二阶实矩阵 $(b_i \neq 0)$.

(提示: 首先, 如果 λ 是 A 的非实数特征值, $Ax = \lambda x$, 则 $A\bar{x} = \bar{\lambda}\bar{x}$, 由此可知 x 与 $\bar{x}$ 线性无关; 进而 $\mathrm{Re}x$ 与 $\mathrm{Im}x$ 线性无关, 将其正交化后构造正交矩阵, 再利用归纳法.)

6. 设 a 是复常数, $V=\{\mathrm{e}^{ax}f(x):f(x)\in\mathbb{C}_n[x]\}$ 是 n 维复线性空间,

(1) 证明求导运算 $\partial:\alpha\mapsto\dfrac{\mathrm{d}\alpha}{\mathrm{d}x}$ 是 V 上的线性变换;

(2) 求 ∂ 的 Jordan 标准形.

7. 详细证明定理 3.1.5.

8. 设 σ 是 $\mathbb{R}^3$ 的线性变换, 设 $x=(x_1,x_2,x_3)^{\mathrm{T}}$, $\sigma(x)=(-2x_2-2x_3,-2x_1+3x_2-x_3,-2x_1-x_2+3x_3)^{\mathrm{T}}$. 试求 $\mathbb{R}^3$ 的一个基, 使得 σ 在该基下的矩阵尽可能简单.

9. 已知 $B=\begin{pmatrix}1&1\\0&1\end{pmatrix}$, 线性空间 $V=\{X=(x_{ij})\in M_2(\mathbb{R}):\operatorname{tr}X=0\}$ 的线性变换 σ 为 $\sigma(X)=B^{\mathrm{T}}X-X^{\mathrm{T}}B,\ X\in V$. 试求 V 的一个基, 使得 σ 在该基下的矩阵尽可能简单.

10. 设 A 的特征值为 0, 1, 对应的特征向量为 $(1,2)^{\mathrm{T}},(2,-1)^{\mathrm{T}}$. 判断 A 是否为对称矩阵并求 A.

11. 求下列矩阵的最小多项式并指出其中可以对角化的矩阵:

(1) $\begin{pmatrix}3&2\\4&5\end{pmatrix}$; (2) $\begin{pmatrix}2&3&2\\0&5&4\\0&-2&-1\end{pmatrix}$; (3) $\begin{pmatrix}4&6&0\\-3&-5&0\\3&6&1\end{pmatrix}$; (4) $\begin{pmatrix}4&6&0\\-3&-5&0\\-3&6&1\end{pmatrix}$.

12. 试构造两个同阶矩阵, 使得它们

(1) 具有相同的特征多项式与不同的最小多项式;

(2) 具有相同的最小多项式与不同的特征多项式;

(3) 证明矩阵的最小多项式存在且唯一.

13. 设 n 阶矩阵 A 的特征值均为实数. 证明:

(1) A 的特征多项式的 $n-k$ 次项的系数等于 A 的所有 k 阶主子式之和;

(2) 若 A 的所有一阶主子式之和与所有二阶主子式之和都等于零, 则 A 是幂零矩阵.

14. 设 n 阶矩阵 A 的主对角元全是 1, 且其特征值均为非负数, 证明 $|A|\leqslant 1$.

15. 设 $AB=BA$, 证明 A 与 B 有公共的特征向量. 该结论的逆命题成立吗?

16. (1) 验证命题 3.2.1;

(2) 证明幂零矩阵相似的准则 (即推论 3.2.1).

17. 计算幂零矩阵的 Jordan 标准形定理中的 (3.2.3).

18. (本题是幂零矩阵的 Jordan 标准形定理的证明中, 当数 $a=\alpha_1^{\mathrm{T}}e_1\neq 0$ 时的实际计算.) 设

$$A=\begin{pmatrix}0&2&0&1&0\\0&0&1&0&0\\0&0&0&0&0\\0&0&0&0&1\\0&0&0&0&0\end{pmatrix},$$

计算 A 的 Jordan 标准形.

19. 利用矩阵的 Jordan 标准形定理证明 **Fitting**① **引理**(对照第二章公式 (2.5.5)):

设 V 为 n 维线性空间, $\sigma\in\operatorname{End}V$, 则 $V=\operatorname{Im}(\sigma^n)\oplus\operatorname{Ker}(\sigma^n)$.

① Hans Fitting(1906—1938), 德国数学家.

20. 证明定理 3.3.1 的 (2) 与 (3).

下面的 21—24 题展示了如何利用广义特征子空间来得到矩阵的 Jordan 标准形, 其中设 $|\lambda I - A| = \prod_{i=1}^{s}(\lambda-\lambda_i)^{n_i}$ 是 n 阶矩阵 A 的特征多项式, $\sigma(A)=\{\lambda_1,\lambda_2,\cdots,\lambda_s\}$, g_i 为 λ_i 的几何重数.

21. 证明广义特征子空间 $E_{\lambda_i}=\{x\in\mathbb{C}^n:(A-\lambda I)^{n_i}x=0\}$.

22. 证明 $\dim_{\mathbb{C}}E_{\lambda_i}=n_i$, 从而 $\mathbb{C}^n=\sum\limits_{\lambda\in\sigma(A)}\oplus E_\lambda$.(此即"谱定理".)

23. 证明存在 $\alpha_j\in E_{\lambda_i}, 1\leqslant j\leqslant g_i$, 使得 $\bigcup\limits_{1\leqslant j\leqslant g_i}\{\alpha_j,(A-\lambda_i I)\alpha_j,\cdots,(A-\lambda_i I)^{m_j-1}\alpha_j\}$ 构成 E_{λ_i} 的一组基 (称为由诸向量 α_j 生成的循环基), 从而 E_{λ_i} 是 A 的不变子空间.

24. 由每个广义特征子空间的循环基构成的 $\mathbb{C}^n$ 的基称为 Jordan 基. 证明 A 在 $\mathbb{C}^n$ 的 Jordan 基下的矩阵是其 Jordan 标准形 (即将 A 看成是线性变换 $x\mapsto Ax$).

25. 详细证明定理 3.3.2, 并研究矩阵 A 的特征向量与变换矩阵 P 的特征向量之间的关系.

26. 求例 3.3.5 的变换矩阵.

27. 求下列矩阵的 Jordan 标准形:

$$(1)\begin{pmatrix}0&1&0\\-4&4&0\\-2&1&2\end{pmatrix};\quad(2)\begin{pmatrix}2&6&-15\\1&1&-5\\1&2&-6\end{pmatrix};\quad(3)\begin{pmatrix}9&-6&-2\\18&-12&-3\\18&-9&-6\end{pmatrix}$$
$$(4)\begin{pmatrix}4&6&-15\\1&3&-5\\1&2&-4\end{pmatrix};\quad(5)\begin{pmatrix}0&-4&0\\1&-4&0\\1&-2&-2\end{pmatrix};\quad(6)\begin{pmatrix}4&-5&2\\5&-7&3\\6&-9&4\end{pmatrix}.$$

28. 求下列矩阵的 Jordan 标准形, 并求变换矩阵 P, 使 $P^{-1}AP=J$:

$$(1)\begin{pmatrix}-4&2&10\\-4&3&7\\-3&1&7\end{pmatrix};\quad(2)\begin{pmatrix}3&2&1\\0&4&0\\-1&2&5\end{pmatrix};\quad(3)\begin{pmatrix}2&2&2&1\\-1&-1&-3&-2\\1&2&5&3\\-1&-2&-4&-2\end{pmatrix}.$$

29. 试判断下面四个矩阵, 哪些是相似的:

$$A=\begin{pmatrix}-3&3&-2\\-7&6&-3\\1&-1&2\end{pmatrix},\ B=\begin{pmatrix}0&1&-1\\-4&4&-2\\-2&1&1\end{pmatrix},\ C=\begin{pmatrix}0&-1&-1\\-3&-1&-2\\7&5&6\end{pmatrix},\ D=\begin{pmatrix}0&1&2\\0&1&1\\0&0&2\end{pmatrix}.$$

30. (1) 证明不等于零的幂零矩阵一定不相似于对角矩阵;

(2) 设 A 具有唯一特征值但 A 不是对角矩阵. 证明 A 一定不相似于对角矩阵.

31. 证明任何复矩阵 A 可唯一地分解为 $A=D+N$, 其中 D 为可对角化矩阵, N 是幂零矩阵, 且 $DN=ND$.(此称为矩阵的 Jordan-Chevalley① 分解.) 以此解释上题的结论.

32. 设 $A=\begin{pmatrix}0&0&1\\1&0&-1\\0&1&1\end{pmatrix}$.

① Claude Chevalley(1909—1984), 法国著名数学家, 对当代数学的众多分支有重要贡献.

(1) 求 A 的特征值及 A^{100};

(2) A 的 Jordan-Chevalley 分解是什么?

33. 设 $p(\lambda)=(-1)^n(\lambda^n-a_{n-1}\lambda^{n-1}-a_{n-2}\lambda^{n-2}-\cdots-a_1\lambda-a_0)$. 称矩阵

$$C=\begin{pmatrix} a_{n-1} & a_{n-2} & \cdots & a_1 & a_0 \\ 1 & 0 & \cdots & 0 & 0 \\ 0 & 1 & \cdots & 0 & 0 \\ \vdots & \vdots & & \vdots & \vdots \\ 0 & 0 & \cdots & 1 & 0 \end{pmatrix}$$

为多项式 $p(\lambda)$ 的友矩阵. 设 n 阶矩阵 A 的特征多项式为 $(-1)^n p(\lambda)$.

(1) 计算 C 的特征多项式;

(2) 当 $n=2$ 时, 证明: A 与 C 相似当且仅当 A 的最小多项式等于其特征多项式;

(3) 试将 (2) 中的结论推广到一般情形. (提示: 查阅 Frobenius 标准形与有理标准形.)

34. 设 V 是由函数 e^x, $x\mathrm{e}^x$, $x^2\mathrm{e}^x$, e^{2x} 的线性组合生成的线性空间. 定义 V 的一个线性算子如下: $T(f)=f'$. 求 T 的 Jordan 标准形及 Jordan 基.

35. 如果矩阵 A 的特征多项式和最小多项式相同, 问 A 的 Jordan 标准形有何特点?

36. (酉矩阵与离散 Fourier 变换) 设 σ 是 $\mathbb{C}^n$ 的循环位移变换, 即 $\sigma((x_1,x_2,\cdots,x_n)^{\mathrm{T}})=(x_2,x_3,\cdots,x_n,x_1)^{\mathrm{T}}$. 证明:

(1) σ 的特征值恰好为方程 $\lambda^n=1$ 的所有根 $\lambda_j=\mathrm{e}^{\frac{2\pi\mathrm{i}}{n}j}, 1\leqslant j\leqslant n$;

(2) σ 的属于特征值 λ_j 的特征向量为 $\alpha_j=(\lambda_j,\lambda_j^2,\cdots,\lambda_j^n)^{\mathrm{T}}$, 且 $\|\alpha_j\|=\sqrt{n}$;

(3) $\alpha_1,\cdots,\alpha_n$ 是 $\mathbb{C}^n$ 的一组正交基;

(4) 任何向量 $x=(x_1,x_2,\cdots,x_n)^{\mathrm{T}}$ 均是 σ 的特征向量 α_j 的线性组合 $x=\sum\limits_{j=1}^n a_j\alpha_j$, 即 $x_k=\sum\limits_{j=1}^n a_j\mathrm{e}^{\frac{2\pi\mathrm{i}}{n}j}$;

(5) 上面的系数 $a_j=(x,\alpha_j)/n=\dfrac{1}{n}\sum\limits_{k=1}^n x_k\mathrm{e}^{-\frac{2\pi\mathrm{i}}{n}jk}$;

(6) 研究 σ 与第一章习题 7 中的 Fourier 矩阵的关系, 并由此再求该矩阵的逆.

37. 求矩阵 $A=\begin{pmatrix} 9 & 1 & 1 \\ 1 & \mathrm{i} & 1 \\ 1 & 1 & 3 \end{pmatrix}$ 的盖尔圆盘并隔离之.

38. 求矩阵 $A=\begin{pmatrix} 20 & 3 & 1 \\ 2 & 10 & 2 \\ 8 & 1 & 0 \end{pmatrix}$ 的盖尔圆盘并讨论 A 的特征值的范围与性质.

39. 设矩阵

$$A=\begin{pmatrix} 7 & -16 & 8 \\ -16 & 7 & -8 \\ 8 & -8 & -5 \end{pmatrix}.$$

(1) 求 A 的盖尔圆盘并利用对角相似变换改进之;

(2) 通过特征多项式计算 A 的特征值并与 (1) 比较.

40. 证明 Hilbert① 矩阵

$$A=\begin{pmatrix} 2 & \frac{1}{2} & \frac{1}{2^2} & \cdots & \frac{1}{2^{n-1}} \\ \frac{2}{3} & 4 & \frac{2}{3^2} & \cdots & \frac{2}{3^{n-1}} \\ \frac{3}{4} & \frac{3}{4^2} & 6 & \cdots & \frac{3}{4^{n-1}} \\ \vdots & \vdots & \vdots & & \vdots \\ \frac{n}{n+1} & \frac{n}{(n+1)^2} & \frac{n}{(n+1)^3} & \cdots & 2n \end{pmatrix}$$

可以对角化, 且 A 的特征值都是实数.

41. 分别利用盖尔圆盘定理和 Ostrowski 圆盘定理估计下面矩阵的谱半径:

$$A=\begin{pmatrix} 1 & 0.1 & 0.2 & 0.3 \\ 0.5 & 3 & 0.1 & 0.2 \\ 1 & 0.3 & -1 & 0.5 \\ 1.2 & -0.6 & -0.2 & -3.6 \end{pmatrix}.$$

42. 证明 $\sigma(A)\subseteq G(A)\bigcap G(A^{\mathrm{T}})$.

43. 设矩阵 A 酉相似于矩阵

$$\begin{pmatrix} 3.05 & -0.06 & 0.02 \\ -0.06 & -6.91 & 0.07 \\ 0.02 & 0.07 & 8.44 \end{pmatrix}.$$

试估计 A 的特征值.

44. 证明 $\sigma(A)=\bigcap\limits_{P} G(P^{-1}AP)$, 其中 P 取遍所有可逆矩阵. 如果将 P 限定为可逆对角矩阵如何?

45. 设 $A=(a_{ij})$ 有 s 行严格对角占优, 证明 $r(A)\geqslant s$.

46. 设 n 阶矩阵 $A=(a_{ij})$ 至少有 $n-1$ 行严格对角占优, 且剩余一行的对角元素非零且对角占优, 证明 A 可逆.

47. 证明 **Hadamard② 不等式**：对任意 n 阶矩阵 $A=(a_{ij})$, 有 $|A|\leqslant\prod\limits_{i=1}^{n}\left(\sum\limits_{i=1}^{n}|a_{ij}|^2\right)^{1/2}$. 并由此证明:

(1) 若 A 是正定矩阵, 则 $|A|\leqslant\prod\limits_{i=1}^{n}a_{ii}$;

---

① David Hilbert(1862—1943), 德国著名数学家, 对数学与物理的众多分支有杰出贡献. 他于 1900 年提出的数学的 23 个问题几乎确定了此后一个多世纪世界数学的整个发展方向. Hilbert 的名言: We must know, we shall know.

②Jacques Salomon(1865—1963), 法国著名数学家, 对数学的诸多分支有重要贡献. 组合学中有著名的 **Hadamard 猜想**: 对每个正整数 k, 均存在 $4k$ 阶的 Hadamard 矩阵.

(2) 设 C 是非负实数, 若 $|a_{ij}| \leqslant C,\ 1 \leqslant i, j \leqslant n$, 则 $|A| \leqslant C^n n^{n/2}$;

(3) 设 $a_{ij} = \pm 1, 1 \leqslant i, j \leqslant n$, 则由 (2) 可知 $|A| \leqslant n^{n/2}$. 如果等号成立, 则称 A 是一个 **Hadamard 矩阵**. 证明 A 是 **Hadamard 矩阵** $\Longleftrightarrow A^{\mathrm{T}}A = nI_n \Longleftrightarrow A$ 的列两两正交.

48. 设 $A = (a_{ij})$ 是严格对角占优矩阵, $D = \mathrm{diag}\,(a_{11}, \cdots, a_{nn})$. 证明: D 可逆且 $\rho(I - D^{-1}A) < 1$.

49. 试利用 Ostrowski 圆盘定理和 Brauer 定理各给出一个矩阵可逆的充分条件.

50. 试证明 Ostrowski 圆盘定理.

51. 试证明 Brauer 定理.

52. 研究下面的矩阵, 说明 Brauer 定理不能推广到三个盖尔圆盘的方程相乘的情形.

$$A = \begin{pmatrix} 1 & 1 & 0 & 0 \\ 1 & 1 & 0 & 0 \\ 0 & 0 & 1 & 0 \\ 0 & 0 & 0 & 1 \end{pmatrix}.$$

53. 设数列 $a_0 = 0, a_1 = 1, a_2, \cdots, a_n, \cdots$ 满足条件 $a_{n+1} = xa_{n-1} + a_n, n \geqslant 1$, 试求 a_n 的通项公式, 其中 x 为实参数. (当 $x = 1$ 时, 此数列即为 **Fibonacci**① **数列** .)

54. 设 A 是 n 阶矩阵, 称满足条件 $y^{\mathrm{T}}A = \lambda y^{\mathrm{T}}$ 的向量 y 为 A 的属于特征值 λ 的左特征向量. 证明: A 的相应于特征值 λ 的左特征向量与相应于特征值 μ 的特征向量正交 $(\lambda \neq \mu)$.

55. (无限维线性空间的线性变换的特征值与特征向量) 无限次可导的实函数全体构成一个无限维实线性空间, 记为 C^∞. 定义 C^∞ 上的线性变换 $\partial = \dfrac{\mathrm{d}}{\mathrm{d}x}$:

$$\partial: \ f(x) \mapsto f'(x).$$

试求 ∂ 的谱 $\sigma(\partial)$ 与特征向量. 比较你的结论与有限维线性空间的相应结论.

下面的 56—60 题是证明 Jordan 标准形存在与唯一性的 λ-矩阵 (即以 λ 的多项式为元素的矩阵) 方法. 为简单起见, 所有矩阵均假定是 n 阶的. λ-矩阵的初等变换与通常的线性变换类似 (倍加变换可以使用多项式).

56. 证明任何秩为 r 的 λ- 矩阵 $A(\lambda)$ 均 (在初等变换下) 等价于下面的对角矩阵 (称为 $A(\lambda)$ 的 **Smith 标准形**②)

$$\mathrm{diag}\,(d_1(\lambda), d_2(\lambda), \cdots, d_r(\lambda), 0, \cdots, 0),$$

其中 $d_i(\lambda)$ 均为首一多项式且 $d_i(\lambda)|d_{i+1}(\lambda), 1 \leqslant i \leqslant r-1$. 这些 $d_i(\lambda)$ 称为 $A(\lambda)$ 的**不变因子**.

57. 将 $A(\lambda)$ 的每个正次数的不变因子分解为不同的首一一次多项式的幂的乘积, 这些一次多项式的幂合称为矩阵 $A(\lambda)$ 的**初等因子**. 证明每个 Jordan 块仅有唯一的不变因子, 从而这个不变因子就是它的唯一初等因子.

58. 证明 $\lambda I - A$ 与 $\lambda I - B$ 等价 $\Longleftrightarrow$ 它们有相同的不变因子.

59. 证明矩阵 A 与 B 相似 $\Longleftrightarrow \lambda I - A$ 与 $\lambda I - B$ 等价.

---

①Leonardo Pisano 或 Leonardo Bonacci(1170—1250), 意大利数学家, 被称为中世纪最具天赋的西方数学家.

② Henry John Stephen Smith (1826—1883), 爱尔兰数学家.

60. 证明任何矩阵 A 一定相似于一个 Jordan 标准形.

61. 判断下面的矩阵是否为不可约矩阵:

$$(1)\begin{pmatrix}0&1&0\\0&0&1\\1&0&0\end{pmatrix},\quad (2)\begin{pmatrix}0&1&0\\0&0&1\\1&0&1\end{pmatrix},\quad (3)\begin{pmatrix}0&1&0\\1&1&1\\0&1&0\end{pmatrix}.$$

62. 证明定理 3.5.1.

63. 设 A 是非负矩阵, 证明方程 $(I-A)P=\gamma$ 对任何非负向量 γ 总有正向量解 $P \Longleftrightarrow \rho(A)<1$. (提示: 如果 $(I-A)^{-1}\geqslant 0$, 则 $\rho(A)<1$.)

第四章　正规矩阵与矩阵的分解

除特别说明, 本章讨论的矩阵都是复数矩阵.

引言　矩阵如何快速计算

在第一章中, 我们已经看到如果将一个小秩矩阵分解为两个满秩矩阵的乘积, 则可以快速地计算该矩阵的高次幂. 实际上, 利用初等变换求可逆矩阵 A 的逆矩阵, 其本质就是将矩阵 A 分解为若干较为简单的矩阵 (即初等矩阵) 的乘积. 解线性方程组的 Gauss 消元法其实质也是矩阵分解. 回忆一下, $m \times n$ 矩阵 A 与 B 等价是指: 存在可逆矩阵 P 与 Q, 使得 $B = PAQ$. 若 $r(A) = r$, 则 A 等价于分块矩阵 $\begin{pmatrix} I_r & 0 \\ 0 & 0 \end{pmatrix}$. 现考虑线性方程组 $Ax = b$ 的同解方程组 $PAx = Pb$, 如果令 $x = Qy$, 则得

$$\begin{pmatrix} I_r & 0 \\ 0 & 0 \end{pmatrix} y = Pb. \tag{4.0.1}$$

于是由 (4.0.1) 的解即可得到原方程组的解. 这里的实质也是矩阵分解, 即将 A 分解成 $A = P^{-1} \begin{pmatrix} I_r & 0 \\ 0 & 0 \end{pmatrix} Q^{-1}$.

近几十年来, 随着计算机的不断更新换代, 计算技术得到了迅猛发展并促使矩阵分解快速成为解决众多工程问题的有力手段. 因此本章将集中介绍几种常用的矩阵分解, 包括谱分解和 Schur 三角化分解、Cholesky 分解与 LU 分解、正交三角分解 (又称为 QR 分解) 以及奇异值分解. 由于所有分解的目的不外乎简化计算或深化理论, 因此都要涉及一些特殊矩阵, 故我们首先介绍这些“好矩阵”.

第一节　正 规 矩 阵

由 Schur 三角化定理, 任何一个矩阵都可以酉三角化, 因此一个“好矩阵”应当能够酉对角化. 但是以往判断一个矩阵能否 (酉) 对角化需要借助于特征值与特征向量, 这是极其不方便的, 因为我们知道寻找矩阵的特征值与特征向量常常是极为困难的工作. 本节的目的即是给出一类可以酉对角化的“好矩阵”的一个直接的判断, 即下述定理 4.1.1.

定理 4.1.1　矩阵 A 可以酉对角化 $\Longleftrightarrow AA^* = A^*A$.

证: 由 Schur 三角化定理, 存在酉矩阵 U 使得 $U^*AU = T$ 为上三角矩阵. 显然 $AA^* = A^*A \Longleftrightarrow TT^* = T^*T$. 因此不妨设 A 是上三角矩阵.

必要性是显然的, 因为如果 A 可以酉对角化, 则存在酉矩阵 U 使得 $U^*AU = D$ 为对角矩阵, 因此

$$AA^* = (UDU^*)(UD^*U^*) = UDD^*U^* = (UD^*U^*)(UDU^*) = A^*A.$$

下证充分性: 记 $A = (a_{ij})$, 其中 $a_{ij} = 0, \quad i > j$. 因为 $AA^* = A^*A$, 故两端矩阵具有相同的对角元素, 因此

$$a_{11}\overline{a}_{11} + a_{12}\overline{a}_{12} + \cdots + a_{1n}\overline{a}_{1n} = \overline{a}_{11}a_{11},$$

故知 A 的第一行的非对角元素均为 0. 于是利用归纳法即可知 A 是对角矩阵. □

通常将可以酉对角化的矩阵称为正规矩阵, 即有下面的定义:

定义 4.1.1 设 $A \in \mathbb{C}^{n\times n}$, 若 $AA^* = A^*A$, 则称 A 为正规矩阵.

实对称矩阵、实反对称矩阵、正交矩阵、Hermite 矩阵、反 Hermite 矩阵、酉矩阵等都是正规矩阵. 另外, 若 A 为正规矩阵, 则与 A 酉相似的矩阵仍为正规矩阵.

例 4.1.1 矩阵 $\begin{pmatrix} 1 & 1 & 0 \\ 0 & 1 & 1 \\ 1 & 0 & 1 \end{pmatrix}$ 是正规矩阵.

由定理 4.1.1 的证明可以得到下面的引理 4.1.1.

引理 4.1.1 设 A 为正规矩阵, 若 A 又为三角矩阵, 则 A 为对角矩阵.

例 4.1.2 矩阵 $\begin{pmatrix} 1 & 1 \\ 0 & 0 \end{pmatrix}$ 可以相似对角化, 但由引理 4.1.1, 它不能酉对角化. 注意: 该矩阵是一个幂等矩阵.

将正规矩阵 A 酉对角化的酉矩阵的每一列都是 A 的特征向量, 由酉矩阵的构造可得 (细节见习题 4)

定理 4.1.2 设 $A \in \mathbb{C}^{n\times n}$, 则 A 为正规矩阵 $\Longleftrightarrow$ A 有 n 个两两正交的单位特征向量.

推论 4.1.1 正规矩阵属于不同特征值的特征向量是相互正交的.

正规矩阵有许多良好的数字特性, 比如下面的定理 4.1.3.

定理 4.1.3 设 $A = (a_{ij})_{n\times n}$ 是复矩阵, $\lambda_1, \lambda_2, \cdots, \lambda_n$ 为 A 的 n 个特征值, 则

(1) (**Schur 不等式**) $\displaystyle\sum_{i=1}^{n} |\lambda_i|^2 \leqslant \sum_{i,j=1}^{n} |a_{ij}|^2$;

(2) A 为正规矩阵 $\Longleftrightarrow \displaystyle\sum_{i=1}^{n} |\lambda_i|^2 = \sum_{i,j=1}^{n} |a_{ij}|^2$.

证: 此处仅给出证明轮廓, 细节见习题 9. 由 Schur 酉三角化定理可知 $U^*AU = B$ 是上三角矩阵; 利用下述等式 (见第一章, 命题 1.1.1(5))

$$\operatorname{tr}(AA^*)=\sum_{i,j=1}^{n}|a_{ij}|^2$$

并比较 $\operatorname{tr}(AA^*)$ 与 $\operatorname{tr}(BB^*)$. □

例 4.1.3 设 A 为正规矩阵且幂零, 则 $A=0$.

由第三章 3.1.11 知 A 的特征值均为 0, 再由定理 4.1.3 即知 $A=0$.

例 4.1.4 实数矩阵 $\begin{pmatrix} 0 & 1 \\ -1 & 0 \end{pmatrix}$ 可以酉对角化, 故它是正规矩阵, 但它不能正交对角化. (为什么?)

为了更好地描述实正规矩阵, 我们引入以下的定义:

定义 4.1.2 设 a 与 b 是实数且 $b\neq 0$, 则称二阶实矩阵

$$\begin{pmatrix} a & b \\ -b & a \end{pmatrix} \tag{4.1.1}$$

为一个 **Schur 型**.

注: 1831 年, Gauss 将复数看作平面上的点, 并得出了模长为 1 的复数相当于平面上的旋转变换这一结论. 式 (4.1.1) 中的 Schur 型正是复数 $a+b\mathrm{i}$ 的矩阵表示, 源自 A.Cayley(1845 年). 易知, 一个 Schur 型的特征值正是复数 $a\pm b\mathrm{i}$.

例 4.1.5 记式 (4.1.1) 中的 Schur 型为 A. 由于 $b\neq 0$, A 具有非实特征值 $a\pm b\mathrm{i}$, 且酉相似于对角矩阵 $(a+b\mathrm{i})\oplus(a-b\mathrm{i})$, 则 $A^*A=AA^*=(a^2+b^2)\oplus(a^2+b^2)$. 因此每个 Schur 型都是正规矩阵, 但不能正交对角化 (见本节思考题 4).

实际上在第三章习题 5 中, 我们已经看到了实正规矩阵在正交变换下的最简形式如下:

定理 4.1.4 (实正规矩阵) 设 A 是 n 阶实矩阵, 则 A 是正规矩阵 $\Longleftrightarrow$ 存在正交矩阵 Q 使得

$$Q^{\mathrm{T}}AQ=A_1\oplus A_2\oplus\cdots\oplus A_s, \tag{4.1.2}$$

其中每个 A_i 或者是一阶实矩阵, 或者是一个 Schur 型.

Hermite 矩阵 (特别地, 实对称矩阵) 是最重要的正规矩阵. 在线性代数课程中, 我们知道实对称矩阵必定可以正交对角化 (或见第一章), 而实反对称矩阵的特征值为 0 或纯虚数. 它们的逆命题成立吗? 由公式 (4.1.2), 可以知道这些逆命题确实成立, 请见下面的推论.

推论 4.1.2 设 A 是 n 阶实矩阵.

(1) A 是对称矩阵 $\Longleftrightarrow$ 存在正交矩阵 Q, 使得 $Q^{\mathrm{T}}AQ$ 是对角矩阵;

(2) A 是反对称矩阵 $\Longleftrightarrow$ 存在正交矩阵 Q, 使得

$$Q^{\mathrm{T}}AQ=0\oplus A_1\oplus A_2\oplus\cdots\oplus A_s,$$

其中每个 $A_i = \begin{pmatrix} 0 & b_i \\ -b_i & 0 \end{pmatrix}$, 从而反对称矩阵的非零特征值为纯虚数;

(3) A 是正交矩阵 $\Longleftrightarrow$ 存在正交矩阵 Q, 使得

$$Q^{\mathrm{T}}AQ = I_s \oplus (-I_t) \oplus A_1 \oplus A_2 \oplus \cdots \oplus A_m,$$

其中每个 A_i 是二阶 Givens 旋转矩阵, 从而正交矩阵的特征值的模均为 1.

设 B 是 n 阶复矩阵.

(4) B 是 Hermite 矩阵 $\Longleftrightarrow$ 存在酉矩阵 U, 使得 U^*BU 是实对角矩阵;

(5) B 是反 Hermite 矩阵 $\Longleftrightarrow$ 存在酉矩阵 U, 使得 U^*BU 是纯虚数对角矩阵 (即实部为 0);

(6) B 是酉矩阵 $\Longleftrightarrow$ 存在酉矩阵 U, 使得 U^*BU 是对角元素的模均为 1 的对角矩阵, 从而酉矩阵的特征值的模均为 1;

(7) Hermite 矩阵 A 正定 $\Longleftrightarrow$ A 的所有顺序主子式均大于 0.

推论 4.1.2 的证明见习题 11, 其中 (7) 的证明可利用下面的引理.

引理 4.1.2 Hermite 阵或实对称矩阵 A 在某一个 k 维子空间上正定 $\Longleftrightarrow$ A 至少有 k 个特征值 (包括重数) 大于零.

证: 充分性的证明较为简单, 见习题 12. 下证必要性. 设 A 在一个 k 维子空间 V_k 上正定. 假设 $\lambda_1, \lambda_2, \cdots, \lambda_m$ 为 A 的所有大于零的特征值, $\lambda_{m+1}, \lambda_{m+2}, \cdots, \lambda_n$ 为所有非正的特征值. 设 $\alpha_1, \alpha_2, \cdots, \alpha_n$ 分别为 $\lambda_1, \lambda_2, \cdots, \lambda_n$ 对应的两两正交的单位特征向量. 记

$$W = \operatorname{span}\{\alpha_{m+1}, \alpha_{m+2}, \cdots, \alpha_n\}$$

为 $\alpha_{m+1}, \alpha_{m+2}, \cdots, \alpha_n$ 生成的子空间, 则对 $\forall x \in W$, 有 $x^*Ax \leqslant 0$.(为什么?)

如果 $m < k$, 则由维数定理 (第二章定理 2.1.2) 以及 $\dim(V_k + W) \leqslant \dim \mathbb{C}^n = n$, 知

$$\dim(V_k \cap W) = \dim V_k + \dim W - \dim(V_k + W) \geqslant k + (n - m) - n = k - m > 0,$$

即 $V_k \cap W \neq \{0\}$. 任取 $0 \neq x \in V_k \cap W$, 则 $x^*Ax > 0$. 矛盾! 所以必须 $m \geqslant k$, 也就是说 A 至少有 k 个大于零的特征值. □

例 4.1.6 (Hermite 矩阵与二次型) 设 A 为 n 阶 Hermite 矩阵, x^*Ax 是相应的复二次型, 则 A 可以酉对角化等价于该复二次型可以通过酉变换 (即等距变换) 化为

$$\lambda_1|y_1|^2 + \lambda_2|y_2|^2 + \cdots + \lambda_n|y_n|^2. \tag{4.1.3}$$

由于特征值 λ_i 均为实数, 所以 Hermite 矩阵对应的复二次型的值总是实数. 若 A 还是可逆矩阵, 则诸特征值均非零, 它们的倒数正是主轴平方 (在 $\mathbb{R}^2$ 中即是椭圆或双曲

线的半轴长的平方). 由此还可知, 重特征值意味着对称轴的不确定性, 比如圆的情形, 或在 $\mathbb{R}^3$ 中有两个半轴长相等的椭球

$$\frac{x^2}{4}+\frac{y^2}{4}+\frac{z^2}{9}=1,$$

其在 xoy 平面的对称轴有无穷多对.

例 4.1.7(二阶实正规矩阵的几何意义) 由定理 4.1.4 可知, 二阶实正规矩阵 A 一定正交相似于对角矩阵或一个 Schur 型 $\begin{pmatrix} a & b \\ -b & a \end{pmatrix}$, 其中 $b\neq 0$. 由于二阶正交矩阵 (对应的线性变换) 是旋转变换或者反射变换的复合, 对角矩阵则是在两个正交方向的伸缩, 而 Schur 型则是系数为 $\sqrt{a^2+b^2}$ 的位似与一个旋转的合成, 因此二阶实正规矩阵对应的平面线性变换是正交变换与一个在两个正交方向的伸缩的合成. 一般将正规矩阵对应的线性变换称为**正规变换**, 则平面上的可逆线性变换 σ 是正规变换 $\Longleftrightarrow$ σ 将某个正方形伸缩为矩形 (因此非正规的可逆线性变换不可能将任何正方形伸缩为矩形) 或者将所有正方形均变为正方形 (证明见习题 13).

思　考　题

1. 复对称矩阵是否是正规矩阵?
2. 正规矩阵的和与积是否为正规矩阵?
3. 相似变换是否保持矩阵的正规性?
4. 为什么说例 4.1.5 中的矩阵可以酉对角化但不能正交对角化?
5. 研究例 4.1.6, 讨论二阶与三阶实对称矩阵的特征值 (包括 0) 的几何意义.

第二节　正规矩阵的谱分解

设 A 为正规矩阵, 则由定理 4.1.1 知, 存在酉矩阵 U 使得 $U^*AU=\operatorname{diag}(\lambda_1,\lambda_2,\cdots,\lambda_n)$. 因而 $A=U\operatorname{diag}(\lambda_1,\lambda_2,\cdots,\lambda_n)U^*$. 令 $U=(\alpha_1,\alpha_2,\cdots,\alpha_n)$, 则

$$\begin{aligned} A&=(\alpha_1,\alpha_2,\cdots,\alpha_n)\begin{pmatrix} \lambda_1 & & & \\ & \lambda_2 & & \\ & & \ddots & \\ & & & \lambda_n \end{pmatrix}\begin{pmatrix} \alpha_1^* \\ \alpha_2^* \\ \vdots \\ \alpha_n^* \end{pmatrix} \\ &=\lambda_1\alpha_1\alpha_1^*+\lambda_2\alpha_2\alpha_2^*+\cdots+\lambda_n\alpha_n\alpha_n^*. \end{aligned} \tag{4.2.1}$$

由于 $\lambda_1, \lambda_2,\cdots,\lambda_n$ 为 A 的特征值, $\alpha_1, \alpha_2,\cdots,\alpha_n$ 为对应的两两正交的单位特征向量, 故公式 (4.2.1) 称为正规矩阵 A 的**谱分解**或**特征 (值) 分解**. 若把公式 (4.2.1)

中系数相同的放在一起 (0特征值对应的项去掉), 然后把系数提出来, 则公式 (4.2.1) 就变成

$$A = \lambda_1 P_1 + \lambda_2 P_2 + \cdots + \lambda_s P_s, \tag{4.2.2}$$

其中 $\lambda_1, \lambda_2, \cdots, \lambda_s$ 为 A 的互不相同的非零特征值. 由于

$$\begin{aligned} &(\alpha_i\alpha_i^*)^* = \alpha_i\alpha_i^*, && 1 \leqslant i \leqslant n, \\ &(\alpha_i\alpha_i^*)(\alpha_j\alpha_j^*) = 0, && 1 \leqslant i \neq j \leqslant n, \\ &(\alpha_i\alpha_i^*)^2 = \alpha_i\alpha_i^*, && 1 \leqslant i \leqslant n, \end{aligned}$$

所以

$$P_i^* = P_i, \quad P_i^2 = P_i, \quad P_iP_j = 0, \quad 1 \leqslant i \neq j \leqslant s. \tag{4.2.3}$$

从第二章幂等矩阵与投影变换的对应关系可知, P_i 是某正交投影变换 (在某基下) 的矩阵, 故常称为**正交投影矩阵**.

例 4.2.1(谱分解的几何意义)　如果二阶实正规矩阵 A 有两个相同的特征值 λ, 则 $A = \lambda I$ 就是它的谱分解. 如果 A 有两个不同的特征值 λ_1 与 λ_2, 则其谱分解为 $A = \lambda_1 P_1 + \lambda_2 P_2$. 因此, 对任意 $\alpha \in \mathbb{R}^2$, 有

$$A\alpha = \lambda_1 P_1\alpha + \lambda_2 P_2\alpha. \tag{4.2.4}$$

计算内积可得 $(P_1\alpha, P_2\alpha) = (P_1\alpha)^{\mathrm{T}} P_2\alpha = \alpha^{\mathrm{T}} P_1^{\mathrm{T}} P_2\alpha = 0$, 所以 $\lambda_1 P_1\alpha$ 与 $\lambda_2 P_2\alpha$ 是正交的向量. 所以公式 (4.2.4) 将 $A\alpha$ 分解成了两个正交向量的和. 因此, 二维正规矩阵的谱分解实际上是平面的正交投影变换的推广. 对任意 n 阶正规矩阵的谱分解公式 (4.2.2) 有类似的解释.

例 4.2.2　设 $A = \begin{pmatrix} 0 & 1 \\ -1 & 0 \end{pmatrix}$, 则 A 的谱分解为

$$\begin{pmatrix} 0 & 1 \\ -1 & 0 \end{pmatrix} = \mathrm{i}\begin{pmatrix} \frac{1}{2} & -\frac{\mathrm{i}}{2} \\ \frac{\mathrm{i}}{2} & \frac{1}{2} \end{pmatrix} - \mathrm{i}\begin{pmatrix} \frac{1}{2} & \frac{\mathrm{i}}{2} \\ -\frac{\mathrm{i}}{2} & \frac{1}{2} \end{pmatrix},$$

于是

$$A\begin{pmatrix} x_1 \\ x_2 \end{pmatrix} = \mathrm{i}\begin{pmatrix} \dfrac{x_1 - \mathrm{i}x_2}{2} \\ \dfrac{\mathrm{i}x_1 + x_2}{2} \end{pmatrix} - \mathrm{i}\begin{pmatrix} \dfrac{x_1 + \mathrm{i}x_2}{2} \\ \dfrac{-\mathrm{i}x_1 + x_2}{2} \end{pmatrix},$$

容易看出, 上式右端的两个复向量是正交的.

例 4.2.3　已知正规矩阵

$$A = \begin{pmatrix} 8 & 4 & -1 \\ 4 & -7 & 4 \\ -1 & 4 & 8 \end{pmatrix},$$

求 A 的谱分解.

解:

$$|\lambda I - A| = \begin{vmatrix} \lambda-8 & -4 & 1 \\ -4 & \lambda+7 & -4 \\ 1 & -4 & \lambda-8 \end{vmatrix} = (\lambda-9)^2(\lambda+9).$$

所以 A 的特征值为 $\lambda_1 = 9$(二重), $\lambda_2 = -9$, 相应的相互正交的单位特征向量为:

$$\alpha_1 = \frac{1}{3}\begin{pmatrix} 2 \\ 1 \\ 2 \end{pmatrix}, \quad \alpha_2 = \frac{1}{\sqrt{2}}\begin{pmatrix} 1 \\ 0 \\ -1 \end{pmatrix}, \quad \alpha_3 = \frac{1}{3\sqrt{2}}\begin{pmatrix} 1 \\ -4 \\ 1 \end{pmatrix}.$$

则

$$P_1 = \alpha_1\alpha_1^* + \alpha_2\alpha_2^* = \frac{1}{3}\begin{pmatrix} 2 \\ 1 \\ 2 \end{pmatrix}\left(\frac{2}{3}, \frac{1}{3}, \frac{2}{3}\right) + \frac{1}{\sqrt{2}}\begin{pmatrix} 1 \\ 0 \\ -1 \end{pmatrix}\left(\frac{1}{\sqrt{2}}, 0, -\frac{1}{\sqrt{2}}\right)$$

$$= \frac{1}{9}\begin{pmatrix} 4 & 2 & 4 \\ 2 & 1 & 2 \\ 4 & 2 & 4 \end{pmatrix} + \frac{1}{2}\begin{pmatrix} 1 & 0 & -1 \\ 0 & 0 & 0 \\ -1 & 0 & 1 \end{pmatrix} = \frac{1}{18}\begin{pmatrix} 17 & 4 & -1 \\ 4 & 2 & 4 \\ -1 & 4 & 17 \end{pmatrix}.$$

$$P_2 = \alpha_3\alpha_3^* = \frac{1}{3\sqrt{2}}\begin{pmatrix} 1 \\ -4 \\ 1 \end{pmatrix}\left(\frac{\sqrt{2}}{6}, -\frac{2\sqrt{2}}{3}, \frac{\sqrt{2}}{6}\right) = \frac{1}{18}\begin{pmatrix} 1 & -4 & 1 \\ -4 & 16 & -4 \\ 1 & -4 & 1 \end{pmatrix}.$$

所以 A 的谱分解为

$$A = 9P_1 - 9P_2.$$

例 4.2.4　设 $A = \begin{pmatrix} 1 & 1 & 0 \\ 0 & 1 & 1 \end{pmatrix}$, 求 $A^{\mathrm{T}}A$ 与 AA^{T} 的谱分解.

解: 直接计算可知

$$A^{\mathrm{T}}A = \begin{pmatrix} 1 & 1 & 0 \\ 1 & 2 & 1 \\ 0 & 1 & 1 \end{pmatrix}, \qquad |\lambda I - A^{\mathrm{T}}A| = \lambda(\lambda-1)(\lambda-3).$$

只需计算非零特征值的特征向量, 得: 属于特征值 1 与 3 的特征向量 (必定正交) 分别为 $(1,0,-1)^{\mathrm{T}}$ 与 $(1,2,1)^{\mathrm{T}}$. 因此 $A^{\mathrm{T}}A$ 的谱分解为

$$A^{\mathrm{T}}A = 1\cdot\left[\frac{1}{2}\begin{pmatrix} 1 & 0 & -1 \\ 0 & 0 & 0 \\ -1 & 0 & 1 \end{pmatrix}\right] + 3\cdot\left[\frac{1}{6}\begin{pmatrix} 1 & 2 & 1 \\ 2 & 4 & 2 \\ 1 & 2 & 1 \end{pmatrix}\right].$$

类似地, 可得 AA^{T} 的谱分解为

$$AA^{\mathrm{T}} = 1\cdot\left[\frac{1}{2}\begin{pmatrix}1 & -1\\ -1 & 1\end{pmatrix}\right] + 3\cdot\left[\frac{1}{2}\begin{pmatrix}1 & 1\\ 1 & 1\end{pmatrix}\right]. \tag{4.2.5}$$

例 4.2.5 如果 A 是可逆 Hermite 矩阵, 则可以利用 A 的谱分解来求其逆矩阵. 设 A 的谱分解为

$$A = \sum_{i=1}^{n} \lambda_i \alpha_i \alpha_i^*,$$

则 (证明见习题 20)

$$A^{-1} = \sum_{i=1}^{n} \frac{1}{\lambda_i} \alpha_i \alpha_i^*. \tag{4.2.6}$$

比如例 4.2.4 中的矩阵 AA^{T} 是可逆对称的, 故由其谱分解公式 (4.2.5) 及公式 (4.2.6) 可知其逆矩阵为

$$(AA^{\mathrm{T}})^{-1} = 1\cdot\left[\frac{1}{2}\begin{pmatrix}1 & -1\\ -1 & 1\end{pmatrix}\right] + \frac{1}{3}\cdot\left[\frac{1}{2}\begin{pmatrix}1 & 1\\ 1 & 1\end{pmatrix}\right] = \frac{1}{3}\begin{pmatrix}2 & -1\\ -1 & 2\end{pmatrix}.$$

对于 n 阶可对角化矩阵 A(这样的矩阵称为**单纯矩阵**), 也可以类似于正规矩阵定义 A 的谱分解. 设 A 有 s 个不同的特征值 $\lambda_1, \lambda_2, \cdots, \lambda_s$, 其重数分别为 $k_1, k_2, \cdots, k_s$. 设 $\alpha_{i1}, \alpha_{i2}, \cdots, \alpha_{i,k_i}$ 为对应于 λ_i 的线性无关的特征向量. 令

$$P = (\alpha_{11}, \alpha_{12}, \cdots, \alpha_{1,k_1}, \alpha_{21}, \alpha_{22}, \cdots, \alpha_{2,k_2}, \cdots, \alpha_{s1}, \alpha_{s2}, \cdots, \alpha_{s,k_s}),$$

则

$$P^{-1}AP = \mathrm{diag}(\overbrace{\lambda_1, \cdots, \lambda_1}^{k_1}, \overbrace{\lambda_2, \cdots, \lambda_2}^{k_2}, \cdots, \overbrace{\lambda_s, \cdots, \lambda_s}^{k_s}),$$

即

$$A = P\,\mathrm{diag}(\overbrace{\lambda_1, \cdots, \lambda_1}^{k_1}, \overbrace{\lambda_2, \cdots, \lambda_2}^{k_2}, \cdots, \overbrace{\lambda_s, \cdots, \lambda_s}^{k_s})P^{-1}.$$

令

$$P^{-1} = \begin{pmatrix}\beta_{11}^{\mathrm{T}}\\ \vdots\\ \beta_{1,k_1}^{\mathrm{T}}\\ \vdots\\ \beta_{s1}^{\mathrm{T}}\\ \vdots\\ \beta_{s,k_s}^{\mathrm{T}}\end{pmatrix},$$

那么

$$A=\sum_{i=1}^{s}\lambda_i(\alpha_{i1}\beta_{i1}^{\mathrm{T}}+\alpha_{i2}\beta_{i2}^{\mathrm{T}}+\cdots+\alpha_{i,k_i}\beta_{i,k_i}^{\mathrm{T}}). \tag{4.2.7}$$

令

$$P_i=\alpha_{i1}\beta_{i1}^{\mathrm{T}}+\alpha_{i2}\beta_{i2}^{\mathrm{T}}+\cdots+\alpha_{i,k_i}\beta_{i,k_i}^{\mathrm{T}},\quad i=1,2,\cdots,s, \tag{4.2.8}$$

则

$$A=\lambda_1P_1+\lambda_2P_2+\cdots+\lambda_sP_s. \tag{4.2.9}$$

公式 (4.2.9) 称为矩阵 A 的谱分解. 由于 $PP^{-1}=I$, 所以

$$\sum_{i=1}^{s}(\alpha_{i1}\beta_{i1}^{\mathrm{T}}+\alpha_{i2}\beta_{i2}^{\mathrm{T}}+\cdots+\alpha_{i,\,k_i}\beta_{i,\,k_i}^{\mathrm{T}})=I,$$

即 $\sum\limits_{i=1}^{s}P_i=I$. 又因 $P^{-1}P=I$, 所以 $\beta_{ij}^{\mathrm{T}}\alpha_{kl}=\delta_{ik}\delta_{jl}$. 因此 $P_iP_j=0, \forall i\neq j$, 且 $(\alpha_{ij}\beta_{ij}^{\mathrm{T}})^2=\alpha_{ij}\beta_{ij}^{\mathrm{T}}$, 因此 $P_i^2=P_i$. 由于

$$A^{\mathrm{T}}=(P^{-1})^{\mathrm{T}}\operatorname{diag}(\overbrace{\lambda_1,\cdots,\lambda_1}^{k_1},\overbrace{\lambda_2,\cdots,\lambda_2}^{k_2},\cdots,\overbrace{\lambda_s,\cdots,\lambda_s}^{k_s})P^{\mathrm{T}},$$

所以,

$$A^{\mathrm{T}}(P^{-1})^{\mathrm{T}}=(P^{-1})^{\mathrm{T}}\operatorname{diag}(\overbrace{\lambda_1,\cdots,\lambda_1}^{k_1},\overbrace{\lambda_2,\cdots,\lambda_2}^{k_2},\cdots,\overbrace{\lambda_s,\cdots,\lambda_s}^{k_s}).$$

由此可知 $(P^{-1})^{\mathrm{T}}$ 的各列为 A^{T} 的对应于特征值 $\lambda_1,\cdots,\lambda_1,\lambda_2,\cdots,\lambda_2,\cdots,\lambda_s,\cdots,\lambda_s$ 的线性无关的特征向量. 而

$$(P^{-1})^{\mathrm{T}}=(\beta_{11},\cdots,\beta_{1,\,k_1},\beta_{21},\cdots,\beta_{2,\,k_2},\cdots,\beta_{s1},\cdots,\beta_{s,\,k_s}),$$

因此

$$A^{\mathrm{T}}\beta_{ij}=\lambda_i\beta_{ij}\quad 或\quad \beta_{ij}^{\mathrm{T}}A=\lambda_i\beta_{ij}^{\mathrm{T}},\quad i=1,2,\cdots,s;\ j=1,2,\cdots,k_i. \tag{4.2.10}$$

所以, β_{ij}^{T} 也常被称为矩阵 A 的**左特征向量**(相应地, α_{ij} 被称为 A 的**右特征向量**).

因 $\sum\limits_{i=1}^{s}P_i=I$, 所以

$$n=r(I)\leqslant\sum_{i=1}^{s}r(P_i)\leqslant k_1+k_2+\cdots+k_s=n,$$

其中 k_i 为 λ_i 的重数, $i=1,2,\cdots,s$, 而上式的第二个不等式由式 (4.2.8) 推出. 因此 $r(P_i)=k_i$. 综上所述, 我们得到如下结论 (唯一性的证明见习题 19):

定理 4.2.1(谱分解定理)　设 A 为一个 n 阶可对角化矩阵, A 的谱为 $\sigma(A)=\{\lambda_1,\lambda_2,\cdots,\lambda_s\}$, 其中 λ_i 的重数为 k_i. 则存在唯一一组 s 个 n 阶方阵 $P_1, P_2, \cdots, P_s$, 满足:

$$(1)\ A=\sum_{i=1}^{s}\lambda_i P_i;\qquad (2)\ P_i^2=P_i;\qquad (3)\ P_iP_j=0(i\neq j);$$

$$(4)\ \sum_{i=1}^{s}P_i=I;\qquad (5)\ r(P_i)=k_i.$$

这些矩阵 P_i 称为矩阵 A 的 (谱分解的) 成分矩阵或**主幂等矩阵**. 注意：与正规矩阵相比, 一般矩阵的谱分解中的成分矩阵不一定是 Hermite 矩阵. 因此, $Ax=\lambda_1P_1x+\lambda_2P_2x+\cdots+\lambda_sP_sx$ 中的诸向量 P_ix 未必是正交的.

例 4.2.6　求矩阵的谱分解:

$$A=\begin{pmatrix}-1&3&-1\\-3&5&-1\\-3&3&1\end{pmatrix}.$$

解:

$$|\lambda I-A|=\begin{vmatrix}\lambda+1&-3&1\\3&\lambda-5&1\\3&-3&\lambda-1\end{vmatrix}=(\lambda-1)(\lambda-2)^2.$$

所以 A 有特征值 $\lambda_1=1$, $\lambda_2=2$(二重). 通过解齐次线性方程组 $(\lambda_iI-A)x=0$, 可得对应于 λ_1, λ_2 的线性无关的特征向量分别为

$$\alpha_1=\begin{pmatrix}1\\1\\1\end{pmatrix};\quad \alpha_2=\begin{pmatrix}1\\1\\0\end{pmatrix};\quad \alpha_3=\begin{pmatrix}-1\\0\\3\end{pmatrix}.$$

令 $P=(\alpha_1,\alpha_2,\alpha_3)$, 则可求出

$$P^{-1}=\begin{pmatrix}3&-3&1\\-3&4&-1\\-1&1&0\end{pmatrix}=\begin{pmatrix}\beta_1^{\mathrm{T}}\\\beta_2^{\mathrm{T}}\\\beta_3^{\mathrm{T}}\end{pmatrix}.$$

因此

$$P_1 = \alpha_1\beta_1^{\mathrm{T}} = \begin{pmatrix}1\\1\\1\end{pmatrix}(3,-3,1) = \begin{pmatrix}3 & -3 & 1\\3 & -3 & 1\\3 & -3 & 1\end{pmatrix},$$

$$P_2 = \alpha_2\beta_2^{\mathrm{T}} + \alpha_3\beta_3^{\mathrm{T}} = \begin{pmatrix}1\\1\\0\end{pmatrix}(-3,4,-1) + \begin{pmatrix}-1\\0\\3\end{pmatrix}(-1,1,0)$$

$$= \begin{pmatrix}-3 & 4 & -1\\-3 & 4 & -1\\0 & 0 & 0\end{pmatrix} + \begin{pmatrix}1 & -1 & 0\\0 & 0 & 0\\-3 & 3 & 0\end{pmatrix} = \begin{pmatrix}-2 & 3 & -1\\-3 & 4 & -1\\-3 & 3 & 0\end{pmatrix}.$$

故 A 的谱分解为 $A = P_1 + 2P_2$. 注意, 矩阵 P_1 与 P_2 的第一列不正交, 故向量 P_1e_1 与 P_2e_1 不正交.

推论 4.2.1 设 $A = \sum_{i=1}^{s} \lambda_i P_i$ 是单纯矩阵 A 的谱分解, 则

$$A^m = \sum_{i=1}^{s} \lambda_i^m P_i, \tag{4.2.11}$$

从而对任意多项式 $f(x)$, 有 $f(A) = \sum_{i=1}^{s} f(\lambda_i)P_i$.

例 4.2.7 设 A 如例 4.2.6, 求 $\mathrm{e}^A = \sum_{n=0}^{\infty} \frac{1}{n!}A^n$.

解: 利用定理 4.2.1 的 (2),(3) 和 (4), 我们有 $A^n = (P_1+2P_2)^n = P_1+2^nP_2, \forall n \geqslant 0$. 从而

$$\mathrm{e}^A = \sum_{n=0}^{\infty} \frac{1}{n!}A^n = \mathrm{e}P_1 + \mathrm{e}^2P_2.$$

我们将在第五章把推论 4.2.1 推广到一般函数, 从而利用谱分解给出一个求矩阵函数的简便方法.

思 考 题

1. 试讨论非正规矩阵的谱分解的几何意义.
2. 设单纯矩阵 A 仅有一个非零特征值 λ, 则 A 的谱分解是什么?
3. 问: 两个 n 阶矩阵 A 与 B 何时满足条件 $AB = BA = 0$?
4. 研究单纯矩阵的谱分解, 说明不定义非单纯矩阵的谱分解的原因.

第三节　矩阵的三角分解与 Cholesky 分解

我们知道如果线性方程组 $Ax = b$ 的系数矩阵 A 是可逆上 (下) 三角矩阵, 则容易利用反向 (顺向) 代入法求解. 一般地, 如果能将矩阵 A 分解成下三角矩阵与上三角矩阵之积, 即 $A = LU$, 其中 L 与 U 分别为下三角矩阵与上三角矩阵, 则令 $y = Ux$ 即可将原方程化为 $Ly = b$ 与 $Ux = y$ 两个简单的线性方程组. 上面的做法显然也适合线性矩阵方程 $AX = B$ 的求解, 因此需要研究任意矩阵是否有这样的分解. 注意, 如果这样的分解是存在的, 则可以将 L(或 U) 的对角元素均变为 1 (这样的矩阵称为单位三角矩阵, 证明见习题 21).

定义 4.3.1　设 A 是 n 阶矩阵, 如果存在上三角矩阵 U 与单位下三角矩阵 L 使得

$$A = LU, \tag{4.3.1}$$

则称 A 有三角分解或 LU 分解 ①, (4.3.1) 称为 A 的一个**三角分解**或 LU **分解**.

例 4.3.1(三角分解未必存在)　可逆矩阵 $A = \begin{pmatrix} 0 & 1 \\ 1 & 0 \end{pmatrix}$ 不存在三角分解, 证明见习题 22.

虽然三角分解未必存在, 但却有下面的唯一性定理.

定理 4.3.1(LU 分解的唯一性)　设 A 是 n 阶可逆矩阵, 并且 A 有三角分解 $A = LU$, 则该分解是唯一的, 且 $|A| = |U| = u_{11}u_{22}\cdots u_{nn}$.

证: 设 $A = LU = L'U'$ 是 A 的两个三角分解, 则由于 A 可逆, 故所有的矩阵均可逆, 而且 $L^{-1}L' = U(U')^{-1}$ 既是下三角矩阵又是上三角矩阵, 故是对角矩阵. 但 L^{-1} 与 L' 均是单位下三角矩阵, 故知对角矩阵 $L^{-1}L'$ 是单位矩阵. 因此 $L = L', U = U'$.

□

下面的定理表明, 实正定矩阵一定存在三角分解, 而且还可以使两个三角矩阵互为转置.

定理 4.3.2(Cholesky②分解)　实正定矩阵 A 必有三角分解 $A = LU$, 且存在唯一的对角元素均为正的下三角矩阵 G, 使得 $A = GG^{\mathrm{T}}$(此称为 **Cholesky 分解**). 矩阵 G 称为 **Cholesky 三角**.

证: 对 A 的阶数 n 作归纳. 当 $n = 1$ 时定理显然成立. 因为 A 正定, 故 $a_{11} > 0$,

---

① 矩阵的 LU 分解由著名英国数学家、逻辑学家、密码专家、计算机先驱 Alan Mathison Turing (图灵) 于 1948 年提出.

② André-Louis Cholesky(1875—1918), 法国大地测量学家, 在法军服役时死于战争.

因此令

$$G_1 = \begin{pmatrix} 1 & 0 & 0 & \cdots & 0 \\ -\dfrac{a_{21}}{a_{11}} & 1 & 0 & \cdots & 0 \\ -\dfrac{a_{31}}{a_{11}} & 0 & 1 & \cdots & 0 \\ \vdots & \vdots & \vdots & & \vdots \\ -\dfrac{a_{n1}}{a_{11}} & 0 & 0 & \cdots & 1 \end{pmatrix},$$

即可得

$$G_1 A G_1^{\mathrm{T}} = \begin{pmatrix} a_{11} & 0 \\ 0 & A_1 \end{pmatrix},$$

其中 A_1 是 $n-1$ 阶正定矩阵. (为什么?) 由归纳假设即可知存在下三角矩阵 G_2, 使得

$$G_2 A G_2^{\mathrm{T}} = \mathrm{diag}\,(a_1, a_2, \cdots, a_n).$$

由于 A 正定, 从而每一个 $a_i > 0$. 因此

$$A = G_2^{-1}\mathrm{diag}\,(a_1, \cdots, a_n)G_2^{-\mathrm{T}} = G_2^{-1}\mathrm{diag}\,(\sqrt{a_1}, \cdots, \sqrt{a_n})\mathrm{diag}\,(\sqrt{a_1}, \cdots, \sqrt{a_n})G_2^{-\mathrm{T}},$$

故知 $A = GG^{\mathrm{T}}$, 其中 $G = G_2^{-1}\mathrm{diag}\,(\sqrt{a_1}, \cdots, \sqrt{a_n})$ 是下三角矩阵.

唯一性的证明见习题 23. □

例 4.3.2　求正定矩阵 $A = \begin{pmatrix} 2 & 1 \\ 1 & 2 \end{pmatrix}$ 的 Cholesky 分解.

解:　**方法一.** 由定理 4.3.2 的证明知, 可利用三角矩阵将 A 化为正定的对角矩阵, 即令

$$G_1 = \begin{pmatrix} 1 & 0 \\ -\dfrac{1}{2} & 1 \end{pmatrix},$$

则

$$G_1 A G_1^{\mathrm{T}} = \begin{pmatrix} 2 & 0 \\ 0 & \dfrac{3}{2} \end{pmatrix}.$$

因此

$$G = G_1^{-1}\begin{pmatrix} \sqrt{2} & 0 \\ 0 & \sqrt{\dfrac{3}{2}} \end{pmatrix} = \begin{pmatrix} \sqrt{2} & 0 \\ \dfrac{\sqrt{2}}{2} & \sqrt{\dfrac{3}{2}} \end{pmatrix}.$$

方法二. 设 G 为对角元素均为正的下三角矩阵, 直接比较 $A = GG^T$ 的两端可知

$$a_{11} = g_{11}^2, \quad a_{12} = g_{11}g_{21}, \quad a_{22} = g_{21}^2 + g_{22}^2,$$

于是

$$g_{11}=\sqrt{2},\quad g_{21}=\frac{\sqrt{2}}{2},\quad g_{22}=\sqrt{\frac{3}{2}}.$$

上例中的方法二称为 **Cholesky 算法**. 一般地, 设 A 为 n 阶正定矩阵, 比较 $A=GG^T$ 的两端可得

$$a_{ij}=\sum_{k=1}^{j}g_{ik}g_{jk},\quad i\geqslant j,$$

因此

$$g_{jj}g_{ij}=a_{ij}-\sum_{k=1}^{j-1}g_{ik}g_{jk}. \tag{4.3.2}$$

记上式右端为 $v(i)$, 则可由 (按列) 递推的办法求出各 $v(i)$. 特别地, 在公式 (4.3.2) 中令 $i=j$, 可得 $g_{jj}^2=v(j)$, 因此

$$g_{ij}=\frac{v(i)}{g_{jj}}=\frac{v(i)}{\sqrt{v(j)}}. \tag{4.3.3}$$

公式 (4.3.2) 与 (4.3.3) 合称为 Cholesky 算法或**平方根法**, 因为 Cholesky 三角矩阵 G 可以看作是 A 的平方根, 记作 $G=\sqrt{A}$.

例 4.3.3　设正定矩阵 A 的 Cholesky 分解为 $A=GG^{\mathrm{T}}$, 则其逆矩阵 A^{-1} 可由下式求得

$$A^{-1}=G^{-\mathrm{T}}G^{-1}. \tag{4.3.4}$$

由定理 4.3.2 的证明可以看出下面的定理成立, 证明见习题 25.

定理 4.3.3　设 n 阶矩阵 A 可逆, 则 A 存在三角分解 $\Longleftrightarrow A$ 的所有顺序主子式均非 0. 此时, 唯一地存在一对单位下三角矩阵 L' 和单位上三角矩阵 U' 与对角矩阵 D, 使得 $A=L'DU'$, 其中 D 与 A 具有完全相同的顺序主子式.

实际上, 上述定理可以推广为

推论 4.3.1　设 n 阶矩阵 A 的前 $r(A)$ 个顺序主子式均非 0, 则 A 存在三角分解.

思　考　题

1. 如果一个矩阵有 LU 分解, 它是否一定有 UL(即上三角在左、下三角在右) 分解?
2. 设一个矩阵既有 LU 分解也有 UL 分解, 试比较正定矩阵的这两种分解在计算上的差异?
3. 半正定矩阵有无类似的 Cholesky 分解? 负定矩阵和不定矩阵呢?
4. 如果去掉对角元素均为正的条件, 正定矩阵的 Cholesky 分解是否具有唯一性?
5. 可逆矩阵未必有三角分解. 能否设计一种方法以比较有三角分解的可逆矩阵与没有三角分解的可逆矩阵的数量?

第四节 矩阵的 QR 分解

我们在上一节看到, 即使可逆矩阵也可能不存在三角分解, 因此需要寻找其它类型的矩阵分解. 矩阵的正交三角分解即是一种对任何可逆矩阵均存在的理想分解, 其原理就是 Gram-Schmidt 的正交化方法.

定理 4.4.1 设 $A \in \mathbb{C}^{n\times n}$, 且 A 为满秩的, 则存在唯一的酉矩阵 U 和对角线元素都大于零的上三角矩阵 R, 满足

$$A = UR. \tag{4.4.1}$$

证: 设 α_j 为 A 的第 j 个列向量, $j = 1, 2, \cdots, n$, 则 $A = (\alpha_1, \alpha_2, \cdots, \alpha_n)$. 因 A 满秩, $\alpha_1, \alpha_2, \cdots, \alpha_n$ 线性无关, 我们知道由下述 Gram-Schmidt 正交化过程可以将 $\alpha_1, \alpha_2, \cdots, \alpha_n$ 化成两两正交的向量 $\eta_1, \eta_2, \cdots, \eta_n$:

$$\begin{cases} \eta_1 = \alpha_1, \\ \eta_2 = \alpha_2 - \dfrac{(\alpha_2, \eta_1)}{(\eta_1, \eta_1)}\eta_1, \\ \eta_3 = \alpha_3 - \dfrac{(\alpha_3, \eta_1)}{(\eta_1, \eta_1)}\eta_1 - \dfrac{(\alpha_3, \eta_2)}{(\eta_2, \eta_2)}\eta_2, \\ \qquad\cdots\cdots \\ \eta_n = \alpha_n - \dfrac{(\alpha_n, \eta_1)}{(\eta_1, \eta_1)}\eta_1 - \dfrac{(\alpha_n, \eta_2)}{(\eta_2, \eta_2)}\eta_2 - \cdots - \dfrac{(\alpha_n, \eta_{n-1})}{(\eta_{n-1}, \eta_{n-1})}\eta_{n-1}. \end{cases}$$

于是

$$\begin{cases} \alpha_1 = \eta_1, \\ \alpha_2 = \dfrac{(\alpha_2, \eta_1)}{(\eta_1, \eta_1)}\eta_1 + \eta_2, \\ \alpha_3 = \dfrac{(\alpha_3, \eta_1)}{(\eta_1, \eta_1)}\eta_1 + \dfrac{(\alpha_3, \eta_2)}{(\eta_2, \eta_2)}\eta_2 + \eta_3, \\ \qquad\cdots\cdots \\ \alpha_n = \dfrac{(\alpha_n, \eta_1)}{(\eta_1, \eta_1)}\eta_1 + \dfrac{(\alpha_n, \eta_2)}{(\eta_2, \eta_2)}\eta_2 + \cdots + \dfrac{(\alpha_n, \eta_{n-1})}{(\eta_{n-1}, \eta_{n-1})}\eta_{n-1} + \eta_n. \end{cases}$$

令 $\beta_i = \dfrac{1}{\sqrt{(\eta_i, \eta_i)}}\eta_i$, 则 $U = (\beta_1, \beta_2, \cdots, \beta_n)$ 为酉阵, 且

$$
\begin{cases}
\alpha_1 = \sqrt{(\eta_1,\eta_1)}\beta_1,\\
\alpha_2 = (\alpha_2,\beta_1)\beta_1 + \sqrt{(\eta_2,\eta_2)}\beta_2,\\
\alpha_3 = (\alpha_3,\beta_1)\beta_1 + (\alpha_3,\beta_2)\beta_2 + \sqrt{(\eta_3,\eta_3)}\beta_3,\\
\qquad\qquad\cdots\cdots\\
\alpha_n = (\alpha_n,\beta_1)\beta_1 + (\alpha_n,\beta_2)\beta_2 + \cdots + (\alpha_n,\beta_{n-1})\beta_{n-1} + \sqrt{(\eta_n,\eta_n)}\beta_n.
\end{cases}
$$

因而 $A=UR$, 其中 $U=(\beta_1,\beta_2,\cdots,\beta_n)$, 以及

$$
R=\begin{pmatrix}
\sqrt{(\eta_1,\eta_1)} & (\alpha_2,\beta_1) & \cdots & (\alpha_{n-1},\beta_1) & (\alpha_n,\beta_1)\\
 & \sqrt{(\eta_2,\eta_2)} & \cdots & (\alpha_{n-1},\beta_2) & (\alpha_n,\beta_2)\\
 & & \ddots & \vdots & \vdots\\
 & & & \sqrt{(\eta_{n-1},\eta_{n-1})} & (\alpha_n,\beta_{n-1})\\
 & & & & \sqrt{(\eta_n,\eta_n)}
\end{pmatrix}.
$$

设 $A=U_1R_1$ 为另一分解, 其中 U_1 为酉矩阵, R_1 为对角线元素大于零的上三角矩阵, 则从 $UR=U_1R_1$ 得 $RR_1^{-1}=U^*U_1$ 为上三角的酉阵, 故为正规矩阵, 从而 RR_1^{-1} 为对角矩阵, 且对角线元素都大于零. 这样的酉阵必须是单位矩阵 (因酉阵的特征值都是模为 1 的). 因此 $U=U_1$, $R=R_1$, 唯一性得证. □

公式 (4.4.1) 称为矩阵 A 的**正交三角分解**, 也叫 UR 分解. 当 A 为实满秩矩阵时, 上面定理中的 U 为正交矩阵, 往往记为 Q, 而 R 为实上三角矩阵, 因此 UR 分解也称为QR **分解**.

推论 4.4.1　设可逆矩阵 A 的正交三角分解为 $A=UR$, 则上三角矩阵 R 的行列式的模等于矩阵 A 的行列式的模.

实际上所有列满秩的矩阵均存在类似的正交三角分解, 即有下面的定理 4.4.2.

定理 4.4.2　设 $A\in\mathbb{C}^{n\times r}$, 且 A 是列满秩的, 则

$$A=UR,$$

其中, $U\in\mathbb{C}^{n\times r}$ 的 r 个列向量构成一组标准正交向量组, $R\in\mathbb{C}^{r\times r}$ 为对角线元素大于零的上三角矩阵. 此分解是唯一的.

证:　我们只证明唯一性, 存在性的证明与定理 4.4.1 类似, 见习题26. 设 $A=UR=U_1R_1$, 其中 U,U_1 是列向量为标准正交组的矩阵, R,R_1 是对角元素为正的上三角矩阵. 因为 $U_1^*U_1=I_r$, 故 $U_1^*U=R_1R^{-1}$, 容易验证 (请验证!)U_1^*U 是酉矩阵, 所以对角元素为正数的上三角矩阵 R_1R^{-1} 是单位矩阵! □

定理 4.4.2 可以作如下的变化, 即将 U 取为 n 阶酉矩阵, 而将 R 取为 $n\times r$ 阶准上三角矩阵, 即 $R=\begin{pmatrix}R_1\\0\end{pmatrix}$, 其中 r 阶上三角矩阵 R_1 具有正对角元素. 通常称此种

分解为矩阵 A 的正交三角分解, 而将定理 4.4.2 中的分解称为矩阵 A 的**薄 QR 分解**.

注意在定理 4.4.2 的证明中我们利用了 $U^*U = I_r$, 实际上可以将酉矩阵的概念作下述推广, 即若矩阵 U 满足条件 $U^*U = I$, 则称 U 是列正交矩阵, 那么定理 4.4.1 与定理 4.4.2 就可以合起来写了. 容易证明 (见习题27) 一个列正交矩阵必是列满秩的. 类似地, 可以定义行正交矩阵, 则酉矩阵既是列正交矩阵又是行正交矩阵. (列正交矩阵与行正交矩阵常统称为**半正交矩阵**.)

例 4.4.1 设列满秩矩阵 $A \in \mathbb{C}^{m\times n}$ 的正交三角分解为 $A = UR$, 则 $A^*A = R^*R$. 因此下三角矩阵 R^* 恰好是正定矩阵 A^*A 的 Cholesky 三角.

思 考 题

1. 可逆矩阵是否存在"三角正交分解", 即"$A = RU$", 其中 R, U 同正交三角分解? 另, 能否将上三角矩阵变为下三角矩阵?
2. 对行满秩矩阵如何定义正交三角分解?
3. 对不可逆矩阵能否定义类似的分解?
4. 由 $U^*U = I$ 是否可以推出 $UU^* = I$?

第五节 矩阵的奇异值分解与极分解

我们已经知道, 正规矩阵可以酉对角化, 因此其对应的线性变换具有优良的性质 (旋转伸缩再反转); 非正规矩阵当然不具有这样的性质, 但能否有类似的分解呢? 正规矩阵 A 的酉对角化导出的分解为 $A = UDU^*$, 注意其中两个酉矩阵互为共轭转置, 放弃此条是否就可以使任意矩阵具有同样的分解呢? 答案是肯定的, 这就是矩阵的奇异值分解, 是 Beltrami[①] 1873 年在研究双线性函数 $f(x, y) = x^*Ay$ 时发现的. 作坐标变换 $x = U\xi, y = V\eta$, 其中 U, V 均是酉矩阵, 则 $f(x, y) = \xi^*U^*AV\eta$. 令 $D = U^*AV$, 则可得 $A = UDV^*$. 下面的奇异值分解定理表明: 的确可以使 D 为对角矩阵.

设 $m \geqslant n$, 我们以符号 $\operatorname{diag}(d_1, d_2, \cdots, d_n)_{m\times n}$ 表示下面的 $m \times n$ 矩阵 (称为 $m \times n$ 阶对角矩阵)

$$\begin{pmatrix} d_1 & 0 & 0 & \cdots & 0 \\ 0 & d_2 & 0 & \cdots & 0 \\ 0 & 0 & d_3 & \cdots & 0 \\ \vdots & \vdots & \vdots & & \vdots \\ 0 & 0 & 0 & \cdots & d_n \\ 0 & 0 & 0 & \cdots & 0 \\ \vdots & \vdots & \vdots & & \vdots \\ 0 & 0 & 0 & \cdots & 0 \end{pmatrix}.$$

---

① Eugenio Beltrami(1835—1900), 意大利数学家, 对非欧几何学、数学物理、力学、大地测量学有重要贡献.

类似地, 若 $m \leqslant n$, 则以符号 $\operatorname{diag}(d_1, d_2, \cdots, d_m)_{m\times n}$ 表示 $m \times n$ 阶对角矩阵.

定理 4.5.1(奇异值分解定理)　设 $A = (a_{ij}) \in \mathbb{C}^{m\times n} (m \geqslant n)$, 且 $\sigma_1 \geqslant \sigma_2 \geqslant \cdots \geqslant \sigma_r > 0$, 则存在 m 阶和 n 阶的酉矩阵 U 与 V, 使得

$$A = UDV^*, \tag{4.5.1}$$

其中 $D = \operatorname{diag}(\sigma_1, \sigma_2, \cdots, \sigma_r, 0, \cdots, 0)_{m\times n}$.

公式 (4.5.1) 称为矩阵 A 的**奇异值分解**, 简称为 SVD, 而 $\sigma_1, \cdots, \sigma_r, 0, \cdots, 0$(共 n 个) 称为 A 的**奇异值**.

证: 我们知道, 对任意矩阵 A, A^*A 总是半正定的, 因此可设 $\sigma(A^*A) = \{\sigma_1^2, \sigma_2^2, \cdots, \sigma_n^2\}$, 其中 $\sigma_1 \geqslant \sigma_2 \geqslant \cdots \geqslant \sigma_r > 0 = \sigma_{r+1} = \cdots = \sigma_n$. 由于 A^*A 是正规矩阵, 故可设 $\alpha_1, \alpha_2, \cdots, \alpha_n$ 是由 A^*A 的特征向量构成的 $\mathbb{C}^n$ 的一组标准正交基. 令

$$V_1 = (\alpha_1, \alpha_2, \cdots, \alpha_r), \quad V_2 = (\alpha_{r+1}, \cdots, \alpha_n), \quad \Lambda = \operatorname{diag}(\sigma_1, \sigma_2, \cdots, \sigma_r),$$

则

$$A^*AV_1 = V_1\Lambda^2.$$

因为 $V_1^*V_1 = I_r$, 故

$$\Lambda^{-1}V_1^*A^*AV_1\Lambda^{-1} = I. \tag{4.5.2}$$

注意到 $A^*AV_2 = 0$, 故有 $AV_2 = 0$. (为什么?) 记 $U_1 = AV_1\Lambda^{-1}$, 则公式 (4.5.2) 就是 $U_1^*U_1 = I$, 因此 U_1 的列向量可以扩充成一组标准正交基, 记此标准正交基构成的酉矩阵为 $U = (U_1, U_2)$. 令 $V = (V_1, V_2)$, 则

$$U^*AV = \begin{pmatrix} U_1^*AV_1 & U_1^*AV_2 \\ U_2^*AV_1 & U_2^*AV_2 \end{pmatrix} = \begin{pmatrix} \Lambda & 0 \\ U_2^*U_1\Lambda & 0 \end{pmatrix} = \begin{pmatrix} \Lambda & 0 \\ 0 & 0 \end{pmatrix} = D,$$

所以 $A = UDV^*$. □

显然, 对 $m < n$ 依然有完全相同的奇异值分解 (但零奇异值的个数有可能不同).

一般地, 将矩阵 A 的最大奇异值与最小奇异值分别记为 $\sigma_{\max}(A)$ 与 $\sigma_{\min}(A)$ 或 σ_1 与 σ_n.

由奇异值分解定理的证明可知,

$$Av_i = \begin{cases} \sigma_i u_i, & 1 \leqslant i \leqslant r, \\ 0, & r+1 \leqslant i \leqslant n, \end{cases} \tag{4.5.3}$$

与

$$u_i^*A = \begin{cases} \sigma_i v_i^*, & 1 \leqslant i \leqslant r, \\ 0, & r+1 \leqslant i \leqslant m, \end{cases} \tag{4.5.4}$$

因此矩阵 V 与 U 的列向量分别称为矩阵 A 的右奇异向量和左奇异向量, 而 V 与 U 分别称为 A 的右奇异向量矩阵和左奇异向量矩阵.

奇异值分解的计算方法：如果矩阵 A 的阶数较小, 则公式 (4.5.3) 与 (4.5.4) 实际上给出了计算奇异值分解的一种方法. 先求 A^*A 的一组标准正交特征向量 v_i, 然后计算 $\sigma_i u_i = Av_i, 1 \leqslant i \leqslant r$ (由公式 (4.5.3) 与 (4.5.4) 可知这样的 u_i 必是 AA^* 的特征向量, 且满足公式 (4.5.3) 与 (4.5.4)), 其余向量 $u_i, i > r$ 可由 Hermite 矩阵的特征向量的正交性获得 (显然不唯一).

例 4.5.1 求矩阵的奇异值分解:

$$A = \begin{pmatrix} 1 & 0 & 1 \\ 0 & 1 & -1 \end{pmatrix}.$$

解：在实际计算中, 应该求 A^*A 和 AA^* 中阶数较小的矩阵的特征值. 因为

$$AA^* = \begin{pmatrix} 1 & 0 & 1 \\ 0 & 1 & -1 \end{pmatrix}\begin{pmatrix} 1 & 0 \\ 0 & 1 \\ 1 & -1 \end{pmatrix} = \begin{pmatrix} 2 & -1 \\ -1 & 2 \end{pmatrix}.$$

故 AA^* 的特征多项式为

$$|\lambda I - AA^*| = \begin{vmatrix} \lambda - 2 & 1 \\ 1 & \lambda - 2 \end{vmatrix} = (\lambda - 1)(\lambda - 3).$$

因此 AA^* 的特征值为 $\lambda_1 = 1$, $\lambda_2 = 3$. 它们相应的单位特征向量分别为

$$\beta_1 = \frac{1}{\sqrt{2}}\begin{pmatrix} 1 \\ 1 \end{pmatrix}, \quad \beta_2 = \frac{1}{\sqrt{2}}\begin{pmatrix} 1 \\ -1 \end{pmatrix}.$$

则 A^*A 的三个特征值分别为 $\lambda_1 = 1$, $\lambda_2 = 3$, $\lambda_3 = 0$, 且属于它们的特征向量分别为

$$\alpha_1 = \frac{1}{\sqrt{\lambda_1}}A^*\beta_1 = \frac{1}{\sqrt{2}}\begin{pmatrix} 1 \\ 1 \\ 0 \end{pmatrix}, \ \alpha_2 = \frac{1}{\sqrt{\lambda_2}}A^*\beta_2 = \frac{1}{\sqrt{6}}\begin{pmatrix} 1 \\ -1 \\ 2 \end{pmatrix}, \ \alpha_3 = \frac{1}{\sqrt{3}}\begin{pmatrix} 1 \\ -1 \\ -1 \end{pmatrix},$$

其中 α_3 可由 Hermite 矩阵的属于不同特征值的特征向量彼此正交得到. 令

$$V = (\alpha_1, \alpha_2, \alpha_3), \quad U = (\beta_1, \beta_2), \quad D = \begin{pmatrix} 1 & 0 & 0 \\ 0 & \sqrt{3} & 0 \end{pmatrix},$$

则

$$A = UDV^* = \begin{pmatrix} \frac{1}{\sqrt{2}} & \frac{1}{\sqrt{2}} \\ \frac{1}{\sqrt{2}} & -\frac{1}{\sqrt{2}} \end{pmatrix}\begin{pmatrix} 1 & 0 & 0 \\ 0 & \sqrt{3} & 0 \end{pmatrix}\begin{pmatrix} \frac{1}{\sqrt{2}} & \frac{1}{\sqrt{2}} & 0 \\ \frac{1}{\sqrt{6}} & -\frac{1}{\sqrt{6}} & \frac{2}{\sqrt{6}} \\ \frac{1}{\sqrt{3}} & -\frac{1}{\sqrt{3}} & -\frac{1}{\sqrt{3}} \end{pmatrix}.$$

例 4.5.2 设 A 是正规矩阵, 则可以由 A 的谱分解导出 A 的一个奇异值分解. 设 $A=U^*\Lambda U$, 其中 $\Lambda=\mathrm{diag}\,(\lambda_1,\lambda_2,\cdots,\lambda_n)$. 则存在对角酉矩阵 W, 使得

$$D=\Lambda W^*=\mathrm{diag}\,(|\lambda_1|,|\lambda_2|,\cdots,|\lambda_n|).$$

于是得 $A=U^*\Lambda W^*WU=U^*DWU=U^*DV$, 其中矩阵 $V=WU$ 是酉矩阵 (为什么?), 即 A 的一个奇异值分解为 $A=U^*DV$.

例 4.5.3(奇异值分解的几何意义) 将 $A_{m\times n}=UDV^*$ 看作是从 $\mathbb{C}^n$ 到 $\mathbb{C}^m$ 的线性变换, 则该线性变换首先 (在 $\mathbb{C}^n$ 内) 将向量 x 作一旋转而得到向量 V^*x, 然后再 (将 $\mathbb{C}^n$ 中的向量 V^*x) 沿前 $r=r(A)$ 个坐标作伸缩 (其余坐标变为 0) 而得到 ($\mathbb{C}^m$ 的) 向量 DV^*x, 最后再 (在 $\mathbb{C}^m$ 内) 作一旋转而得到向量 UDV^*x. 比较正规矩阵的酉对角化可知, 此处的两次旋转可能不是互逆的.

例 4.5.4(奇异值分解的几何意义) 研究单位圆 $S^1: x^2+y^2=1$ 在矩阵$A=\begin{pmatrix}2&2\\-1&1\end{pmatrix}$ 作用下的变化. 由于 $A^{\mathrm{T}}A=\begin{pmatrix}5&3\\3&5\end{pmatrix}$ 的特征值为 2, 8, 易得 A 的奇异值分解为

$$A=\begin{pmatrix}0&1\\-1&0\end{pmatrix}\begin{pmatrix}\sqrt{2}&0\\0&2\sqrt{2}\end{pmatrix}\begin{pmatrix}\dfrac{1}{\sqrt{2}}&-\dfrac{1}{\sqrt{2}}\\\dfrac{1}{\sqrt{2}}&\dfrac{1}{\sqrt{2}}\end{pmatrix}.$$

因此, 矩阵 A 在单位圆 S^1 上的作用被分解为三步: 第一步是旋转, 这不会改变 S^1; 第二步是伸缩, S^1 变为椭圆; 第三步, 再次旋转 (本次的旋转使原来的坐标轴互换).

将 A 的奇异值分解 (4.5.1) 展开可得

$$A=\sum_{i=1}^{n}\sigma_i u_i v_i^*, \tag{4.5.5}$$

上式称为矩阵 A 的**并向量分解**或奇异值分解展开. 由于 $\sigma_j=0,\ j>r$, 所以公式 (4.5.5) 可以写为

$$A=\sum_{i=1}^{r}\sigma_i u_i v_i^*=U_rD_rV_r^*, \tag{4.5.6}$$

其中 U_r,V_r 分别是 U,V 的前 r 列构成的矩阵, 而 $D_r=\mathrm{diag}\,(\sigma_1,\sigma_2,\cdots,\sigma_r)$. 上式称为矩阵 A 的**截尾奇异值分解**或**薄奇异值分解**. 矩阵的并向量分解与截尾奇异值分解具有重要的应用, 见本章第六节.

由奇异值分解定理立即可得 (证明见习题 36, 并比较 Sylvester 降幂公式, 即第三章命题 3.1.1).

推论 4.5.1　设 $A=(a_{ij})_{m\times n}$ 的秩为 r, 则 AA^* 与 A^*A 有完全相同的非零特征值 (相同的按重数计算)$\sigma_1^2,\sigma_2^2,\cdots,\sigma_r^2$, 其中 $\sigma_1,\sigma_2,\cdots,\sigma_r$ 是 A 的非零奇异值. 因此, A 与 A^* 具有相同的奇异值.

例 4.5.5　设可逆矩阵 A 的奇异值分解为 $A=UDV^*$, 则其逆的的奇异值分解为 $A^{-1}=VD^{-1}U^*$. 因此, 若 A 的奇异值为 $\sigma_1\geqslant\sigma_2\geqslant\cdots\geqslant\sigma_n>0$, 则 A^{-1} 的奇异值为 $1/\sigma_n\geqslant 1/\sigma_{n-1}\geqslant\cdots\geqslant 1/\sigma_1>0$. 矩阵计算中的重要概念 —— 矩阵 A 的 (谱) **条件数**, 记为 $\mathrm{Cond}(A)$, 可以表示为

$$\mathrm{Cond}(A)=\sigma_1(A)/\sigma_n(A). \tag{4.5.7}$$

设 $A=U_1DV^*$ 是 A 的奇异值分解, 令 $P=U_1DU_1^*$, $U=U_1V^*$, 即可得到矩阵的另一种有趣分解 —— 极分解.

定理 4.5.2　设 $A\in\mathbb{C}^{n\times n}$, 则存在酉矩阵 U 和唯一的半正定矩阵 P, 使得

$$A=PU, \tag{4.5.8}$$

上式称为矩阵 A 的**极分解**. 矩阵 P 与 U 分别称为 A 的 Hermite 因子与酉因子.

容易证明 (见习题 37)A 的极分解中的半正定矩阵 $P=\sqrt{AA^*}$, 即满足条件 $P^2=AA^*$ 的矩阵 (称为矩阵 AA^* 的平方根, 也常记为 $(AA^*)^{1/2}$). 当矩阵 A 可逆时, 极分解中的酉矩阵 U 也是唯一的.

例 4.5.6(极分解的几何意义)　矩阵的极分解是仿照复数的极形式 $z=r\mathrm{e}^{\mathrm{i}\theta}$ 做出的, 因为若记 $r=|P|$, $\mathrm{e}^{\mathrm{i}\theta}=|U|$, 则行列式 $|A|=r\mathrm{e}^{\mathrm{i}\theta}$ 恰好是复数 $|A|$ 的极分解. 由于半正定矩阵是正规矩阵, 故矩阵的极分解的几何意义是: 先旋转, 然后再沿着一组正交的方向作伸缩. 回忆复数的极分解的几何意义恰好是旋转角度 θ, 再伸缩 r 倍.

由一个矩阵的极分解可以判断其正规性, 即有下述命题 (证明见习题 38).

命题 4.5.1　设 $A=PU$ 是矩阵 A 的极分解, 则 A 是正规矩阵 $\Longleftrightarrow PU=UP$.

奇异值分解具有许多良好的性质, 我们将这些性质分成下面几个命题, 所有的证明均比较简单, 见习题 40—43.

命题 4.5.2(正规矩阵的奇异值分解)　正规矩阵的奇异值是其特征值的模. 特别地, 半正定矩阵的特征值与奇异值相同.

命题 4.5.3(奇异值分解与矩阵的四个子空间)　设 $A=UDV^*$ 是 $m\times n$ 矩阵 A 的一个奇异值分解, $r=r(A)$, 则

(1) 酉矩阵 U 的前 r 列是 A 的列空间的一组标准正交基;

(2) 酉矩阵 V 的前 r 列是 A^* 的列空间的一组标准正交基;

(3) U 的后 $m-r$ 列是 A^* 的零空间的一组标准正交基;

(4) V 的后 $n-r$ 列是 A 的零空间的一组标准正交基.

命题 4.5.4(奇异值与特征值)　设 λ 是 n 阶矩阵 A 的一个特征值, 则 $\sigma_{\max}(A)\geqslant|\lambda|\geqslant\sigma_{\min}(A)$. 换言之, 矩阵的最大奇异值与最小奇异值是其特征值的模的上下界.

例 4.5.7 设 $A=\begin{pmatrix}1&1\\0&1\end{pmatrix}$, 则 A 的特征值为 1, 但奇异值为 $\sqrt{(3\pm\sqrt{5})/2}$.

例 4.5.8(奇异值与矩阵的迹) 设 $A\in\mathbb{C}^{m\times n}$, 则 $\mathrm{tr}(A^*A)=\sum_{i=1}^{r}\sigma_i^2$, 证明见习题 43. 请对照 Schur 不等式.

本节最后, 我们解释奇异值这个词的来历.

命题 4.5.5(奇异值与奇异矩阵) 矩阵 A 列满秩 $\Longleftrightarrow$ A 的奇异值均非 0. 特别地, 方阵 A 非奇异 $\Longleftrightarrow$ A 的奇异值均非 0.

例 4.5.9 设 $A\in\mathbb{C}^{m\times n}$, 则 $A=0\Longleftrightarrow A^*A=0$. 换言之, 方阵 $A=0\Longleftrightarrow$ 它的奇异值均为 0.

矩阵的奇异值较之其特征值的一个优点是非零奇异值的个数恰好是该矩阵的秩, 而矩阵的非零特征值的个数一般比其秩小 (比如幂零矩阵无非零特征值). 因此常常利用此点来计算矩阵的秩.

思 考 题

1. 矩阵的奇异值分解不唯一, 但是否可以确定到某种程度?

2. 能否将极分解中的顺序改变? 即是否存在酉矩阵 U 和半正定矩阵 P, 使得 $A=UP$?

3. 不是方阵的矩阵可否定义极分解? 唯一性如何?

4. 可否以满足条件 $B^2=A$ 的矩阵 B 来定义 $\sqrt{A}$? 更一般地, 可否以满足条件 $B^m=A$ 的矩阵 B 来定义 $A^{1/m}$?

第六节 应用: 最小二乘法、图像压缩、子空间的交

一、QR 分解的应用: 最小二乘解与 QR 方法

设矩阵 A 的正交三角分解为 $A=UR$, 将此代入方程 $Ax=b$ 的正规化方程 $A^*Ax=A^*b$ 可得, $R^*Rx=R^*U^*b$, 即 $Rx=U^*b$, 所以正规化方程的解为 $x=R^{-1}U^*b$, 此即原方程的最小二乘解. 如果 $A=QR$ 是实矩阵, 则 $x=R^{-1}Q^{\mathrm{T}}b$.

例 4.6.1 用 QR 分解解线性方程组 $AX=b$, 其中

$$A=\begin{pmatrix}1&1&3\\2&1&2\\2&-5&8\\-1&3&-7\end{pmatrix},\quad b=\begin{pmatrix}-1\\1\\-11\\9\end{pmatrix}.$$

解：将 A 的三个列向量 $\alpha_1, \alpha_2, \alpha_3$ 正交化, 可得

$$\begin{cases} \eta_1 = \alpha_1 = (1,2,2,-1)^{\mathrm{T}}, \\ \eta_2 = \alpha_2 - \dfrac{(\alpha_2,\eta_1)}{(\eta_1,\eta_1)}\eta_1 = (1,1,-5,3)^{\mathrm{T}} - \dfrac{-10}{10}(1,2,2,-1)^{\mathrm{T}} = (2,3,-3,2)^{\mathrm{T}}, \\ \eta_3 = \alpha_3 - \dfrac{(\alpha_3,\eta_1)}{(\eta_1,\eta_1)}\eta_1 - \dfrac{(\alpha_3,\eta_2)}{(\eta_2,\eta_2)}\eta_2 \\ \quad = (3,2,8,-7)^{\mathrm{T}} - \dfrac{30}{10}(1,2,2,-1)^{\mathrm{T}} - \dfrac{-26}{26}(2,3,-3,2)^{\mathrm{T}} = (2,-1,-1,-2)^{\mathrm{T}}. \end{cases}$$

再单位化, 得

$$\beta_1 = \frac{1}{\sqrt{10}}\begin{pmatrix} 1 \\ 2 \\ 2 \\ -1 \end{pmatrix}, \quad \beta_2 = \frac{1}{\sqrt{26}}\begin{pmatrix} 2 \\ 3 \\ -3 \\ 2 \end{pmatrix}, \quad \beta_3 = \frac{1}{\sqrt{10}}\begin{pmatrix} 2 \\ -1 \\ -1 \\ -2 \end{pmatrix},$$

则 $Q = (\beta_1, \beta_2, \beta_3)$. 由于 $Q^{\mathrm{T}}Q = I_3$, 所以由 $A = QR$ 可得

$$R = Q^{\mathrm{T}}QR = Q^{\mathrm{T}}A = \begin{pmatrix} \frac{1}{\sqrt{10}} & \frac{2}{\sqrt{10}} & \frac{2}{\sqrt{10}} & -\frac{1}{\sqrt{10}} \\ \frac{2}{\sqrt{26}} & \frac{3}{\sqrt{26}} & -\frac{3}{\sqrt{26}} & \frac{2}{\sqrt{26}} \\ \frac{2}{\sqrt{10}} & -\frac{1}{\sqrt{10}} & -\frac{1}{\sqrt{10}} & -\frac{2}{\sqrt{10}} \end{pmatrix} \begin{pmatrix} 1 & 1 & 3 \\ 2 & 1 & 2 \\ 2 & -5 & 8 \\ -1 & 3 & -7 \end{pmatrix}$$

$$= \begin{pmatrix} \sqrt{10} & -\sqrt{10} & 3\sqrt{10} \\ & \sqrt{26} & -\sqrt{26} \\ & & \sqrt{10} \end{pmatrix}.$$

所以

$$R^{-1} = \begin{pmatrix} \frac{1}{\sqrt{10}} & \frac{1}{\sqrt{26}} & -\frac{2}{\sqrt{10}} \\ & \frac{1}{\sqrt{26}} & \frac{1}{\sqrt{10}} \\ & & \frac{1}{\sqrt{10}} \end{pmatrix}.$$

因此

$$x = R^{-1}Q^{\mathrm{T}}b = \begin{pmatrix} \frac{1}{\sqrt{10}} & \frac{1}{\sqrt{26}} & -\frac{2}{\sqrt{10}} \\ & \frac{1}{\sqrt{26}} & \frac{1}{\sqrt{10}} \\ & & \frac{1}{\sqrt{10}} \end{pmatrix} \begin{pmatrix} \frac{1}{\sqrt{10}} & \frac{2}{\sqrt{10}} & \frac{2}{\sqrt{10}} & -\frac{1}{\sqrt{10}} \\ \frac{2}{\sqrt{26}} & \frac{3}{\sqrt{26}} & -\frac{3}{\sqrt{26}} & \frac{2}{\sqrt{26}} \\ \frac{2}{\sqrt{10}} & -\frac{1}{\sqrt{10}} & -\frac{1}{\sqrt{10}} & -\frac{2}{\sqrt{10}} \end{pmatrix} \begin{pmatrix} -1 \\ 1 \\ -11 \\ 9 \end{pmatrix}$$

$$= \begin{pmatrix} \frac{1}{\sqrt{10}} & \frac{1}{\sqrt{26}} & -\frac{2}{\sqrt{10}} \\ & \frac{1}{\sqrt{26}} & \frac{1}{\sqrt{10}} \\ & & \frac{1}{\sqrt{10}} \end{pmatrix} \begin{pmatrix} -2\sqrt{10} \\ 2\sqrt{26} \\ -\sqrt{10} \end{pmatrix} = \begin{pmatrix} 1 \\ 1 \\ -1 \end{pmatrix}.$$

将 $x = (1, 1 - 1)^{\mathrm{T}}$ 代入原方程组成立, 所以它是原方程组的解.

例 4.6.2　方程组 $\begin{pmatrix} 1 \\ 1 \end{pmatrix} x = \begin{pmatrix} 1 \\ 0 \end{pmatrix}$ 显然无解, 但由定理 4.4.2, 列满秩矩阵 $A = \begin{pmatrix} 1 \\ 1 \end{pmatrix}$ 的正交三角分解为

$$A = \begin{pmatrix} \frac{1}{\sqrt{2}} \\ \frac{1}{\sqrt{2}} \end{pmatrix} \cdot \sqrt{2} = QR,$$

因此原方程两端同乘以 $R^{-1}Q^{\mathrm{T}} = \frac{1}{\sqrt{2}}\left(\frac{1}{\sqrt{2}}, \frac{1}{\sqrt{2}}\right)$ 得

$$x = 1.$$

显然这是原方程组的最小二乘解.

在数值分析中讨论的计算矩阵特征值的重要方法 ——QR 算法的基础是矩阵的 QR 分解. 此处我们仅作简要介绍.

设 $A = A_0 = Q_0R_0$ 是 n 阶矩阵 A 的 QR 分解. 归纳地定义 $A_{m+1} = R_mQ_m$. 如果 A 的特征值均不相同 (我们在第一章第三节即已思考过此问题, 答案是: 几乎所有的方阵都是这样的矩阵!), 则矩阵序列

$$A_0, A_1, \cdots, A_k, \cdots \tag{4.6.1}$$

收敛到一个上三角矩阵 R. 由于序列 (4.6.1) 中的每个矩阵均与 A 酉相似, 因此上三角矩阵 R 的对角元素就是 A 的全部特征值, 证明见习题 46.

二、奇异值分解与图像压缩

人造卫星常常需要将一些照片发回地面控制中心. 大部分照片的规格是 512 × 512(像素), 即每幅照片实际上包含超过 260 000 个数据, 因此将这些数据全部传输需

要大量的计算并花费相当长的时间. 所以往往在传输之前必须对原始数据进行压缩. 以下我们简要叙述利用奇异值分解进行图像压缩的过程.

用 $n\times n$ 矩阵 A 表示要传输的原始数据. 设 $A=UDV^{\mathrm{T}}$ 是 A 的一个奇异值分解, 其中对角矩阵 D 的对角元素 (即 A 的奇异值) 从大到小排列. 假定我们选择前 m 个大奇异值进行图像传输, 就是说仅传输奇异值 $\sigma_1,\cdots,\sigma_m$ 以及相对应的左右奇异向量 u_i 与 $v_i(1\leqslant i\leqslant m)$, 则我们实际上传输了 $m+mn+mn=m(2n+1)$ 个数据, 而不是原来的 n^2 个数据. 比值 $n^2/(2mn+m)$ 称为图像的压缩比 (其倒数称为数据压缩率). 利用矩阵的截尾奇异值分解即可根据实际接收到的数据还原图像, 即

$$\hat{A}=\sum_{i=1}^{m}\sigma_i u_i v_i^{\mathrm{T}}. \tag{4.6.2}$$

显然, 较大的 m 可以获得保真度较高的还原数据, 较小的 m 可以获得较高的传输效率. 在实际应用时, 可以根据不同需要适当选择 m 以获得满意的还原数据. 比如, 如果卫星照片的第 51 个奇异值已经较小, 则可以选择 $m=50$, 于是仅需要传输 $50(2\times 512+1)=51\,250$ 个数据, 图像压缩比为 5.115.

三、奇异值分解与子空间的交

若干个子空间的和的基与维数较易求得, 但若干个子空间的交的维数与基的计算则往往比较困难 (尽管维数较小). 下面给出的办法即是利用矩阵的奇异值分解来求两个子空间的交的基与维数.

例 4.6.3 设 A,B 是两个同阶矩阵, 则它们的行空间的交可由级联矩阵 $C=\begin{pmatrix}A\\B\end{pmatrix}$ 的奇异值分解求得. 设 $C=UDV^*$ 是一个奇异值分解, 将 U 做适当分块可得

$$\begin{pmatrix}A\\B\end{pmatrix}=UDV^*=\begin{pmatrix}U_{11}&U_{12}\\U_{21}&U_{22}\end{pmatrix}\begin{pmatrix}D_r&0\\0&0\end{pmatrix}V^*.$$

现由 $U^*\begin{pmatrix}A\\B\end{pmatrix}=DV^*$ 可知,

$$U_{12}^*A=-U_{22}^*B. \tag{4.6.3}$$

按矩阵乘积的行结构可知, 上式左右两端的行分别属于 A 的行空间 $R(A^*)$ 与 B 的行空间 $R(B^*)$, 因此可以断言 (见习题 48) $R(A^*)\bigcap R(B^*)=R((U_{12}^*A)^*)=R(A^*U_{12})$, 从而 $R(A^*)\bigcap R(B^*)$ 的维数与基均可求出.

习 题 四

1. 判断下列矩阵能否酉对角化. 如能, 则求一个酉矩阵 U, 使 U^*AU 为对角形:

$$(1)\ A=\begin{pmatrix}-1 & \mathrm{i} & 0\\ -\mathrm{i} & 0 & -\mathrm{i}\\ 0 & \mathrm{i} & -1\end{pmatrix};\quad (2)\ A=\begin{pmatrix}0 & \mathrm{i} & 1\\ -\mathrm{i} & 0 & 0\\ 1 & 0 & 0\end{pmatrix};\quad (3)\ A=\begin{pmatrix}\mathrm{i} & \mathrm{i} & 0\\ \mathrm{i} & 1 & 0\\ 0 & \mathrm{i} & \mathrm{i}\end{pmatrix}.$$

2. 证明正规矩阵与其共轭转置具有相同的化零空间. 该结论一般地成立吗?

3. 证明两个正规矩阵相似的充要条件是特征多项式相同.

4. 详细证明定理 4.1.2.

5. 设 A 是 n 阶正规矩阵, x 是任意复数. 证明

(1) $A-xI$ 也是正规矩阵;

(2) 对于任何向量 x, 向量 Ax 与 A^*x 的长度相同;

(3) A 的任一特征向量都是 A^* 的特征向量;

(4) A 的属于不同特征值的特征向量正交.

6. 设 A 是正规矩阵, 证明

(1) A 是 Hermite 矩阵 $\Longleftrightarrow$ A 的特征值全为实数;

(2) A 是酉阵 $\Longleftrightarrow$ A 的特征值的模都是 1;

(3) A 是幂等阵 $\Longleftrightarrow$ A 的特征值只能是 0 与 1;

(4) 若 A 的全部特征值为 $\lambda_1, \lambda_2, \cdots, \lambda_n$, 则 AA^* 与 A^*A 的全部特征值为 $|\lambda_1|^2, |\lambda_2|^2, \cdots, |\lambda_n|^2$. 此结论对非正规矩阵成立吗?

7. 设 A 是正规矩阵, 证明

(1) 若 A 是幂等阵, 则 A 是 Hermite 矩阵;

(2) 若 $A^3=A^2$, 则 $A^2=A$;

(3) 若 A 又是 Hermite 阵, 而且也是一个幂幺阵 (即 $A^k=I$), 则 A 是对合阵 (即 $A^2=I$).

8. 证明特征值的极大极小定理: 设 A 是 Hermite 矩阵, 其全部特征值为 $\lambda_1 \leqslant \lambda_2 \leqslant \cdots \leqslant \lambda_n$, 则:

$$\lambda_k=\min_{\substack{w_i\in\mathbb{C}^n\\ 1\leqslant i\leqslant n-k}}\ \max_{\substack{0\neq x\perp w_i\\ 1\leqslant i\leqslant n-k}}\frac{x^*Ax}{x^*x}=\max_{\substack{w_i\in\mathbb{C}^n\\ 1\leqslant i\leqslant n-k}}\ \min_{\substack{0\neq x\perp w_i\\ 1\leqslant i\leqslant n-k}}\frac{x^*Ax}{x^*x}.$$

特别地,

$$\lambda_{\max}=\lambda_n=\max_{x\neq 0, x\in\mathbb{C}^n}\frac{x^*Ax}{x^*x}=\max_{x^*x=1}x^*Ax,$$

$$\lambda_{\min}=\lambda_1=\min_{x\neq 0, x\in\mathbb{C}^n}\frac{x^*Ax}{x^*x}=\min_{x^*x=1}x^*Ax.$$

9. 详细证明定理 4.1.3.

10. 直接证明实对称矩阵与 (实) 正交矩阵可以酉对角化, 从而均为正规矩阵.

11. 证明推论 4.1.2.

12. 证明引理 4.1.2 的充分性.

13. (1) 证明例 4.1.7 关于平面正规变换的结论;

(2) 计算二阶实正规矩阵 $\begin{pmatrix}1 & 1\\ -1 & 1\end{pmatrix}$ 将哪些正方形变为了矩形?

(3) 证明矩阵 $\begin{pmatrix}1 & 2\\ 0 & 3\end{pmatrix}$ 是非正规矩阵, 说明它不能将任何正方形伸缩为矩形;

(4) 试求一个正方形使其在该矩阵下的像仍是正方形;

(5) 试给出三阶实正规矩阵的几何意义.

14. 设 P, Q 各为 m 阶及 n 阶方阵, 证明: 若 $m+n$ 阶方阵 $A=\begin{pmatrix} P & B \\ 0 & Q \end{pmatrix}$ 是酉矩阵, 则 P, Q 也酉矩阵, 且 B 是零矩阵.

15. 证明 **Sylvester 惯性定律**, 即两个 Hermite 矩阵合同 $\Longleftrightarrow$ 它们具有相同的惯性指标, 即相同的正负特征值 (因此 0 特征值) 的个数.

16. 已知正交矩阵 $A=\dfrac{1}{3}\begin{pmatrix} 2 & 1 & -2 \\ 1 & 2 & 2 \\ 2 & -2 & 1 \end{pmatrix}$ 表示一个旋转, 求其旋转轴与旋转角.

17. 若 3×3 矩阵 S 表示一个反射, 则存在一个正交矩阵 C, 使得 $C^{-1}SC=\begin{pmatrix} -1 & 0 & 0 \\ 0 & 1 & 0 \\ 0 & 0 & 1 \end{pmatrix}$. 当 $S=\dfrac{1}{9}\begin{pmatrix} 7 & 4 & -4 \\ 4 & 1 & 8 \\ -4 & 8 & 1 \end{pmatrix}$ 时, 求这样的矩阵 C.

18. 求习题 1 中所有正规矩阵的谱分解.

19. 证明谱分解定理 (定理 4.2.1) 中的唯一性.

20. 证明例 4.2.5 并写出其实数形式.

21. 设 $A=LU$ 可逆, 其中 L 与 U 分别为下三角矩阵与上三角矩阵, 证明存在单位下三角矩阵 L' 与上三角矩阵 U', 使得 $A=L'U'$.

22. 证明矩阵 $A=\begin{pmatrix} 0 & 1 \\ 1 & 0 \end{pmatrix}$ 不存在三角分解.

23. 证明 Cholesky 分解 (定理 4.3.2) 的唯一性.

24. 试给出正定 Hermite 矩阵的 Cholesky 分解定理.

25. 证明定理 4.3.3.

26. 证明定理 4.4.2 中的存在性.

27. 设 $A=\begin{pmatrix} 2 & 1 \\ 1 & 1 \\ 2 & 1 \end{pmatrix}$, $b=\begin{pmatrix} 12 \\ 6 \\ 8 \end{pmatrix}$.

(1) 求 $R(A)$ 的标准正交基;

(2) 写出 A 的 QR 分解;

(3) 求 $Ax=b$ 的最小二乘解;

(4) 证明 $u_1=(0,1,0)^{\mathrm{T}}$, $u_2=\left(\dfrac{1}{\sqrt{2}},0,\dfrac{1}{\sqrt{2}}\right)^{\mathrm{T}}$ 也是 $R(A)$ 的标准正交基, 其中 $R(A)$ 为 A 的列空间.

28. 求下列矩阵的 QR 分解:

(1) $A=\begin{pmatrix}0&1&1\\1&1&0\\1&0&0\end{pmatrix}$; (2) $A=\begin{pmatrix}2&2&1\\0&2&2\\2&1&2\end{pmatrix}$; (3) $A=\begin{pmatrix}1&0\\0&1\\1&1\end{pmatrix}$.

29. 设 $A,B\in\mathbb{C}^{m\times n}$. 证明矩阵分解引理: $A^*A=B^*B\Longleftrightarrow$ 存在酉矩阵 U, 使得 $B=UA$.

30. 计算28题中各矩阵的奇异值分解和相应的四个子空间.

31. 设 $A\in\mathbb{C}^{m\times n}$, 证明:

$$\sigma_{\min}(A)=\min\{(x^*A^*Ax)^{1/2}:x^*x=1\},\qquad \sigma_{\max}(A)=\max\{(x^*A^*Ax)^{1/2}:x^*x=1\}.$$

32. 设变换 $\sigma:\sigma x=x-a(x,w)w,\ \forall x\in\mathbb{R}^n$, 其中 w 为长度为 1 的向量. 问 a 取何值时, σ 为正交变换? 如果 w 是任意向量, 你的结论又如何?

33. 设 $A\in\mathbb{C}^{m\times n}$ 的秩为 $r>0$, A 的奇异值分解为 $A=U\operatorname{diag}(s_1,\cdots,s_r,0,\cdots,0)V^*$, 求矩阵 $B=\begin{pmatrix}A\\A\end{pmatrix}$ 的奇异值分解.

34. 详细计算例 4.5.4, 求出单位圆在 A 作用下的最终轨迹方程.

35. (1) 证明可逆矩阵的极分解的唯一性;

(2) 计算 Jordan 块 $J_n(\lambda)$ 的极分解.

36. 证明推论 4.5.1.

37. 证明任意 n 阶矩阵 A 均可表示成 $A=Pe^{\mathrm{i}H}$, 其中 P 是半正定矩阵, H 是Hermite矩阵. 研究这种分解的唯一性.

38. 证明命题 4.5.1.

39. 试对任意矩阵定义其极分解, 并由此计算任意向量 $x\in\mathbb{C}^n$ 的极分解.

40. 证明命题 4.5.2.

41. 证明命题 4.5.3, 并由此计算 $A=\begin{pmatrix}1&0&-1\\0&1&0\\1&1&-1\end{pmatrix}$ 的四个子空间.

42. 证明命题 4.5.4.

43. 证明例 4.5.8.

44. 设 $x,y,\alpha,\beta\in\mathbb{C}^n$, 且 $x^*y=\alpha^*\beta=0$. 设 $A=x\alpha^*+y\beta^*$, 求 A 的F-范数.

45. 证明矩阵 A 可以对角化 $\Longleftrightarrow$ 存在Hermite正定矩阵 P, 使得 $P^{-1}AP$ 是正规矩阵.

46. 证明矩阵序列 (4.6.1) 中的每一个矩阵的模均与 $A=A_0$ 酉相似, 并且当 A 的特征值的模均不相同时, 该序列收敛于一个与 A 酉相似的上三角矩阵. 如果 A 有重特征值, 此结论还成立吗?

47. 研究正交三角分解、谱分解、极分解和奇异值分解之间的关系.

48. 仔细研究例 4.6.3 的计算与证明 (参考下题), 再求第二章第9题中的两个子空间的交.

49. 设 $A,B\in\mathbb{C}^{m\times n}$. 证明: $x\in N(A)\cap N(B)\Longleftrightarrow\begin{pmatrix}A\\B\end{pmatrix}x=0$.

50. 证明奇异值的极大极小定理: 设 $A \in \mathbb{C}^{m\times n}$ 的奇异值为 $\sigma_1 \geqslant \sigma_2 \geqslant \cdots \geqslant \sigma_n$, 则

$$\sigma_k = \min_{\substack{w_i \in \mathbb{C}^n \\ 1\leqslant i\leqslant n-k}} \max_{\substack{0\neq x\perp w_i \\ 1\leqslant i\leqslant n-k}} \frac{\|Ax\|_2}{\|x\|_2} = \max_{\substack{w_i \in \mathbb{C}^n \\ 1\leqslant i\leqslant n-k}} \min_{\substack{0\neq x\perp w_i \\ 1\leqslant i\leqslant n-k}} \frac{\|Ax\|_2}{\|x\|_2}.$$

特别地,

$$\sigma_{\max} = \sigma_1 = \max_{x\neq 0, x\in\mathbb{C}^n} \frac{\|Ax\|_2}{\|x\|_2} = \max_{x^*x=1} \|Ax\|_2;$$

$$\sigma_{\min} = \sigma_n = \min_{x\neq 0, x\in\mathbb{C}^n} \frac{\|Ax\|_2}{\|x\|_2} = \min_{x^*x=1} \|Ax\|_2.$$

51. 证明: 对任意同阶矩阵 A, B, 均有 $\sigma_{\max}(A+B) \leqslant \sigma_{\max}(A) + \sigma_{\max}(B)$.

52. (矩阵的低秩近似) 设矩阵 $A_{m\times n}$ 的秩为 r, 其奇异值分解为 $A = UDV^*, U = (u_1, \cdots, u_m), V = (v_1, \cdots, v_n)$. 对任意 $k < r$, 定义矩阵

$$A_k = \sum_{i=1}^{k} \sigma_i u_i v_i^*, \quad k < r.$$

证明:

$$\min_{r(B)=k} \|A - B\|_1 = \|A - A_k\|_1 = \sigma_{k+1}, \quad k < r$$

以及

$$\min_{r(B)=k} \|A - B\|_F^2 = \|A - A_k\|_F^2 = \sigma_{k+1}^2 + \sigma_{k+1}^2 + \cdots + \sigma_r^2.$$

53. 利用上题的结果, 证明利用截尾奇异值分解压缩数据的合理性.

54. (同时奇异值分解) 设 A, B 是两个 $m \times n$ 矩阵. 证明存在酉矩阵 U, V 以及对角矩阵 D, Λ, 使得 $A = UDV^*$, $B = U\Lambda V^* \Longleftrightarrow A^*B$ 与 AB^* 均是正规矩阵. 该结论对三个或更多的矩阵成立吗?

第五章　矩阵函数及其微积分

引言　怎样讨论矩阵的微积分

在图像处理、模式识别或移动通信等领域, 常需要利用特定的线性变换将高维向量压缩成低维向量或者将低维向量还原为高维向量, 并且使误差尽可能小. 描述此类问题的一个数学模型如下例:

例 5.0.1　设 $\alpha \in \mathbb{R}^n, \beta \in \mathbb{R}^m$, 求半正交矩阵 $U \in \mathbb{R}^{m\times n}$, 使得

$$\|U\alpha - \beta\| \tag{5.0.1}$$

最小.

例 5.0.1 相当于求以矩阵 U 为自变量的函数 $J(U) = \|U\alpha - \beta\|$ 在约束条件 $U^{\mathrm{T}}U = I$ 或 $UU^{\mathrm{T}} = I$ 下的最小值点 (矩阵), 这样的优化问题具有普遍意义 (属于运筹学的研究领域). 比较一元或多元微分学可知, 解决此问题的一个可行办法是求函数 $J(U) = \|U\alpha - \beta\|$ 关于未知矩阵 U 的导数, 这就需要研究矩阵函数的微积分 (如果将 U 的元素都作为未知数列出, 则目标函数 $\|U\alpha - \beta\|$ 就是一个 mn 元函数, 可以使用多元微分学来研究此问题, 但那将是什么样的场景!).

我们在大学的许多课程和实践中对微积分的强大作用已经深有体会, 如果矩阵能与微积分相结合, 无疑将会产生更为巨大的作用. 那么如何才能将微积分引入到矩阵的研究中来呢? 比较数学分析或高等数学课程, 我们首先需要研究矩阵序列的收敛性, 这就需要计算两个矩阵之间的距离. 一旦有了距离概念, 就能够和数学分析或高等数学几乎完全平行地讨论矩阵序列的极限和矩阵函数的连续性, 进而讨论矩阵函数的微分学与积分学等理论. 我们在第一章内积空间中已经看到, 距离概念可以由长度或范数导出, 而长度或范数可以由内积导出, 因此研究矩阵函数的微积分实际上可以通过在矩阵空间中引入适当的内积后顺利进行. 但一般的无限维线性空间可能没有内积概念 (所有 $m \times n$ 阶函数矩阵构成的线性空间当然是无限维的), 因此我们将在本章第一节研究比内积导出的范数更为广泛的概念, 以使范数能够应用在更大的范围. 那么, 什么是矩阵的范数呢? 我们先看下面简单的例子:

例 5.0.2　设 x 是复数, 则当 $|x| < 1$ 时有

$$(1-x)^{-1} = 1 + x + x^2 + \cdots + x^m + \cdots. \tag{5.0.2}$$

问题: 何时上式对于矩阵也成立, 即设 A 是 n 阶矩阵, 公式

$$(I-A)^{-1} = I + A + A^2 + \cdots + A^m + \cdots \tag{5.0.3}$$

何时成立? 即相当于 $|x| < 1$ 的条件是什么? 容易知道一个充分条件是 $\rho(A) < 1$, 但是矩阵的特征值及其谱半径都是不容易计算的, 我们能否改进这个条件? 答案是肯定的, 只需将 $\rho(A) < 1$ 换成 $\|A\| < 1$, 即 A 的范数小于1, 任何一种范数即可! 因此, 矩阵的范数可以看作是实数的绝对值或者复数的模的推广, 是一种衡量矩阵 (包括向量) 大小的尺度.

另外, 我们对矩阵函数的微积分也不陌生, 比如三元函数 $f(x, y, z)$ 的梯度向量

$$\nabla f(x) = \left(\frac{\partial f}{\partial x}, \frac{\partial f}{\partial y}, \frac{\partial f}{\partial z}\right) \tag{5.0.4}$$

就是向量 (x, y, z) 的函数 $f(x, y, z)$ 关于向量 (x, y, z) 的导数 (向量).

第一节　向量与矩阵的范数

回忆内积空间中由内积导出的范数具有的特征, 我们在一般的实或复线性空间中引进下面的定义.

定义 5.1.1　设 $\mathbb{F} = \mathbb{R}$ 或 $\mathbb{C}$, V 为 $\mathbb{F}$ 上的一个线性空间. 如果 V 上的实 (向量) 函数 $\|\cdot\|$ 满足下列性质:

(1) 正定性: 对 $\forall x \in V$, $\|x\| \geqslant 0$ 且 $\|x\| = 0 \Longleftrightarrow x = 0$;

(2) 齐次性: 对 $\forall k \in \mathbb{F}$, $x \in V$, 有

$$\|kx\| = |k|\,\|x\|;$$

(3) 三角不等式: 对 $\forall x, y \in V$, 有

$$\|x + y\| \leqslant \|x\| + \|y\|,$$

则称 V 是一个**赋范线性空间**或赋范空间, 记为 $(V, \|\cdot\|)$ (常简记为 V, 如果范数是不需要强调的), 称 $\|x\|$ 是 V 中向量 x 的范数.

由齐次性立即可知: $\|0\| = 0$, $\|-x\| = \|x\|$.

例 5.1.1　对实数域 $\mathbb{R}$ 而言, 普通的绝对值显然是 V 上的范数, 绝对值的 $a\,(a > 0)$ 倍也是范数. 因此 $\mathbb{R}$ 上有无穷多范数. 请思考: $\mathbb{R}$ 上还有别的范数吗? 对复数域 $\mathbb{C}$ 考虑同样的问题.

例 5.1.2　设 $V = \mathbb{C}^n$ 或 $\mathbb{R}^n$, 则下列实值函数都是 $\mathbb{C}^n$(或 $\mathbb{R}^n$) 上的向量范数, 因而 V 为赋范空间:

(1) $\|x\|_\infty = \max\limits_{1\leqslant j\leqslant n} |x_j|$　　(**最大范数或 l_∞ 范数或 ∞-范数**);

(2) $\|x\|_1 = \sum\limits_{j=1}^{n} |x_j|$　　(**和范数或 l_1 范数或 1-范数**);

(3) $\|x\|_2 = \left(\sum_{j=1}^{n} |x_j|^2\right)^{1/2}$　　(**欧几里得范数或 l_2 范数**);

(4) $\|x\|_p = \left(\sum_{j=1}^{n} |x_j|^p\right)^{1/p}, \ p \geqslant 1$　　(**Hölder 范数或 l_p 范数或 p-范数**).

显然, 当 $n = 1$ 时, 例 5.1.2 中的所有范数都变成 $\mathbb{C}$ 或 $\mathbb{R}$ 上的普通范数 (模或绝对值).

容易看出, $\|\cdot\|_1$ 与 $\|\cdot\|_2$ 为 Hölder 范数中取 $p = 1$ 与 $p = 2$ 的情形, 而 $\|\cdot\|_\infty$ 是 Hölder 范数当 $p \to \infty$ 的极限情形. 直接验证可知 (见习题 3), $\|\cdot\|_\infty$ 满足定义 5.1.1 的三个条件, 因而为 V 上的向量范数. l_p 范数 ($p \geqslant 1$) 显然满足定义中的条件 (1) 和 (2). 为验证条件 (3), 只需应用下列 **Minkowski 不等式** (证明见习题 4):

$$\left(\sum_{j=1}^{n} |x_j + y_j|^p\right)^{1/p} \leqslant \left(\sum_{j=1}^{n} |x_j|^p\right)^{1/p} + \left(\sum_{j=1}^{n} |y_j|^p\right)^{1/p}, \quad p \geqslant 1. \tag{5.1.1}$$

注 1: 定义 5.1.1 中的字母"l"是序列空间 (对照第二章第六节) 或 Lebesgue① 空间的统称. 确切地说, 数域 $\mathbb{F}$ 上的所有绝对收敛的无穷数列构成的线性空间称为 l^1 空间, 绝对平方收敛的无穷数列构成的线性空间称为 l^2 空间, 所有有界无穷数列构成的线性空间称为 l^∞ 空间, 以及 l^p 空间等. 类似地, 可以定义绝对可积函数空间 L^1, 绝对平方可积函数空间 L^2, 以及 L^p, L^∞ 等.

注 2: 当 $0 < p < 1$ 时, l^p 范数仍然满足向量范数的前两个条件, 但不满足三角不等式, 见习题 5.

注 3: 对于 $\mathbb{C}$ 或 $\mathbb{R}$ 上一般 n 维线性空间 V, 可以通过取 V 的一组基, 然后像例 5.1.2 中一样定义 V 的范数.

注 4: 常将 1-范数称为 Manhattan (曼哈顿)-度量, 因为在赋范线性空间中可以由范数自然定义距离, 即

$$d(x, y) = \|x - y\|.$$

请读者在平面上或者空间中画出两点间的距离的示意图. 如果连接两点间的最短曲线称为线段, 请问 1-范数下的线段是什么? ∞-范数下的线段是什么?

例 5.1.3 (各种范数下的单位圆)　图 5.1.1 从左至右依次展示了 1-范数、普通范数 (欧几里得范数) 和 ∞-范数下, 平面上的单位圆 (一维单位球面):

① Henri Léon Lebesgue(1875—1941), 法国数学家, 数学上有著名的 Lebesgue 积分.

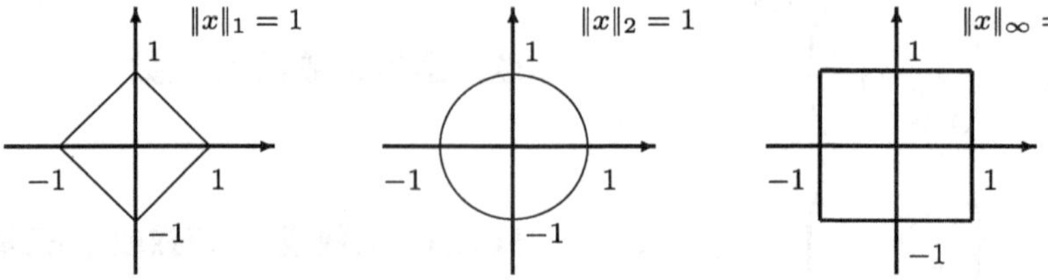

图 5.1.1

读者由此例可以看出, 在 1-范数和 ∞-范数下的单位圆按通常意义都是正方形! 一般地, 将赋范线性空间 V 中范数为 1 的向量的集合称为单位球面, 范数小于等于 1 的向量的集合称为单位球. 如果单位球面是多面体, 则称该范数是多面的. 因此 1-范数和 ∞-范数是多面的. (还有别的多面范数吗?)

请读者思考: 在 1-范数和 ∞-范数下的单位圆中的四个角是直角吗? 此时的角度与我们的常识一致吗?

矩阵是特殊的向量, 因此也可以定义矩阵的向量范数.

例 5.1.4　设 $\mathbb{F}^{n\times n}$ 为数域 $\mathbb{F}$ 上 n 阶矩阵所构成的线性空间, 对 $\forall\, A=(a_{ij})_{n\times n}$, 定义

$$\|A\|_F=\left(\sum_{i,j=1}^{n}|a_{ij}|^2\right)^{1/2}=\sqrt{\mathrm{tr}(A^*A)}\qquad\text{(Frobenius 范数或 F-范数)};$$

$$\|A\|_1=\max_{1\leqslant j\leqslant n}\sum_{i=1}^{n}|a_{ij}|\qquad\text{(极大列和范数)};$$

$$\|A\|_\infty=\max_{1\leqslant i\leqslant n}\sum_{j=1}^{n}|a_{ij}|\qquad\text{(极大行和范数)}.$$

则不难验证 (见习题 6), 它们都是 $\mathbb{F}^{n\times n}$ 中的范数, 因而 $\mathbb{F}^{n\times n}$ 成为赋范线性空间.

注: 上例中的 1-范数与 ∞-范数与例 5.1.2 中的 l_1-范数和 l_∞-范数并不一致, 其理由稍后将揭晓.

一个线性空间上有多少种范数? 如何由已知的范数构造新的范数? 下面的命题给出了部分答案, 证明见习题 7.

命题 5.1.1 (构造新范数)　设 $\|\cdot\|_\alpha$ 为 $\mathbb{F}^m$ ($\mathbb{F}=\mathbb{C}$ 或 $\mathbb{R}$) 上的一种向量范数, $A\in\mathbb{F}^{m\times n}$ 是列满秩的矩阵. 对 $\forall\, x=(x_1,x_2,\cdots,x_n)^{\mathrm{T}}\in\mathbb{F}^n$, 定义

$$\|x\|_\beta=\|Ax\|_\alpha,$$

则 $\|\cdot\|_\beta$ 为 $\mathbb{F}^n$ 的范数.

例 5.1.5　对 $(x,y)\in\mathbb{R}^2$, 规定 $\|(x,y)\|=\sqrt{x^2+2y^2-2xy}$, 则由命题 5.1.1 可知这确是 $\mathbb{R}^2$ 中的一个向量范数. (为什么?) 此时的单位圆方程为 $x^2+2y^2-2xy=1$!

以我们熟悉的欧几里得度量来看, 这个“单位圆”是一个对称轴不是坐标轴的椭圆!

赋范线性空间中的单位球或单位球面具有重要的意义, 因为在几何上, 它们相当于实数轴上的单位闭区间或其端点, 相当于平面上的单位圆盘或单位圆周, 以及空间中的单位球或单位球面. 因此它们都是有界闭集 (或更精确地, 紧集). 从高等数学或数学分析课程中我们知道, 连续函数在有界闭集上一定有最大值和最小值. 研究赋范线性空间上的连续函数或变换 (算子) 的一个重要技巧就是设法将函数的定义域限制或转移到单位球或单位球面上.

例 5.1.6　按照矩阵的 1-范数或 ∞-范数, 所有基本矩阵 E_{ij}、所有置换矩阵 (单位矩阵通过任意次交换行列的变换得到的矩阵) 等都在单位球面上. 按照 F-范数, 所有基本矩阵仍在单位球面上, 但任何 $n \geqslant 2$ 阶置换矩阵的范数均为 $\sqrt{n}$, 从而都不在单位球面上.

从前面的讨论及上述例子我们知道, $\mathbb{F}\,(\mathbb{F}=\mathbb{C}$ 或 $\mathbb{R})$ 上 n 维线性空间 V 中可以定义无穷多种向量范数. 那么, 这些向量范数之间有什么关系呢? 为回答此问题, 我们先引入一个定义.

定义 5.1.2　设 V 为有限维线性空间, $\|\cdot\|_\alpha$ 与 $\|\cdot\|_\beta$ 是 V 中任意两种范数. 若存在常数 $C>0$, 使对 $\forall x \in V$, 都有

$$\frac{1}{C} \leqslant \frac{\|x\|_\alpha}{\|x\|_\beta} \leqslant C, \tag{5.1.2}$$

则称 $\|\cdot\|_\alpha$ 与 $\|\cdot\|_\beta$ 是等价的.

例 5.1.7　在 $\mathbb{R}^2$ 中, 1-范数、欧几里得范数和 ∞-范数都是等价的, 因为

$$(1/2)\|x\|_1 \leqslant \|x\|_\infty \leqslant \|x\|_2 \leqslant \|x\|_1 \leqslant 2\|x\|_\infty.$$

于是可将不等式 (5.1.2) 中的常数 C 取为 2.

由定义可以直接得到下面的两种范数等价的简单刻画.

命题 5.1.2　设 V 为有限维线性空间, $\|\cdot\|_\alpha$ 与 $\|\cdot\|_\beta$ 是 V 中的两种范数, 则 $\|\cdot\|_\alpha$ 与 $\|\cdot\|_\beta$ 等价 $\Longleftrightarrow$ 存在正的常数 C_1 与 C_2, 使得对 $\forall x \in V$, 都有

$$\|x\|_\alpha \leqslant C_1\|x\|_\beta, \quad \|x\|_\beta \leqslant C_2\|x\|_\alpha. \tag{5.1.3}$$

下面的命题可以帮助我们更好地理解范数的等价, 其证明是直接的, 见习题 8.

命题 5.1.3　设 $x_1, x_2, \cdots, x_n, \cdots$ 是线性空间 V (有限维或无限维) 中的 (向量) 序列, v 是 V 中某给定向量. 设 $\|\cdot\|_\alpha$ 与 $\|\cdot\|_\beta$ 是 V 的两个向量范数. 则 $\|\cdot\|_\alpha$ 与 $\|\cdot\|_\beta$ 等价的充分必要条件是

$$\lim_{n\to\infty}\|x_n - v\|_\alpha = 0 \Longleftrightarrow \lim_{n\to\infty}\|x_n - v\|_\beta = 0.$$

(此时称序列 $\{x_n\}$ 按范数收敛于 v.) 换句话说, 两个范数等价 $\Longleftrightarrow$ 它们具有相同的敛散性.

引理 5.1.1　有限维线性空间的向量范数是向量坐标的连续函数.

证: 设 V 是 n 维线性空间, $\alpha_1, \alpha_2, \cdots, \alpha_n$ 是 V 的一组基, 则对 $\forall x \in V$, x 可唯一地表示成

$$x = x_1\alpha_1 + x_2\alpha_2 + \cdots + x_n\alpha_n.$$

显然 V 中任何一种范数 $\|\cdot\|$ 都是坐标 $x_1, x_2, \cdots, x_n$ 的函数, 故记

$$\|x\| = \varphi(x_1, x_2, \cdots, x_n).$$

要证对 $\forall y = y_1\alpha_1+y_2\alpha_2+\cdots+y_n\alpha_n \in V$, 如果每个 $|x_i-y_i| \to 0$, 则 $|\varphi(x_1, x_2, \cdots, x_n)-\varphi(y_1, y_2, \cdots, y_n)| \to 0$. 由三角不等式知

$$\begin{aligned}
&|\varphi(x_1, x_2, \cdots, x_n) - \varphi(y_1, y_2, \cdots, y_n)| \\
=& |\,\|x\| - \|y\|\,| \leqslant \|x - y\| = \|\sum_{i=1}^{n}(x_i - y_i)\alpha_i\| \\
\leqslant& \sum_{i=1}^{n}|x_i - y_i|\,\|\alpha_i\| \leqslant \sqrt{\sum_{i=1}^{n}\|\alpha_i\|^2}\sqrt{\sum_{i=1}^{n}|x_i - y_i|^2} \to 0
\end{aligned}$$

所以 $\|x\|$ 是坐标 $x_1, x_2, \cdots, x_n$ 的连续函数. □

定理 5.1.1　有限维线性空间中的任何两种向量范数都是等价的.

证: 设 $\|\cdot\|_\alpha$ 与 $\|\cdot\|_\beta$ 是 V 中任意两种范数. 当 $x = 0$ 时, 不等式 (5.1.2) 显然成立. 设 $x \neq 0$, 则 $\|x\|_\beta \neq 0$. 由引理 5.1.1, $\|x\|_\alpha$, $\|x\|_\beta$ 都是 $x_1, x_2, \cdots, x_n$ 的连续正函数, 因此

$$f(x_1, x_2, \cdots, x_n) = \frac{\|x\|_\alpha}{\|x\|_\beta}$$

也是 $x_1, x_2, \cdots, x_n$ 的连续函数. 考虑在 $\|\cdot\|_\beta$ 下的单位球面 $S = \{x \in V : \|x\|_\beta = 1\}$. 由于 S 为有界闭集, 且 S 上的点均不为零, 因此 f 在 S 上连续. 根据多元连续函数的性质, f 在 S 上有最大值 C_2 与最小值 $C_1 > 0$. 由于对 $\forall x \neq 0$, 都有 $x/\|x\|_\beta \in S$, 从而

$$C_1 \leqslant \left\|\frac{x}{\|x\|_\beta}\right\|_\alpha = \frac{\|x\|_\alpha}{\|x\|_\beta} \leqslant C_2.$$

即有 $C_1\|x\|_\beta \leqslant \|x\|_\alpha \leqslant C_2\|x\|_\beta$. □

注: 在无限维的线性空间中, 两个向量范数是可以不等价的, 见下例.

例 5.1.8　设 $V = C[0,1]$ 是闭区间 $[0,1]$ 上全体实连续函数组成的无限维实线性空间, 则

$$\|f\|_\infty = \max_{0\leqslant x\leqslant 1}|f(x)| \tag{5.1.4}$$

与

$$\|f\|_1 = \int_0^1 |f(x)|dx \tag{5.1.5}$$

均是 V 中的范数. 它们等价吗? 考虑 V 中的函数列 (请读者画出这些函数的草图以便于理解)f_n, 其中 $f_1 = 1$, 而对每个 $n \geqslant 2$,

$$f_n = \begin{cases} 2nx, & 0 \leqslant x \leqslant \dfrac{1}{2n}; \\ -2nx + 2, & \dfrac{1}{2n} < x \leqslant \dfrac{1}{n}; \\ 0, & x > \dfrac{1}{n}. \end{cases}$$

则易知 (见习题 9)

$$\lim_{n\to\infty} \|f_n\|_1 = 0.$$

但

$$\lim_{n\to\infty} \|f_n\|_\infty = 1,$$

因此, 由命题 5.1.3 知这两个范数不等价.

由于等价的范数导致相同的收敛性, 而函数的微积分学均由极限定义, 因此等价的范数将导致相同的微积分学. 粗略地说, 在有限维赋范线性空间中的微积分学本质上只有一种, 而在无限维赋范线性空间中则可以有不同的微积分学.

在例 5.1.4 中将 $m \times n$ 矩阵看成 mn 维向量而定义了矩阵的向量范数, 但矩阵还有自身的特点, 即乘法. 因此有下面的定义.

定义 5.1.3　设 $\|\cdot\|$ 为 $\mathbb{F}^{n\times n}$ 上一个非负的实函数, 若 $\|\cdot\|$ 是 $\mathbb{F}^{n\times n}$ 的向量范数, 且对 $\forall A, B \in \mathbb{F}^{n\times n}$, 有

$$(\text{次乘性}) \qquad \|AB\| \leqslant \|A\|\,\|B\|, \tag{5.1.6}$$

则称 $\|\cdot\|$ 为 $\mathbb{F}^{n\times n}$ 上的一个**矩阵范数**.

注 1: (次乘性的合理性)　如果将矩阵范数定义中的次乘性的不等式反向或加强为“乘性”, 即 $\|AB\| \geqslant \|A\|\,\|B\|$, 则幂零矩阵的矩阵范数将是 0, 与正定性不符.

注 2: (次乘性的意义)　设 $\|A\| < 1$, 则次乘性保证了 $\|A^k\| \to 0\,(k \to \infty)$, 因此矩阵范数的次乘性实际上保证了矩阵幂级数的敛散性的“合理性”.

例 5.1.9　例 5.1.4 中定义的矩阵的向量范数均满足次乘性条件 (5.1.6), 因此均是矩阵范数. 为此只需验证三种向量范数均满足次乘性. 此处仅对 F-范数验证, 其余见习题 11. 设 $A = (a_{ij})_{n\times n}$, $B = (b_{ij})_{n\times n}$, 则

$$\begin{aligned}\|AB\|_F &= \sqrt{\sum_{i,j=1}^{n}\left|\sum_{k=1}^{n} a_{ik}b_{kj}\right|^2} \leqslant \sqrt{\sum_{i,j=1}^{n}\left(\sum_{k=1}^{n}|a_{ik}|^2\right)\left(\sum_{k=1}^{n}|b_{kj}|^2\right)} \\ &= \sqrt{\sum_{i,j=1}^{n}|a_{ij}|^2}\sqrt{\sum_{i,j=1}^{n}|b_{ij}|^2} = \|A\|_F \cdot \|B\|_F,\end{aligned}$$

即不等式 (5.1.6) 成立. □

今后我们将把矩阵的 1-范数、F-范数和 ∞-范数分别改记为矩阵的矩阵范数 $|||\cdot|||_1$、$|||\cdot|||_F$、$|||\cdot|||_\infty$.

例 5.1.10 由次乘性可知, $|||A^k||| \leqslant |||A|||^k$. 因此, 如果 $|||A||| < 1$, 则数列 $\{|||A^k|||\}$ 收敛于 0.

例 5.1.11 (单位矩阵的范数) 在任何矩阵范数 $|||\cdot|||$ 之下, 单位矩阵的范数 $|||I||| \geqslant 1$. 这是因为由次乘性可知 $|||I||| = |||I^2||| \leqslant |||I|||^2$. 请注意, 在向量范数之下, 单位矩阵的范数可以为任何正数!(为什么?)

矩阵范数的定义 5.1.3 虽然考虑到了矩阵的乘法性质, 但还没有将矩阵和线性变换联系起来. 矩阵的"真正范数"应能同时体现矩阵的这两层含义, 或者说矩阵自身的范数应考虑到矩阵的乘法或者线性变换的复合. 考察下面的例子.

例 5.1.12 (线性变换的大小) 设 A 是 n 阶矩阵. 由第二章第六节线性变换与度量可知, Ax 的度量等于 x 的度量的 $|A|$ 倍. 用范数的语言, 即

$$\|Ax\|_\alpha = |||A|||\ \ \|x\|_\alpha. \tag{5.1.7}$$

因此, 矩阵 A 的范数应当定义为

$$|||A||| = \frac{\|Ax\|_\alpha}{\|x\|_\alpha}. \tag{5.1.8}$$

于是单位矩阵的范数为 1, 任何纯量矩阵 aI 的范数为 $|a|$, 这是合理的. 遗憾的是, 对任意矩阵 A, 公式 (5.1.8) 的右端可能不是一个常数, 而和向量 x 有关. 比如, 如果 A 是非零不可逆矩阵, 则存在非零向量 x 使得 $Ax = 0$, 于是有 $|||A||| = 0$, 这与正定性矛盾. 因此应该取公式 (5.1.8) 右端的最大值或者上确界, 即定义

$$|||A||| = \sup_{x\neq 0}\frac{\|Ax\|_\alpha}{\|x\|_\alpha}. \tag{5.1.9}$$

故有下述定义

定义 5.1.4 设 $|||\cdot|||$ 与 $\|\cdot\|$ 分别是 $\mathbb{F}^{n\times n}$ 及 $\mathbb{F}^n$ 的矩阵范数和向量范数. 若对 $\forall A \in \mathbb{F}^{n\times n}$ 及 $x \in \mathbb{F}^n$, 都有

$$\|Ax\| \leqslant |||A|||\,\|x\|, \tag{5.1.10}$$

则称矩阵范数 $|||\cdot|||$ 与向量范数 $\|\cdot\|$ 是相容的.

例 5.1.12 实际上是一个从向量范数出发构造与之相容的矩阵范数的方法, 我们将其写成下面的定理.

定理 5.1.2　设 $(\mathbb{F}^n, \|\cdot\|)$ 是 n 维赋范线性空间, A 是任意 n 阶矩阵. 定义

$$\|A\| = \sup_{0\neq x\in\mathbb{F}^n} \frac{\|Ax\|}{\|x\|}, \tag{5.1.11}$$

则上式定义了一个与向量范数 $\|\cdot\|$ 相容的矩阵范数, 称为由向量范数 $\|\cdot\|$ 诱导的矩阵范数或**算子范数**.

证: 齐次性与相容性是显然的.

正定性. 对任意 $A \neq 0$, 有 $\|A\| > 0$, 这是因为 V 有一组由单位向量构成的基, 因此如果 $Ax = 0$ 对所有单位向量成立, 则必有 $A = 0$. 故正定性得证.

为证三角不等式和次乘性, 请注意下式成立 (应用转移到单位球或单位球面的技巧, 见习题 15)

$$\|A\| = \max_{\|x\|=1} \|Ax\| = \sup_{0\neq x\in\mathbb{F}^n} \frac{\|Ax\|}{\|x\|} = \sup_{\|x\|\leqslant 1} \frac{\|Ax\|}{\|x\|}. \tag{5.1.12}$$

因赋范线性空间 $(\mathbb{F}^n, \|\cdot\|)$ 的单位闭球或单位球面皆为有界闭集, 而 $\|Ax\|$ 为 x 的连续函数, 故在单位球或单位球面上取得最大值, 所以公式 (5.1.12) 中的 "sup" 可以换为 "max".

对 $\forall A, B \in \mathbb{F}^{n\times n}$, 有

$$\begin{aligned}\|A+B\| &= \sup_{0\neq x\in\mathbb{F}^n} \frac{\|(A+B)x\|}{\|x\|} \leqslant \sup_{0\neq x\in\mathbb{F}^n} \frac{\|Ax\|+\|Bx\|}{\|x\|} \\ &\leqslant \sup_{0\neq x\in\mathbb{F}^n} \frac{\|Ax\|}{\|x\|} + \sup_{0\neq x\in\mathbb{F}^n} \frac{\|Bx\|}{\|x\|} = \|A\| + \|B\|,\end{aligned}$$

所以三角不等式成立. 设 $\|ABx\|$ 在单位球面的最大值点为 y, 即 $\|AB\| = \|ABy\|$. 如果 $\|By\| = 0$, 即 $By = 0$, 则显然 $\|AB\| = 0 \leqslant \|A\|\,\|B\|$, 即次乘性成立; 如果 $\|By\| \neq 0$, 则

$$\begin{aligned}\|AB\| &= \frac{\|ABy\|}{\|By\|} \cdot \|By\| \leqslant \max_{\substack{0\neq x\in\mathbb{F}^n \\ \|Bx\|\neq 0}} \frac{\|A(Bx)\|}{\|Bx\|} \cdot \max_{\|x\|=1} \|Bx\| \\ &\leqslant \sup_{0\neq x\in\mathbb{F}^n} \frac{\|Ax\|}{\|x\|} \cdot \|B\| = \|A\|\,\|B\|,\end{aligned}$$

即得次乘性. □

注 1: 可以证明 (见习题 16), 例 5.1.9 中给出的矩阵的 1-范数恰好是向量的 1-范数的诱导范数, 而矩阵的 ∞-范数恰好是向量的 ∞-范数的诱导范数 (这是我们将矩阵的 1-范数和 ∞-范数没有仿照向量的相应范数定义的原因, 见注 2 和例 5.1.4 后的注).

注 2: 如果仿照向量的 1-范数与 ∞-范数定义矩阵的 1-范数和 ∞-范数, 则它们不是向量的 1-范数与 ∞-范数诱导的范数, 实际上, 这样定义的 ∞-范数不是矩阵范数, 见习题 14.

推论 5.1.1　(1) $\mathbb{F}^{n\times n}$ 上任意两种矩阵范数均等价;

(2) 对于 $\mathbb{F}^n$ 上每种向量范数, 都存在 $\mathbb{F}^{n\times n}$ 上与它相容的矩阵范数;

(3) 对于 $\mathbb{F}^{n\times n}$ 上每种矩阵范数, 都存在 $\mathbb{F}^n$ 上与它相容的向量范数.

证: 只需证明 (3). 设 $|||\cdot|||$ 是 $\mathbb{F}^{n\times n}$ 上的一种矩阵范数, 对每个 $x\in\mathbb{F}^n$, 定义

$$\|x\| = |||xJ^{\mathrm{T}}|||, \tag{5.1.13}$$

其中 $J=\sum\limits_{i=1}^{n} e_i$ 是全 1 向量矩阵 (实际上 $xJ^{\mathrm{T}}=(x,x,\cdots,x)$ 是每列均为 x 的矩阵). 则公式 (5.1.13) 定义了一个与矩阵范数 $|||\cdot|||$ 相容的向量范数, 证明见习题 20. □

例 5.1.13　将公式 (5.1.13) 定义的向量范数称为矩阵范数 $|||\cdot|||$ 诱导的向量范数. 由矩阵的极大列和范数 $|||\cdot|||_1$ 诱导的向量范数实际上正是向量的 1-范数! 请读者思考: 矩阵的 ∞-范数诱导的向量范数是 ∞-范数吗? 矩阵的 F-范数诱导向量的 2-范数吗?

由矩阵和线性变换的对应关系可知, 矩阵范数自然诱导线性变换的范数. 另外, 也可以仿照矩阵范数来定义线性变换的范数, 故有下面的定义:

定义 5.1.5　设 U,V 是任意维实或复赋范线性空间, $\sigma\in\mathrm{Hom}(U,V)$. 定义

$$\|\sigma\| = \sup_{0\neq x\in U}\frac{\|\sigma(x)\|}{\|x\|}, \tag{5.1.14}$$

则上式定义了线性空间 $\mathrm{Hom}(U,V)$ 上的一个与 U 中向量范数相容的向量范数, 即 $\|\sigma(x)\|\leqslant\|\sigma\|\|x\|$. 特别地, 如果 $U=V$, 则此向量范数还是矩阵范数, 即满足次乘性 $\|\sigma\tau\|\leqslant\|\sigma\|\|\tau\|$(请验证!). 我们讨论的线性变换范数均指由公式 (5.1.14) 定义的范数, 它实际上是两个赋范线性空间 U 与 V 的范数诱导的算子范数.

注: 如果 U 是有限维赋范线性空间, 则由公式 (5.1.14) 定义的算子范数 $\|\sigma\|$ 一定有界 (为什么?), 此时称 σ 是**有界算子** (变换). 但若 U 是无限维的, 则此范数可能是无穷大, 此时称 σ 是无界算子.

例 5.1.14　考虑通常欧几里得范数下的平面上的正交投影变换 $\sigma:(x,y)^{\mathrm{T}}\mapsto(x,0)^{\mathrm{T}}$, 则 $\|\sigma\|=1$.

有了线性变换的范数概念, 就可以仿照函数的连续性来定义线性变换的连续性了.

定义 5.1.6　设 U,V 是有限维实或复赋范线性空间, $\sigma\in\mathrm{Hom}(U,V)$. 如果对任意给定的正数 $\varepsilon>0,\exists\delta>0$, 使得对任意 $x,y\in U$, $\|x-y\|<\delta$, 均有

$$\|\sigma(x)-\sigma(y)\|<\varepsilon,$$

则称 σ 是连续的.

定理 5.1.3　有限维赋范线性空间的线性变换均是连续的.

定理的证明只需注意到线性变换的范数是与向量范数相容的即可 (见习题 24). 实际上, 我们在第二章即已知道线性变换实际上是若干个线性函数而已, 而每个线性函数都是连续的, 所以线性变换的连续性是自然的结论.

对无限维赋范线性空间, 定理 5.1.3 不成立. 比如, 设 $V=\mathbb{R}[x]$ 的范数由公式 (5.1.4) 定义 (见例 5.1.8). 定义 $\sigma:\sum\limits_{n\geqslant 0}a_nx^n\mapsto\sum\limits_{n\geqslant 0}na_n$, 则 $\sigma\in\mathrm{Hom}(V,\mathbb{R})$ 不是连续映射 (为什么?). 线性变换的连续性和有界性的关系见习题 24.

思　考　题

1. 在 $\mathbb{R}^2$ 中, 中心在原点的非等边矩形是否可以是单位圆? 中心在原点的正三角形与双曲线呢?
2. 三角不等式中的等号何时成立? 是否存在范数使得三角不等式总是等式?
3. 两个范数的乘积是否仍是范数? (和的情形见习题 18.)
4. 内积可以诱导范数. 哪些 p-范数可以诱导内积, 即定义 $(x-y,x-y)=\|x-y\|^2$? 哪些不能?
5. 矩阵 A 与其共轭转置 A^* 的矩阵范数有何联系? 可逆矩阵与其逆矩阵的矩阵范数有何联系? 线性变换与其伴随变换的范数有何联系?
6. 矩阵范数中次乘性的等号何时成立? 是否存在矩阵范数使得次乘性中的等号永远成立?
7. 是否能够由一种矩阵范数定义一种不同于公式 (5.1.13) 的向量范数?
8. 能否在赋范线性空间中定义合理的角度? 研究 1-范数和 ∞-范数的单位圆中的几个角, 它们是直角吗?

第二节　矩阵序列与矩阵级数

本节我们讨论向量序列与矩阵序列的敛散性, 其方法与结论基本平行于数学分析和高等数学的相应概念, 请读者注意比较.

定义 5.2.1　设 $(V,\|\cdot\|)$ 是 n 维赋范线性空间, $x_1,x_2,\cdots,x_k,\cdots$ 是 V 的一个向量序列, α 是 V 的一个固定向量. 如果

$$\lim_{k\to\infty}\|x_k-\alpha\|=0,$$

则称向量序列 $x_1,x_2,\cdots,x_k,\cdots$ 在 $\|\cdot\|$ 意义下收敛, 且 α 是该序列的极限, 记作

$$\lim_{k\to\infty}x_k=\alpha\quad 或\quad x_k\to\alpha.$$

不收敛的向量序列称为发散的.

例 5.2.1　设 $V=\mathbb{R}$ 是普通赋范线性空间 (范数 = 绝对值), 则定义 5.2.1 中的敛散性与高等数学中的相应概念完全一致.

设 $V=\mathbb{F}^n$ 是赋范线性空间, 则定义 5.2.1 中的敛散性可以更具体地描述如下 (证明见习题 25):

引理 5.2.1　设 $\{x^{(k)}\}$ 是 $\mathbb{F}^n$ 中的向量序列, $x^{(k)}=(x_1^{(k)},x_2^{(k)},\cdots,x_n^{(k)})$, $k=1,2,\cdots$. 设 $x=(x_1,x_2,\cdots,x_n)$ 是 $\mathbb{F}^n$ 中的固定向量, 则 $\lim\limits_{k\to\infty}x^{(k)}=x\Longleftrightarrow$

$$\lim_{k\to\infty}x_i^{(k)}=x_i,\quad i=1,2,\cdots,n.$$

从上面的引理可以看出, 向量序列的极限实际上是坐标序列的极限, 也就是说向量序列收敛 $\Longleftrightarrow$ 该序列的向量的每个坐标构成的数列 (共有 n 个) 均收敛. 所以, 向量序列的收敛可以称为 **"按坐标收敛"**. 另外, 此定义显然可以推广到所有无穷数列构成的无限维空间.

定理 5.2.1　设 $\{x^{(k)}\}$ 为 $\mathbb{F}^n$ 的向量序列, $\|\cdot\|$ 为 $\mathbb{F}^n$ 中的任一向量范数, 则

$$\lim_{k\to\infty}x^{(k)}=x\Longleftrightarrow\lim_{k\to\infty}\|x^{(k)}-x\|=0.$$

证: 由向量范数的等价性, 定理中的结论只要对一种向量范数成立, 则对任何一种向量范数都成立. 故就向量范数 $\|\cdot\|_\infty$ 来证明即可, 见习题 24.

注: 定理 5.2.1 可以等价地描述为向量序列按坐标收敛于向量 $x\Longleftrightarrow$ 它**按范数收敛**于 x.

将 n 阶矩阵看作 n^2 维向量即可定义矩阵序列的敛散性. 为方便读者, 我们将其单独列出.

定义 5.2.2　设 $A_m=(a_{ij}^{(m)})_{n\times n}\in\mathbb{F}^{n\times n}$, $m=1,2,\cdots$. 若对任意的 i,j, 有 $\lim\limits_{m\to\infty}a_{ij}^{(m)}=a_{ij}$, $1\leqslant i,j\leqslant n$, 则称矩阵序列 $\{A_m\}$ 收敛于矩阵 $A=(a_{ij})_{n\times n}$, 记为 $\lim\limits_{m\to\infty}A_m=A$. 否则, 称 $\{A_m\}$ 为发散的.

上述定义可称作矩阵序列**按元素收敛或按坐标收敛**.

由定理 5.2.1 可知, 矩阵序列按坐标收敛与按范数收敛等价, 即有下述推论

推论 5.2.1　设 $\{A_m\}$ 为 $\mathbb{F}^{n\times n}$ 的矩阵序列, $\|\cdot\|$ 为 $\mathbb{F}^{n\times n}$ 的任意向量范数, 则

$$\lim_{m\to\infty}A_m=A\Longleftrightarrow\lim_{m\to\infty}\|A_m-A\|=0.$$

注: 定理中的"向量范数"不必是"矩阵范数".

例 5.2.2　设 $A_m=\begin{pmatrix}m\sin\dfrac{1}{m} & \left(1-\dfrac{1}{m}\right)^{2m}\\ 1 & m^2\left(1-\cos\dfrac{1}{m}\right)\end{pmatrix}$, 那么

$$\lim_{m\to\infty} A_m = \begin{pmatrix} 1 & e^{-2} \\ 1 & \dfrac{1}{2} \end{pmatrix}.$$

下面是矩阵序列极限的四则运算法则, 证明见习题25.

性质 5.2.1 (1) 若 $A_m \to A$, $B_m \to B$, $\{a_m\} \to a$, $\{b_m\} \to b$, a_m, b_m, a, $b \in \mathbb{F}$, 则

$$\lim_{m\to\infty}(a_m A_m + b_m B_m) = aA + bB, \quad \lim_{m\to\infty} A_m B_m = AB.$$

特别地, 若 P 是可逆矩阵, 则

$$\lim_{m\to\infty} P^{-1}A_m P = P^{-1}AP.$$

(2) 若 $\lim\limits_{m\to\infty} A_m = A$, 则对 $\mathbb{F}^{n\times n}$ 中任意范数 $\|\cdot\|$, $\|A_m\|$ 有界.

(3) 若 $A_m \to A$, 且 A_m^{-1} 及 A^{-1} 存在, 则

$$\lim_{m\to\infty} A_m^{-1} = A^{-1}.$$

定义 5.2.3 设 $A \in \mathbb{F}^{n\times n}$, 则由 A 的幂可得一矩阵序列:

$$I,\ A,\ A^2,\ A^3, \cdots. \tag{5.2.1}$$

若矩阵序列 (5.2.1) 收敛, 则称矩阵 A **幂收敛**.

由矩阵序列极限的四则运算法则立即可得 (证明见习题29) 下述幂收敛的等价条件.

命题 5.2.1 设矩阵 A 与 B 相似, 则 A 幂收敛 $\Longleftrightarrow$ B 幂收敛. 特别地, 矩阵 A 幂收敛 $\Longleftrightarrow$ 其 Jordan 标准形幂收敛.

例 5.2.3 (1) 对角矩阵幂收敛 $\Longleftrightarrow$ 其对角元素为 1 或绝对值小于 1;

(2) 设 $J = J_n(\lambda)$ 是特征值为 λ 的 n 阶 Jordan 块, 有 (其中约定, 若 $s > k$, 有 $C_k^s = 0$)

$$J^m = \begin{pmatrix} \lambda^m & C_m^1\lambda^{m-1} & C_m^2\lambda^{m-2} & \cdots & C_m^{n-1}\lambda^{m-n+1} \\ & \lambda^m & C_m^1\lambda^{m-1} & \cdots & C_m^{n-2}\lambda^{m-n+2} \\ & & \lambda^m & \cdots & C_m^{n-3}\lambda^{m-n+3} \\ & & & \ddots & \vdots \\ & & & & \lambda^m \end{pmatrix}. \tag{5.2.2}$$

因此, J 幂收敛 $\Longleftrightarrow$ $|\lambda| < 1$ 或 $\lambda = 1$ 且 $n = 1$.

我们将上面的讨论总结为下面的定理.

定理 5.2.2 设 $A \in \mathbb{C}^{n\times n}$, 则 A 幂收敛 $\Longleftrightarrow$ A 的任一特征值 λ 满足: $|\lambda| \leqslant 1$, 并且, 若 $|\lambda| = 1$, 则 $\lambda = 1$ 且对角线元素为 1 的 Jordan 块都是一阶的.

注:“对角线元素为 1 的 Jordan 块都是一阶的”的含义是特征值 1 的代数重数等于几何重数. 等价地, 最小多项式中的因式 $x-1$ 的次数为 1.

推论 5.2.2　设 $S_m=\sum\limits_{k=0}^{m}A^k$, 则 $\{S_m\}$ 收敛 $\Longleftrightarrow \lim\limits_{k\to\infty}A^k=0$.

为了给出矩阵幂收敛的一个范数条件, 我们先讨论矩阵特征值与矩阵范数的一个基本关系.

定理 5.2.3　设 $A\in\mathbb{C}^{n\times n}$, $\|\cdot\|$ 为 $\mathbb{C}^{n\times n}$ 的任意一种矩阵范数, 则 $\rho(A)\leqslant\|A\|$.

证: 本章习题 19 实际上是对本定理的直接证明. 下面给出另一个利用幂收敛的具有启发性的有趣证明, 请读者体会之. 作矩阵

$$B=\frac{1}{\|A\|+\varepsilon}A,$$

其中 ε 为任意正实数, 则

$$\|B\|=\frac{1}{\|A\|+\varepsilon}\|A\|<1.$$

于是, $\lim\limits_{m\to\infty}\|B^m\|=0$, 由推论 5.2.1, $\lim\limits_{m\to\infty}B^m=0$. 于是由定理 5.2.2, B 的所有特征值的模都小于或等于 1, 即

$$\frac{1}{\|A\|+\varepsilon}|\lambda|\leqslant 1,$$

其中 λ 为 A 的任一特征值. 于是, $|\lambda|\leqslant\|A\|+\varepsilon$. 因为 ε 为任意正实数, 所以 $|\lambda|\leqslant\|A\|$.

□

推论 5.2.3 (Neumann[①] 引理)　设矩阵 A 的某个矩阵范数小于 1, 则 A 幂收敛, $I-A$ 可逆且

$$(I-A)^{-1}=I+A+A^2+\cdots+A^m+\cdots=\sum_{k=0}^{\infty}A^k. \tag{5.2.3}$$

例 5.2.4　设两个离散随机变量的联合分布矩阵是方阵, 则该矩阵幂收敛. 这是因为该矩阵的所有元素之和为 1, 因此其 1-范数必定小于 1 或者该矩阵仅有一个元素为 1, 其余均为 0, 因此也幂收敛.

以下我们讨论矩阵的幂级数.

定义 5.2.4　设 $\{A_k: k=0,1,2,\cdots\}$ 为一个矩阵序列. 对 $n\geqslant 0$, 令 $S_n=\sum\limits_{k=0}^{n}A_k$. 若 $\lim\limits_{n\to\infty}S_n=S$, 则称矩阵级数 $\sum\limits_{k=0}^{\infty}A_k$ 收敛于 S, 记作 $\sum\limits_{k=0}^{\infty}A_k=S$. 否则, 称 $\sum\limits_{k=0}^{\infty}A_k$ 发散.

---

① Carl Gottfried Neumann (1832—1925), 德国数学家, 等式 (5.2.3) 中的算子幂级数称为 Neumann 级数.

矩阵级数有着与普通数项级数相类似的性质.

性质 5.2.2 (1) 若 $\sum_{k=0}^{\infty} A_k$ 收敛, 则 $\lim_{k\to\infty} A_k = 0$;

(2) 若 $\sum_{k=0}^{\infty} A_k = A, \sum_{k=0}^{\infty} B_k = B, a \in \mathbb{F}$, 则

$$\sum_{k=0}^{\infty}(A_k + B_k) = A + B, \quad \sum_{k=0}^{\infty} aA_k = aA.$$

下面我们讨论矩阵 A 的幂级数 $\sum_{k=0}^{\infty} a_k A^k$ 的收敛问题.

从形式上看, $\sum_{k=0}^{\infty} a_k A^k$ 可以看成是在函数级数 $\sum_{k=0}^{\infty} a_k t^k$ 中用 A 代替 t 得到. 因此将 $\sum_{k=0}^{\infty} a_k A^k$ 的收敛性与 $\sum_{k=0}^{\infty} a_k t^k$ 的收敛性联系起来是很自然的.

引理 5.2.2 设 J 是对角线元素为 λ 的 n 阶 Jordan 块, $f(t) = \sum_{k=0}^{\infty} a_k t^k$ 是收敛半径为 r 的幂级数, 则当 $|\lambda| < r$ 时, 矩阵幂级数 $\sum_{k=0}^{\infty} a_k J^k$ 是收敛的, 且其和为矩阵

$$\begin{pmatrix} f(\lambda) & f'(\lambda) & \frac{1}{2}f''(\lambda) & \cdots & \frac{1}{(n-1)!}f^{(n-1)}(\lambda) \\ & f(\lambda) & f'(\lambda) & \cdots & \frac{1}{(n-2)!}f^{(n-2)}(\lambda) \\ & & \ddots & \ddots & \vdots \\ & & & \ddots & f'(\lambda) \\ & & & & f(\lambda) \end{pmatrix}.$$

证: 令 $S_m = \sum_{k=0}^{m} a_k J^k, S_m(\lambda) = \sum_{k=0}^{m} a_k \lambda^k$. 由公式 (5.2.2) 知

$$J^k = \begin{pmatrix} \lambda^k & C_k^1\lambda^{k-1} & C_k^2\lambda^{k-2} & \cdots & C_k^{n-1}\lambda^{k-n+1} \\ & \lambda^k & C_k^1\lambda^{k-1} & \cdots & C_k^{n-2}\lambda^{k-n+2} \\ & & \ddots & \ddots & \vdots \\ & & & \ddots & C_k^1\lambda^{k-1} \\ & & & & \lambda^k \end{pmatrix},$$

其中, 若 $s>k$, 则 $C_k^s=0$. 所以

$$S_m=\begin{pmatrix}\sum_{k=0}^{m}a_k\lambda^k & \sum_{k=0}^{m}a_kC_k^1\lambda^{k-1} & \sum_{k=0}^{m}a_kC_k^2\lambda^{k-2} & \cdots & \sum_{k=0}^{m}a_kC_k^{n-1}\lambda^{k-n+1}\\ & \sum_{k=0}^{m}a_k\lambda^k & \sum_{k=0}^{m}a_kC_k^1\lambda^{k-1} & \cdots & \sum_{k=0}^{m}a_kC_k^{n-2}\lambda^{k-n+2}\\ & & \ddots & \ddots & \vdots\\ & & & \ddots & \sum_{k=0}^{m}a_kC_k^1\lambda^{k-1}\\ & & & & \sum_{k=0}^{m}a_k\lambda^k\end{pmatrix}$$

$$=\begin{pmatrix}S_m(\lambda) & S_m'(\lambda) & \frac{1}{2!}S_m''(\lambda) & \cdots & \frac{1}{(n-1)!}S_m^{(n-1)}(\lambda)\\ & S_m(\lambda) & S_m'(\lambda) & \cdots & \frac{1}{(n-2)!}S_m^{(n-2)}(\lambda)\\ & & \ddots & \ddots & \vdots\\ & & & \ddots & S_m'(\lambda)\\ & & & & S_m(\lambda)\end{pmatrix}.$$

因 $S_m(t)=\sum_{k=0}^{m}a_kt^k$ 的收敛半径为 r, 且 $|\lambda|<r$, 所以 $S_m(\lambda),S_m'(\lambda),S_m''(\lambda),\cdots,S_m^{(n-1)}(\lambda)$ 皆收敛, 且 $\lim_{m\to\infty}S_m(\lambda)=f(\lambda)$, $\lim_{m\to\infty}S_m^{(k)}(\lambda)=f^{(k)}(\lambda)$, $k=1,2,\cdots,n-1$. 因此

$$\lim_{m\to\infty}S_m=\sum_{k=0}^{\infty}a_kJ^k=\begin{pmatrix}f(\lambda) & f'(\lambda) & \frac{1}{2!}f''(\lambda) & \cdots & \frac{1}{(n-1)!}f^{(n-1)}(\lambda)\\ & f(\lambda) & f'(\lambda) & \cdots & \frac{1}{(n-2)!}f^{(n-2)}(\lambda)\\ & & \ddots & \ddots & \vdots\\ & & & \ddots & f'(\lambda)\\ & & & & f(\lambda)\end{pmatrix}.$$

例 5.2.5 设 $f(t)=\sum_{k=0}^{\infty}\left(\frac{t}{3}\right)^k$, 求 $f(J)$, 其中

$$J=\begin{pmatrix}2 & 1 & & \\ & 2 & 1 & \\ & & 2 & 1\\ & & & 2\end{pmatrix}.$$

解: $f(t)=\left(1-\dfrac{t}{3}\right)^{-1}$, 其收敛半径为 3. 因 J 的特征值 2 落在 $f(t)$ 的收敛域内, 所以 $f(J)=\sum\limits_{k=0}^{\infty}\left(\dfrac{J}{3}\right)^k$ 是收敛的且

$$f(J)=\begin{pmatrix} f(2) & f'(2) & \frac{1}{2!}f''(2) & \frac{1}{3!}f'''(2) \\ & f(2) & f'(2) & \frac{1}{2!}f''(2) \\ & & f(2) & f'(2) \\ & & & f(2) \end{pmatrix}.$$

因

$$f'(t)=\frac{1}{3}\left(1-\frac{t}{3}\right)^{-2},\ f''(t)=\frac{2}{9}\left(1-\frac{t}{3}\right)^{-3},\ f'''(t)=\frac{2}{9}\left(1-\frac{t}{3}\right)^{-4},$$

所以

$$f(2)=3,\quad f'(2)=3,\quad f''(2)=6,\quad f'''(2)=18.$$

因此

$$f(J)=\begin{pmatrix} 3 & 3 & 3 & 3 \\ & 3 & 3 & 3 \\ & & 3 & 3 \\ & & & 3 \end{pmatrix}.$$

由定理 5.2.2 便可得到下面的关于矩阵幂级数收敛的基本定理.

定理 5.2.4 (Lagrange[①]-Sylvester 定理)　设 $f(t)=\sum\limits_{k=0}^{\infty}a_kt^k$, 它的收敛半径为 r. 设矩阵 A 的 Jordan 标准形为

$$J=\begin{pmatrix} J_1 & & & \\ & J_2 & & \\ & & \ddots & \\ & & & J_s \end{pmatrix},\quad J_i=\begin{pmatrix} \lambda_i & 1 & & & \\ & \lambda_i & 1 & & \\ & & \ddots & \ddots & \\ & & & \ddots & 1 \\ & & & & \lambda_i \end{pmatrix},\quad 1\leqslant i\leqslant s,$$

其变换矩阵为 P, 即 $A=PJP^{-1}$. 若对所有的 $i=1,2,\cdots,s$, 都有 $|\lambda_i|<r$, 则矩阵幂级数 $\sum\limits_{k=0}^{\infty}a_kA^k$ 收敛, 其和为

① Joseph Louis Lagrange (1736—1813), 法国著名数学家和天文学家, 出生于现意大利都灵, 对数学的众多分支以及经典力学和天体力学有杰出贡献.

$$f(A)=\sum_{k=0}^{\infty}a_kA^k=P\begin{pmatrix}f(J_1) & & & \\ & f(J_2) & & \\ & & \ddots & \\ & & & f(J_s)\end{pmatrix}P^{-1},$$

其中

$$f(J_i)=\begin{pmatrix}f(\lambda_i) & f'(\lambda_i) & \frac{1}{2!}f''(\lambda_i) & \cdots & \frac{1}{(n_i-1)!}f^{(n_i-1)}(\lambda_i)\\ & f(\lambda_i) & f'(\lambda_i) & \cdots & \frac{1}{(n_i-2)!}f^{(n_i-2)}(\lambda_i)\\ & & \ddots & \ddots & \vdots\\ & & & \ddots & f'(\lambda_i)\\ & & & & f(\lambda_i)\end{pmatrix},\quad i=1,2,\cdots,s.$$

例 5.2.6　已知 $f(t)=2-t+2t^3$, 求 $f(A)$, 其中

$$A=\begin{pmatrix}1 & 1 & & & \\ & 1 & & & \\ & & 2 & 1 & \\ & & & 2 & 1\\ & & & & 2\end{pmatrix}.$$

解: 由于 $f(t)$ 次数较低, 读者可以尝试直接计算本题. 但注意多项式是最简单的幂级数, 因此利用定理 5.2.4 更为简洁. 因 $f(1)=3$, $f'(1)=5$, $f(2)=16$, $f'(2)=23$, $f''(2)=24$, 所以

$$f(A)=\begin{pmatrix}3 & 5 & & & \\ & 3 & & & \\ & & 16 & 23 & 12\\ & & & 16 & 23\\ & & & & 16\end{pmatrix}.$$

思　考　题

1. 若 $\lim\limits_{n\to\infty}A_nB_n$ 存在, 是否 $\lim\limits_{n\to\infty}A_n$, $\lim\limits_{n\to\infty}B_n$ 一定存在? 为什么?

2. 设 A,B 均幂收敛, $A+B, AB$ 幂收敛吗?

第三节 矩阵函数的导数与积分

有了前面的 Lagrange-Sylvester 定理, 我们可以像复变函数论那样, 利用矩阵幂级数来定义矩阵函数. 下列结果是复变函数论中已知的结论 ($z \in \mathbb{C}$):

$$
\begin{aligned}
\mathrm{e}^z &= \sum_{m=0}^{\infty} \frac{z^m}{m!}, \\
\sin z &= \sum_{m=1}^{\infty} (-1)^{m-1} \frac{z^{2m-1}}{(2m-1)!}, \\
\cos z &= 1 + \sum_{m=1}^{\infty} (-1)^m \frac{z^{2m}}{(2m)!}.
\end{aligned}
$$

上面三个幂级数在复平面上都是收敛的. 因而由 Lagrange-Sylvester 定理, 下列各矩阵幂级数

$$
\sum_{m=0}^{\infty} \frac{A^m}{m!}, \quad \sum_{m=1}^{\infty} (-1)^{m-1} \frac{A^{2m-1}}{(2m-1)!}, \quad I + \sum_{m=1}^{\infty} (-1)^m \frac{A^{2m}}{(2m)!},
$$

都收敛. 它们的和 (矩阵) 分别用记号 e^A, $\sin A$, $\cos A$ 来表示, 并分别称为方阵 A 的指数函数、正弦函数及余弦函数. 同样地, 由

$$
\begin{aligned}
\ln(1+z) &= \sum_{m=1}^{\infty} (-1)^{m-1} \frac{z^m}{m}, \quad |z| < 1, \\
(1+z)^a &= 1 + \sum_{m=1}^{\infty} \frac{a(a-1)\cdots(a-m+1)}{m!} z^m, \quad |z| < 1, \quad a\text{为任意实数}
\end{aligned}
$$

可定义方阵函数

$$
\begin{aligned}
\ln(I+A) &= \sum_{m=1}^{\infty} (-1)^{m-1} \frac{A^m}{m}, \quad \rho(A) < 1, \\
(I+A)^a &= I + \sum_{m=1}^{\infty} \frac{a(a-1)\cdots(a-m+1)}{m!} A^m, \quad \rho(A) < 1,
\end{aligned}
$$

这里 $\rho(A)$ 为 A 的谱半径.

由上述几个矩阵函数的定义可得, $\mathrm{e}^{\lambda I} = \mathrm{e}^{\lambda} I$, $\sin(\lambda I) = (\sin\lambda) I$, $\cos(\lambda I) = (\cos\lambda) I$.

根据 Lagrange-Sylvester 定理, 我们将矩阵函数 e^A 与 $\sin A$ 在 n 阶 Jordan 块处的函数值 (矩阵) 写成以下的命题, 以方便读者计算或引用, 其余几个矩阵函数可类似计算, 此处略去.

命题 5.3.1 设 J 是特征值为 λ 的 n 阶 Jordan 块, 则

$$\mathrm{e}^J=\mathrm{e}^{\lambda}\begin{pmatrix}1 & 1 & \frac{1}{2!} & \frac{1}{3!} & \cdots & \frac{1}{(n-1)!}\\ & 1 & 1 & \frac{1}{2!} & \cdots & \frac{1}{(n-2)!}\\ & & \ddots & \ddots & \ddots & \vdots\\ & & & 1 & 1 & \frac{1}{2!}\\ & & & & 1 & 1\\ & & & & & 1\end{pmatrix} \tag{5.3.1}$$

$$\sin J=\begin{pmatrix}\sin\lambda & \cos\lambda & -\frac{\sin\lambda}{2!} & -\frac{\cos\lambda}{3!} & \cdots & \frac{\sin[(n-1)\pi/2+\lambda]}{(n-1)!}\\ & \sin\lambda & \cos\lambda & -\frac{\sin\lambda}{2!} & \cdots & \frac{\sin[(n-2)\pi/2+\lambda]}{(n-2)!}\\ & & \ddots & \ddots & \ddots & \vdots\\ & & & \sin\lambda & \cos\lambda & -\frac{\sin\lambda}{2!}\\ & & & & \sin\lambda & \cos\lambda\\ & & & & & \sin\lambda\end{pmatrix} \tag{5.3.2}$$

例 5.3.1 设 $A=\begin{pmatrix}1 & 1\\ 0 & 2\end{pmatrix}$, 求 e^A, $\sin A$, $\cos A$.

解: A 有特征值 $\lambda_1=1$, $\lambda_2=2$, 因此 A 与对角矩阵 $\begin{pmatrix}1 & 0\\ 0 & 2\end{pmatrix}$ 相似. 计算得对应于 λ_1, λ_2 的特征向量为

$$\alpha_1=\begin{pmatrix}1\\ 0\end{pmatrix},\quad \alpha_2=\begin{pmatrix}1\\ 1\end{pmatrix}.$$

令 $P=\begin{pmatrix}1 & 1\\ 0 & 1\end{pmatrix}$, 则 $A=P\begin{pmatrix}1 & 0\\ 0 & 2\end{pmatrix}P^{-1}$. 于是

$$\mathrm{e}^A=P\begin{pmatrix}\mathrm{e} & 0\\ 0 & \mathrm{e}^2\end{pmatrix}P^{-1}=\begin{pmatrix}1 & 1\\ 0 & 1\end{pmatrix}\begin{pmatrix}\mathrm{e} & 0\\ 0 & \mathrm{e}^2\end{pmatrix}\begin{pmatrix}1 & -1\\ 0 & 1\end{pmatrix}=\begin{pmatrix}\mathrm{e} & -e+\mathrm{e}^2\\ 0 & \mathrm{e}^2\end{pmatrix},$$

$$\sin A=P\begin{pmatrix}\sin 1 & 0\\ 0 & \sin 2\end{pmatrix}P^{-1}=\begin{pmatrix}1 & 1\\ 0 & 1\end{pmatrix}\begin{pmatrix}\sin 1 & 0\\ 0 & \sin 2\end{pmatrix}\begin{pmatrix}1 & -1\\ 0 & 1\end{pmatrix}$$

$$=\begin{pmatrix}\sin 1 & -\sin 1+\sin 2\\ 0 & \sin 2\end{pmatrix},$$

$$\cos A=P\begin{pmatrix}\cos 1 & 0\\ 0 & \cos 2\end{pmatrix}P^{-1}=\begin{pmatrix}\cos 1 & -\cos 1+\cos 2\\ 0 & \cos 2\end{pmatrix}.$$

例 5.3.2 设 n 阶矩阵 A 的特征值为 $\lambda_1, \lambda_2, \cdots, \lambda_n$, 则 e^A, $\sin A$, $\cos A$ 的特征值分别为 $\mathrm{e}^{\lambda_1}, \mathrm{e}^{\lambda_2}, \cdots, \mathrm{e}^{\lambda_n}$; $\sin\lambda_1, \sin\lambda_2, \cdots, \sin\lambda_n$; $\cos\lambda_1, \cos\lambda_2, \cdots, \cos\lambda_n$.

单纯矩阵的幂级数可由其谱分解方便地得到, 即有下述定理 (证明见习题33):

定理 5.3.1 设单纯矩阵 A 的谱分解为

$$A = \sum_{i=1}^{s} \lambda_i P_i,$$

幂级数 $f(t)$ 的收敛半径 $r > \rho(A)$, 则

$$f(A) = \sum_{i=1}^{s} f(\lambda_i) P_i. \tag{5.3.3}$$

例 5.3.3 在第四章例 4.2.3 中我们已经知道正规矩阵

$$A = \begin{pmatrix} 8 & 4 & -1 \\ 4 & -7 & 4 \\ -1 & 4 & 8 \end{pmatrix}$$

的谱分解为 $A = 9P_1 - 9P_2$, 因此 $\sin A = (\sin 9)(P_1 - P_2)$.

下面我们给出指数函数 e^A 的一些基本性质.

命题 5.3.2 (1) 若 $AB = BA$, 则 $\mathrm{e}^A\mathrm{e}^B = \mathrm{e}^{A+B} = \mathrm{e}^B\mathrm{e}^A$;

(2) $(\mathrm{e}^A)^{-1} = \mathrm{e}^{-A}$;

(3) $|\,\mathrm{e}^A\,| = \mathrm{e}^{\mathrm{tr}\,A}$.

证: (1) 因 $AB = BA$, 所以二项式定理成立, 故有

$$(A+B)^m = \sum_{k=0}^{m} C_m^k A^{m-k} B^k.$$

所以

$$\begin{aligned} \mathrm{e}^{A+B} &= \sum_{m=0}^{\infty} \frac{1}{m!} \sum_{k=0}^{m} C_m^k A^{m-k} B^k \\ &= \sum_{m=0}^{\infty} \sum_{k=0}^{m} \frac{1}{k!(m-k)!} A^{m-k} B^k \\ &= \left(\sum_{k=0}^{\infty} \frac{A^k}{k!} \right) \left(\sum_{j=0}^{\infty} \frac{B^j}{j!} \right) = \mathrm{e}^A \mathrm{e}^B. \end{aligned}$$

(2) 在 (1) 中令 $B = -A$, 则得 $\mathrm{e}^A\mathrm{e}^{-A} = I$, 所以

$$(\mathrm{e}^A)^{-1} = \mathrm{e}^{-A}.$$

(3) 设 A 的特征值为 $\lambda_1, \lambda_2, \cdots, \lambda_n$, 则 e^A 的特征值为 $\mathrm{e}^{\lambda_1}, \mathrm{e}^{\lambda_2}, \cdots, \mathrm{e}^{\lambda_n}$, 因此 $|\mathrm{e}^A| = \mathrm{e}^{\lambda_1}\mathrm{e}^{\lambda_2}\cdots\mathrm{e}^{\lambda_n} = \mathrm{e}^{\lambda_1+\lambda_2+\cdots+\lambda_n} = \mathrm{e}^{\operatorname{tr} A}$. □

对于矩阵正弦函数和余弦函数, 我们可推出如下结论 (证明见习题 34).

命题 5.3.3　(1) (Euler① 公式)

$$\begin{aligned} \mathrm{e}^{\mathrm{i}A} &= \cos A + \mathrm{i}\sin A, \\ \cos A &= \frac{1}{2}(\mathrm{e}^{\mathrm{i}A} + \mathrm{e}^{-\mathrm{i}A}), \\ \sin A &= \frac{1}{2\mathrm{i}}(\mathrm{e}^{\mathrm{i}A} - \mathrm{e}^{-\mathrm{i}A}), \\ \cos(-A) &= \cos A, \quad \sin(-A) = -\sin A. \end{aligned}$$

(2) 若 $AB = BA$, 则

$$\begin{aligned} \cos(A+B) &= \cos A\cos B - \sin A\sin B, \\ \sin(A+B) &= \sin A\cos B + \cos A\sin B. \end{aligned}$$

注: 上述公式与实数或复数的情形略有差异, 即涉及到两个矩阵乘积的公式需要交换性方能成立. 请参考本节的思考题.

定义 5.3.1　若 $m\times n$ 矩阵 A 的每个元素 a_{ij} 都是变量 t 的函数, 则称 A 为函数矩阵或矩阵函数, 记为 $A(t) = (a_{ij}(t))_{m\times n}$.

仿照数学分析或高等数学课程对函数的极限、连续性、导数与积分的定义, 我们将按照元素或分量来定义矩阵函数的相应概念. 于是有如下定义:

定义 5.3.2　设 $A(t) = (a_{ij}(t))_{m\times n}$. 若对 $\forall\, a_{ij}(t)$, $1 \leqslant i \leqslant m$, $1 \leqslant j \leqslant n$, 都有 $\lim\limits_{t\to t_0} a_{ij}(t) = a_{ij}$ (其中 $a_{ij} \in \mathbb{C}$), 则称函数矩阵 $A(t)$ 在 t_0 点处的极限为 $A = (a_{ij})_{m\times n}$.

性质 5.3.1　设 $\lim\limits_{t\to t_0} A(t) = A$, $\lim\limits_{t\to t_0} B(t) = B$.

(1) 若 $A(t)$, $B(t)$ 是同类型的矩阵, 则

$$\lim_{t\to t_0}(A(t)+B(t)) = A + B.$$

(2) 若 $A(t)$, $B(t)$ 分别为 $m\times n$, $n\times s$ 矩阵, 则

$$\lim_{t\to t_0}(A(t)B(t)) = \lim_{t\to t_0} A(t) \lim_{t\to t_0} B(t) = AB.$$

(3) 设 k 为常数, 则

$$\lim_{t\to t_0}(kA(t)) = kA = k\lim_{t\to t_0} A(t).$$

① Leonhard Euler (1707—1783), 瑞士著名数学家、物理学家, 一生大部分时间在俄国和德国, 对数学的众多分支以及力学、流体动力学、光学和天文学有重要贡献, 第 2002 号小行星以其名字命名. 公式 $\mathrm{e}^{\mathrm{i}A} = \cos A + \mathrm{i}\sin A$ 对任意复数和复数矩阵均成立, $\mathrm{e}^{\mathrm{i}\pi} + 1 = 0$ 被称为世界第一公式.

像定义 5.3.2 一样, 可以通过函数矩阵 $A(t)=(a_{ij}(t))_{m\times n}$ 的每一个元素在一点或某一区间内的连续性、可微性和可积性来分别定义 $A(t)$ 在一点或某一区间内连续、可微和可积.

若 $A(t)$ 可微, 其导数定义如下:

$$A'(t)=(a'_{ij}(t))_{m\times n}.$$

若 $A(t)$ 可积, 定义:

$$\int_a^b A(t)\,\mathrm{d}t=\left(\int_a^b a_{ij}(t)\,\mathrm{d}t\right)_{m\times n}.$$

性质 5.3.2　(1) $(aA(t)+bB(t))'=aA'(t)+bB'(t)$;

(2) $(A(t)B(t))'=A'(t)B(t)+A(t)B'(t)$;

(3) $\left(\int_a^t A(s)\mathrm{d}\,s\right)'=A(t)$;

(4) $\int_a^t A'(s)\mathrm{d}\,s=A(t)-A(a)$;

(5) $\int_a^t BA(s)\mathrm{d}\,s=B\int_a^t A(s)\mathrm{d}\,s$, $\int_a^t A(s)B\mathrm{d}\,s=\left(\int_a^t A(s)\mathrm{d}\,s\right)B$, B 为常数矩阵.

命题 5.3.4　(1) $\dfrac{\mathrm{d}\mathrm{e}^{At}}{\mathrm{d}t}=A\mathrm{e}^{At}$;

(2) $\dfrac{\mathrm{d}\sin At}{\mathrm{d}t}=A\cos At$, $\dfrac{\mathrm{d}\cos At}{\mathrm{d}t}=-A\sin At$.

特别地, $\left.\dfrac{\mathrm{d}\mathrm{e}^{At}}{\mathrm{d}t}\right|_{t=0}=A$; $\left.\dfrac{\mathrm{d}\sin At}{\mathrm{d}t}\right|_{t=0}=A$.

证: 只证 (1), 其余证明类似, 见习题 34. 显然可设 A 是 Jordan 块 $J_n(\lambda)=\lambda I+N$. 由命题 5.3.2 (1) 知, $\mathrm{e}^{Jt}=\mathrm{e}^{\lambda t}\mathrm{e}^{Nt}$, 故

$$\frac{\mathrm{d}\mathrm{e}^{Jt}}{\mathrm{d}t}=\lambda\mathrm{e}^{\lambda t}\mathrm{e}^{Nt}+\mathrm{e}^{\lambda t}\frac{\mathrm{d}\mathrm{e}^{Nt}}{\mathrm{d}t}.$$

因此只需验证 $\dfrac{\mathrm{d}\mathrm{e}^{Nt}}{\mathrm{d}t}=N\mathrm{e}^{Nt}$ 即可. □

推论 5.3.1　对任意方阵 A 有

$$\int_{t_0}^t A\mathrm{e}^{As}\mathrm{d}s=\mathrm{e}^{At}-\mathrm{e}^{At_0},\tag{5.3.4}$$

$$\int_{t_0}^t A\sin As\mathrm{d}s=\cos At_0-\cos At,\tag{5.3.5}$$

$$\int_{t_0}^t A\cos As\mathrm{d}s=\sin At-\sin At_0,\tag{5.3.6}$$

特别地, 若 A 可逆, 则

$$\int_{t_0}^{t} e^{As} ds = A^{-1}(e^{At} - e^{At_0}).$$

例 5.3.4 设向量 $x = x(t) = (x_1(t), x_2(t), \cdots, x_n(t))^{\mathrm{T}}$ 及对称矩阵 $A = A(t) = (A_{ij}(t))_{n\times n}$ 都是可微的, 求二次型 $x^{\mathrm{T}}Ax$ 关于变量 t 的导数.

解:

$$\begin{aligned}(x^{\mathrm{T}}Ax)' &= (x^{\mathrm{T}})'Ax + x^{\mathrm{T}}(Ax)' \\ &= (x^{\mathrm{T}})'Ax + x^{\mathrm{T}}A'x + x^{\mathrm{T}}Ax'.\end{aligned}$$

又

$$((x^{\mathrm{T}})'Ax)^{\mathrm{T}} = x^{\mathrm{T}}A^{\mathrm{T}}x' = x^{\mathrm{T}}Ax'.$$

而 $(x^{\mathrm{T}})'Ax$ 为一阶矩阵, 所以 $(x^{\mathrm{T}})'Ax = x^{\mathrm{T}}Ax'$. 于是, 我们得到

$$(x^{\mathrm{T}}Ax)' = x^{\mathrm{T}}A'x + 2x^{\mathrm{T}}Ax'.$$

我们将在下节详细讨论矩阵函数及其微积分的计算.

思 考 题

1. $e^Ae^B = e^Be^A$ 成立的可能性有多大? 更一般地, 设 $f(x)$ 是一个幂级数, 则 $f(A)f(B) = f(B)f(A)$ 成立的可能性如何? 一般地, 如何比较与 A 可交换的矩阵的数量 (当然是无穷多个) 和与 A 不可交换的矩阵的数量?

2. 试举例说明矩阵 e^Ae^B, e^Be^A 与 e^{A+B} 可以两两不等. 又, 如果 $e^Ae^B = e^Be^A$, 是否有 $e^Ae^B = e^{A+B}$?

3. 矩阵的勾股定理是否成立, 即是否有 $\cos^2 A + \sin^2 A = I$?

4. 公式 $(A(t)^2)' = 2A(t)A'(t)$ 正确吗?

5. 设 $A(t)$ 可逆, 如何计算 $(A(t)^{-1})'$? 又 $A'(t)$ 是否可逆?

6. 设 $A(t)$ 是正交矩阵, 问 $A'(t)$ 还是正交矩阵吗?

7. 例 5.4.2 表明, 即使 A 不可逆, 积分 $\int_{t_0}^{t} e^{As} ds$ 仍然有意义. 应如何计算?

第四节 矩阵函数的计算

本节我们将利用 Lagrange-Sylvester 定理讨论矩阵函数及其微积分的具体计算.

定理 5.4.1 (1) 设

$$J=\begin{pmatrix}\lambda & 1 & & & \\ & \lambda & 1 & & \\ & & \ddots & \ddots & \\ & & & \ddots & 1 \\ & & & & \lambda\end{pmatrix}_{s\times s},\quad 则\ \mathrm{e}^{Jt}=\mathrm{e}^{\lambda t}\begin{pmatrix}1 & t & \dfrac{t^2}{2!} & \cdots & \dfrac{t^{s-1}}{(s-1)!} \\ & 1 & t & \cdots & \dfrac{t^{s-2}}{(s-2)!} \\ & & \ddots & \ddots & \vdots \\ & & & \ddots & t \\ & & & & 1\end{pmatrix}.$$

(2) 设 $A=PJP^{-1}$ 且 A 的 Jordan 标准形为

$$J=J_1\oplus J_2\oplus\cdots\oplus J_s,$$

则

$$\mathrm{e}^{At}=P(\mathrm{e}^{J_1t}\oplus\mathrm{e}^{J_2t}\oplus\cdots\oplus\mathrm{e}^{J_st})P^{-1}.$$

证: 只证 (1), 因为 (2) 是 (1) 的直接推论. 因为 $J=\lambda I+N$, 其中

$$N=\begin{pmatrix}0 & 1 & & & \\ & 0 & 1 & & \\ & & \ddots & \ddots & \\ & & & \ddots & 1 \\ & & & & 0\end{pmatrix},$$

所以

$$\begin{aligned}\mathrm{e}^{Jt}&=\mathrm{e}^{\lambda tI+tN}=\mathrm{e}^{\lambda t}\mathrm{e}^{tN}=\mathrm{e}^{\lambda t}\sum_{k=0}^{\infty}\frac{(tN)^k}{k!}\\&=\mathrm{e}^{\lambda t}\sum_{k=0}^{s-1}\frac{t^kN^k}{k!}.\end{aligned}$$

由于 N^k 仅第 k 条上对角线的元素为 1, 其余元素均为 0, 所以定理成立. □

例 5.4.1 求 e^{Jt}, 其中

$$J=\begin{pmatrix}J_1 & \\ & J_2\end{pmatrix},\quad J_1=\begin{pmatrix}a & 1 & \\ & a & 1 \\ & & a\end{pmatrix},\quad J_2=\begin{pmatrix}b & 1 \\ & b\end{pmatrix}.$$

解: 由定理 5.4.1, 有

$$\mathrm{e}^{J_1t}=\mathrm{e}^{at}\begin{pmatrix}1 & t & \dfrac{t^2}{2!} \\ & 1 & t \\ & & 1\end{pmatrix},\quad \mathrm{e}^{J_2t}=\mathrm{e}^{bt}\begin{pmatrix}1 & t \\ & 1\end{pmatrix}.$$

所以,

$$
e^{Jt} = \begin{pmatrix} e^{J_1 t} & \\ & e^{J_2 t} \end{pmatrix} = \begin{pmatrix} e^{at} & te^{at} & \dfrac{t^2 e^{at}}{2!} & & \\ & e^{at} & te^{at} & & \\ & & e^{at} & & \\ & & & e^{bt} & te^{bt} \\ & & & & e^{bt} \end{pmatrix}.
$$

例 5.4.2 设 N 是三阶幂零 Jordan 块, 则

$$
\int_0^t e^{Ns} ds = \begin{pmatrix} t & \dfrac{t^2}{2!} & \dfrac{t^3}{3!} \\ & t & \dfrac{t^2}{2!} \\ & & t \end{pmatrix}.
$$

设 A 为 n 阶方阵. 若已知 A 的最小多项式为

$$
m(\lambda) = \lambda^m + a_1\lambda^{m-1} + \cdots + a_{s-1}\lambda + a_m,
$$

则矩阵 A 的任何次幂都可由 $I, A, A^2, \cdots, A^{m-1}$ 的线性组合表示. 因此, 一个由矩阵幂级数定义的矩阵函数 $f(A)$, 可以通过一个次数不超过 $m-1$ 的 A 的多项式 $g(A)$ 来表示. 我们要找的这个多项式 $g(t)$ 有什么特点呢? 回忆两个 n 次多项式相等 $\Longleftrightarrow$ 它们在 $n+1$ 个点处的值相同, 因此为确定 $g(A)$, 只需要研究一些特殊点处的值即可. 根据 Lagrange-Sylvester 定理, 只需要研究 $g(t)$ 以及 $g(t)$ 的适当阶数的导数在 A 的所有特征值处的值即可. 因此有下述定义:

定义 5.4.1 设方阵 A 的最小多项式为

$$
m(\lambda) = (\lambda-\lambda_1)^{k_1}(\lambda-\lambda_2)^{k_2}\cdots(\lambda-\lambda_s)^{k_s}, \tag{5.4.1}
$$

其中 $\lambda_1, \lambda_2, \cdots, \lambda_s$ 互不相同. 对 $f(t) = \sum\limits_{k=0}^{\infty} a_k t^k$, 称

$$
\begin{aligned}
\{ & f(\lambda_1), f'(\lambda_1), \cdots, f^{(k_1-1)}(\lambda_1), \\
& f(\lambda_2), f'(\lambda_2), \cdots, f^{(k_2-1)}(\lambda_2), \\
& \cdots\cdots, \\
& f(\lambda_s), f'(\lambda_s), \cdots, f^{(k_s-1)}(\lambda_s)\}
\end{aligned} \tag{5.4.2}
$$

为函数 $f(t)$ 在矩阵 A 的谱上的数值.

定理 5.4.2 (Sylvester 矩阵定理) 设 $f(t) = \sum\limits_{k=0}^{\infty} a_k t^k$, $g(t) = \sum\limits_{k=0}^{\infty} b_k t^k$, 则 $f(A) =$

$g(A) \iff f(t)$ 与 $g(t)$ 在 A 的谱上的数值相等, 即 $f(\lambda_i)=g(\lambda_i)$, $f'(\lambda_i)=g'(\lambda_i), \cdots$, $f^{(k_i-1)}(\lambda_i)=g^{(k_i-1)}(\lambda_i)$, $i=1,2,\cdots,s$.

证：设 A 的 Jordan 标准形为 $P^{-1}AP=J=J_1\oplus\cdots\oplus J_s$, 则由 $f(A)=g(A) \iff f(J)=g(J) \iff f(J_i)=g(J_i)$, $\forall i$, 再对照 Lagrange-Sylvester 定理中的每个块即可, 详见习题 40. □

推论 5.4.1 设矩阵 A 可对角化, 则 $f(A)=g(A) \iff f(\lambda)=g(\lambda), \forall\lambda\in\sigma(A)$.

例 5.4.3 已知矩阵 A 的最小多项式是 $m(\lambda)=\lambda^2(\lambda-\pi)$. 证明 $\sin A = A-\dfrac{1}{\pi}A^2$.

证：设 $f(t)=\sin t$, $g(t)=t-\dfrac{1}{\pi}t^2$. 由定理 5.4.2, 只要证明 $f(t)$ 与 $g(t)$ 在 A 的谱上的数值相同, 则 $f(A)=g(A)$. 直接计算可得

$$\begin{aligned} &f(0)=\sin 0=0=g(0), \quad f'(0)=\cos 0=1=g'(0),\\ &f(\pi)=\sin\pi=0=g(\pi). \end{aligned}$$

因此 $\sin A=f(A)=g(A)=A-\dfrac{1}{\pi}A^2$. □

例 5.4.4 求 e^{At}, 其中

$$A=\begin{pmatrix} 2 & 1 & 4\\ 0 & 2 & 0\\ 0 & 3 & 1 \end{pmatrix}.$$

解：A 的特征多项式为

$$|\lambda I-A|=\begin{vmatrix} \lambda-2 & -1 & -4\\ 0 & \lambda-2 & 0\\ 0 & -3 & \lambda-1 \end{vmatrix}=(\lambda-1)(\lambda-2)^2.$$

直接验证便知：$(x-1)(x-2)$ 不是 A 的零化多项式, 所以 A 的最小多项式为

$$m(x)=(x-1)(x-2)^2.$$

令 $f(\lambda)=\mathrm{e}^{\lambda t}$ (在这里把 t 看成常数), 则 $\mathrm{e}^{At}=f(A)$. 设 $g(\lambda)=a_0+a_1\lambda+a_2\lambda^2$(其中 a_0, a_1, a_2 为待定系数). 要求 $f(\lambda)$ 与 $g(\lambda)$ 在 A 的谱上的数值相等, 即

$$\begin{cases} \mathrm{e}^{t} = f(1) = g(1) = a_0+a_1+a_2,\\ \mathrm{e}^{2t} = f(2) = g(2) = a_0+2a_1+4a_2,\\ t\mathrm{e}^{2t} = f'(2) = g'(2) = a_1+4a_2. \end{cases}$$

解上述方程得

$$a_0=4\mathrm{e}^t-3\mathrm{e}^{2t}+2t\mathrm{e}^{2t},\ a_1=-4\mathrm{e}^t+4\mathrm{e}^{2t}-3t\mathrm{e}^{2t},\ a_2=\mathrm{e}^t-\mathrm{e}^{2t}+t\mathrm{e}^{2t}.$$

因而得到

$$e^{At} = \begin{pmatrix} e^{2t} & 12e^t - 12e^{2t} + 13te^{2t} & -4e^t + 4e^{2t} \\ 0 & e^{2t} & 0 \\ 0 & -3e^t + 3e^{2t} & e^t \end{pmatrix}.$$

在上述例子中我们采用的是待定系数法. 下面我们介绍一种在实际应用中经常采用的Lagrange插值法. 下面的引理是熟知的 (见习题41).

引理 5.4.1 (Lagrange插值公式)　设 $f(x)$ 是 n 次多项式, $a_i, i = 1, 2, \cdots, n+1$ 是不同的数. 对每个 $i = 1, 2, \cdots, n+1$, 令

$$L_i(x) = \frac{(x - a_1)\cdots(x - a_{i-1})(x - a_{i+1})\cdots(x - a_{n+1})}{(a_i - a_1)\cdots(a_i - a_{i-1})(a_i - a_{i+1})\cdots(a_i - a_{n+1})}, \tag{5.4.3}$$

则

$$f(x) = \sum_{i=1}^{n+1} f(a_i)L_i(x).$$

公式 (5.4.3) 中的 n 次多项式 $L_i(x)$ 称为Lagrange插值多项式. 于是有

命题 5.4.1　设方阵 A 的最小多项式 $m(\lambda) = (\lambda - \lambda_1)(\lambda - \lambda_2)\cdots(\lambda - \lambda_m)$ 无重根, $f(t)$ 为任一收敛半径 $r > \rho(A)$ 的幂级数, 则

$$f(A) = \sum_{i=1}^{m} f(\lambda_i)L_i(A),$$

其中 $L_i(x),\ \ i = 1, 2, \cdots, m$ 是Lagrange插值多项式.

例 5.4.5　设 $A = \begin{pmatrix} 1 & 2 \\ 2 & 1 \end{pmatrix}$, 求 e^{At}.

解:　因为 $|\lambda I - A| = \begin{vmatrix} \lambda - 1 & -2 \\ -2 & \lambda - 1 \end{vmatrix} = (\lambda + 1)(\lambda - 3)$, 所以 A 的特征值为 $\lambda_1 = -1$, $\lambda_2 = 3$, 因而其最小多项式为

$$m(x) = (x + 1)(x - 3).$$

令 $f(\lambda) = e^{\lambda t}$, 则由 Lagrange 插值公式, 有

$$f(A) = f(\lambda_1)L_1(A) + f(\lambda_2)L_2(A),$$

其中

$$L_1(A) = \frac{A - \lambda_2 I}{\lambda_1 - \lambda_2} = -\frac{1}{4}\begin{pmatrix} -2 & 2 \\ 2 & -2 \end{pmatrix}, \quad L_2(A) = \frac{A - \lambda_1 I}{\lambda_2 - \lambda_1} = \frac{1}{4}\begin{pmatrix} 2 & 2 \\ 2 & 2 \end{pmatrix}.$$

又 $f(\lambda_1) = e^{-t}$, $f(\lambda_2) = e^{3t}$, 所以

$$
\begin{aligned}
e^{At} &= f(A) = e^{-t} \cdot \left(-\frac{1}{4}\right) \begin{pmatrix} -2 & 2 \\ 2 & -2 \end{pmatrix} + e^{3t} \frac{1}{4} \begin{pmatrix} 2 & 2 \\ 2 & 2 \end{pmatrix} \\
&= \frac{1}{2} \begin{pmatrix} e^{-t} + e^{3t} & -e^{-t} + e^{3t} \\ -e^{-t} + e^{3t} & e^{-t} + e^{3t} \end{pmatrix}.
\end{aligned}
$$

如果矩阵 A 的最小多项式有重根, 则 Lagrange 插值公式称为 Lagrange-Sylvester 插值公式, 我们仅将其列出, 有兴趣的读者可以尝试证明之, 见习题 44.

命题 5.4.2 (Lagrange-Sylvester 插值公式) 设 n 阶方阵 A 的最小多项式为

$$
m(\lambda) = (\lambda - \lambda_1)^{k_1} (\lambda - \lambda_2)^{k_2} \cdots (\lambda - \lambda_s)^{k_s},
$$

其中 $\sum\limits_{i=1}^{s} k_i = m \leqslant n$, 则

$$
f(A) = \sum_{i=1}^{s} \varphi_i(A) \left(a_{i1} I + a_{i2}(A - \lambda_i I) + \cdots + a_{ik_i}(A - \lambda_i I)^{k_i - 1}\right),
$$

其中

$$
\begin{aligned}
\varphi_i(A) &= (A - \lambda_1 I)^{k_1} \cdots (A - \lambda_{i-1} I)^{k_{i-1}} (A - \lambda_{i+1} I)^{k_{i+1}} \cdots (A - \lambda_s I)^{k_s}, \quad 1 \leqslant i \leqslant s, \\
a_{ij} &= \frac{1}{(j-1)!} \frac{\mathrm{d}^{j-1}}{\mathrm{d}\,\lambda^{j-1}} \left((\lambda - \lambda_i)^{k_i} \frac{f(\lambda)}{m(\lambda)} \right) \bigg|_{\lambda = \lambda_i}, \quad 1 \leqslant i \leqslant s;\ j = 1, 2, \cdots, k_i.
\end{aligned}
$$

第五节* 自变量为矩阵的函数的导数及应用

本章前面关于矩阵函数的导数定义只涉及到一个未知量, 本质上是一元函数的导数. 正如本章引言所述, 我们更需要关心多个变量的情形, 比如若例 5.3.4 中的向量 x 与矩阵 A 中的自变量均为二元的, 如何计算二次型 $x^{\mathrm{T}}Ax$ 的导数? 为此, 先考察下面的例子.

例 5.5.1 若 A 是 n 阶实常数矩阵, 试求实二次型 $x^{\mathrm{T}}Ax$ 在单位球面 $x^{\mathrm{T}}x = 1$ 上的最大值与最小值.

作 Lagrange 辅助函数 $L = x^{\mathrm{T}}Ax + \lambda(1 - x^{\mathrm{T}}x)$, 其梯度 $\boldsymbol{\nabla}(L)$ 的第 i 个分量为

$$
2 \sum_{j=1}^{n} a_{ij} x_j - 2\lambda x_i.
$$

因此 L 的极大值点需要满足条件 $2\sum\limits_{j=1}^{n} a_{ij} x_j - 2\lambda x_i = 0, 1 \leqslant i \leqslant n$, 此恰好是 $Ax = \lambda x$.

因此, 二次型 $x^{\mathrm{T}}Ax$ 在单位球面 $x^{\mathrm{T}}x = 1$ 上的最大值与最小值均在单位特征向量处取得, 并且最大值与最小值就是最大特征值与最小特征值! 由此我们也知道了, 求条件极值的 Lagrange 乘子法中的乘子 λ 在此处恰好就是特征值.

上面例子中函数 $L = f(x) = f(x_1, x_2, \cdots, x_n)$ 的梯度

$$\nabla(f) = \left(\frac{\partial f}{\partial x_1}, \frac{\partial f}{\partial x_2}, \cdots, \frac{\partial f}{\partial x_n}\right) \tag{5.5.1}$$

给出了一个多元函数的“向量值”导数, 即若 $f(x) = f(x_1, x_2, \cdots, x_n)$ 是一个 n 元函数, 其梯度可以看作是其导数 $\dfrac{\partial f}{\partial x}$, 于是我们引入以下定义.

定义 5.5.1 设 f(或 $f(x) = f(x_1, x_2, \cdots, x_n)$) 是 n 元 (实或复) 可微函数, 称 f 的梯度向量 $\nabla(f)$ 为其**导数向量**, 即下面的行函数向量

$$\frac{\partial f}{\partial x} = \left(\frac{\partial f}{\partial x_1}, \frac{\partial f}{\partial x_2}, \cdots, \frac{\partial f}{\partial x_n}\right) \tag{5.5.2}$$

在不致混淆的情况下, 导数向量简称为导数.

更一般地, 我们需要定义多元函数向量 (即映射) 或函数矩阵的导数. 为简单起见, 我们假定所涉及的函数的定义域是整个空间 (实际上只要是一个适当的子集即可) 且都是可微的.

定义 5.5.2 设 $f = (f_1, f_2, \cdots, f_m)^{\mathrm{T}} : \mathbb{F}^n \longrightarrow \mathbb{F}^m$ 是一个 n 元可微映射 (写成列向量), 即每个 n 元函数 $f_i, 1 \leqslant i \leqslant m$ 均为可微函数, 则映射 f 的导数定义为如下的 $m \times n$ 矩阵

$$\frac{\partial(f_1, f_2, \cdots, f_m)}{\partial(x_1, x_2, \cdots, x_n)} = \begin{pmatrix} \dfrac{\partial f_1}{\partial x_1} & \dfrac{\partial f_1}{\partial x_2} & \cdots & \dfrac{\partial f_1}{\partial x_n} \\ \dfrac{\partial f_2}{\partial x_1} & \dfrac{\partial f_2}{\partial x_2} & \cdots & \dfrac{\partial f_2}{\partial x_n} \\ \cdots & \cdots & \cdots & \cdots \\ \dfrac{\partial f_m}{\partial x_1} & \dfrac{\partial f_m}{\partial x_2} & \cdots & \dfrac{\partial f_m}{\partial x_n} \end{pmatrix}. \tag{5.5.3}$$

矩阵 $\dfrac{\partial(f_1, f_2, \cdots, f_m)}{\partial(x_1, x_2, \cdots, x_n)}$ 称为映射 (或函数向量) f 的 Jacobian 矩阵, 常简记为 $J(f)$. 如果 $J(f)$ 是方阵, 则其行列式称为 Jacobian 行列式.

注意, 如果映射 f 是行向量 $(f_1, f_2, \cdots, f_m)$, 则定义其导数为公式 (5.5.3) 中矩阵的转置. (由于一部分人将梯度向量看成是列向量, 另一部分人则将其看成是行向量, 因此用行向量记号还是用列向量记号常常导致混乱, 务必特别仔细. 沿用高等数学的习惯, 我们将梯度向量看成是行向量.) 今后, 我们将把任何函数或映射 f 的导数记为 $J(f)$, 而 $\nabla(f)$ 将意味着 f 是一个多元函数.

例 5.5.2 设 x 是 n 元 (未知) 列向量, A 是 $m \times n$ 阶常数矩阵, 则

(1) $J(x) = \dfrac{\partial x}{\partial x} = I_n = \dfrac{\partial x^{\mathrm{T}}}{\partial x} = J(x^{\mathrm{T}})$;

(2) $J(Ax)=\dfrac{\partial Ax}{\partial x}=A,\ J(x^{\mathrm{T}}A^{\mathrm{T}})=\dfrac{\partial x^{\mathrm{T}}A^{\mathrm{T}}}{\partial x}=A^{\mathrm{T}}.$

例 5.5.3 设 $f:(x,y)^{\mathrm{T}}\mapsto(a_1x+b_1y,a_2x+b_2y)^{\mathrm{T}}$ 是 $\mathbb{F}^2$ 上的线性变换, 则其导数为

$$J(f)=\begin{pmatrix}a_1 & b_1\\ a_2 & b_2\end{pmatrix}.$$

这恰好是线性变换 f 在标准基下的矩阵! 一般地, 如果 $f=(f_1,f_2,\cdots,f_m)^{\mathrm{T}}:\mathbb{F}^n\longrightarrow\mathbb{F}^m$ 是一个线性变换, 设 f 在标准基–标准基下的矩阵为 $A_{m\times n}$, 则 f 的导数 (矩阵) 正是 A 本身! (证明见习题 54.)

例 5.5.4 设 $f(x)=f(x_1,x_2,\cdots,x_n)$ 是 n 元二次可微函数, 则其导数 (= 梯度)$J(f)=\dfrac{\partial f}{\partial x}$ 的导数 $J(J(f))$ 称为 f 的 Hessian[①] 矩阵, 记为 $H(f)$, 即有

$$H(f)=J(J(f))=\begin{pmatrix}\dfrac{\partial^2 f}{\partial x_1^2} & \dfrac{\partial^2 f}{\partial x_2\partial x_1} & \cdots & \dfrac{\partial^2 f}{\partial x_n\partial x_1}\\ \dfrac{\partial^2 f}{\partial x_1\partial x_2} & \dfrac{\partial^2 f}{\partial x_2^2} & \cdots & \dfrac{\partial^2 f}{\partial x_n\partial x_2}\\ \cdots & \cdots & \cdots & \cdots\\ \dfrac{\partial^2 f}{\partial x_1\partial x_n} & \dfrac{\partial^2 f}{\partial x_2\partial x_n} & \cdots & \dfrac{\partial^2 f}{\partial x_n^2}\end{pmatrix}. \tag{5.5.4}$$

由多元函数的微分学可知, 如果 f 是二次连续可微的, 则其 Hessian 矩阵 $H(f)$ 是对称矩阵. 函数 $f(x)$ 的 Hessian 矩阵 $H(f)$ 可以看作是 $f(x)$ 的二阶导数.

例 5.5.5 设 $f(x,y)=x^2+2xy+y^2-x$, 则其导数为 $J(f)=(2x+2y-1,2x+2y)$, 其 Hessian 矩阵为

$$H(f)=\begin{pmatrix}2 & 2\\ 2 & 2\end{pmatrix}.$$

例 5.5.6 设 $f=f(x,y)=(x^2+2xy+y^2-x,\ x^2+2xy+y^2+y)^{\mathrm{T}}$ 是二元多项式映射 (即 f 的两个分量 f_1,f_2 均为二元多项式), 则其 Jacobian 矩阵 $J(f)$ 为

$$J(f)=\begin{pmatrix}2x+2y-1 & 2x+2y\\ 2x+2y & 2x+2y+1\end{pmatrix},$$

易知其 Jacobian 行列式 $|J(f)|=1$. 数学上未解决的著名猜想 ——**Jacobian 猜想** (1939 年) 是说如果一个 $\mathbb{C}^n$ 到其自身的多项式映射 f 的 Jacobian 行列式 $|J(f)|=1$, 则 f 一定有逆 (必定也是多项式映射). 线性变换是最简单的多项式映射, Jacobian 猜想对线性映射成立 (见习题 48). 目前二次多项式映射的 Jacobian 猜想已由 S. Wang[②] 于 1980 年所证明. 比如, 本题中的映射是可逆的, 见习题 48.

① Ludwig Otto Hesse (1811—1874), 德国数学家, Carl Gustav Jacob Jacobi 的学生.
② Stuart Sui-Sheng Wang (王穗生, 1946—), 美籍华裔数学家, 现美国 Oakland 大学教授.

多元函数的导数 (向量) 的四则运算法则与普通函数的导数法则基本类似 (注意区分行向量与列向量), 我们列出其中如下部分：

命题 5.5.1　设 f, g 均为 n 元向量 x 的可微函数, $h(x)$ 是 n 元行映射, $p(x), q(x)$ 是 m 维行映射, $a, b \in \mathbb{F}$, 则

(1) (线性法则) $J(af+bg) = aJ(f)+bJ(g)$;

(2) (乘法公式) $J(pq^{\mathrm{T}}) = pJ(q^{\mathrm{T}})+qJ(p^{\mathrm{T}})$;

(3) (除法公式) $J(f/g) = (gJ(f)-fJ(g))/g^2$;

(4) (链法则) $J(f(h)) = \dfrac{\partial f(h)}{\partial h} J(h^{\mathrm{T}})$.

证：我们只证明链法则 (4). 记 $x=(x_1, x_2, \cdots, x_n)^{\mathrm{T}}, h=(h_1, h_2, \cdots, h_n)$, 则由多元函数的链法则可知

$$\frac{\partial f(h(x))}{\partial x} = \nabla(f(h_1, h_2, \cdots, h_n)) = \left(\sum_{i=1}^{n} \frac{\partial f}{\partial h_i}\frac{\partial h_i}{\partial x_1}, \sum_{i=1}^{n} \frac{\partial f}{\partial h_i}\frac{\partial h_i}{\partial x_2}, \cdots, \sum_{i=1}^{n} \frac{\partial f}{\partial h_i}\frac{\partial h_i}{\partial x_n}\right).$$

另一方面, 由

$$\begin{aligned}\frac{\partial f(h)}{\partial h}\frac{\partial h^{\mathrm{T}}}{\partial x} &= \left(\frac{\partial f}{\partial h_1}, \frac{\partial f}{\partial h_2}, \cdots, \frac{\partial f}{\partial h_n}\right) J(h^{\mathrm{T}}) \\ &= \left(\sum_{i=1}^{n} \frac{\partial f}{\partial h_i}\frac{\partial h_i}{\partial x_1}, \sum_{i=1}^{n} \frac{\partial f}{\partial h_i}\frac{\partial h_i}{\partial x_2}, \cdots, \sum_{i=1}^{n} \frac{\partial f}{\partial h_i}\frac{\partial h_i}{\partial x_n}\right).\end{aligned}$$

故链法则成立. □

注：通常我们将多元复合函数 $f(h)$ 中的中间变量 h 写成行向量的形式, 即 $h=(h_1, h_2, \cdots, h_n)$, 因此要求链法则中的第二个因子是 h^{T} 的导数而不是 h 的导数.

例 5.5.7　设 $f=f(u,v)$ 是二元函数, $g(x,y)=(x^2, ax+y^2)$ 为二元映射, 则 $f(g)=f(x^2, ax+y^2)$, 由链法则可得

$$J(f(g)) = \frac{\partial f(g)}{\partial(x,y)} = J(f)\frac{\partial g^{\mathrm{T}}}{\partial(x,y)} = \left(\frac{\partial f}{\partial u}, \frac{\partial f}{\partial v}\right)\begin{pmatrix} 2x & 0 \\ a & 2y \end{pmatrix} = \left(2x\frac{\partial f}{\partial u}+a\frac{\partial f}{\partial v}, 2y\frac{\partial f}{\partial v}\right),$$

此与多元微分学的结果一致.

注：如果 $f=(f_1, f_2, \cdots, f_m)^{\mathrm{T}}$ 与 $g=(g_1, g_2, \cdots, g_m)^{\mathrm{T}}$ 是两个 m 维列映射, 则乘法公式 $J(f^{\mathrm{T}}g)$ 的表达应该与命题 5.5.1 (2) 中的乘法公式略有差别但本质一致, 见习题 49.

现在可以得到求二次型 $x^{\mathrm{T}}x$ 的导数的正确公式了 (请对照直接计算的结果, 更一般的结果见习题 50)：

$$\frac{\partial x^{\mathrm{T}}x}{\partial x} = x^{\mathrm{T}}\frac{\partial x}{\partial x} + x^{\mathrm{T}}\frac{\partial x^{\mathrm{T}}}{\partial x} = 2x^{\mathrm{T}}. \tag{5.5.5}$$

再来讨论例 5.5.1 中的条件极值问题. 直接对 Lagrange 辅助函数 L 关于向量 x 求导可得

$$\begin{aligned} J(L) &= J(x^{\mathrm{T}}Ax) + J(\lambda(1 - x^{\mathrm{T}}x)) = x^{\mathrm{T}}J(Ax) + (Ax)^{\mathrm{T}}J(x^{\mathrm{T}}) - \lambda J(x^{\mathrm{T}}x) \\ &= 2x^{\mathrm{T}}A - 2\lambda x^{\mathrm{T}}, \end{aligned}$$

因此其极值点必须满足条件 $x^{\mathrm{T}}A = \lambda x^{\mathrm{T}}$, 即 x^{T} 是 A 的左特征向量或 x 是 A^{T} 的右特征向量.

总结以上的讨论可知: 如果矩阵函数是一元函数, 则其导数运算法则与一元函数的导数运算法则完全一致; 而若矩阵函数是多元函数, 则其导数本质上是对自变量向量求导 (注意我们始终是对列向量 x 求导, 而没有讨论对行向量 x^{T} 求导), 因此其运算法则与函数的导数运算法则有非常大的差别.

例 5.5.8 (坐标变换) 本题之前我们一直在对向量 $x = (x_1, x_2, \cdots, x_n)^{\mathrm{T}}$ 求导. 假如我们对向量 $y = (x_1, x_1 + x_2, \cdots, x_1 + x_n)^{\mathrm{T}}$ 求导会得到什么结果? 这相当于对复合函数 $f(g)$ 求导. 其中 f 是普通的 n 元函数, 而 $y = g(x) = (x_1, x_1 + x_2, \cdots, x_1 + x_n)$ 是 n 元映射 (相当于一个坐标变换). 具体计算见习题 51.

我们知道, 和一个方阵关联的最重要的两个数值是其行列式和迹. 这两个数值实际上都是从 $\mathbb{F}^{n\times n}$ 到 $\mathbb{F}$ 的多元 (n^2 元) 函数, 我们现在研究它们的导数. $\mathbb{F}^{n\times n}$ 中的一个未知矩阵可以写成 $X = (x_{ij})$, 我们将其行列式 $|X|$ 改记为 $D(X)$, 而其迹仍记为 $\mathrm{tr}(X)$ 或 $\mathrm{tr}X$, 称为迹函数. 由于 $D(X)$ 与 $\mathrm{tr}(X)$ 关于各变量 x_{ij} 的导数 $\boldsymbol{\nabla}(D(X)) = J(D(X))$ 与 $J(\mathrm{tr}(X))$ 均为 n^2 维的行向量, 不便于表示, 因此我们将它们都排列成矩阵的形式如下

$$J(D(X)) = \frac{\partial D(X)}{\partial X} = \begin{pmatrix} \dfrac{\partial D(X)}{\partial x_{11}} & \dfrac{\partial D(X)}{\partial x_{12}} & \cdots & \dfrac{\partial D(X)}{\partial x_{1n}} \\ \dfrac{\partial D(X)}{\partial x_{21}} & \dfrac{\partial D(X)}{\partial x_{22}} & \cdots & \dfrac{\partial D(X)}{\partial x_{2n}} \\ \cdots & \cdots & \cdots & \cdots \\ \dfrac{\partial D(X)}{\partial x_{n1}} & \dfrac{\partial D(X)}{\partial x_{n2}} & \cdots & \dfrac{\partial D(X)}{\partial x_{nn}} \end{pmatrix} \tag{5.5.6}$$

与

$$J(\mathrm{tr}(X)) = \frac{\partial \mathrm{tr}(X)}{\partial X} = \begin{pmatrix} \dfrac{\partial \mathrm{tr}(X)}{\partial x_{11}} & \dfrac{\partial \mathrm{tr}(X)}{\partial x_{12}} & \cdots & \dfrac{\partial \mathrm{tr}(X)}{\partial x_{1n}} \\ \dfrac{\partial \mathrm{tr}(X)}{\partial x_{21}} & \dfrac{\partial \mathrm{tr}(X)}{\partial x_{22}} & \cdots & \dfrac{\partial \mathrm{tr}(X)}{\partial x_{2n}} \\ \cdots & \cdots & \cdots & \cdots \\ \dfrac{\partial \mathrm{tr}(X)}{\partial x_{n1}} & \dfrac{\partial \mathrm{tr}(X)}{\partial x_{n2}} & \cdots & \dfrac{\partial \mathrm{tr}(X)}{\partial x_{nn}} \end{pmatrix}. \tag{5.5.7}$$

一般将式 (5.5.6) 与式 (5.5.7) 分别称为行列式与迹函数的梯度矩阵. 下面的命题表明, 这两个貌似复杂的矩阵实际上很简单 (证明见习题 52).

命题 5.5.2 设 X 是 n 阶矩阵, 则其行列式的梯度矩阵是其伴随矩阵的转置, 而迹函数的导数是单位矩阵, 即

$$J(D(X)) = (\mathrm{adj}X)^{\mathrm{T}}, \quad J(\mathrm{tr}(X)) = I_n. \tag{5.5.8}$$

例 5.5.9 设 $X = \begin{pmatrix} x_{11} & x_{12} \\ x_{21} & x_{22} \end{pmatrix}$, 则 $D(X) = x_{11}x_{22} - x_{21}x_{12}$, 因此

$$J(D(X)) = \begin{pmatrix} x_{22} & -x_{21} \\ -x_{12} & x_{11} \end{pmatrix} = (\mathrm{adj}X)^{\mathrm{T}}.$$

以上对矩阵的迹函数 $\mathrm{tr}(\cdot)$ 的考察相对简单, 更有趣的问题是研究矩阵 AXB (及类似矩阵) 的迹, 其中 A, B 为给定的矩阵, 即求 $J(\mathrm{tr}(AXB)) = \dfrac{\partial \mathrm{tr}(AXB)}{\partial X}$, 见习题 53.

例 5.5.10 设 $x = r\sin\theta\cos\phi,\ y = r\sin\theta\sin\phi,\ z = r\cos\theta$, 则

$$J = \frac{\partial(x,y,z)}{\partial(r,\theta,\phi)} = \begin{pmatrix} \sin\theta\cos\phi & \sin\theta\sin\phi & \cos\theta \\ r\cos\theta\cos\phi & r\cos\theta\sin\phi & -r\sin\theta \\ -r\sin\theta\sin\phi & r\sin\theta\cos\phi & 0 \end{pmatrix},$$

因此 $|J| = r^2\sin\theta$ 正是球面坐标下的积分系数.

设 n 元函数 $f(x) = f(x_1, x_2, \cdots, x_n)$ 的导数为 $J(f)$, 我们已经看到 $f(x)$ 的二阶导数即其 Hessian 矩阵 $H(f)$. 自然应该将矩阵函数 $H(f)$ 关于向量 $(x_1, x_2, \cdots, x_n)$ 的导数定义为函数 $f(x)$ 关于向量 $(x_1, x_2, \cdots, x_n)$ 的三阶导数. 那么, 我们应该如何定义 n 阶矩阵函数 $H(f)$ 关于向量 $(x_1, x_2, \cdots, x_n)$ 的导数呢? 更一般地, 设 $f(X)$ 是 $p \times q$ 阶矩阵 X 的 $m \times n$ 阶矩阵函数, 如何定义 $f(X)$ 关于 X 的导数呢?

仿照向量函数对向量的导数, 一个可行的办法是将矩阵看作向量, 即利用将矩阵的向量化变换 vec, 然后按照向量函数对向量的导数计算导数 (矩阵) 即可.

定义 5.5.3 设 $f: \mathbb{F}^{p\times q} \longrightarrow \mathbb{F}^{m\times n}$ 是一个 $p \times q$ 元矩阵函数, 即

$$f(X) = \begin{pmatrix} f_{11}(X) & f_{12}(X) & \cdots & f_{1n}(X) \\ f_{21}(X) & f_{22}(X) & \cdots & f_{2n}(X) \\ \cdots & \cdots & \cdots & \cdots \\ f_{m1}(X) & f_{m2}(X) & \cdots & f_{mn}(X) \end{pmatrix},$$

其中, $X = (x_{ij})_{p\times q}$ 是自变量矩阵, 则 $f(X)$ 的导数定义为 $mp \times nq$ 阶矩阵

$$J(f) = \frac{\partial f(X)}{\partial X} = \frac{\partial \mathrm{vec}(f(X))}{\partial \mathrm{vec}X}. \tag{5.5.9}$$

例 5.5.11 设 $f:\mathbb{F}^{2\times 2}\longrightarrow \mathbb{F}^{2\times 2}$ 是 2×2 元恒等矩阵函数, 即 $f(X)=X$, 则

$$J(f)=\frac{\partial \mathrm{vec}(f(X))}{\partial \mathrm{vec}X}=\begin{pmatrix}1&0&0&0\\0&1&0&0\\0&0&1&0\\0&0&0&1\end{pmatrix}=I_4!$$

这是自然的, 因为我们总是将自变 (向) 量 x 视为列向量 (即使 n 元函数 $f(x_1,x_2,\cdots,x_n)$ 中的自变量写成了行的形式, 我们依然认为 $f(x)$ 是列向量 $x=(x_1,x_2,\cdots,x_n)^{\mathrm{T}}$ 的函数, 这等于将函数 $f(x)$ 看作是从 $\mathbb{R}^n$ 到 $\mathbb{R}$ 的映射), 而 $\partial\mathrm{vec}X$ 规定自变量是按照列顺序排列的.

下面的命题阐述矩阵函数 (我们没有区分矩阵函数与函数矩阵这两个概念) 的导数的一些性质, 证明见习题 53.

命题 5.5.3 (1) 设 $f=f(x)=(f_{ij}(x))_{m\times p}$ 与 $g=g(x)=(g_{ij}(x))_{p\times q}$ 是两个 n 元函数矩阵, 则

$$J(f(x)g(x))=(g(x)^{\mathrm{T}}\otimes I_m)J(f(x))+(I_q\otimes f(x))J(g(x)).\tag{5.5.10}$$

特别地,

$$J(xx^{\mathrm{T}})=x\otimes I_n+I_n\otimes x.\tag{5.5.11}$$

(2) 设 $A\in\mathbb{C}^{m\times n},B\in\mathbb{C}^{p\times q},X\in\mathbb{C}^{n\times p}$, 则

$$J(AXB)=\frac{\partial AXB}{\partial X}=B^{\mathrm{T}}\otimes A;\quad J((AXB)^{\mathrm{T}})=\frac{\partial B^{\mathrm{T}}X^{\mathrm{T}}A^{\mathrm{T}}}{\partial X}=B\otimes A^{\mathrm{T}}=(J(AXB))^{\mathrm{T}}.$$

(3) 设 $A\in\mathbb{C}^{m\times n},X\in\mathbb{C}^{n\times m}$, 则

$$\frac{\partial\mathrm{tr}(AX)}{\partial X}=\frac{\partial\mathrm{tr}(XA)}{\partial X}=A^{\mathrm{T}}.$$

(4) 设 $A\in\mathbb{C}^{n\times n},X\in\mathbb{C}^{m\times n}$, 则

$$\frac{\partial\mathrm{tr}(XAX^{\mathrm{T}})}{\partial X}=X(A+A^{\mathrm{T}}).$$

(5) 设 $\alpha,\beta\in\mathbb{C}^{n\times 1},X\in\mathbb{C}^{m\times n}$, 则

$$\frac{\partial(\alpha^{\mathrm{T}}X^{\mathrm{T}}X\beta)}{\partial X}=X(\alpha\beta^{\mathrm{T}}+\beta\alpha^{\mathrm{T}}).$$

(6) 设 $\alpha,\beta\in\mathbb{C}^{m\times 1},X\in\mathbb{C}^{m\times n}$, 则

$$\frac{\partial(\alpha^{\mathrm{T}}XX^{\mathrm{T}}\beta)}{\partial X}=(\alpha\beta^{\mathrm{T}}+\beta\alpha^{\mathrm{T}})X.$$

(7) 设 $X \in \mathbb{C}^{m\times n}, f=f(X)=(f_{ij}(X))_{p\times q}$ 与 $g=g(X)=(g_{ij}(X))_{m\times n}$ 是两个函数矩阵, 则

$$\frac{\partial(f(g(X)))}{\partial X}=\frac{\partial(f(g))}{\partial g}\frac{\partial(g)}{\partial X}.$$

利用矩阵函数的微分学求解矩阵函数的极值问题, 有下述与多元微分学类似的两个结论 (证明略去, 读者可参考文献 [9] 第五章):

定理 5.5.1 (无约束极值的必要条件) 设 $X \in \mathbb{R}^{m\times n}, f(X)$ 是关于矩阵变量 X 的二阶连续可导函数.

(1) 若 X_0 是 $f(X)$ 的一个极值点, 则 $J(f)(X_0)=\left.\frac{\partial f(X)}{\partial X}\right|_{X=X_0}=0$; 换句话说, $f(X)$ 的极值点均满足方程

$$J(f)=0 \quad 或 \quad \frac{\partial f(X)}{\partial X}=0.$$

(2) 若 $f(X)$ 还是关于矩阵变量 X 的凸函数, 则 $f(X)$ 的极值点必是最值点.

定理 5.5.2 (约束极值的必要条件) 设 $X \in \mathbb{R}^{m\times n}, f(X)$ 是关于矩阵变量 X 的二阶连续可导函数. 设 X_0 是 $f(X)$ 在约束条件 $c(X)=0$ 下的一个条件极值点, $L(X,\lambda)=f(X)-\lambda c(X)$ 是 Lagrange 辅助函数. 则存在数 $\lambda_0 \in \mathbb{R}$, 使得

$$J(L)_X(X_0,\lambda_0)=\left.\frac{\partial L(X,\lambda)}{\partial X}\right|_{(X_0,\lambda_0)}=0, \quad c(X_0)=0.$$

我们现在解决本章引言例 5.0.1 中的问题, 其背景如下:

考虑 K 个用户的移动通信的 CDMA 系统, 设第 k 个用户的信号幅值为 A_k, 特定时刻发射的比特信号为 $b_k\,(=\pm 1)$, 则描述该系统的一个简化数学模型为:

$$y=RAb+n, \tag{5.5.12}$$

其中 y 是通信基站的接收信号向量, K 阶对称矩阵 R 是 (用户扩频波形的) 自相关矩阵, $b=(b_1,\cdots,b_k)^{\mathrm{T}}$, K 阶列向量 n 是方差为 σ^2 的噪声向量 (一般假定 n 是加性白 Gauss 噪声且与用户信号不相关). 问题: 如何设计第 k 个用户的检测器 m_k(即使用 $\hat{b}_k=\operatorname{sgn}(m_k^{\mathrm{T}}y)$ 作为第 k 个用户发射信号的估计), 使得所有 K 个用户的检测器

$$M=(m_1,\cdots,m_K) \tag{5.5.13}$$

具有**最小均方误差**? 即使得以矩阵 M 为自变量的目标函数

$$J(M)=E\{\|b-My\|_2^2\} \tag{5.5.14}$$

最小化, 其中 $\|\cdot\|$ 是向量的欧几里得范数.

利用数学期望与矩阵的迹的性质可以证明 (此处略去) 目标函数 $J(M)$ 具有下述表达

$$J(M)=\operatorname{tr}(I)+\operatorname{tr}(M(RA^2R+\sigma^2R)M^{\mathrm{T}})-\operatorname{tr}(ARM^{\mathrm{T}})-\operatorname{tr}(MRA). \tag{5.5.15}$$

由定理 5.5.1, 矩阵函数 $J(M)$ 的最小值点 M 必须满足方程

$$\frac{\partial J(M)}{\partial M}=0. \tag{5.5.16}$$

由命题 5.5.3 可知 (细节见习题46, 注意 R 是对称矩阵)

$$\frac{\partial J(M)}{\partial M}=2M(RA^2R+\sigma^2R)-2AR. \tag{5.5.17}$$

于是方程 (5.5.16) 的解 M 必须满足方程

$$M(RA^2R+\sigma^2R)=AR. \tag{5.5.18}$$

特别地, 若 R 可逆, 则可得下述唯一的最优盲多用户检测器

$$M=A(RA^2+\sigma^2I)^{-1}.$$

上述方法称为**盲多用户检测** (英文缩写为 BMUD), 是以矩阵为自变量的函数的微分学的前沿应用之一.

思　考　题

1. 设 $\alpha\in\mathbb{C}^{m\times1},\beta\in\mathbb{C}^{n\times1}$, 则 $J(\alpha^{\mathrm{T}}X\beta)=\dfrac{\partial\alpha^{\mathrm{T}}X\beta}{\partial X}=?$
2. 设 $\alpha\in\mathbb{C}^{m\times1},\beta\in\mathbb{C}^{n\times1}$, 则 $J(\alpha^{\mathrm{T}}X^{\mathrm{T}}\beta)=\dfrac{\partial\alpha^{\mathrm{T}}X^{\mathrm{T}}\beta}{\partial X}=?$
3. 设 X 是方阵, $J(X^2)=?$
4. 如果定义 $J(X)=\dfrac{\partial X}{\partial\operatorname{rvec}X}$, 将得到何种结果? 是否还有其他方式?
5. 试比较隐函数存在定理与 Jacobian 猜想.

第六节　应用 I: 线性常微分方程

本节我们介绍矩阵函数的微积分在现代控制理论中的应用.

设有一个多输入–多输出连续时间系统, 如图 5.6.1 所示:

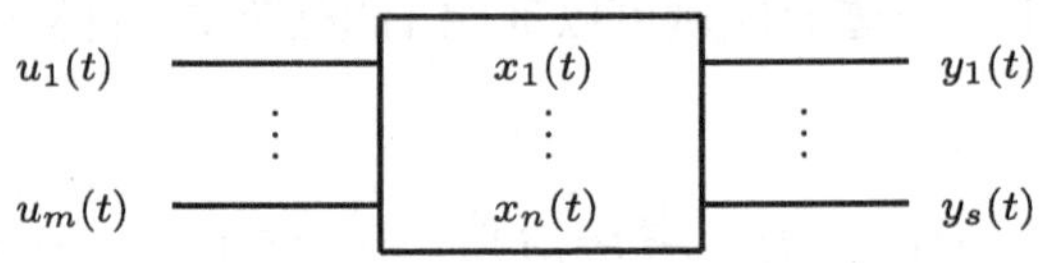

图 5.6.1

图中 $u_1(t), \cdots, u_m(t)$ 是 m 个输入, $y_1(t), \cdots, y_s(t)$ 是 s 个输出, $x_1(t), \cdots, x_n(t)$ 是系统的 n 个状态变量. 记

$$x = x(t) = (x_1(t), \cdots, x_n(t))^{\mathrm{T}}, \quad u = u(t) = (u_1(t), \cdots, u_m(t))^{\mathrm{T}},$$
$$y = y(t) = (y_1(t), \cdots, y_s(t))^{\mathrm{T}},$$

分别称为系统的状态向量、输入向量(或控制向量)、输出向量(或观测向量). 描述该系统的最简单的数学模型为下面的**状态方程**

$$\begin{cases} x'(t) = Ax(t) + Bu(t), \\ y(t) = Cx(t) + Du(t), \end{cases} \tag{5.6.1}$$

其中 $A \in \mathbb{C}^{n\times n}$ 称为系数矩阵或**系统矩阵**, $B \in \mathbb{C}^{n\times m}$ 为输入矩阵 (**或控制矩阵**), $C \in \mathbb{C}^{s\times n}$ 为输出矩阵 (**或观测矩阵**), $D \in \mathbb{C}^{s\times m}$ 为联系矩阵. 由于联系矩阵 D 只涉及输入和输出信号的静态传递, 而和系统状态变量无关, 故常令 $D = 0$. 我们仅限于讨论 A, B, C 均为常数矩阵的系统, 这样的系统称为**定常线性系统**, 一般简称为系统 (A, B, C). 方程组 (5.6.1) 中的第一个方程称为系统的状态方程, 第二个方程称为系统的**输出方程**.

由线性微分方程理论可知, 根据系统在某一时刻 t_0 的状态, 即可描述整个系统在任何时刻 $t \geqslant t_0$ 的状态. 换句话说, 如果给定初始条件 $x(t_0) = (x_1(t_0), \cdots, x_n(t_0))$, 则方程组 (5.6.1) 的解完全确定. 此称为定解问题. 定解问题的解决过程一般分为两个步骤, 即先求方程组 (5.6.1) 对应的齐次方程组的解, 再利用常数变易法或其他办法求方程组 (5.6.1) 的一个特解.

例 5.6.1 当 $n = 1$ 时, 定解问题涉及的齐次微分方程就是普通的线性常微分方程 $x'(t) = ax, x(t)|_{t=t_0} = x(t_0)$. 利用分离变量法直接积分即可得该定解问题的解为 $x = x(t_0)\mathrm{e}^{a(t-t_0)}$. 此时相应的非齐次微分方程为 $x'(t) = ax + f(t)$, $x(t)|_{t=t_0} = x(t_0)$, 其中 $f(t)$ 为已知函数. 利用熟知的常数变易法技巧可求得其解为

$$x = x(t_0)\mathrm{e}^{a(t-t_0)} + \int_{t_0}^{t} \mathrm{e}^{a(t-s)} f(s)\,\mathrm{d}s.$$

一般地, 定解问题涉及的齐次方程组为

$$\begin{cases} x'(t) = Ax, \\ x(t)|_{t=t_0} = x(t_0), \end{cases} \tag{5.6.2}$$

其中 $x=x(t)=(x_1(t),x_2(t),\cdots,x_n(t))^{\mathrm{T}}$ 为未知向量函数，$x(t_0)=(x_1(t_0),x_2(t_0),\cdots,x_n(t_0))^{\mathrm{T}}$ 为给定的 n 维向量，A 为给定的 n 阶常数方阵.

当 $n\geqslant 2$ 时，由于无法分离变量，定解问题 (5.6.2) 的解不能由例 5.6.1 给出的方法求出，但可利用 Taylor 级数求解，其框架如下：

由 $x'(t)=Ax$ 可知

$$x''(t)=A^2x,\cdots,x^{(k)}(t)=A^kx,\cdots. \tag{5.6.3}$$

故

$$x'(t_0)=Ax(t_0),x''(t_0)=A^2x(t_0),\cdots,x^{(k)}(t_0)=A^kx(t_0),\cdots. \tag{5.6.4}$$

将 $x(t)$ 在 $t=t_0$ 处展开成 Taylor 级数可得

$$\begin{aligned}x&=x(t_0)+(t-t_0)x'(t_0)+\frac{(t-t_0)^2}{2!}x''(t_0)+\cdots+\frac{(t-t_0)^k}{k!}x^{(k)}(t_0)+\cdots\\&=x(t_0)+(t-t_0)Ax(t_0)+\frac{(t-t_0)^2}{2!}A^2x(t_0)+\cdots+\frac{(t-t_0)^k}{k!}A^kx(t_0)+\cdots\\&=\mathrm{e}^{A(t-t_0)}x(t_0).\end{aligned} \tag{5.6.5}$$

由公式 (5.6.5) 给出的解还是唯一的 (见习题 55)，故有下述定理：

定理 5.6.1　定解问题 (5.6.2) 有唯一解，且其解为

$$x(t)=\mathrm{e}^{A(t-t_0)}x(t_0).$$

例 5.6.2　求常系数线性齐次微分方程组

$$\begin{cases}x'(t)=Ax(t),\\x(t)|_{t=0}=x(0),\end{cases}$$

的解，其中

$$A=\begin{pmatrix}2&2&-1\\-1&-1&1\\-1&-2&2\end{pmatrix},\ x(0)=\begin{pmatrix}1\\1\\1\end{pmatrix}.$$

解： 由定理 5.6.1，方程组的解为 $x(t)=\mathrm{e}^{At}x(0)$. 下面求 e^{At}. 直接计算可得 A 的 Jordan 标准形及变换矩阵分别为

$$J=\begin{pmatrix}1&0&0\\0&1&1\\0&0&1\end{pmatrix},\quad P=\begin{pmatrix}1&1&1\\0&-1&0\\1&-1&0\end{pmatrix}.$$

从而，

$$\begin{aligned} x(t) &= \mathrm{e}^{At}x(0) = P\mathrm{e}^{Jt}P^{-1}x(0) \\ &= \begin{pmatrix} 1 & 1 & 1 \\ 0 & -1 & 0 \\ 1 & -1 & 0 \end{pmatrix} \begin{pmatrix} \mathrm{e}^t & 0 & 0 \\ 0 & \mathrm{e}^t & t\mathrm{e}^t \\ 0 & 0 & \mathrm{e}^t \end{pmatrix} \begin{pmatrix} 0 & -1 & 1 \\ 0 & -1 & 0 \\ 1 & 2 & -1 \end{pmatrix} \begin{pmatrix} 1 \\ 1 \\ 1 \end{pmatrix} \\ &= \begin{pmatrix} 2t+1 \\ -2t+1 \\ -2t+1 \end{pmatrix} \mathrm{e}^t. \end{aligned}$$

设 $A=(a_{ij})_{n\times n}$ 与 $B=(b_{ij})_{n\times m}$ 是常数矩阵, $u(t)=(u_1(t),u_2(t),\cdots,u_m(t))^{\mathrm{T}}$ 是已知向量函数, $x(t)=(x_1(t),x_2(t),\cdots,x_n(t))^{\mathrm{T}}$ 是未知向量函数. 下面考虑定解问题所涉及的线性常系数非齐次微分方程组

$$\begin{cases} x'(t) = Ax(t) + Bu(t), \\ x(t)|_{t=t_0} = x(t_0). \end{cases} \tag{5.6.6}$$

由线性微分方程组的理论可知, 方程组 (5.6.6) 的通解是其相应的齐次方程组的通解加上它自身的一个特解, 而该特解可以通过 Lagrange 常数变易法求得. 此处介绍另一个方法, 即积分因子法, 给方程组 (5.6.6) 的两端同乘以 e^{-At}, 得

$$\mathrm{e}^{-At}\frac{\mathrm{d}x(t)}{\mathrm{d}t} - \mathrm{e}^{-At}Ax(t) = \mathrm{e}^{-At}Bu(t). \tag{5.6.7}$$

注意上式的左端为 $(\mathrm{e}^{-At}x(t))'$, 因而有下述定理 (细节见习题 58):

定理 5.6.2 方程组 (5.6.6) 有唯一解, 且其解为

$$x(t) = \mathrm{e}^{A(t-t_0)}x(t_0) + \int_{t_0}^{t} \mathrm{e}^{A(t-s)}Bu(s)\,\mathrm{d}s.$$

注: 积分因子法等价于作变量代换 $x=\mathrm{e}^{At}y$ 或 $y=\mathrm{e}^{-At}x$.

例 5.6.3 求定解问题

$$\begin{cases} x'(t) = Ax(t) + u(t), \\ x(t)|_{t=0} = (1,1,1)^{\mathrm{T}}, \end{cases}$$

的解, 其中

$$A = \begin{pmatrix} 3 & -1 & 1 \\ 2 & 0 & -1 \\ 1 & -1 & 2 \end{pmatrix}, \quad u(t) = (0,0,\mathrm{e}^{2t})^{\mathrm{T}}.$$

解: 由定理 5.6.2, 方程组的解为

$$x(t) = \mathrm{e}^{At}x(0) + \int_0^t \mathrm{e}^{A(t-s)}u(s)\,\mathrm{d}s.$$

首先求 e^{At}. 由于

$$|\lambda I-A|=\begin{vmatrix}\lambda-3 & 1 & -1\\ -2 & \lambda & 1\\ -1 & 1 & \lambda-2\end{vmatrix}=\lambda(\lambda-2)(\lambda-3).$$

故 A 有 3 个不同的特征值, 因此 A 与对角矩阵相似. 与特征值 $\lambda_1=0,\ \lambda_2=2,\ \lambda_3=3$ 相应的三个线性无关的特征向量为

$$\alpha_1=(1,5,2)^{\mathrm{T}},\quad \alpha_2=(1,1,0)^{\mathrm{T}},\quad \alpha_3=(2,1,1)^{\mathrm{T}}.$$

于是

$$P=\begin{pmatrix}1&1&2\\5&1&1\\2&0&1\end{pmatrix},\quad P^{-1}=-\frac{1}{6}\begin{pmatrix}1&-1&-1\\-3&-3&9\\-2&2&-4\end{pmatrix}.$$

因而

$$\begin{aligned}e^{At}x(0)&=P\begin{pmatrix}1&&\\&e^{2t}&\\&&e^{3t}\end{pmatrix}P^{-1}x(0)\\&=\begin{pmatrix}1&1&2\\5&1&1\\2&0&1\end{pmatrix}\begin{pmatrix}1&&\\&e^{2t}&\\&&e^{3t}\end{pmatrix}\cdot\left(-\frac{1}{6}\right)\begin{pmatrix}1&-1&-1\\-3&-3&9\\-2&2&-4\end{pmatrix}\begin{pmatrix}1\\1\\1\end{pmatrix}\\&=-\frac{1}{6}\begin{pmatrix}-1+3e^{2t}-8e^{3t}\\-5+3e^{2t}-4e^{3t}\\-2-4e^{3t}\end{pmatrix}.\end{aligned}$$

下面计算积分 $\int_0^t e^{A(t-s)}u(s)\,ds$. 直接计算得

$$e^{A(t-s)}u(s)=-\frac{1}{6}\begin{pmatrix}-e^{2s}+9e^{2t}-8e^{3t-s}\\-5e^{2s}+9e^{2t}-4e^{3t-s}\\-2e^{2s}-4e^{3t-s}\end{pmatrix}.$$

$$\int_0^t e^{A(t-s)}u(s)\,ds=-\frac{1}{6}\begin{pmatrix}\dfrac{1}{2}+\left(9t+\dfrac{15}{2}\right)e^{2t}-8e^{3t}\\[2mm]\dfrac{5}{2}+\left(9t+\dfrac{3}{2}\right)e^{2t}-4e^{3t}\\[2mm]1+3e^{2t}-4e^{3t}\end{pmatrix}.$$

因此方程组的解为

$$x(t) = -\frac{1}{6}\begin{pmatrix} -\frac{1}{2} + \left(9t + \frac{21}{2}\right)\mathrm{e}^{2t} - 16\mathrm{e}^{3t} \\ -\frac{5}{2} + \left(9t + \frac{9}{2}\right)\mathrm{e}^{2t} - 8\mathrm{e}^{3t} \\ -1 + 3\mathrm{e}^{2t} - 8\mathrm{e}^{3t} \end{pmatrix}.$$

高阶常系数齐次微分方程的定解问题可以转化为线性微分方程组来求解. 考虑下面的定解问题:

$$\begin{cases} y^{(n)} + a_1 y^{(n-1)} + a_2 y^{(n-2)} + \cdots + a_n y = 0, \\ y^{(i)}(t)|_{t=0} = y_0^{(i)}, \quad 0 \leqslant i \leqslant n-1. \end{cases} \tag{5.6.8}$$

令

$$\begin{cases} x_1 = y, \\ x_2 = y' = x_1', \\ x_3 = y^{(2)} = x_2', \\ \quad\cdots\cdots \\ x_n = y^{(n-1)} = x_{n-1}', \end{cases}$$

则

$$\begin{cases} x_1' = x_2, \\ x_2' = x_3, \\ \cdots\cdots \\ x_{n-1}' = x_n, \\ x_n' = -a_n x_1 - a_{n-1} x_2 - \cdots - a_1 x_n. \end{cases}$$

令

$$x(t) = (x_1(t), x_2(t), \cdots, x_n(t))^{\mathrm{T}},$$

$$x(0) = (x_1(0), x_2(0), \cdots, x_n(0))^{\mathrm{T}} = (y_0, y_0', \cdots, y_0^{(n-1)})^{\mathrm{T}},$$

则高阶常微分方程 (5.6.8) 等价于一阶微分方程组

$$\begin{cases} x'(t) = Ax(t), \\ x(t)|_{t=0} = x(0), \end{cases} \tag{5.6.9}$$

其中

$$A = \begin{pmatrix} 0 & 1 & 0 & \cdots & 0 \\ 0 & 0 & 1 & \cdots & 0 \\ \cdots & \cdots & \cdots & \cdots & \cdots \\ 0 & 0 & 0 & \cdots & 1 \\ -a_n & -a_{n-1} & -a_{n-2} & \cdots & -a_1 \end{pmatrix}. \tag{5.6.10}$$

可以看出, A 恰好是方程 (5.6.8) 的特征多项式 $r^n + a_1 r^{n-1} + a_2 r^{n-2} + \cdots + a_n$ 的友矩阵. 由定理 5.6.1, 方程组 (5.6.9) 的解为 $x(t) = \mathrm{e}^{At}x(0)$, 而方程 (5.6.8) 的解是方程组 (5.6.9) 的解的第一个分量, 所以定解问题 (5.6.8) 的解为

$$\begin{aligned} y &= (1, 0, \cdots, 0)x(t) = (1, 0, \cdots, 0)\mathrm{e}^{At}x(0) \\ &= (1, 0, \cdots, 0)\mathrm{e}^{At}\begin{pmatrix} y_0 \\ y_0' \\ \vdots \\ y_0^{(n-1)} \end{pmatrix}. \end{aligned}$$

对应于方程 (5.6.8) 的 n 阶常系数非齐次线性方程的定解问题:

$$\begin{cases} y^{(n)} + a_1 y^{(n-1)} + a_2 y^{(n-2)} + \cdots + a_n y = u(t), \\ y^{(i)}(t)|_{t=0} = y_0^{(i)}, \quad 0 \leqslant i \leqslant n-1, \end{cases} \tag{5.6.11}$$

可作相应的讨论. 容易推出定解问题 (5.6.11) 的解是方程组

$$\begin{cases} x'(t) = Ax(t) + Bu(t), \\ x(t)|_{t=0} = x(0), \end{cases}$$

的解的第一个分量, 其中

$$x(t) = (x_1(t), x_2(t), \cdots, x_n(t))^{\mathrm{T}} = (y, y', \cdots, y^{(n-1)})^{\mathrm{T}},$$
$$x(0) = (x_1(0), x_2(0), \cdots, x_n(0))^{\mathrm{T}} = (y_0, y_0', \cdots, y_0^{(n-1)})^{\mathrm{T}},$$
$$A = \begin{pmatrix} 0 & 1 & 0 & \cdots & 0 \\ 0 & 0 & 1 & \cdots & 0 \\ \cdots & \cdots & \cdots & \cdots & \cdots \\ 0 & 0 & 0 & \cdots & 1 \\ -a_n & -a_{n-1} & -a_{n-2} & \cdots & -a_1 \end{pmatrix}, \qquad B = \begin{pmatrix} 0 \\ 0 \\ \vdots \\ 0 \\ 1 \end{pmatrix}.$$

由定理 5.6.2 知, 定解问题 (5.6.11) 的解为

$$y(t) = (1, 0, \cdots, 0)\left(\mathrm{e}^{At}x(0) + \int_0^t \mathrm{e}^{A(t-s)}Bu(s)\,\mathrm{d}s\right).$$

例 5.6.4 求下述三阶常微分方程的解 $y(t)$:

$$\begin{cases} y^{(3)} - 3y^{(2)} - 6y' + 8y = u(t), \\ (y(0), y'(0), y''(0)) = (1, 0, 1). \end{cases}$$

解：令 $x(t)=(x_1(t),x_2(t),x_3(t))^{\mathrm{T}}$, 其中 $x_1(t)=y(t)$, $x_2(t)=y'(t)$, $x_3(t)=y''(t)$. 则 $x(0)=(1,0,1)^{\mathrm{T}}$.

由前面的讨论知,

$$y(t)=(1,0,0)\left(\mathrm{e}^{At}x(0)+\int_0^t \mathrm{e}^{A(t-s)}Bu(s)\,\mathrm{d}s\right),$$

其中

$$A=\begin{pmatrix}0&1&0\\0&0&1\\-8&6&3\end{pmatrix},\quad B=\begin{pmatrix}0\\0\\1\end{pmatrix}.$$

A 的特征多项式为 $|\lambda I-A|=\lambda^3-3\lambda^2-6\lambda+8=(\lambda-1)(\lambda+2)(\lambda-4)$. 所以 A 的 Jordan 标准形为

$$J=\begin{pmatrix}1&&\\&-2&\\&&4\end{pmatrix},\quad 其变换矩阵为\quad P=\begin{pmatrix}1&1&1\\1&-2&4\\1&4&16\end{pmatrix}.$$

因此

$$\begin{aligned}\mathrm{e}^{At}&=P\begin{pmatrix}\mathrm{e}^t&&\\&\mathrm{e}^{-2t}&\\&&\mathrm{e}^{4t}\end{pmatrix}P^{-1}\\&=\begin{pmatrix}1&1&1\\1&-2&4\\1&4&16\end{pmatrix}\begin{pmatrix}\mathrm{e}^t&&\\&\mathrm{e}^{-2t}&\\&&\mathrm{e}^{4t}\end{pmatrix}\cdot\frac{1}{18}\begin{pmatrix}16&4&-2\\4&-5&1\\-2&1&1\end{pmatrix}\\&=\frac{1}{18}\begin{pmatrix}16\mathrm{e}^t+4\mathrm{e}^{-2t}-2\mathrm{e}^{4t}&4\mathrm{e}^t-5\mathrm{e}^{-2t}+\mathrm{e}^{4t}&-2\mathrm{e}^t+\mathrm{e}^{-2t}+\mathrm{e}^{4t}\\16\mathrm{e}^t-8\mathrm{e}^{-2t}-8\mathrm{e}^{4t}&4\mathrm{e}^t+10\mathrm{e}^{-2t}+4\mathrm{e}^{4t}&-2\mathrm{e}^t-2\mathrm{e}^{-2t}+4\mathrm{e}^{4t}\\16\mathrm{e}^t+16\mathrm{e}^{-2t}-32\mathrm{e}^{4t}&4\mathrm{e}^t-20\mathrm{e}^{-2t}+16\mathrm{e}^{4t}&-2\mathrm{e}^t+4\mathrm{e}^{-2t}+16\mathrm{e}^{4t}\end{pmatrix},\end{aligned}$$

$$\mathrm{e}^{A(t-s)}Bu(s)=\frac{1}{18}u(s)\begin{pmatrix}-2\mathrm{e}^{t-s}+\mathrm{e}^{-2(t-s)}+\mathrm{e}^{4(t-s)}\\-2\mathrm{e}^{t-s}-2\mathrm{e}^{-2(t-s)}+4\mathrm{e}^{4(t-s)}\\-2\mathrm{e}^{t-s}+4\mathrm{e}^{-2(t-s)}+16\mathrm{e}^{4(t-s)}\end{pmatrix}.$$

所以

$$\begin{aligned}y(t)=&(1,0,0)\left(\mathrm{e}^{At}x(0)+\int_0^t \mathrm{e}^{A(t-s)}Bu(s)\,\mathrm{d}s\right)\\=&\frac{1}{18}(14\mathrm{e}^t+5\mathrm{e}^{-2t}-\mathrm{e}^{4t})-\frac{1}{9}\mathrm{e}^t\int_0^t \mathrm{e}^{-s}u(s)\,\mathrm{d}s+\frac{1}{18}\mathrm{e}^{-2t}\int_0^t \mathrm{e}^{2s}u(s)\,\mathrm{d}s\\&+\frac{2}{9}\mathrm{e}^{4t}\int_0^t \mathrm{e}^{-4s}u(s)\,\mathrm{d}s.\end{aligned}$$

注 1: 如果仅求 n 阶齐次方程 (5.6.8) 的解, 则不必使用本节介绍的办法, 因为转化为矩阵形式仍然需要求特征方程的根. 而由线性微分方程的理论, 一旦知道特征方程的根. 则方程 (5.6.8) 的通解就已经知道了.

注 2: 实际计算定常线性系统 (5.6.1) 的解的常用方法是 Laplace 变换.

第七节　应用 II: 线性系统的可控性与可测性

本节我们利用上节的理论研究定常线性系统 (5.6.1) 的可控性与可观测性.

要控制一个定常系统 (5.6.1), 需要了解系统的状态 $x(t)$. 但在一般情况下, 不能直接测量到它 (比如人造卫星系统或深水探测仪等), 因此必须通过得到的观测向量 $y(t)$ 反过来判断 $x(t)$. 能否通过观测向量 $y(t)$ 确定出系统的全部状态, 这便是所谓的可观测性问题. 掌握了系统的状态后, 能否控制它使其达到预期的目的, 便是所谓的可控制性问题.

定义 5.7.1　对一个定常线性系统, 若在某个有限时间区间 $[0,t_1]$ 内存在着输入 $u(t)\,(0\leqslant t\leqslant t_1)$, 能使系统从初始状态 $x(0)$ 转移到 $x(t)=0$, 则称此状态 $x(0)$ 是可控的. 若任意初始状态 $x(0)$ 都是可控的, 则称此系统是**完全可控**或**完全能控**的.

注: 按照自然的理解, 所谓"完全能控"应该是指: 对任何给定的系统初始状态 $x(0)$, 均能由一定的控制信号 (即输入信号) 使得系统在有限时间内变成任意事先指定的状态 $x(t)$, 而不仅仅是使系统状态变为 0. 实际上, 可以证明这两种定义是等价的 (但显然使用 $x(t)=0$ 更为简便), 见习题 62.

例 5.7.1　设 $n=1$, 则定常系统实际上是一个一阶线性微分方程 $x'(t)=ax(t)+bu(t)$. 显然该系统完全可控 $\Longleftrightarrow b\neq 0$.

例 5.7.2　设定常系统的状态方程为

$$x'(t)=\begin{pmatrix}\lambda_1 & 0\\ 0 & \lambda_2\end{pmatrix}x(t)+\begin{pmatrix}a\\ b\end{pmatrix}u(t),$$

则该系统完全能控 $\Longleftrightarrow ab\neq 0$, 且 $\lambda_1\neq\lambda_2$.

定理 5.7.1　系统 (A,B,C) 完全能控 $\Longleftrightarrow n$ 阶 Hermite 矩阵

$$W(0,t_1)=\int_0^{t_1}\mathrm{e}^{-tA}BB^*\mathrm{e}^{-tA^*}\,\mathrm{d}t \tag{5.7.1}$$

为非奇异矩阵.

证:

充分性: 设 $W(0,t_1)$ 非奇异. 由上一节的定理 5.6.2 知

$$x(t_1)=\mathrm{e}^{At_1}x(0)+\int_0^{t_1}\mathrm{e}^{A(t_1-t)}Bu(t)\,\mathrm{d}t. \tag{5.7.2}$$

令

$$u(t) = -B^* \mathrm{e}^{-A^* t} W(0, t_1)^{-1} x(0), \tag{5.7.3}$$

将 $u(t)$ 代入 (5.7.2) 得

$$\begin{aligned} x(t_1) &= \mathrm{e}^{At_1} x(0) - \int_0^{t_1} \mathrm{e}^{A(t_1 - t)} BB^* \mathrm{e}^{-A^* t} W(0, t_1)^{-1} x(0) \, \mathrm{d}t \\ &= \mathrm{e}^{At_1} x(0) - \mathrm{e}^{At_1} \left(\int_0^{t_1} \mathrm{e}^{-At} BB^* \mathrm{e}^{-A^* t} \, \mathrm{d}t \right) W(0, t_1)^{-1} x(0) \\ &= \mathrm{e}^{At_1} x(0) - \mathrm{e}^{At_1} W(0, t_1) W(0, t_1)^{-1} x(0) = 0. \end{aligned}$$

这说明在控制输入 $u(t)$ 作用下, 能使系统 $x(0)$ 转移到 $x(t_1) = 0$. 由于 $x(0)$ 的任意性, 因此系统是完全能控的.

必要性: 设有向量 $\alpha = (a_1, a_2, \cdots, a_n)^{\mathrm{T}}$ 满足

$$W(0, t_1)\alpha = 0, \tag{5.7.4}$$

则 $\alpha^* W(0, t_1)\alpha = 0$. 因而

$$\int_0^{t_1} \alpha^* (\mathrm{e}^{-At} BB^* \mathrm{e}^{-A^* t}) \alpha \, \mathrm{d}t = 0.$$

因此

$$\alpha^* \mathrm{e}^{-At} B = 0, \quad 0 \leqslant t \leqslant t_1. \tag{5.7.5}$$

由于系统是完全能控的, 所以存在某个输入 $u(t)$ 使得 $x(t_1) = 0$. 故由公式 (5.7.2), 有

$$\mathrm{e}^{At_1} x(0) + \int_0^{t_1} \mathrm{e}^{A(t_1 - t)} Bu(t) \, \mathrm{d}t = 0.$$

所以

$$x(0) = -\mathrm{e}^{-At_1} \int_0^{t_1} \mathrm{e}^{A(t_1 - t)} Bu(t) \, \mathrm{d}t = -\int_0^{t_1} \mathrm{e}^{-At} Bu(t) \, \mathrm{d}t.$$

因而由等式 (5.7.5),

$$\alpha^* x(0) = -\int_0^{t_1} \alpha^* \mathrm{e}^{-At} Bu(t) \, \mathrm{d}t = 0.$$

由 $x(0)$ 的任意性知 $\alpha = 0$, 与假设 $\alpha \neq 0$ 矛盾. 故 $W(0, t_1)$ 是非奇异的. □

由于定理 5.7.1 涉及到矩阵函数的积分, 所以在实际应用中常使用下面的简单判别准则.

定理 5.7.2 系统 (A, B, C) 完全能控 $\Longleftrightarrow$ 矩阵

$$W = (B, AB, A^2 B, \cdots, A^{n-1} B)$$

的秩为 n. 一般将 $n \times nm$ 阶矩阵 W 称为**能控性矩阵**.

证: 系统 (A, B, C) 完全能控 $\Longleftrightarrow$ 对任意 $x(0)$, 关于未知向量 $u(t)$ 的方程 (5.7.2) (其中 $x(t_1) = 0$) 有解, 即方程

$$\int_0^{t_1} \mathrm{e}^{A(t_1-t)} Bu(t)\,\mathrm{d}t = -\mathrm{e}^{At_1} x(0) \tag{5.7.6}$$

对于任意 $x(0)$ 总有解. 因为矩阵 e^{At_1} 总可逆, 故方程 (5.7.6) 可以化简为

$$\int_0^{t_1} \mathrm{e}^{-At} Bu(t)\,\mathrm{d}t = -x(0). \tag{5.7.7}$$

由 Cayley-Hamilton 定理可知, n 阶矩阵 e^{-At} 可表示为

$$\mathrm{e}^{-At} = \sum_{i=0}^{n-1} a_i(t) A^i,$$

因此方程 (5.7.7) 又可写为

$$\sum_{i=0}^{n-1} (A^i B) \int_0^{t_1} (a_i(t) u(t))\,\mathrm{d}t = -x(0), \tag{5.7.8}$$

记

$$z_i(t)^{\mathrm{T}} = \int_0^{t_1} a_i(t) u(t)\,\mathrm{d}t, \quad 0 \leqslant i \leqslant n-1.$$

令 $z = (z_0(t), z_1(t), \cdots, z_{n-1}(t))^{\mathrm{T}}$, 则等式 (5.7.8) 为

$$(B, AB, A^2B, \cdots, A^{n-1}B) z = -x(0). \tag{5.7.9}$$

于是系统 (A, B, C) 完全能控 $\Longleftrightarrow$ 方程组 (5.7.9) 的系数矩阵的秩是 n. □

思考: 上面证明中的最后一句话为什么成立? 注意此时向量 z 的维数并不是未知数的个数, 那么, 方程 (5.7.9) 中未知数的个数是多少呢?

由定理 5.7.2 可知, 如果控制矩阵 B 是行满秩的, 则系统一定是可控的.

为了更好地理解连续型的定常线性系统的可控性 (以及可测性), 以下我们对照离散型的定常线性系统. 类似于连续型的定常系统 (5.6.1), 离散型的定常系统的一个简单数学模型是如下的 (矩阵) 差分方程:

$$\begin{cases} x(k+1) = Ax(k) + Bu(k), & k \geqslant 0, \\ y(k) = Cx(k), & k \geqslant 0, \end{cases} \tag{5.7.10}$$

其中 $x(k), u(k), y(k)$ 分别看作是连续型的定常线性系统的状态变量、控制信号和观测信号的离散化; 而离散系统 (5.7.10) 中的两个方程可以分别看作是连续型的定常线性系统的状态方程与输出方程的离散化. 离散系统 (5.7.10) 也简记为 (A, B, C). 利用迭代法可知, 方程 (5.7.10) 可以写为

$$x(k) = A^k x(0) + \sum_{i=0}^{k-1} A^{k-1-i} B u(i), \quad k \geqslant 1. \tag{5.7.11}$$

特别地,

$$x(n) = A^n x(0) + (B, AB, \cdots, A^{n-1}B)(u(n-1), u(n-2), \cdots, u(0))^{\mathrm{T}}. \tag{5.7.12}$$

上式正是定理 5.7.2 中能控性矩阵的来历. 显然, 离散型的定常系统 (A, B, C) 与连续型的定常系统 (A, B, C) 具有完全相同的可控制性.

例 5.7.3 已知

$$A = \begin{pmatrix} 2 & -2 & 1 \\ 1 & 1 & 0 \\ -1 & 0 & -1 \end{pmatrix}, \quad B = \begin{pmatrix} 2 & 1 \\ 1 & 0 \\ -1 & -1 \end{pmatrix}.$$

试判断系统 (A, B, C) 是否完全能控.

解: 由条件知, 系统 (A, B, C) 具有三个状态变量、两个输入. 下面用定理 5.7.2 来判断:

$$W = \begin{pmatrix} 2 & 1 & 1 & 1 & -5 & 0 \\ 1 & 0 & 3 & 1 & 4 & 2 \\ -1 & -1 & -1 & -2 & 0 & -1 \end{pmatrix} \to \begin{pmatrix} 0 & 1 & -5 & -1 & -13 & -4 \\ 1 & 0 & 3 & 1 & 4 & 2 \\ 0 & -1 & 2 & -1 & 4 & 1 \end{pmatrix}$$

$$\to \begin{pmatrix} 0 & 1 & -5 & -1 & -13 & -4 \\ 1 & 0 & 3 & 1 & 4 & 2 \\ 0 & 0 & -3 & -2 & -9 & -3 \end{pmatrix}.$$

所以 W 的秩为 3, 由此知系统是完全能控的.

例 5.7.4 如果定常系统是单输入系统, 则控制矩阵 B 为 n 维列向量, 因此系统的能控性矩阵 W 是一个 n 阶方阵. 由定理 5.7.2, 此时系统可控 $\Longleftrightarrow$ 能控性矩阵 W 是可逆矩阵. 这就给出可控性的一个直观解释: 即控制信号可以使系统的任何两个状态相互转化; 换言之, 系统的变化是一个可逆的过程.

如果 B 的列数大于 1, 则能控性矩阵 W 具有较多的列, 因此利用 W 的秩判断系统的可控性时, 应注意避免做过多无效计算, 可以先计算矩阵 B 的秩, 然后再计算矩阵 (B, AB) 的秩, 等等, 因为计算 A 的高次幂往往较计算较低次幂大为困难.

下面我们讨论定常系统的可观测性:

定义 5.7.2 对于一个定常线性系统, 若在有限时间区间 $[0, t_1]$ 内能通过观测系统的输出 $y(t)$ 而唯一地确定初始状态 $x(0)$, 则称此系统是**完全能观测**或**完全可观测**的或完全可测的.

注意上面定义中的输出 $y(t)$ 是指时间区间 $[0, t_1]$ 内的所有输出, 因此所谓连续型的定常系统的可观测性是用一个时间段内的所有 (当然是无限多个) 观测信号 (即系统的反馈) 来反推系统的一个 (初始) 状态. 这是合理的, 因为观测矩阵 C 一般来说是不可逆的, 因此不能指望用一个反馈信号就能确定系统的初始状态.

例 5.7.5 若观测矩阵 C 是可逆矩阵, 则定常系统显然是完全可观测的.

例 5.7.6 设定常系统的系统方程为

$$\begin{cases} x'(t) = \begin{pmatrix} \lambda_1 & 0 \\ 0 & \lambda_2 \end{pmatrix} x(t) + Bu(t), \\ y(t) = (a, b)x(t), \end{cases}$$

则该系统完全可测 $\Longleftrightarrow ab \neq 0$ 且 $\lambda_1 \neq \lambda_2$. 证明见习题 65.

定理 5.7.3 系统 (A, B, C) 完全能观测 $\Longleftrightarrow$ n 阶 Hermite 矩阵

$$M(0, t_1) = \int_0^{t_1} \mathrm{e}^{A^*t} C^* C \mathrm{e}^{At} \mathrm{d}t$$

为非奇异矩阵.

证:

充分性: $y(t) = Cx(t) = C\mathrm{e}^{At}x(0) + C\int_0^t \mathrm{e}^{A(t-s)}Bu(s)\,\mathrm{d}s$, 所以

$$C\mathrm{e}^{At}x(0) = y(t) - C\int_0^t \mathrm{e}^{A(t-s)}Bu(s)\,\mathrm{d}s.$$

上式两边左乘 $\mathrm{e}^{A^*t}C^*$, 并从 0 到 t_1 积分, 得

$$M(0, t_1)x(0) = \int_0^{t_1} \mathrm{e}^{A^*t}C^* \left(y(t) - C\int_0^t \mathrm{e}^{A(t-s)}Bu(s)\,\mathrm{d}s \right) \mathrm{d}t.$$

由于 $M(0, t_1)$ 非奇异, 所以

$$x(0) = M(0, t_1)^{-1} \int_0^{t_1} \mathrm{e}^{A^*t}C^* \left(y(t) - C\int_0^t \mathrm{e}^{A(t-s)}Bu(s)\,\mathrm{d}s \right) \mathrm{d}t.$$

这说明 $x(0)$ 是唯一确定的, 因而系统是完全能观测的.

必要性: 设系统是完全能观测的, 则满足

$$y(t) = C\mathrm{e}^{At}x(0) + C\int_0^t \mathrm{e}^{A(t-s)}Bu(s)\,\mathrm{d}s \tag{5.7.13}$$

的 $x(0)$ 是唯一确定的. 若 $M(0, t_1)$ 奇异, 则存在非零的 $\alpha \in \mathbb{C}^n$ 满足

$$M(0, t_1)\alpha = 0,$$

因而 $\alpha^* M(0, t_1)\alpha = 0$. 于是

$$\int_0^{t_1} \alpha^* \mathrm{e}^{A^*t}C^*C\mathrm{e}^{At}\alpha\,\mathrm{d}t = 0.$$

由此得到

$$y(t) = Ce^{At}(x(0)+\alpha) + C\int_0^t e^{A(t-s)}Bu(s)\,ds.$$

这说明若 $x(0)$ 满足等式 (5.7.13), 则 $x(0)+\alpha$ 也满足 (5.7.13). 因而, 由 $\alpha \neq 0$ 知, $x(0)$ 不是唯一确定的, 矛盾. 所以 $M(0,t_1)$ 非奇异. □

类似于可控性的情形, 离散型的定常系统 (A,B,C) 与连续型的定常系统 (A,B,C) 具有完全相同的可测性的下列简单判别准则, 证明见习题 66.

定理 5.7.4　系统 (A,B,C) 完全能观测 $\Longleftrightarrow$ 矩阵

$$M = \begin{pmatrix} C \\ CA \\ \vdots \\ CA^{n-1} \end{pmatrix}$$

的秩为 n. 矩阵 M 称为能观测性矩阵.

例 5.7.7　设某系统的状态方程与输出方程为

$$\begin{cases} x'(t) = \begin{pmatrix} 1 & 1 \\ 1 & -1 \end{pmatrix} x(t) + \begin{pmatrix} 1 & -1 \\ 1 & 0 \end{pmatrix} u(t), \\ y(t) = \begin{pmatrix} 1 & -1 \\ 1 & -1 \end{pmatrix} x(t). \end{cases}$$

试判断这系统的能控性与能观测性.

解: 由于控制矩阵 B 是可逆的, 所以系统是完全能控的.

系统的能观测性矩阵为

$$M = \begin{pmatrix} C \\ CA \end{pmatrix} = \begin{pmatrix} 1 & -1 \\ 1 & -1 \\ 0 & 2 \\ 0 & 2 \end{pmatrix},$$

所以 M 的秩为 2, 说明系统是完全能观测的.

在本节最后, 我们讨论定常系统的状态方程的化简问题.

定常系统的状态变量可以有不同的选取, 状态变量的所有线性组合构成一个线性空间. 因此, 选择适当的状态变量实际上就是选择该线性空间一组适当的基. 利用不同的状态变量之间的线性关系可以有效地简化系统的系统方程.

设定常系统的系统矩阵 A 的 Jordan 标准形为 $J = PAP^{-1}$, 其中 P 为变换矩阵. 现令 $z(t) = P^{-1}x(t)$ 或 $x(t) = Pz(t)$, 则定常系统 (A,B,C) 可以简化为

$$\begin{cases} z'(t) = Jz(t) + P^{-1}Bu(t), \\ y(t) = CPz(t). \end{cases} \tag{5.7.14}$$

利用简化的系统方程 (5.7.14) 可以较为方便地判断系统的测控性, 见下面的例子:

例 5.7.8 对单输入定常系统 (A, B, C), 如果 A 的特征值均不相同, 则系统可控 $\Longleftrightarrow$ 控制矩阵 $P^{-1}B$ 无零行, 而系统可测 $\Longleftrightarrow$ 观测矩阵 CP 无零列, 详见习题63与66.

思 考 题

1. 在例 5.7.8 中, 能否用 A 为单纯矩阵代替条件"A 的特征值均不相同"?
2. 定常系统 (A, B, C) 与其简化的系统 (5.7.14) 的可控性与可测性是否完全一致?

习 题 五

1. 设 $\|\cdot\|$ 是酉空间 $\mathbb{C}^n$ 的向量范数, 证明向量范数的下列基本性质:

(1) 零向量的范数为零;

(2) 当 x 是非零向量时: $\left\|\dfrac{x}{\|x\|}\right\| = 1$;

(3) $\|-x\| = \|x\|$;

(4) $|\|x\| - \|y\|| \leqslant \|x - y\|$.

2. 证明: 若 $x \in \mathbb{C}^n$, 则

(1) $\|x\|_2 \leqslant \|x\|_1 \leqslant \sqrt{n}\|x\|_2$; (2) $\|x\|_\infty \leqslant \|x\|_1 \leqslant n\|x\|_\infty$; (3) $\|x\|_\infty \leqslant \|x\|_2 \leqslant \sqrt{n}\|x\|_\infty$.

3. (1) 试构造 $\mathbb{R}^2$ 上的一个向量范数, 使得该范数不是任何 p-范数;

(2) 画出你构造的范数的单位圆;

(3) 试对 $\mathbb{R}^3$ 做 (1) 与 (2), 并比较你的单位球与 1-范数和 ∞-范数的单位球;

(4) 证明当 $0 < p < 1$ 时, l_p 范数仍然满足向量范数的前两个条件, 但不满足三角不等式. 在平面上画出 $p = 1/2, 3/2$ 时的单位圆, 并就 $p < 1$ 与 $p \geqslant 1$ 的一般情形作比较.

4. 证明 Minkowski 不等式 (5.1.1).

5. (1) 证明由内积诱导的向量范数满足**平行四边形恒等式** 或**极化恒等式**

$$\|x + y\|^2 + \|x - y\|^2 = 2(\|x\|^2 + \|y\|^2).$$

(2) 解释上式的意义;

(3) 证明: 如果一个向量范数满足平行四边形恒等式, 则该范数一定是由某内积诱导的范数;

(4) 由 (3) 的结论判断哪些 l_p 范数是由内积诱导的, 并给出一个由内积诱导的新范数.

6. 验证例 5.1.4.

7. 证明命题 5.1.1 中的正定性与齐次性.

8. 证明命题 5.1.3.

9. 证明例 5.1.8 中的两个范数不等价.

10. 证明赋范线性空间中的单位球均为凸集, 即若 x, y 属于单位球, 则 $\alpha x+\beta y$ 也属于单位球, 其中 α, β 为正数且 $\alpha+\beta=1$. 对照习题 5, 解释这种现象.

11. 验证矩阵的极大列和范数与极大行和范数均满足次乘性.

12. 设矩阵 A 的 F-范数等于 a, U 是酉矩阵, 问 AU 与 UA 的 F-范数各是多少? 请总结你的计算.

13. (1) 证明 $\|A\|_2=(\rho(A^*A))^{1/2}$ 定义了一个矩阵范数, 称为 A 的**谱范数**;

(2) 试求一个与矩阵的谱范数相容的向量范数;

(3) 证明若 A 是正规矩阵, 则 A 的谱范数就是其谱半径 $\rho(A)$;

(4) 设 V 是由全体 Hermite 矩阵构成的复线性空间, 证明谱半径给出 V 上的一个向量范数. 该范数是矩阵范数吗?

14. 证明: (1) 矩阵仿照向量的 1-范数是矩阵范数, 且于 1-范数相容, 但不是 1-范数的诱导范数, 试求向量的 1-范数诱导的矩阵范数;

(2) 矩阵仿照向量的 ∞-范数是向量范数但不是矩阵范数.

15. 证明公式 (5.1.12).

16. 证明矩阵的 1-范数、2-范数和 ∞-范数分别是向量的 1-范数、2-范数和 ∞-范数的诱导范数 (因此与之相容).

17. 试构造两种矩阵范数, 使得一个矩阵 A 的两种范数分别为 2 与 1/3. 能否使所有非零矩阵的两种范数之积等于 1?

18. (1) 证明向量范数的代数性质: 有限种向量范数的任意正线性组合仍是向量范数;

(2) 设 $\|\cdot\|_\alpha$ 与 $\|\cdot\|_\beta$ 是两种向量范数或矩阵范数, $p>0$. 判断

$$\Big((\|\cdot\|_\alpha)^p+(\|\cdot\|_\beta)^p\Big)^{1/p}$$

是否为向量范数或矩阵范数?

(3) 判断矩阵范数是否有与向量范数相同的代数性质 (1)?

19. 利用特征值的定义直接证明矩阵 A 的谱半径不超过矩阵 A 的任何一种矩阵范数. 此结论可以换成矩阵的任何一种向量范数吗?

20. 证明公式 (5.1.13) 定义了一个与矩阵范数 $\|\cdot\|$ 相容的向量范数.

21. 设 T 为正交矩阵, 又 $A\in\mathbb{R}^{n\times n}$. 证明:

(1) $\|T\|_2=1$;

(2) $\|A\|_2=\|TA\|_2$;

(3) 试解释上面的两个结果.

22. 设 A, B 为 n 阶矩阵, 其中 A 可逆而 B 不可逆, 设 $\|\cdot\|$ 是任何一种矩阵范数. 定义 A 的条件数 $\mathrm{Cond}(A)=\|A\|\|A^{-1}\|$. 证明: $\|A-B\|\geqslant 1/\|A^{-1}\|$. 解释这个结果.

23. (奇异值与矩阵的范数) 设 $A\in\mathbb{C}^{m\times n}$, $\sigma_1, \sigma_2, \cdots, \sigma_n$ 是 A 的全部奇异值. 证明:

(1) 对 2-范数定义的条件数, 有 $\mathrm{Cond}(A)=\sigma_1(A)/\sigma_n(A)$, 其中 $\sigma_1(A)$ 与 $\sigma_n(A)$ 分别是 A 的最大和最小奇异值; (参考第四章例 4.5.5.)

(2) $\|A\|_F=\left(\sum\limits_{i=1}^r\sigma_i^2\right)^{1/2}=(\mathrm{tr}(A^*A))^{1/2}$;

(3) $\|A\|_2 = \sigma_{\max}(A)$.

24. (1) 证明定理 5.1.3;

(2) 设 U, V 是任意赋范线性空间 (不必有限维), $\sigma \in \mathrm{Hom}(U, V)$. 证明: σ 连续 $\Longleftrightarrow$ σ 有界.

25. 证明引理 5.2.1 与定理 5.2.1.

26. 设 $A_k = \begin{pmatrix} \dfrac{1}{k^2} & \dfrac{k^2+k}{k^2+1} \\ 2 & \left(1-\dfrac{2}{k}\right)^k \end{pmatrix}$, 求 $\lim\limits_{k\to\infty} A_k$.

27. 设 $\lim\limits_{k\to\infty} A_k = A$.

(1) 如果 A_k 均为正定矩阵, 问 A 有何特点?

(2) 如果 A_k 均为正规矩阵, 问 A 有何特点?

(3) 如果 A_k 均为可逆矩阵, 问 A 有何特点?

28. 若 $\lim\limits_{n\to\infty} A^n = B$, 则 B 为幂等矩阵.

29. 证明命题 5.2.1.

30. 设 $A = \begin{pmatrix} 2 & -\dfrac{1}{2} \\ 2 & 0 \end{pmatrix}$, 求 $\sum\limits_{k=0}^{\infty} \dfrac{A^k}{2^k}$.

31. 设 $A = \begin{pmatrix} -0.6 & 1 & 0.8 \\ 0 & 0.2 & 0 \\ -0.6 & 1 & 0.8 \end{pmatrix}$. 试判断 A 是否幂收敛.

32. (1) 设 $A = \begin{pmatrix} 0 & 0 \\ 1 & -2 \end{pmatrix}$, 求 e^A, $\sin A$, $\cos A$;

(2) 已知 $J = \begin{pmatrix} -2 & & & \\ & 1 & 1 & \\ & & 1 & \\ & & & 2 \end{pmatrix}$, 求 e^J, $\sin J$, $\cos J$.

33. (1) 证明定理 5.3.1;

(2) 利用 (1) 求第四章习题 1 中所有正规矩阵的指数函数、正弦函数和余弦函数.

34. 证明命题 5.3.3 与命题 5.3.4 (2).

35. 对下列方阵 A, 求矩阵函数 e^{At}:

(1) $A = \begin{pmatrix} 2 & -2 & 3 \\ 1 & 1 & 1 \\ 1 & 3 & -1 \end{pmatrix}$, (2) $A = \begin{pmatrix} 0 & 1 & 0 \\ 0 & 0 & 1 \\ -8 & -12 & -6 \end{pmatrix}$, (3) $A = \begin{pmatrix} -2 & 1 & 3 \\ 0 & -3 & 0 \\ 0 & 2 & -2 \end{pmatrix}$.

36. 求下列两类矩阵的矩阵函数: $\cos A$, $\sin A$, e^A:

(1) A 为幂等矩阵;

(2) A 为对合矩阵 (即 $A^2 = I$).

37. 设函数矩阵 $A(t)=\begin{pmatrix} \sin t & \cos t & t \\ \dfrac{\sin t}{t} & \mathrm{e}^t & t^2 \\ 1 & 0 & t^3 \end{pmatrix}$, 其中 $t \neq 0$. 计算 $\lim\limits_{t\to 0} A(t)$, $\dfrac{\mathrm{d}}{\mathrm{d}t}A(t)$, $\dfrac{\mathrm{d}^2}{\mathrm{d}t^2}A(t)$.

38. 设函数矩阵 $A(t)=\begin{pmatrix} \mathrm{e}^{2t} & t\mathrm{e}^t & t^2 \\ \mathrm{e}^{-t} & 2\mathrm{e}^{2t} & 0 \\ 3t & 0 & 0 \end{pmatrix}$, 计算 $\int_0^1 A(t)\,\mathrm{d}t$ 和 $\dfrac{\mathrm{d}}{\mathrm{d}t}\int_0^{t^2} A(s)\,\mathrm{d}s$.

39. 证明: (1) 若 A 为实反对称矩阵, 则 e^A 为正交矩阵;

(2) 若 A 为 Hermite 阵, 则 $\mathrm{e}^{\mathrm{i}A}$ 为酉矩阵.

40. 详细证明定理 5.4.2.

41. 证明引理 5.4.1 即 Lagrange 插值公式, 并利用线性空间的直和分解理论解释之.

42. (1) 设 $J_n(\lambda)$ 是一个 n 阶 Jordan 块, 求 $\sin Jt$, $\cos Jt$;

(2) 对任意 n 阶矩阵 A, 导出 $\sin At$ 与 $\cos At$ 的一般表达式.

43. (1) 设 $A=\begin{pmatrix} 1 & 1 & 0 \\ 0 & 2 & 1 \\ 0 & 0 & 3 \end{pmatrix}$, 求 e^{At}, $\sin At$, $\cos At$;

(2) 设 $A=\begin{pmatrix} 0 & 1 \\ -1 & 0 \end{pmatrix}$, 求 e^{At}, $\sin At$, $\cos At$.

44. 证明命题 5.4.2 即 Lagrange-Sylvester 插值公式. (提示: 研究商 $\dfrac{f(x)}{m_A(x)}$ 或利用极限研究无重根的 Lagrange 插值公式.)

45. 设 N 是 n 阶幂零块, 验证 $\dfrac{\mathrm{d}\mathrm{e}^{Nt}}{\mathrm{d}t} = N\mathrm{e}^{Nt}$ 并计算 $\int_0^t \mathrm{e}^{Ns}\mathrm{d}s$.

46. (1) 设 $A=\begin{pmatrix} 1 & 0 \\ 1 & 0 \end{pmatrix}$, 计算积分 $\int_0^t \mathrm{e}^{As}\mathrm{d}s$;

(2) 设 $A=\begin{pmatrix} 0 & 1 \\ 1 & 0 \end{pmatrix}$, 计算 e^A 与 e^{At};

(3) 设 $A^2=A$, 计算 e^{At} 与 $\int_0^t \mathrm{e}^{As}\mathrm{d}s$.

47. 设 $A^2-A+2I=0$, 计算 e^{At} 与 $\int_0^t \mathrm{e}^{As}\mathrm{d}s$.

48. (1) 证明 Jacobian 猜想对线性映射成立;

(2) 证明 Jacobian 猜想的逆命题成立;

(3) 试求例 5.5.6 中多项式映射的逆映射. 试对次数不超过 2 (即每个分量的次数不超过 2) 的二元多项式映射证明 Jacobian 猜想. 如何将你的证明推广到 n 元?

49. 如果 $f=(f_1(x),\cdots,f_n(x))^{\mathrm{T}}$ 与 $g=(g_1(x),\cdots,g_n(x))^{\mathrm{T}}$ 是两个 n 元列映射, 计算 $J(f^{\mathrm{T}}g)$ 并与乘法公式 (命题 5.5.1 (2)) 比较.

50. 设 $x=(x_1,x_2,\cdots,x_n)^{\mathrm{T}}, A$ 是 n 阶矩阵, 求 n 元函数 $(\|x-Ax\|_2)^2$ 的导数与 Hessian 矩阵.

51. 计算例 5.5.8 的复合函数的导数并与多元函数的链法则比较.

52. 证明命题 5.5.2.

53. (1) 证明命题 5.5.3, 并以此推出 $J(\mathrm{tr}(AX))$ 与 $J(\mathrm{tr}(XB))$;

(2) 验证公式 (5.5.17).

54. 计算一般线性变换的导数, 证明例 5.5.3 的结论.

55. 验证公式 (5.6.5) 给出定解问题 (5.6.2) 的解且该解是唯一的.

56. 求下列微分方程组的通解:

$$(1)\ x'(t)=\begin{pmatrix}1&2\\4&3\end{pmatrix}x(t);\quad (2)\ x'(t)=\begin{pmatrix}0&1&1\\1&1&-1\\0&1&1\end{pmatrix}x(t).$$

57. 求下列微分方程组 $x'(t)=Ax(t)$ 满足初始条件 $x(0)$ 的解:

$$(1)\ A=\begin{pmatrix}1&12\\3&1\end{pmatrix},\ x(0)=\begin{pmatrix}0\\1\end{pmatrix};\quad (2)\ A=\begin{pmatrix}1&2&1\\1&-1&1\\2&0&1\end{pmatrix},\ x(0)=\begin{pmatrix}1\\0\\0\end{pmatrix}.$$

58. 分别利用积分因子法和常数变易法详细证明定理 5.6.2.

59. (1) 求解微分方程组

$$x'(t)=\begin{pmatrix}1&0&0\\2&1&-2\\3&2&1\end{pmatrix}x(t)+\begin{pmatrix}1\\0\\0\end{pmatrix}\mathrm{e}^{2t}.$$

(2) 求 $x'(t)=Ax(t)+Bu(t)$ 满足初始条件 $x(0)$ 的解, 其中

$$A=\begin{pmatrix}-6&1&0\\-11&0&1\\-6&0&0\end{pmatrix},\ B=\begin{pmatrix}2\\6\\2\end{pmatrix},\ u(t)=1,\ x(0)=\begin{pmatrix}1\\0\\-1\end{pmatrix}.$$

60. 求方程 $y'''+6y''+11y'+6y=\mathrm{e}^{-t}$ 满足 $y(0)=y'(0)=y''(0)=0$ 的解.

61. (1) 证明微分方程 $x'(t)=Ax(t)+\gamma\mathrm{e}^{at}$ 有形如 $x(t)=\beta\mathrm{e}^{at}$ 的解 $\Longleftrightarrow(aI-A)\beta=\gamma$, 其中 β,γ 都是 n 维向量, $a\in\mathbb{C}$;

(2) 解 $x'(t)=Ax(t)+\mathrm{e}^{2t}C$, 其中

$$A=\begin{pmatrix}3&1\\2&2\end{pmatrix},\ C=\begin{pmatrix}-1\\-1\end{pmatrix},\ x(0)=\begin{pmatrix}0\\1\end{pmatrix}.$$

62. 证明定义 5.7.1 后的注. (提示: 利用定理 5.7.1.)

63. (1) 设定常系统的系统矩阵 A 是对角矩阵, 试给出该系统可控性的一个判断准则;

(2) 设定常系统的系统矩阵 A 是一个 Jordan 块, 试给出该系统可控性的一个判断准则;

(3) 设单输入定常系统的系统矩阵 A 是 Frobenius 标准形 (即 (5.6.10) 中的矩阵), 而其控制矩阵 B 为标准向量 e_n, 证明该系统是可控的. 这样的定常系统称为可控标准形.

64. 根据你在 63 题中给出的判断准则, 研究下面几个定常系统的可控性.

(1) $A=\begin{pmatrix}2&0\\0&1\end{pmatrix}$, $B=(1,1)^{\mathrm{T}}$;　　(2) $A=\begin{pmatrix}2&0\\0&1\end{pmatrix}$, $B=(1,0)^{\mathrm{T}}$;

(3) $A=\begin{pmatrix}a&0\\0&b\end{pmatrix}$, $B=(c,d)^{\mathrm{T}}$;　　(4) $A=\begin{pmatrix}a&1\\0&a\end{pmatrix}$, $B=(c,d)^{\mathrm{T}}$.

65. 证明例 5.7.6 的结论.

66. 证明定理 5.7.4.

67. (1) 设定常系统的系统矩阵 A 是对角矩阵, 试给出该系统可测性的一个判断准则;

(2) 设定常系统的系统矩阵 A 是一个 Jordan 块, 试给出该系统可测性的一个判断准则;

(3) 设定常系统的系统矩阵 A 是 Frobenius 标准形的转置矩阵, 而其输出矩阵 C 为标准行向量 e_n^{T}, 证明该系统是可测的. 这样的定常系统称为可测标准形.

68. 根据你在 67 题中给出的判断准则, 研究下面几个定常系统的可测性.

(1) $A=\begin{pmatrix}a&1\\0&a\end{pmatrix}$, $C=(c,d)^{\mathrm{T}}$;　　(2) $A=\begin{pmatrix}a&1&0\\0&a&1\\0&0&a\end{pmatrix}$, $C=(c,d,f)^{\mathrm{T}}$.

第六章　广义逆矩阵

引言　不可逆矩阵的逆矩阵

我们知道, 如果线性方程组 $Ax=b$ 的系数矩阵 $A_{m\times n}$ 可逆 (此时 $m=n$), 则该方程组有唯一解 $x=A^{-1}b$. 实际上, 如果 A 是列满秩的矩阵, 则该方程组的唯一解或者最小二乘解也可以由 A 的正交三角分解 $A=UR$ 得到:

$$x=R^{-1}U^*b. \tag{6.0.1}$$

(或者由原方程的正规化方程 $A^*Ax=A^*b$ 求得, 因为此时系数矩阵 A^*A 可逆.) 如果记 $A^{\ominus}=R^{-1}U^*$, 则有 $A^{\ominus}A=I_n$, 因此, 如果 A 是方阵, 则 $A^{\ominus}$ 确为 A 的逆矩阵. 但若 $n<m$, 则希望有

$$AA^{\ominus}=\begin{pmatrix} I_n & 0\\ 0 & 0\end{pmatrix}_{m\times m}. \tag{6.0.2}$$

由于 A 的秩为 $n<m$, 自然不能要求 $AA^{\ominus}=I_m$, 因此, 矩阵 $A^{\ominus}=R^{-1}U^*$ 仍可以看作是 A 的某种意义下的逆矩阵. 能否对任意的矩阵定义这样的"逆矩阵" $A^{\ominus}$ 呢? 如果 A 不是行或列满秩的, 则对任意矩阵 B, 矩阵 AB 与 BA 均不是满秩矩阵, 因此需要对"逆矩阵"的概念作一些拓展.

为了得到有意义的拓展, 我们将任意矩阵 $A_{m\times n}$ 看作是 $\mathbb{F}^n$ 到 $\mathbb{F}^m$ 的线性变换. 此时线性变换 A 的"逆"—— $A^{\ominus}$ 是从 $\mathbb{F}^m$ 到 $\mathbb{F}^n$ 的线性变换. 因此乘积 (即线性变换的复合) $A^{\ominus}A$ (或 $AA^{\ominus}$) 是从 $\mathbb{F}^n$ 到 $\mathbb{F}^n$ (或 $\mathbb{F}^m$ 到 $\mathbb{F}^m$) 的线性变换. 自然应该要求 $A^{\ominus}A$ 尽可能接近 $\mathbb{F}^n$ 的恒等变换, 因此 $A^{\ominus}A$ 应该将尽可能多的向量 $x\in\mathbb{F}^n$ 固定, 但 $\mathrm{Im}(A^{\ominus}A)\subseteq R(A^{\ominus})$, 所以最多要求 $A^{\ominus}A$ 在 $A^{\ominus}$ 的列空间 $R(A^{\ominus})$ 上是恒等变换. 同理可知, 最多要求 $AA^{\ominus}$ 在 A 的列空间 $R(A)$ 上是恒等变换. 这样的线性变换 $A^{\ominus}A$ 的确存在 (一般还有无穷多个, 为什么?), 其中最简单者当属正交投影变换. 基于上述理由, Moore① 于1920年提出了 $m\times n$ 矩阵的**广义逆矩阵**的概念. 若 $A\in\mathbb{C}^{m\times n}$, Moore意义下的广义逆为满足

$$AX=P_{R(A)}\quad 与 \quad XA=P_{R(X)} \tag{6.0.3}$$

的矩阵 $X\in\mathbb{C}^{n\times m}$, 这里 P_L 表示在子空间 L 上的正交投影矩阵. 但公式 (6.0.3) 的含义不容易理解和应用, 因此Moore给出的广义逆矩阵一直未被重视. 1955年, 英国剑

① Eliakim Hastings Moore (1862—1932), 美国数学家, 是二十世纪初美国数学的奠基人, 曾任美国数学会主席.

桥大学的博士研究生 Penrose① 给出了广义逆矩阵的下述定义：如果矩阵 $X \in \mathbb{C}^{n\times m}$ 满足下述方程组

$$\begin{aligned}&(1)\ AXA = A,\\&(2)\ XAX = X,\\&(3)\ (AX)^* = AX,\\&(4)\ (XA)^* = XA,\end{aligned} \tag{6.0.4}$$

则称 X 是矩阵 $A \in \mathbb{C}^{m\times n}$ 的广义逆矩阵.

方程组 (6.0.3) 与 (6.0.4) 分别称为 **Moore 方程组**与 **Penrose 方程组**. 注意, Moore 方程组虽然只有两个方程, 却涉及了四个矩阵, 其中除了 A 之外, 其余三个均是未知的 (尽管矩阵 $P_{R(A)}$ 仅与 A 有关). 而 Penrose 方程组尽管有四个方程, 但却仅涉及两个矩阵! 因此 Penrose 方程组更易于研究和应用, 而历史的进展也正是如此. 自 Penrose 的广义逆矩阵的论文发表以来, 广义逆矩阵迅速成为矩阵理论的研究热点, 并开始广泛地应用于数理统计、多元分析、最优化理论、控制论、网络理论等众多学科.

通常, 将满足 Penrose 方程组中等式 $i_1, \cdots, i_j$ 的矩阵 X 称为矩阵 A 的 $\{i_1, \cdots, i_j\}$-逆, 比如满足第一及第三个等式的矩阵 X 称为 A 的 $\{1,3\}$-逆, 记为 $A^{(1,3)}$; 而矩阵 A 的 **Moore-Penrose 广义逆** $A^\dagger = A^{(1,2,3,4)}$. 因此, 一个矩阵 A 共有 (至少) 15 种广义逆, 其中研究最深、应用最广的当属 Moore-Penrose 广义逆 $A^\dagger$ 以及 $\{1\}$-逆 $A^{(1)}$, 通常记为 A^-. 本章主要介绍 $m\times n$ 矩阵的 Moore-Penrose 广义逆 $A^\dagger$、$\{1\}$-逆 A^-、$\{1,3\}$-逆与 $\{1,4\}$-逆, 以及这几类广义逆矩阵的一些应用.

第一节 投影矩阵与 Moore-Penrose 广义逆矩阵

本节我们将证明 Moore 方程组与 Penrose 方程组是等价的, 因此矩阵的 Moore 广义逆与 Penrose 广义逆实际上是相同的. 为此需要研究 Moore 方程组中的投影矩阵 $P_{R(A)}$ 与 $P_{R(X)}$. 回顾第二章, 若 $\mathbb{C}$ 上 n 阶方阵 A 满足 $A^2 = A$, 则有

$$\mathbb{C}^n = R(A) \oplus N(A),$$

因此 A 表示 $\mathbb{C}^n$ 中的投影算子, 即 A 在 $R(A)$ 上的限制 (即诱导变换) 为恒等变换, 而 A 在 $N(A)$ 上的限制为零变换. 这时称 A 为 $\mathbb{C}^n$ 沿 $N(A)$ 到 $R(A)$ 上的投影矩阵. 进一步, 若 $R(A)^\perp = N(A)$, 即 A 的核空间与像空间正交, 则称 A 是正交投影矩阵, 因为 A 对应的线性变换 $x \mapsto Ax$ 是正交投影变换. 由于 $R(A)^\perp = N(A^*)$, 故若 $A^2 = A$ 且 $A^* = A$, 则 A 是正交投影矩阵. 容易证明, 这两个条件也是充分的, 即有下述结论 (对照第二章定理 2.3.2):

① Sir Roger Penrose (1931—), 英国著名数学家、物理学家、哲学家, 1988 年 Wolf 奖得主. 与 Stephen Hawking (霍金) 合作证明了广义相对论的奇点存在性.

定理 6.1.1　矩阵 A 为正交投影矩阵 $\Longleftrightarrow A^2=A,\ A^*=A$.

一般地, 设 L 与 M 是 $\mathbb{C}^n$ 的两个互补的子空间, 即 $\mathbb{C}^n=L\oplus M$, 则将线性空间 $\mathbb{C}^n$ 的沿子空间 M 在子空间 L 上的投影变换记为 $P_{L,M}$. 如果还有 $M=L^{\perp}$, 则将 $P_{L,M}$ 简记为 P_L. 投影变换 $P_{L,M}$ 在标准基下的矩阵也记为 $P_{L,M}$ (这不会引起混淆).

例 6.1.1　设 $A=\begin{pmatrix}1 & 1\\ 0 & 0\end{pmatrix}$, 容易验证这是一个投影矩阵, 它所对应的投影变换 $P_{L,M}$ 是

$$\begin{pmatrix}x\\ y\end{pmatrix}\mapsto\begin{pmatrix}x+y\\ 0\end{pmatrix}.$$

因此 $L=\mathrm{Im}(P_{L,M})=R(A)=\{(x,y)^{\mathrm{T}}\in\mathbb{C}^2:y=0\}$, 而 $M=\mathrm{Ker}(P_{L,M})=N(A)=\{(x,y)^{\mathrm{T}}\in\mathbb{C}^2:x+y=0\}$.

投影矩阵 $P_{L,M}$ 的计算方法:

设 $\dim L=r$, 则 $\dim M=n-r$. 设 $\{\alpha_1,\alpha_2,\cdots,\alpha_r\}$ 与 $\{\alpha_{r+1},\alpha_{r+2},\cdots,\alpha_n\}$ 分别是子空间 L 与 M 的一组基, 则

$$P_{L,M}\alpha_i=\alpha_i,\quad 1\leqslant i\leqslant r,$$

$$P_{L,M}\alpha_j=0,\quad r+1\leqslant j\leqslant n.$$

令

$$X=(\alpha_1,\alpha_2,\cdots,\alpha_r),\quad Y=(\alpha_{r+1},\alpha_{r+2},\cdots,\alpha_n),$$

则 X,Y 分别为 $n\times r$ 和 $n\times(n-r)$ 矩阵, 且

$$P_{L,M}X=X,\quad P_{L,M}Y=0.$$

因而

$$P_{L,M}(X,Y)=(X,0).$$

因 (X,Y) 为 n 阶满秩矩阵, 所以

$$P_{L,M}=(X,0)(X,Y)^{-1}.\tag{6.1.1}$$

例 6.1.2　设 L 是由向量 $(1,-1)^{\mathrm{T}}$ 张成的 $\mathbb{R}^2$ 的子空间, M 是由向量 $(1,0)^{\mathrm{T}}$ 张成的 $\mathbb{R}^2$ 的子空间, 则 $\mathbb{R}^2$ 上沿着 M 到 L 上的投影矩阵为

$$P_{L,M}=\begin{pmatrix}1 & 0\\ -1 & 0\end{pmatrix}\begin{pmatrix}1 & 1\\ -1 & 0\end{pmatrix}^{-1}=\begin{pmatrix}1 & 0\\ -1 & 0\end{pmatrix}\begin{pmatrix}0 & -1\\ 1 & 1\end{pmatrix}=\begin{pmatrix}0 & -1\\ 0 & 1\end{pmatrix}.$$

例 6.1.2 中的投影矩阵 $\begin{pmatrix}0 & -1\\ 0 & 1\end{pmatrix}$ 不是正交投影矩阵, 因为它不是对称的.

由定理 6.1.1 立即可以得到正交投影矩阵的下述性质, 证明见习题4.

例 6.1.3 设 A 是正交投影矩阵, 则方程组 $Ax = b$ 的解或最小二乘解均为 Ab. 等价地, 向量 b 在子空间 $R(A)$ 中的正交投影向量为 Ab. 实际上, 我们知道, 方程组的解应该是 $A^*Ax = A^*b$ 的解, 而这正是方程 $Ax = Ab$, 所以 $x = Ab$ 是解.

正交投影矩阵 P_L 的计算方法:

设 L 的一组基为 $\alpha_1, \alpha_2, \cdots, \alpha_r$, 任取 $L^\perp$ 的一组基 $\{\alpha_{r+1}, \alpha_{r+2}, \cdots, \alpha_n\}$. 令

$$X = (\alpha_1, \alpha_2, \cdots, \alpha_r), \quad Y = (\alpha_{r+1}, \alpha_{r+2}, \cdots, \alpha_n),$$

则 X, Y 分别为 $n \times r$ 和 $n \times (n-r)$ 矩阵且 $X^*Y = Y^*X = 0$, 利用公式 (6.1.1) 可得

$$\begin{aligned} P_L &= (X, 0)(X, Y)^{-1} = (X, 0)(X, Y)^{-1}((X, Y)^*)^{-1}(X, Y)^* \\ &= (X, 0)\left(\begin{pmatrix} X^* \\ Y^* \end{pmatrix}(X, Y)\right)^{-1}(X, Y)^* \\ &= (X, 0)\begin{pmatrix} X^*X & 0 \\ 0 & Y^*Y \end{pmatrix}^{-1}\begin{pmatrix} X^* \\ Y^* \end{pmatrix} = X(X^*X)^{-1}X^*. \end{aligned}$$

故有公式

$$P_L = X(X^*X)^{-1}X^*, \tag{6.1.2}$$

其中, X 的列是子空间 L 的任意一组基. 特别地, 若 $\alpha_1, \alpha_2, \cdots, \alpha_r$ 是 L 的一组标准正交基, 则 $X^*X = I$, 于是上面的公式变为

$$P_L = XX^*. \tag{6.1.3}$$

例 6.1.4 在 $\mathbb{R}^3$ 中, L 为由 $\alpha_1 = (1, 1, 0)^{\mathrm{T}}$ 和 $\alpha_2 = (0, 1, 0)^{\mathrm{T}}$ 生成的子空间, 求正交投影矩阵 P_L 和向量 $\alpha = (1, 0, 1)^{\mathrm{T}}$ 在 L 上的正交投影向量.

解: 利用公式 (6.1.2) 可得

$$X = (\alpha_1, \alpha_2) = \begin{pmatrix} 1 & 0 \\ 1 & 1 \\ 0 & 0 \end{pmatrix},$$

$$X^*X = \begin{pmatrix} 1 & 1 & 0 \\ 0 & 1 & 0 \end{pmatrix}\begin{pmatrix} 1 & 0 \\ 1 & 1 \\ 0 & 1 \end{pmatrix} = \begin{pmatrix} 2 & 1 \\ 1 & 1 \end{pmatrix},$$

$$(X^*X)^{-1} = \begin{pmatrix} 1 & -1 \\ -1 & 2 \end{pmatrix}.$$

所以

$$
\begin{aligned}
P_L &= X(X^*X)^{-1}X^* \\
&= \begin{pmatrix} 1 & 0 \\ 1 & 1 \\ 0 & 0 \end{pmatrix} \begin{pmatrix} 1 & -1 \\ -1 & 2 \end{pmatrix} \begin{pmatrix} 1 & 1 & 0 \\ 0 & 1 & 0 \end{pmatrix} \\
&= \begin{pmatrix} 1 & 0 & 0 \\ 0 & 1 & 0 \\ 0 & 0 & 0 \end{pmatrix}.
\end{aligned}
$$

由例 6.1.3 可知, α 在 L 上的正交投影向量为

$$
P_L\alpha = \begin{pmatrix} 1 & 0 & 0 \\ 0 & 1 & 0 \\ 0 & 0 & 0 \end{pmatrix} \begin{pmatrix} 1 \\ 0 \\ 1 \end{pmatrix} = \begin{pmatrix} 1 \\ 0 \\ 0 \end{pmatrix}.
$$

(实际上 $P_L\alpha$ 无需计算即可"猜"到, 为什么?)

定义 6.1.1 设矩阵 $A \in \mathbb{C}^{m\times n}$, 若矩阵 $X \in \mathbb{C}^{n\times m}$ 满足 Penrose 方程组 (6.0.4), 则称 X 为 A 的一个 Penrose 广义逆 (矩阵).

显然, 若 A 为非奇异矩阵, 则 A^{-1} 是 A 的一个 Penrose 广义逆. 任意 $m\times n$ 阶零矩阵 0 的一个 Penrose 广义逆是 $n\times m$ 阶 0 矩阵.

例 6.1.5 (Penrose 方程的几何意义) 将矩阵 $A \in \mathbb{C}^{m\times n}$ 看作是从 $\mathbb{C}^n$ 到 $\mathbb{C}^m$ 的线性变换, 则矩阵 $X \in \mathbb{C}^{n\times m}$ 是从 $\mathbb{C}^m$ 到 $\mathbb{C}^n$ 的线性变换. 因此 Penrose 方程 (1) 与 (2) 隐含线性变换 AX 与 XA 均是幂等变换, 从而分别是 ($\mathbb{C}^m$ 的子空间) 列空间 $R(A)$ 与 ($\mathbb{C}^n$ 的子空间)$R(X)$ 上的恒等变换. 因此, 它们分别是列空间 $R(A)$ 与 $R(X)$ 上的投影变换. Penrose 方程 (3) 与 (4) 表示线性变换 AX 与 XA 均是 Hermite 变换, 因此 Penrose 方程组表示线性变换 AX 与 XA 分别是列空间 $R(A)$ 与 $R(X)$ 上的正交投影变换, 这正是 Moore 方程组 (6.0.3) 的含义!

定义 6.1.2 设矩阵 $A \in \mathbb{C}^{m\times n}$. 若矩阵 $X \in \mathbb{C}^{n\times m}$ 满足 Moore 方程组 (6.0.3), 则称 X 为 A 的一个 Moore 广义逆矩阵.

注意, 单位矩阵 I_n 是整个空间 $\mathbb{C}^n$ 上的正交投影变换, 于是在 A 可逆时, 我们知道 Moore 广义逆矩阵与 Penrose 广义逆矩阵是相同的. 为了一般地证明这个结论, 我们先讨论 Penrose 广义逆矩阵的基本性质.

定理 6.1.2 对任意 $A \in \mathbb{C}^{m\times n}$, A 的 Penrose 广义逆存在并且唯一, 记为 $A^\dagger$.

证: 若 A 为零矩阵, 可取 X 也为零矩阵. 现设 $A \neq 0$. 则 A 有奇异值分解:

$$A = U\begin{pmatrix} \sigma_1 & & & & & \\ & \ddots & & & & \\ & & \sigma_r & & & \\ & & & 0 & & \\ & & & & \ddots & \\ & & & & & 0 \end{pmatrix}_{m\times n} V^*, \tag{6.1.4}$$

其中 U, V 分别为 m 阶和 n 阶酉矩阵, r 为 A 的秩. 令

$$X = V\begin{pmatrix} \sigma_1^{-1} & & & & & \\ & \ddots & & & & \\ & & \sigma_r^{-1} & & & \\ & & & 0 & & \\ & & & & \ddots & \\ & & & & & 0 \end{pmatrix}_{n\times m} U^*, \tag{6.1.5}$$

则 X 显然满足 Penrose 方程. 所以 $A^\dagger$ 总是存在的.

设 X 与 Y 均是 A 的 Penrose 广义逆, 则对 X 与 Y 重复利用 Penrose 方程可得

$$X = XAX = XX^*A^* = XX^*A^*Y^*A^* = XAY = XAA^*Y^*Y = A^*Y^*Y = YAY = Y.$$

因此 Penrose 广义逆是唯一的. □

注: Penrose 广义逆 $A^\dagger$ 是 Penrose 的原始记号, 也是国际通行的记号, 国内常将 $A^\dagger$ 记为 A^+ 并称为“加号逆”.

定理 6.1.2 的证明实际上给出了利用奇异值分解计算 Penrose 广义逆的一种方法, 见本章第二节.

例 6.1.6 任意非零向量 x 的 Penrose 广义逆为 $\dfrac{x^*}{x^*x}$. 特别地, 单位向量 x 的 Penrose 广义逆为 x^*.

例 6.1.7 矩阵 $A=\begin{pmatrix} 1 & 0 \\ 0 & 0 \end{pmatrix}$ 的 Penrose 广义逆为自身, 而矩阵 $B=\begin{pmatrix} 0 & 1 & 0 \\ 0 & 0 & 0 \end{pmatrix}$ 的 Penrose 广义逆为 B^{T}.

例 6.1.8 n 阶幂零 Jordan 块 J_n 的 Penrose 广义逆为 J_n^{T}.

容易证明 Penrose 广义逆具有下述性质, 见习题 6.

命题 6.1.1 (Penrose 广义逆的性质) 矩阵 $A^\dagger A$ 与 $AA^\dagger$ 均为正交投影矩阵, 且

$$R(A^\dagger) = R(A^*), \qquad N(A^\dagger) = N(A^*).$$

定理 6.1.3 (Moore广义逆等于Penrose广义逆) 任意矩阵 A 的 Moore广义逆矩阵与 Penrose 广义逆矩阵相等. 因此 Moore广义逆矩阵的定义与 Penrose广义逆矩阵的定义等价. 通常将 $A^\dagger$ 称为 Moore-Penrose广义逆或**伪逆**.

证: 若 X 是 A 的 Moore广义逆矩阵, 则 AX 满足 (6.0.4), 即对任意 n 维向量 α, 有 $AX(A\alpha) = A\alpha$, 故 $AXA = A$. 同样地, $XAX = X$. 再由定理 6.1.1 知, $(AX)^* = AX$, $(XA)^* = XA$. 所以 X 是 A 的 Penrose广义逆矩阵.

反之, 若 X 是 A 的 Penrose广义逆矩阵, 则由 $AXA = A$ 知, AX 在 $R(A)$ 上为恒等变换. 因 $R(A)^\perp = N(A^*)$ 而由命题 6.1.1, $N(A^*) = N(X)$, 所以对 $\forall\, \alpha \in R(A)^\perp$, 有 $X\alpha = 0$. 因此 $AX\alpha = 0$, 即 AX 是 $R(A)^\perp$ 上的零变换. 所以 $AX = P_{R(A)}$. 同理可证 $XA = P_{R(X)}$. 由此推出 X 满足 (6.0.3), 即 X 是 A 的 Moore广义逆矩阵. 所以定义 6.1.1 与定义 6.1.2 是等价的. □

现在可以回答我们在第二章第三节提出的一个问题了, 即如何表示投影向量 $\mathrm{Proj}_{R(A)}b$ (见第二章命题 2.3.2 之后)? 由定理 6.1.3 以及 Moore方程可知, 矩阵 A 的列空间 $R(A)$ 上的正交投影矩阵是 $AA^\dagger$, 于是有

$$\mathrm{Proj}_{R(A)}b = AA^\dagger b. \tag{6.1.6}$$

注: 由于普通逆矩阵只是 Moore-Penrose 广义逆矩阵的一种特例, 故 Moore-Penrose 广义逆矩阵可能不具备普通逆矩阵的一些性质, 如下例:

例 6.1.9 设 $A = (1,0), B = (1,1)^{\mathrm{T}}$, 则 $(AB)^\dagger = 1$ 而 $B^\dagger A^\dagger = 1/2$, 因此 $(AB)^\dagger \neq B^\dagger A^\dagger$.

为了进一步讨论 $A^\dagger$ 的性质, 我们引入以下符号:

$$\lambda^\dagger = \begin{cases} \lambda^{-1}, & \lambda \neq 0, \\ 0, & \lambda = 0. \end{cases} \tag{6.1.7}$$

下面的命题汇总了 Moore-Penrose广义逆矩阵 $A^\dagger$ 的一些性质, 证明均较为直接, 见习题 12. 请读者比较这些性质与普通逆矩阵的类似性质.

命题 6.1.2 对任意矩阵 A, 有

(1) $(A^\dagger)^\dagger = A$;

(2) $(A^*)^\dagger = (A^\dagger)^*$; $(A^{\mathrm{T}})^\dagger = (A^\dagger)^{\mathrm{T}}$;

(3) $(\lambda A)^\dagger = \lambda^\dagger A^\dagger$;

(4) $\mathrm{diag}\,(\lambda_1, \cdots, \lambda_n)^\dagger = \mathrm{diag}\,(\lambda_1^\dagger, \cdots, \lambda_n^\dagger)$;

(5) $A^\dagger AA^* = A^*$, $A^*AA^\dagger = A^*$; 如果 A 是方阵, 则还有 $AA^\dagger A^* = A^*$, $A^*A^\dagger A = A^*$;

(6) $(A^*A)^\dagger = A^\dagger(A^\dagger)^*$;

(7) $A^\dagger = (A^*A)^\dagger A^*$;

(8) 设 $A = B + C, B^*C = BC^* = 0$, 则 $A^\dagger = B^\dagger + C^\dagger$;

(9) $r(A) = r(A^\dagger) = r(A^\dagger A) = \mathrm{tr}(A^\dagger A)$.

按照矩阵与线性变换的对应关系, 我们可以讨论线性变换的Moore-Penrose广义逆变换, 此只需将Penrose方程组与Moore方程组中的矩阵理解成线性变换即可. 于是 $0 \in \mathrm{Hom}(U, V)$ 的Moore-Penrose广义逆变换为 $0 \in \mathrm{Hom}(V, U)$.

例 6.1.10　平面 $\mathbb{R}^2$ 上的移位变换 $\sigma : (x, y)^{\mathrm{T}} \mapsto (y, 0)^{\mathrm{T}}$ 是不可逆变换, 其Moore-Penrose广义逆变换为 $\sigma^\dagger : (x, y)^{\mathrm{T}} \mapsto (0, x)^{\mathrm{T}}$, 这是因为 $\sigma\sigma^\dagger : (x, y)^{\mathrm{T}} \mapsto (x, 0)^{\mathrm{T}}$ 正是 $\mathrm{Im}(\sigma)$ 上的正交投影变换, 而 $\sigma^\dagger\sigma : (x, y)^{\mathrm{T}} \mapsto (0, y)^{\mathrm{T}}$ 正是 $\mathrm{Im}(\sigma^\dagger)$ 上的正交投影变换.

例 6.1.11　设 $V = \mathbb{F}[x]_n$, 考虑 V 上的求导变换 $\partial : f(x) \mapsto f'(x)$, 我们知道 ∂ 不是可逆线性变换, 但只要定义 V 上的内积, 则其Moore-Penrose广义逆变换就唯一地存在. 比如, 设 $1, x, x^2, \cdots, x^{n-1}$ 是 V 的一组标准正交基, 则 ∂ 的Moore-Penrose广义逆变换为 (见习题13)

$$\partial^\dagger(x^{i-1}) = \begin{cases} x^i/i, & 1 \leqslant i \leqslant n-1, \\ 0, & i = n. \end{cases}$$

思　考　题

1. 2×1 矩阵与 1×2 矩阵的广义逆矩阵的几何意义是什么?
2. 两个 n 阶矩阵 A 与 B 何时满足条件 $AB = BA = 0$?
3. 设 P, Q 是两个可逆矩阵, 等式 $(PAQ)^\dagger = Q^{-1}A^\dagger P^{-1}$ 成立吗?

第二节　Moore-Penrose广义逆矩阵的计算

本节我们讨论Moore-Penrose广义逆矩阵 $A^\dagger$ 的计算. 首先, 由定理 6.1.2 的证明可知 (见公式 (6.1.4) 与 (6.1.5)), 利用奇异值分解可以计算 $A^\dagger$.

定理 6.2.1 ($A^\dagger$ 的SVD算法)　设 A 的奇异值分解为 $A = UDV^*$, 则 $A^\dagger = VD^\dagger U^*$.

例 6.2.1　用奇异值分解求 $A^\dagger$, 其中

$$A = \begin{pmatrix} 1 & 1 \\ 1 & 1 \\ 0 & 0 \end{pmatrix}.$$

解: A 的奇异值分解为

$$A = UDV^* = \begin{pmatrix} \frac{1}{\sqrt{2}} & \frac{1}{\sqrt{2}} & 0 \\ \frac{1}{\sqrt{2}} & -\frac{1}{\sqrt{2}} & 0 \\ 0 & 0 & 1 \end{pmatrix} \begin{pmatrix} 2 & 0 \\ 0 & 0 \\ 0 & 0 \end{pmatrix} \begin{pmatrix} \frac{1}{\sqrt{2}} & \frac{1}{\sqrt{2}} \\ \frac{1}{\sqrt{2}} & -\frac{1}{\sqrt{2}} \end{pmatrix},$$

所以

$$A^{\dagger}=\begin{pmatrix}\frac{1}{\sqrt{2}} & \frac{1}{\sqrt{2}}\\ \frac{1}{\sqrt{2}} & -\frac{1}{\sqrt{2}}\end{pmatrix}\begin{pmatrix}\frac{1}{2} & 0 & 0\\ 0 & 0 & 0\end{pmatrix}\begin{pmatrix}\frac{1}{\sqrt{2}} & \frac{1}{\sqrt{2}} & 0\\ \frac{1}{\sqrt{2}} & -\frac{1}{\sqrt{2}} & 0\\ 0 & 0 & 1\end{pmatrix}=\frac{1}{4}\begin{pmatrix}1 & 1 & 0\\ 1 & 1 & 0\end{pmatrix}.$$

利用矩阵的满秩分解也可以计算 $A^{\dagger}$, 即有下述定理, 证明见习题 17.

定理 6.2.2 ($A^{\dagger}$ 的满秩算法) (1) 设 A 为列满秩矩阵, 则 $A^{\dagger}=(A^*A)^{-1}A^*$;
(2) 设 A 为行满秩矩阵, 则 $A^{\dagger}=A^*(AA^*)^{-1}$;
(3) 设 $A=LR\in\mathbb{C}^{m\times n}$ 的秩为 r, 其中 L 为列满秩矩阵, R 为行满秩矩阵. 则

$$A^{\dagger}=R^{\dagger}L^{\dagger}=R^*(RR^*)^{-1}(L^*L)^{-1}L^* \tag{6.2.1}$$

例 6.2.2 设 $A=\alpha\beta^*$ 是秩为 1 的矩阵, 则

$$A^{\dagger}=\frac{A^*}{\|\alpha\|_2^2\,\|\beta\|_2^2}. \tag{6.2.2}$$

重新考察例 6.2.1, 因为 $A=(1,1,0)^{\mathrm{T}}(1,1)$, 由公式 (6.2.2) 可得 $A^{\dagger}=(1/4)A^{\mathrm{T}}$.

例 6.2.3 求 $A^{\dagger}$, 其中

$$A=\begin{pmatrix}1 & 0 & 1\\ 2 & 1 & 3\\ 0 & 1 & 1\end{pmatrix}.$$

解: A 的满秩分解为

$$A=LR=\begin{pmatrix}1 & 0\\ 2 & 1\\ 0 & 1\end{pmatrix}\begin{pmatrix}1 & 0 & 1\\ 0 & 1 & 1\end{pmatrix},$$

则

$$RR^*=\begin{pmatrix}1 & 0 & 1\\ 0 & 1 & 1\end{pmatrix}\begin{pmatrix}1 & 0\\ 0 & 1\\ 1 & 1\end{pmatrix}=\begin{pmatrix}2 & 1\\ 1 & 2\end{pmatrix},$$

$$(RR^*)^{-1}=\frac{1}{3}\begin{pmatrix}2 & -1\\ -1 & 2\end{pmatrix},$$

$$L^*L=\begin{pmatrix}1 & 2 & 0\\ 0 & 1 & 1\end{pmatrix}\begin{pmatrix}1 & 0\\ 2 & 1\\ 0 & 1\end{pmatrix}=\begin{pmatrix}5 & 2\\ 2 & 2\end{pmatrix},$$

$$(L^*L)^{-1} = \frac{1}{6}\begin{pmatrix} 2 & -2 \\ -2 & 5 \end{pmatrix}.$$

所以

$$\begin{aligned} A^\dagger &= R^*(RR^*)^{-1}(L^*L)^{-1}L^* \\ &= \frac{1}{18}\begin{pmatrix} 1 & 0 \\ 0 & 1 \\ 1 & 1 \end{pmatrix}\begin{pmatrix} 2 & -1 \\ -1 & 2 \end{pmatrix}\begin{pmatrix} 2 & -2 \\ -2 & 5 \end{pmatrix}\begin{pmatrix} 1 & 2 & 0 \\ 0 & 1 & 1 \end{pmatrix} \\ &= \frac{1}{6}\begin{pmatrix} 2 & 1 & -3 \\ -2 & 0 & 4 \\ 0 & 1 & 1 \end{pmatrix}. \end{aligned}$$

如果矩阵 A 是列满秩或行满秩矩阵, 则 $A^\dagger$ 也可由 A 的正交三角分解求出.

定理 6.2.3 ($A^\dagger$ 的 QR 算法)　设列满秩矩阵 A 有正交三角分解 $A = QR$, 其中 Q 的列向量为单位正交向量组, R 为非奇异的上三角矩阵. 则

$$A^\dagger = R^{-1}Q^*. \tag{6.2.3}$$

由命题 6.1.2 (7) 可知, $A^\dagger$ 可由 $(A^*A)^\dagger$ 与 A^* 的乘积得到. 因此我们讨论一般 Hermite 矩阵的 Moore-Penrose 广义逆. 设 A 的互不相同的非零奇异值为 $\sigma_1, \cdots, \sigma_s, s > 1$, 则 Hermite 矩阵 A^*A 的谱分解为

$$A^*A = \sigma_1^2 P_1 + \cdots + \sigma_s^2 P_s.$$

由正规矩阵的谱分解定理以及命题 6.1.2 (8) 可得

$$(A^*A)^\dagger = \sigma_1^{-2}P_1 + \cdots + \sigma_s^{-2}P_s. \tag{6.2.4}$$

设

$$\phi(x) = \prod_{i=1}^{s}(x - \sigma_i^2), \quad \phi_i(x) = \prod_{j \neq i}(x - \sigma_j^2), \tag{6.2.5}$$

则由于 $P_i^* = P_i, P_iP_j = \delta_{ij}P_i$ 以及 $\sum_{i=1}^{s} P_i = I$, 可得 (细节见习题 17)

$$\phi_j(A^*A) = \phi_j(\sigma_j^2)P_j, \quad 1 \leqslant j \leqslant s. \tag{6.2.6}$$

因此

$$P_j = \frac{\phi_j(A^*A)}{\phi_j(\sigma_j^2)}, \quad 1 \leqslant j \leqslant s. \tag{6.2.7}$$

将上式代入公式 (6.2.4) 可得下述计算 $A^\dagger$ 的 **Lagrange-Sylvester 展开公式**.

定理 6.2.4 (Lagrange-Sylvester展开公式)

$$A^{\dagger}=\sum_{i=1}^{s}\sigma_i^{-2}\frac{\prod\limits_{j\neq i}(A^*A-\sigma_j^2I)}{\prod\limits_{j\neq i}(\sigma_i^2-\sigma_j^2)}A^*. \tag{6.2.8}$$

例 6.2.4 设 $A=\begin{pmatrix}1&1&0\\0&1&1\end{pmatrix}$, 求 $A^{\dagger}$.

解: 由第四章例 4.2.4 可知

$$A^{\mathrm{T}}A=\begin{pmatrix}1&1&0\\1&2&1\\0&1&1\end{pmatrix},\quad |\lambda I-A^{\mathrm{T}}A|=\lambda(\lambda-1)(\lambda-3),$$

故 A 的非零奇异值为 $\sigma_1=\sqrt{3}, \sigma_2=1$. 故由公式 (6.2.8) 可得

$$A^{\dagger}=\left[\left(\frac{A^{\mathrm{T}}A-3I}{1-3}\right)+\frac{1}{3}\left(\frac{A^{\mathrm{T}}A-I}{3-1}\right)\right]A^{\mathrm{T}}$$

$$=\left(\frac{4}{3}I-\frac{1}{3}A^{\mathrm{T}}A\right)A^{\mathrm{T}}=\frac{1}{3}\begin{pmatrix}2&-1\\1&1\\-1&2\end{pmatrix}.$$

注: 实际计算例 6.2.4 中的 $A^{\dagger}$ 时, 利用定理 6.2.2(2) 较为便捷.

思 考 题

1. 公式 (6.2.1) 的几何意义是什么?
2. 列满秩矩阵与行满秩矩阵的 Moore-Penrose 广义逆的几何意义是什么?
3. 利用谱分解计算 Moore-Penrose 广义逆的几何意义是什么?

第三节 矩阵的 {1}-广义逆

Moore方程组实际上是用特殊的线性变换来定义矩阵的广义逆. 如果从线性方程组的角度讨论矩阵的广义逆, 则可得到下面的定义.

定义 6.3.1 设 A 是 $m\times n$ 矩阵. 一个 $n\times m$ 矩阵 G 称为 A 的一个**{1}-广义逆矩阵**, 记为 A^-, 若对任意给定的 m 维向量 b, 只要方程组 $Ax=b$ 有解, 则 $x=Gb$ 也一定是解.

注: 国内常将**{1}-广义逆矩阵**称为“减号”逆.

例 6.3.1 设 $A = \begin{pmatrix}1\\0\end{pmatrix}$, 则 $\begin{pmatrix}1\\0\end{pmatrix}^{\dagger} = (1,0)$. 由定义 6.3.1, A^- 应满足条件 $AA^-b=b$, 于是可取 $A^-=(1,y)$, 其中 y 是任意常数.

下面的定理用Penrose方程组中的一个方程来刻画 $\{1\}$-广义逆矩阵.

定理 6.3.1 $n\times m$ 矩阵 G 是 $m\times n$ 矩阵 A 的一个 $\{1\}$-广义逆矩阵 $\Longleftrightarrow AGA=A$.

证: "$\Rightarrow$": 对任意的 $z\in\mathbb{C}^n$, $b=Az$ 是 m 维向量, 且 z 为 $Ax=b$ 的解, 因而 $x=Gb$ 也是一个解, 即 $AGb=b$. 于是

$$AGAz = Az.$$

由于 z 的任意性, 可知 $AGA=A$.

"$\Leftarrow$": 若 $AGA=A$, 设 $Ax=b$ 有解, 则

$$AGb = AGAx = Ax = b.$$

所以 $x=Gb$ 也是解. 由定义, G 是 A 的一个 $\{1\}$-广义逆矩阵. □

显然 $A^{\dagger}$ 是 A 的一个 $\{1\}$-广义逆矩阵. 由例 6.3.1 可知, 一般情况下, A^- 不唯一. 因此我们用符号 $A\{1\}$ 表示矩阵 A 的所有 $\{1\}$-广义逆矩阵, 即

$$A\{1\} = \{X\colon AXA = A\}. \tag{6.3.1}$$

例如, $0_{m\times n}\{1\}=\mathbb{C}^{n\times m}$.

例 6.3.2 若 A 为可逆矩阵, 则方程 $AXA=A$ 只有唯一解 A^{-1}, 故此时 A 的 $\{1\}$-广义逆矩阵唯一, 即 $A\{1\}=\{A^{-1}=A^{\dagger}\}$.

例 6.3.3 由定理 6.3.1 可知, 任何一个 $n\times m$ 阶矩阵都是 $0_{m\times n}$ 的一个 $\{1\}$-广义逆矩阵! (请对照, $0_{m\times n}^{\dagger}=0_{n\times m}$.) 故知 $\{1\}$-广义逆矩阵不是对称的, 即若 G 是矩阵 A 的一个 $\{1\}$-广义逆矩阵, 则 A 未必是 G 的一个 $\{1\}$-广义逆矩阵. 因此公式 $(A^-)^-=A$ 一般不成立.

例 6.3.4 设 $A\in\mathbb{C}^{m\times n}$. 矩阵方程 $AX=I$ 的解称为矩阵 A 的**右逆**. 类似地, 矩阵方程 $XA=I$ 的解称为矩阵 A 的**左逆**. 显然, 左逆与右逆可能均不存在, 也可能只存在一个. 但由定理 6.3.1 可知, 左逆与右逆均是 A 的 $\{1\}$-广义逆矩阵. 左逆与右逆的其他性质见习题19.

为了得到 $\{1\}$-广义逆矩阵的一般形式, 需要 $\{1\}$-广义逆矩阵的以下性质, 证明见习题20.

命题 6.3.1 设 P, Q 为非奇异矩阵, 则 $Q^{-1}A^-P^{-1}\in(PAQ)\{1\}$, 即 $Q^{-1}A^-P^{-1}$ 是 PAQ 的一个 $\{1\}$-广义逆矩阵.

命题 6.3.1 可以粗略地解释为 $(PAQ)^-=Q^{-1}A^-P^{-1}$, 请注意此等式不清晰, 因为左右两端既可以表示一个矩阵, 也可以表示一个集合. 但这个记法确实简单且不致

引起混乱, 所以常用 A^- 或 $A^{(1)}, A^{(1,2)}$ 等表示一个 {1}-逆或一个 {1, 2}-逆. 需要指出: 尽管 6.3.1 成立, 但正如 $A^\dagger$ 的情形, $(AB)^- = B^-A^-$ 一般不成立, 见例 6.1.9.

定理 6.3.2　设 $A \in \mathbb{C}^{m\times n}, P \in \mathbb{C}^{m\times m}$ 与 $Q \in \mathbb{C}^{n\times n}$ 可逆且满足

$$PAQ = \begin{pmatrix} I_r & 0 \\ 0 & 0 \end{pmatrix},$$

则

$$M = Q\begin{pmatrix} I_r & X \\ Y & Z \end{pmatrix}P \tag{6.3.2}$$

是 A 的一个 {1}-广义逆矩阵, 且 A 的任意一个 {1}-广义逆矩阵都可以写成 (6.3.2) 的形式, 其中 $X \in \mathbb{C}^{r\times(m-r)}, Y \in \mathbb{C}^{(n-r)\times r}, Z \in \mathbb{C}^{(n-r)\times(m-r)}$ 是任意的.

证: 直接计算可得

$$\begin{aligned} AMA &= P^{-1}\begin{pmatrix} I_r & 0 \\ 0 & 0 \end{pmatrix}Q^{-1}Q\begin{pmatrix} I_r & X \\ Y & Z \end{pmatrix}PP^{-1}\begin{pmatrix} I_r & 0 \\ 0 & 0 \end{pmatrix}Q^{-1} \\ &= P^{-1}\begin{pmatrix} I_r & X \\ 0 & 0 \end{pmatrix}\begin{pmatrix} I_r & 0 \\ 0 & 0 \end{pmatrix}Q^{-1} \\ &= P^{-1}\begin{pmatrix} I_r & 0 \\ 0 & 0 \end{pmatrix}Q^{-1} = A. \end{aligned}$$

所以 M 为 A 的一个 {1}-广义逆矩阵. 反之, 设 A^- 为 A 的任意一个 {1}-广义逆矩阵. 由于 P, Q 可逆, 因此可令

$$A^- = Q\begin{pmatrix} W & X \\ Y & Z \end{pmatrix}P.$$

由于 $A = AA^-A$, 即

$$\begin{aligned} P^{-1}\begin{pmatrix} I_r & 0 \\ 0 & 0 \end{pmatrix}Q^{-1} &= P^{-1}\begin{pmatrix} I_r & 0 \\ 0 & 0 \end{pmatrix}Q^{-1}Q\begin{pmatrix} W & X \\ Y & Z \end{pmatrix}PP^{-1}\begin{pmatrix} I_r & 0 \\ 0 & 0 \end{pmatrix}Q^{-1} \\ &= P^{-1}\begin{pmatrix} W & X \\ 0 & 0 \end{pmatrix}\begin{pmatrix} I_r & 0 \\ 0 & 0 \end{pmatrix}Q^{-1} \\ &= P^{-1}\begin{pmatrix} W & 0 \\ 0 & 0 \end{pmatrix}Q^{-1}, \end{aligned}$$

因此 $W = I_r$, 即 A^- 具有公式 (6.3.2) 的形式. □

下面的命题 6.3.2 罗列了 {1}-广义逆矩阵的一些基本性质, 证明均较简单, 见习题 21.

命题 6.3.2 若 $A\in\mathbb{C}^{m\times n}$, 则

(1) $(A^-)^*\in A^*\{1\}$, 即 $(A^-)^*$ 是 A^* 的一个 $\{1\}$-广义逆矩阵;

(2) $r(A)\leqslant r(A^-)$;

(3) A 可逆 $\Longleftrightarrow A\{1\}$ 是一元集合, 即 $A\{1\}=\{A^{-1}\}$;

(4) $\lambda^\dagger A^-\in(\lambda A)\{1\}$, 即 $\lambda^\dagger A^-$ 是 λA 的一个 $\{1\}$-广义逆矩阵;

(5) AA^- 与 A^-A 都是幂等矩阵;

(6) $R(AA^-)=R(A),\ N(A^-A)=N(A)$.

注意, 命题 6.3.2 的 (2) 仅给出了矩阵 A 的 $\{1\}$-广义逆矩阵的秩的一个下限 $r(A)$, 读者可尝试由定理 6.3.2 得出一个上限.

例 6.3.5 试求表示成公式 (6.3.2) 形式的广义逆矩阵 A^-, 其中

$$A=\begin{pmatrix}0&1\\-1&-4\\1&5\end{pmatrix}.$$

解:

$$\begin{pmatrix}A&I_3\\I_2&0\end{pmatrix}=\begin{pmatrix}0&1&1&0&0\\-1&-4&0&1&0\\1&5&0&0&1\\1&0&0&0&0\\0&1&0&0&0\end{pmatrix}\to\begin{pmatrix}0&1&1&0&0\\-1&0&4&1&0\\1&0&-5&0&1\\1&0&0&0&0\\0&1&0&0&0\end{pmatrix}$$

$$\to\begin{pmatrix}0&1&1&0&0\\1&0&-4&-1&0\\0&0&-1&0&1\\1&0&0&0&0\\0&1&0&0&0\end{pmatrix}\to\begin{pmatrix}1&0&1&0&0\\0&1&-4&-1&0\\0&0&-1&0&1\\0&1&0&0&0\\1&0&0&0&0\end{pmatrix},$$

所以

$$P=\begin{pmatrix}1&0&0\\-4&-1&0\\-1&0&1\end{pmatrix},\quad Q=\begin{pmatrix}0&1\\1&0\end{pmatrix}.$$

于是 A 的 $\{1\}$-广义逆矩阵为

$$A^-=Q\begin{pmatrix}I_2&X\end{pmatrix}P,$$

其中, $X\in\mathbb{C}^{2\times 1}$ 是任意矩阵.

以下我们从矩阵方程的观点讨论矩阵的 $\{1\}$-广义逆矩阵. 由定理 6.3.1 和公式 (6.3.1), 矩阵 A 的全体 $\{1\}$-广义逆矩阵恰好是矩阵方程 $AXA=A$ 的解集; 而由线性

方程组的一般理论, 该方程的通解是相应的线性齐次矩阵方程 $AXA=0$ 的通解与它自身的一个特解的和. 以下, 我们将矩阵方程 $AXA=A$ 称为**对称线性矩阵方程**, 而 $AXA=0$ 称为**对称线性齐次矩阵方程** .

定理 6.3.3 (对称线性齐次矩阵方程的解) 设 $A\in\mathbb{C}^{m\times n}, r(A)=r$, 则

(1) 齐次矩阵方程 $AXA=0$ 的解空间是 $\mathbb{C}^{n\times m}$ 的一个 $mn-r^2$ 维子空间;

(2) 齐次矩阵方程 $AXA=0$ 的通解为

$$X=Y-A^{\dagger}AYAA^{\dagger},\quad \forall Y\in\mathbb{C}^{n\times m}. \tag{6.3.3}$$

证: (1) 考察 $\mathbb{C}^{n\times m}$ 到 $\mathbb{C}^{m\times n}$ 的如下线性变换

$$\sigma: X\mapsto AXA,\quad \forall X\in\mathbb{C}^{n\times m},$$

则齐次方程 $AXA=0$ 的解空间恰好是 $\mathrm{Ker}(\sigma)$. 根据矩阵的张量积的性质, σ 在按列顺序的标准基下的矩阵为 $A^{\mathrm{T}}\otimes A$, 因此

$$\dim\mathrm{Ker}(\sigma)=\dim N(A^{\mathrm{T}}\otimes A)=mn-r^2,$$

此处用到 $r(A\otimes B)=r(A)r(B)$.

(2) 公式 (6.3.3) 中的矩阵显然是方程 $AXA=0$ 的解, 现设 Y 是方程 $AXA=0$ 的一个解, 则 $AYA=0$, 故 $A^{\dagger}AYAA^{\dagger}=0$. 于是 $Y=Y-0=Y-A^{\dagger}AYAA^{\dagger}$ 即为公式 (6.3.3) 中的形式, 所以公式 (6.3.3) 确是方程 $AXA=0$ 的通解. □

从定理 6.3.3 的证明可知, 若 A^- 是 A 的任意一个 {1}-广义逆矩阵, 则 $AXA=0$ 的通解为

$$X=Y-A^-AYAA^-,\quad \forall Y\in\mathbb{C}^{n\times m}. \tag{6.3.4}$$

例 6.3.6 设 $A=\begin{pmatrix}1&1\\0&0\end{pmatrix}$, 则 $A^{\dagger}=\frac{1}{2}\begin{pmatrix}1&0\\1&0\end{pmatrix}$, 故 $AXA=0$ 的通解为

$$X=Y-A^{\dagger}AYAA^{\dagger}=\begin{pmatrix}a&b\\-a&c\end{pmatrix},$$

其中 a,b,c 是任意常数. 因此 $AXA=0$ 的解空间是三维的.

由对称线性齐次矩阵方程的通解结构 (公式 (6.3.4)), 立即可得下述定理 6.3.4.

定理 6.3.4 (Rao[①] 定理) 设 $A\in\mathbb{C}^{m\times n}$, A^- 是 A 的任意一个 {1}-广义逆矩阵, 则

$$A\{1\}=\{A^-+Y-A^-AYAA^-: \forall Y\in\mathbb{C}^{n\times m}\} \tag{6.3.5}$$

① Calyampudi Radhakrishna Rao (1920—), 印度著名统计学家, 被誉为印度历史上最著名的十位科学家之一, 第三世界科学院创始人之一, 现为美国 Pennsylvania 州立大学教授.

例 6.3.7 设 $A = \begin{pmatrix} 1 & 1 \\ 0 & 0 \end{pmatrix}$, 则由例 6.3.6 及定理 6.3.4 可知, 对称矩阵方程 $AXA = A$ 的通解为

$$X = A^{\dagger} + \begin{pmatrix} x & y \\ -x & z \end{pmatrix} = \begin{pmatrix} 1 & 0 \\ 0 & 0 \end{pmatrix} + \begin{pmatrix} a & b \\ -a & c \end{pmatrix},$$

其中 a, b, c 是任意常数.

对称矩阵方程 $AXA = A$ 还可以写成 $A(XA - I_n) = 0$ 与 $(AX - I_m)A = 0$ 两种等价形式. 分别令

$$Y = XA - I_n, \quad Z = AX - I_m,$$

可得两个齐次矩阵方程

$$AY = 0, \quad ZA = 0.$$

由上述矩阵方程组可以得出对称线性矩阵方程 $AXA = A$ 通解的如下形式, 证明见习题 22.

定理 6.3.5 设 $A \in \mathbb{C}^{m \times n}$, $A^- \in \mathbb{C}^{n \times m}$ 为 A 的一个 $\{1\}$-广义逆矩阵, 则方程 $AXA = A$ 的通解为

$$X = A^- + Y(I_m - AA^-) + (I_n - A^-A)Z, \quad \forall Y, Z \in \mathbb{C}^{n \times m}. \tag{6.3.6}$$

下面我们介绍左逆与 $\{1\}$-广义逆矩阵之间的一个关系.

定理 6.3.6 设 $A \in \mathbb{C}^{m \times n}$, 则

(1) A 列满秩 $\Longleftrightarrow$ $A^-A = I_n$; 即矩阵 A 的 $\{1\}$-广义逆矩阵是左逆 $\Longleftrightarrow$ A 列满秩;

(2) A 行满秩 $\Longleftrightarrow$ $AA^- = I_m$; 即矩阵 A 的 $\{1\}$-广义逆矩阵是右逆 $\Longleftrightarrow$ A 行满秩.

证: 我们只证 (1). (2) 的证明类似.

“$\Rightarrow$”: 设 A 列满秩, 则存在非奇异矩阵 $P \in \mathbb{C}^{m \times m}$, $Q \in \mathbb{C}^{n \times n}$ 使

$$PAQ = \begin{pmatrix} I_n \\ 0 \end{pmatrix}.$$

由定理 6.3.1, A^- 具有形式 $A^- = Q(I_n \ X)P$, 所以

$$A^-A = Q(I_n \ X)PP^{-1}\begin{pmatrix} I_n \\ 0 \end{pmatrix}Q^{-1} = QI_nQ^{-1} = I_n.$$

“$\Leftarrow$”: 若 $A^-A = I_n$, 则显然 A 是列满秩的. □

本节最后, 我们讨论一个重要的问题, 即 A^-A 与单位矩阵究竟有多大差别?

定理 6.3.7 设 $A \in \mathbb{C}^{m\times n}, r(A)=r, A^-$ 是 A 的一个 $\{1\}$-广义逆矩阵, 则 $r(I_n - A^-A) = n-r$.

证: 设

$$PAQ = \begin{pmatrix} I_r & 0 \\ 0 & 0 \end{pmatrix}_{m\times n},$$

其中 P, Q 分别为 m 阶和 n 阶非奇异矩阵, 则

$$A^- = Q\begin{pmatrix} I_r & X \\ Y & Z \end{pmatrix}_{n\times m} P.$$

所以

$$\begin{aligned} I_n - A^-A &= I_n - Q\begin{pmatrix} I_r & X \\ Y & Z \end{pmatrix}_{n\times m} PP^{-1}\begin{pmatrix} I_r & 0 \\ 0 & 0 \end{pmatrix}_{m\times n} Q^{-1} \\ &= I_n - Q\begin{pmatrix} I_r & 0 \\ Y & 0 \end{pmatrix}_{n\times n} Q^{-1} = Q\begin{pmatrix} 0 & 0 \\ -Y & I_{n-r} \end{pmatrix} Q^{-1}. \end{aligned}$$

因此 $r(I_n - A^-A) = n-r$. □

定理 6.3.7 表明, A 的秩越大, 则 A^-A 与单位矩阵的差距就越小, 特别地, 当 A 可逆时, A^-A 就是单位矩阵.

思 考 题

1. 零矩阵的 $\{1\}$-广义逆矩阵是所有矩阵, 是否还有别的矩阵的 $\{1\}$-广义逆矩阵是所有矩阵?
2. 不可逆的方阵可否有可逆的 $\{1\}$-广义逆矩阵?
3. A^-A 与 AA^- 的几何意义是什么?
4. 试给出矩阵 A 的 $\{1\}$-广义逆矩阵的秩的一个上限?

第四节 矩阵的 $\{1,3\}$-逆与 $\{1,4\}$-逆

本节我们简要介绍矩阵的其他几种广义逆.

定义 6.4.1 如果矩阵 X 满足Penrose方程组的前两个方程, 即

$$AXA = A, \quad XAX = X,$$

则称 X 是矩阵 A 的一个 **$\{1,2\}$-逆或自反逆**.

例 6.4.1 零矩阵的 $\{1,2\}$-逆是唯一的, 就是其转置. 任意可逆矩阵的 $\{1,2\}$-逆是唯一的, 就是其逆矩阵. 矩阵 $(1,0)$ 的 $\{1,2\}$-逆是 $(1,\ x)^{\mathrm{T}}$, 其中 x 为任意常数.

因此矩阵的 $\{1,2\}$-逆一般不唯一, 我们用符号 $A\{1,2\}$ 表示矩阵 A 的全体 $\{1,2\}$-逆构成的集合. 显然,

$$A\{1,2\} \subseteq A\{1\}.$$

例 6.4.2 设 $A = \begin{pmatrix} 1 & -1 & 1 \\ -1 & 1 & -1 \end{pmatrix}$, 则下列矩阵

$$B = \begin{pmatrix} 1 & 0 \\ 0 & 1 \\ 0 & 1 \end{pmatrix}, \quad C = \begin{pmatrix} 1 & 0 \\ 0 & 0 \\ 0 & 0 \end{pmatrix}, \quad D = (1/6)A^{\mathrm{T}}$$

依次是 A 的 $\{1\}$-逆、$\{1,2\}$-逆和 Moore-Penrose 逆, 但 B, C 均不是 A 的 Moore-Penrose 逆, 而 B 也不是 A 的 $\{1,2\}$-逆. 因此 $A\{1,2\} \subseteq A\{1\}$ 通常是真包含.

下面的定理给出了任意矩阵在初等变换下的 $\{1,2\}$-逆的一般形式, 证明见习题 24.

定理 6.4.1 设 $A \in \mathbb{C}^{m\times n}, r(A) = r$, $P \in \mathbb{C}^{m\times m}$, $Q \in \mathbb{C}^{n\times n}$ 是可逆矩阵使得

$$PAQ = \begin{pmatrix} I_r & 0 \\ 0 & 0 \end{pmatrix},$$

则

$$A\{1,2\} = \left\{ Q\begin{pmatrix} I_r & B \\ C & CB \end{pmatrix}P : \forall B \in \mathbb{C}^{r\times(n-r)}, C \in \mathbb{C}^{(m-r)\times r} \right\}. \tag{6.4.1}$$

下面的命题罗列了矩阵的 $\{1,2\}$-逆的几个简单性质, 证明见习题 25.

命题 6.4.1 设 $A \in \mathbb{C}^{m\times n}$, 则

(1) $A\{1,2\} = \{X_1AX_2 : X_1, X_2 \in A\{1\}\}$;

(2) $\forall X \in A\{1,2\}, r(X) = r(A)$;

(3) 设 P, Q 为适当阶数的可逆矩阵, 则 $(PAQ)^{(1,2)} = Q^{-1}A^{(1,2)}P^{-1}$.

定义 6.4.2 如果矩阵 X 满足 Penrose 方程组的第一及第三个方程, 即

$$AXA = A, \quad (AX)^* = AX,$$

则称 X 是矩阵 A 的一个 **$\{1,3\}$-逆**.

我们以符号 $A\{1,3\}$ 表示矩阵 A 的全体 $\{1,3\}$-逆构成的集合. 显然

$$A\{1,3\} \subseteq A\{1\}.$$

例 6.4.3 任何矩阵 $A \in \mathbb{C}^{n\times m}$ 都是 $m\times n$ 阶零矩阵的 $\{1,3\}$-逆. 任意可逆矩阵的 $\{1,3\}$-逆是唯一的, 就是其逆矩阵. 矩阵 $(1,0)$ 的 $\{1,3\}$-逆是 $(1,x)^{\mathrm{T}}$, 其中 x 为任意常数, 即此时有 $A\{1,3\} = A\{1,2\}$. 但矩阵 $(1,0)^{\mathrm{T}}$ 的 $\{1,3\}$-逆是唯一的 (为什么?), 等于 $(1\ \ 0) = (1,0)^{\mathrm{T}\dagger}$.

定理 6.4.2 设 B 是 $A\in\mathbb{C}^{m\times n}$ 的一个 $\{1,3\}$-逆, 则

$$A\{1,3\}=\{B+(I_n-BA)Y\ :\ \forall Y\in\mathbb{C}^{n\times m}\}. \tag{6.4.2}$$

证: 由于 $A\{1,3\}\subseteq A\{1\}$, 而由定理 6.3.4 (对称线性矩阵方程的解) 我们知道: $X=B+(I_n-BA)Y$ 满足方程 $AXA=A$. 再由 $A(B+(I_n-BA)Y)=AB$ 以及 $B\in A\{1,3\}$ 可知 AX 还是 Hermite 的. □

例 6.4.4 设 $A=\alpha\beta^*$ 是秩为 1 的矩阵, 则

$$A\{1,3\}=\left\{\frac{A^*}{\alpha^*\alpha\,\beta^*\beta}+\left(I-\frac{\beta\beta^*}{\beta^*\beta}\right)Y\ :\ \forall Y\right\}. \tag{6.4.3}$$

下面的命题列出了 $\{1,3\}$-逆的一些性质, 证明见习题 28.

命题 6.4.2 设 $A^{(1,3)}$ 是 $A\in\mathbb{C}^{m\times n}$ 的任意一个 $\{1,3\}$-逆, 则

(1) $A\{1,3\}=\{X\ :\ AX=AA^{(1,3)}\}$;

(2) $AA^{(1,3)}=AA^\dagger=P_{R(A)}$; 特别地, $AA^{(1,3)}$ 是幂等矩阵;

(3) $A^{(1,3)}A$ 是幂等矩阵;

(4) $I_m\otimes A^{(1,3)}\in(I_m\otimes A)\{1,3\}$.

定义 6.4.3 如果矩阵 X 满足 Penrose 方程组的第一及第四个方程, 即

$$AXA=A,\quad (XA)^*=XA$$

则称 X 是矩阵 A 的一个 **$\{1,4\}$-逆**.

类似于前面几种情形, 我们以符号 $A\{1,4\}$ 表示矩阵 A 的全体 $\{1,4\}$-逆构成的集合. 显然

$$A\{1,4\}\subseteq A\{1\}.$$

由定义可知, 矩阵 A 的 $\{1,4\}$-逆与其 $\{1,3\}$-逆的差别是前者满足方程 $(XA)^*=XA$ 而后者满足方程 $(AX)^*=AX$, 因此它们具有较为相近的性质. 我们仅将矩阵 A 的 $\{1,4\}$-逆的有关结论列出, 所有的证明均见习题 30—32, 请读者参照 $\{1,3\}$-逆的相关结论与证明.

例 6.4.5 任何矩阵 $A\in\mathbb{C}^{n\times m}$ 都是 $m\times n$ 阶零矩阵的 $\{1,4\}$-逆. 任意可逆矩阵的 $\{1,4\}$-逆是唯一的, 就是其逆矩阵. 矩阵 $(1,0)$ 的 $\{1,4\}$-逆是唯一的 (为什么?), 等于 $(1,0)^{\mathrm{T}}$, 即此时有 $A^{(1,4)}=A^\dagger$. 矩阵 $(1,0)^{\mathrm{T}}$ 的 $\{1,4\}$-逆是 $(1,x)^{\mathrm{T}}$, 其中 x 为任意常数, 即此时有 $A\{1,4\}=A\{1,2\}$. 请读者比较例 6.4.3.

定理 6.4.3 设 B 是 $A\in\mathbb{C}^{m\times n}$ 的一个 $\{1,4\}$-逆, 则

$$A\{1,4\}=\{B+Y(I_m-AB)\ :\ \forall Y\in\mathbb{C}^{n\times m}\}. \tag{6.4.4}$$

例 6.4.6 设 $A=\alpha\beta^*$ 是秩为 1 的矩阵, 则

$$A\{1,4\}=\left\{\frac{A^*}{\alpha^*\alpha\,\beta^*\beta}+Y\left(I-\frac{\alpha\alpha^*}{\alpha^*\alpha}\right)\,:\,\forall Y\right\}\tag{6.4.5}$$

下面的命题列出了 $\{1,4\}$-逆的一些性质, 证明见习题 32.

命题 6.4.3 设 G 是 $A\in\mathbb{C}^{m\times n}$ 的任意一个 $\{1,4\}$-逆, 则

(1) $A\{1,4\}=\{X\,:\,XA=GA\}$;

(2) $GA=A^\dagger A=P_{R(A^*)}$; 特别地, GA 是幂等矩阵;

(3) AG 是幂等矩阵;

(4) $G\otimes I_n\in(A\otimes I_n)\{1,4\}$.

思 考 题

1. 除了零矩阵与可逆矩阵外, 是否还有别的矩阵的 $\{1,2\}$-逆是唯一的?
2. Hermite 矩阵的 $\{1,2\}$-逆一定是 Hermite 的吗?
3. 不可逆矩阵的 $\{1,3\}$-逆与 $\{1,4\}$-逆一定是不可逆的吗?
4. 矩阵的 $\{1,2\}$-逆、$\{1,3\}$-逆、$\{1,4\}$-逆的几何意义是什么?
5. 何时 $A\{1,i\}=A\{1,j\},1\leqslant i\neq j\leqslant 4$?

第五节 应用: 线性方程组、流量矩阵估计

本节我们将利用广义逆矩阵的理论来统一线性方程组与矩阵方程 $AXB=C$ 的解的问题.

回忆: 线性方程组 $Ax=b$ 称为相容的或一致的, 如果该方程组至少存在一个解; 而称为不相容的或矛盾的, 如果该方程组没有解. 相容方程组又分为确定方程组 (如果恰好有一组解) 和超定方程组 (如果有无穷多组解). 对于超定方程组常常需要求出最小范数解, 而对于矛盾方程组则需要求出最小二乘解 (正如第二章讨论的). 一般情况下, 最小二乘解也可能是无限的, 则还需要进一步求出范数最小的最小二乘解.

我们先利用 $\{1\}$-广义逆矩阵给出一般齐次线性方程组的通解.

定理 6.5.1 设 A^- 为 $m\times n$ 矩阵 A 的一个 $\{1\}$-广义逆矩阵, 则齐次线性方程组 $Ax=0$ 的通解为

$$x=(I_n-A^-A)z,\tag{6.5.1}$$

其中, z 是任意的 n 维列向量.

证: 由 $AA^-A=A$ 知 $(I_n-A^-A)z$ 为 $Ax=0$ 的解. 设 A 的秩为 r, 则 $Ax=0$ 的解空间为 $n-r$ 维的. 而 $L=\{(I_n-A^-A)z\,:\,z\text{ 任意}\}$ 是解空间的子空间, 且 L 就是矩阵 (I_n-A^-A) 的列空间, 故由定理 6.3.7 知其维数为 $r(I_n-A^-A)=n-r$. 定理得证. □

现若线性方程组 $Ax=b$ 是相容的, 则由 1-逆的定义知 A^-b 是 $Ax=b$ 的一个特解. 故由线性方程组的解的结构和定理 6.5.1 立即可得下面的定理 6.5.2.

定理 6.5.2 设 A^- 为 $m\times n$ 矩阵 A 的一个 $\{1\}$-广义逆矩阵, 则当方程组 $Ax=b$ 有解时, 其通解可表示为

$$x=A^-b+(I_n-A^-A)z, \tag{6.5.2}$$

其中 z 是任意的 n 维列向量.

定义 6.5.1 设线性方程组 $Ax=b$ 有解, 在所有解中, $\|x\|_2=\sqrt{x^*x}$ 取最小值的解 x 称为方程组的最小范数解.

显然, 为求最小范数解只需使解的范数平方 x^*x 最小即可.

定理 6.5.3 设 $Ax=b$ 为相容方程组.

(1) 设 $G\in A\{1,4\}$, 方程 $Ax=b$ 的通解为

$$x=Gb+(I-GA)z,\quad \forall z. \tag{6.5.3}$$

(2) 设 $G\in A\{1\}$, 则 $x=Gb$ 是方程 $Ax=b$ 的最小范数解 (即 $\|Gb\|_2\leqslant\|x\|_2,\forall x$, $Ax=b$)$\Longleftrightarrow G\in A\{1,4\}$. 因此, 矩阵的 $\{1,4\}$-逆也称为**最小范数逆**.

证: 显然 $y=Gb$ 为方程组的解. 设 x_0 为 $Ax=b$ 的一个特解. 由定理 6.5.2, $Ax=b$ 的通解为

$$x=Gb+(I_n-A^-A)z.$$

我们有

$$\begin{aligned}\|x\|_2^2=&x^*x=(A^-b+(I_n-A^-A)z)^*(A^-b+(I_n-A^-A)z)\\=&(A^-b)^*A^-b+((I_n-A^-A)z)^*(I_n-A^-A)z\\&+(A^-b)^*(I_n-A^-A)z+z^*(I_n-A^-A)^*A^-b.\end{aligned}$$

因

$$\begin{aligned}(A^-b)^*(I_n-A^-A)z&=(A^-Ax_0)^*(I_n-A^-A)z=x_0^*(A^-A)^*(I_n-A^-A)z\\&=x_0^*A^-A(I_n-A^-A)z=x_0^*(A^-A-A^-AA^-A)z=0,\\z^*(I_n-A^-A)^*A^-b&=z^*(I_n-A^-A)A^-Ax_0=z^*(A^-A-A^-AA^-A)x_0=0,\end{aligned}$$

所以

$$\|x\|_2^2=(A^-b)^*A^-b+((I_n-A^-A)z)^*(I_n-A^-A)z\geqslant(A^-b)^*A^-b.$$

由此便知 $y=A^-b$ 为方程组 $Ax=b$ 的最小范数解. □

因 A 的 Moore-Penrose 逆 $A^\dagger$ 一定是 A 的一个 $\{1\}$-广义逆矩阵 A^-, 所以若方程组 $Ax=b$ 有解, 则 $y=A^\dagger b$ 一定是方程组的最小范数解.

由定理 6.5.3 并结合矩阵方程的张量积表示, 即可证明下面的 (见习题 43) 推论.

推论 6.5.1 设 $A \in \mathbb{C}^{m\times n}, G \in \mathbb{C}^{n\times m}$, 则 G 是矩阵 A 的一个 $\{1,4\}$-逆 $\iff G$ 是矩阵方程 $XA = I_n$ 的最小二乘解, 即

$$\|GA - I_n\|_F = \min_{X\in\mathbb{C}^{n\times m}} \|XA - I_n\|_F.$$

定理 6.5.4 设 $Ax = b$ 为一矛盾方程, 则 $x = Gb$ 是方程 $Ax = b$ 的最小二乘解 $\iff G \in A\{1,3\}$. 特别地, 方程 $Ax = b$ 的最小二乘解为

$$x = Gb + (I - GA)y, \quad \forall y, \tag{6.5.4}$$

因此矩阵的 $\{1,3\}$-逆也称为**最小二乘逆**.

证: 由第二章的讨论我们知道, $Ax = b$ 的最小二乘解为方程组

$$A^*Ax = A^*b$$

的解, 因此需证明 $A^*A(A^-b) = A^*b$. 设

$$PAQ = \begin{pmatrix} I_r & 0 \\ 0 & 0 \end{pmatrix}_{m\times n},$$

其中 P, Q 分别为 m 阶和 n 阶非奇异矩阵, 则

$$A^- = Q\begin{pmatrix} I_r & X \\ Y & Z \end{pmatrix}_{n\times m} P,$$

$$AA^- = P^{-1}\begin{pmatrix} I_r & 0 \\ 0 & 0 \end{pmatrix}_{m\times n} Q^{-1}Q\begin{pmatrix} I_r & X \\ Y & Z \end{pmatrix}_{n\times m} P = P^{-1}\begin{pmatrix} I_r & X \\ 0 & 0 \end{pmatrix}_{m\times m} P.$$

因 $(AA^-)^* = AA^-$, 所以

$$P^*\begin{pmatrix} I_r & 0 \\ X^* & 0 \end{pmatrix}(P^{-1})^* = P^{-1}\begin{pmatrix} I_r & X \\ 0 & 0 \end{pmatrix}P,$$

即

$$\begin{pmatrix} I_r & 0 \\ X^* & 0 \end{pmatrix}(P^{-1})^*P^{-1} = (P^{-1})^*P^{-1}\begin{pmatrix} I_r & X \\ 0 & 0 \end{pmatrix}.$$

因此

$$\begin{aligned} A^*Ay = A^*AA^-b &= (Q^{-1})^*\begin{pmatrix} I_r & 0 \\ 0 & 0 \end{pmatrix}_{n\times m}(P^{-1})^*P^{-1}\begin{pmatrix} I_r & X \\ 0 & 0 \end{pmatrix}_{m\times m} Pb \\ &= (Q^{-1})^*\begin{pmatrix} I_r & 0 \\ 0 & 0 \end{pmatrix}_{n\times m}\begin{pmatrix} I_r & 0 \\ X^* & 0 \end{pmatrix}_{m\times m}(P^{-1})^*P^{-1}Pb \\ &= (Q^{-1})^*\begin{pmatrix} I_r & 0 \\ 0 & 0 \end{pmatrix}_{n\times m}(P^{-1})^*b = A^*b. \end{aligned}$$

由此推出 $y=A^{-}b$ 为 $Ax=b$ 的最小二乘解. □

推论 6.5.2　设 $A\in\mathbb{C}^{m\times n}, G\in\mathbb{C}^{n\times m}$, 则 G 是矩阵 A 的一个 $\{1,3\}$-逆 $\Longleftrightarrow G$ 是矩阵方程 $AX=I_m$ 的最小二乘解, 即

$$\|AG-I_m\|_F=\min_{X\in\mathbb{C}^{n\times m}}\|AX-I_m\|_F.$$

证：由矩阵张量积的性质可知, 矩阵方程 $AX=I_m$ 可化为

$$(I_m\otimes A)\mathrm{vec}(X)=\mathrm{vec}(I_m). \tag{6.5.5}$$

由于矩阵 X 的 F-范数显然等于其列展开 $\mathrm{vec}(X)$ 的 l_2 范数, 故 X 是矩阵方程 $AX=I_m$ 的最小二乘解 $\Longleftrightarrow \mathrm{vec}(X)$ 是方程组 (6.5.5) 的最小二乘解.

由定理 6.5.4, $\mathrm{vec}(X)$ 是上述方程组的最小二乘解 $\Longleftrightarrow$

$$\mathrm{vec}(X)=(I_m\otimes A)^{(1,3)}\mathrm{vec}(I_m)+(I_{mn}-(I_m\otimes A)^{(1,3)}(I_m\otimes A))y,\quad\forall y.$$

因此

$$\mathrm{vec}(X)=(I_m\otimes A^{(1,3)})\mathrm{vec}(I_m)+(I_{mn}-(I_m\otimes A^{(1,3)}A)y,\quad\forall y,$$

此即

$$X=A^{(1,3)}+(I_n-A^{(1,3)}A)Y,\quad\forall Y\in\mathbb{C}^{n\times m}$$

$\Longleftrightarrow X$ 是 A 的 $\{1,3\}$-逆. □

定理 6.5.5　设 $A\in\mathbb{C}^{m\times n}$, 且 $Ax=b$ 为不相容方程组, 则 $Ax=b$ 必有唯一的最小范数的最小二乘解, 这个解即为 $y=A^{\dagger}b$.

证：由 $A^{\dagger}$ 的定义及定理 6.5.4 我们知道, $y=A^{\dagger}b$ 为 $Ax=b$ 的一个最小二乘解. 设 x 为 $Ax=b$ 的任意一个最小二乘解, 则 x 为 $A^*Ax=A^*b$ 的解, 因而 $x=A^{\dagger}b+z$, 其中 z 为 $A^*Ax=0$ 的解. 因 $A^*Ax=0$ 与 $Ax=0$ 的解空间是一样的, 所以 z 也是 $Ax=0$ 的解, 即 $Az=0$. 由于

$$x^*x=(A^{\dagger}b+z)^*(A^{\dagger}b+z)=(A^{\dagger}b)^*(A^{\dagger}b)+z^*z+z^*A^{\dagger}b+(A^{\dagger}b)^*z,$$

及

$$z^*A^{\dagger}b=z^*A^{\dagger}AA^{\dagger}b=z^*(A^{\dagger}A)^*A^{\dagger}b=(A^{\dagger}Az)^*A^{\dagger}b=0,$$
$$(A^{\dagger}b)^*z=(A^{\dagger}AA^{\dagger}b)^*z=(A^{\dagger}b)^*(A^{\dagger}A)^*z=(A^{\dagger}b)^*(A^{\dagger}Az)=0,$$

所以

$$x^*x=(A^{\dagger}b)^*(A^{\dagger}b)+z^*z\geqslant(A^{\dagger}b)^*(A^{\dagger}b). \tag{6.5.6}$$

由此推出 $y=A^{\dagger}b$ 为 $Ax=b$ 的最小二乘解中范数最小的.

另外, 由式 (6.5.6) 知, $x^*x=(A^\dagger b)^*(A^\dagger b) \Longleftrightarrow z=0$, 即 $x=A^\dagger b$, 所以最小范数的最小二乘解是唯一的. □

关于矩阵方程 $AXB=C$ 的解, 有下述结论 (证明见习题44):

定理 6.5.6 (Penrose定理) 矩阵方程 $AXB=C$ 有解 $\Longleftrightarrow AA^\dagger CB^\dagger B=C$; 且此时的全体解为 $X=A^\dagger CB^\dagger+Y-A^\dagger AYBB^\dagger$.

由于向量是矩阵的特例, 本节关于线性方程组的几个结论实际上均是定理 6.5.6 的推论 (Penrose的原始论文正是这样做的).

根据本节的上述结论, 利用广义逆矩阵可以方便地求解线性方程组 (无论是对未知向量还是对未知矩阵), 因此归结为线性模型的应用问题 (可以有非线性的约束) 均可利用广义逆矩阵来解决. 下面的例子是广义逆矩阵在网络流量矩阵估算方面的一个应用.

例 6.5.1 (网络流量矩阵估计)

设 $\mathcal{N}$ 为一具有有限节点的网络系统. 一个**源节点** (Origin Node) 与一个**目的节点** (Destination Node) 称为一个**OD 对**. 设 $\mathcal{N}$ 共有 n 个OD对. 设第 k 个OD对的流量为 x_k (设该OD对的源节点为 i, 目的节点为 j, 则 x_k 即为从 i 到 j 的流量). 向量 $X=(x_1,\cdots,x_n)^{\mathrm{T}}$ 称为 $\mathcal{N}$ 的**流量矩阵**(实际上是一个向量). 设 $\mathcal{N}$ 共有 m 个链接, 第 i 个链接的链接数为 y_i. 向量 $Y=(y_1,\cdots,y_m)^{\mathrm{T}}$ 称为 $\mathcal{N}$ 的**链接向量**或链接负载. 令

$$a_{ij}=\begin{cases}1, & \text{如果第 } j \text{ 个OD对的流量经过第 } i \text{ 个链接},\\ 0, & \text{其他},\end{cases}$$

则矩阵 $A=(a_{ij})_{m\times n}$ 称为网络 $\mathcal{N}$ 的**路由 (信息) 矩阵**. 路由矩阵、流量矩阵和链接向量之间的关系如下:

$$AX=Y. \tag{6.5.7}$$

通常网络 $\mathcal{N}$ 的路由矩阵和链接向量较易得到, 因此主要的问题是估计流量矩阵 X. 一般而言, 网络中的OD对数量 n 远大于链接总数 m, 因此方程 (6.5.7) 是超定方程, 故有无穷多组解. 所以需要寻求满足一定条件的解 $\hat{X}$. 比如可以使用方程 (6.5.7) 的最小范数解 $\hat{X}$ 来估计网络的最小流量 X, 此即求解约束问题

$$\begin{cases}\min X^{\mathrm{T}}X,\\ AX=Y.\end{cases} \tag{6.5.8}$$

由定理 6.5.3 (2), 约束问题 (6.5.8) 的解为 $\hat{X}=A^\dagger Y$ 或 $\hat{X}=A^{(1,4)}Y$.

思 考 题

1. 如何利用广义逆矩阵刻画方程组 $Ax=b$ 的相容性?

2. 方程 $Ax=b$ 的最小范数解是否唯一? 几何意义是什么?

3. 利用矩阵的张量积 (第二章定理 2.6.3) 与广义逆 (定理 6.5.6) 求解矩阵方程 $AXB=C$ 有何异同?

习 题 六

1. 证明命题 6.1.1.

2. 设 P_1, P_2 均为投影矩阵, 证明:

(1) $P=P_1+P_2$ 是投影矩阵 $\Longleftrightarrow P_1P_2=P_2P_1=0$;

(2) $P=P_1-P_2$ 是投影矩阵 $\Longleftrightarrow P_1P_2=P_2P_1=P_2$;

(3) $P_1^*, I-P_1, T^{-1}P_1T$ (T 为任意一个非奇异矩阵) 均为投影矩阵.

3. 设 $\mathbb{R}^3$ 的子空间 L 由向量 $e=(1,0,0)^{\mathrm{T}}$ 生成.

(1) 若子空间 M 由 $\alpha=(1,1,0)^{\mathrm{T}}$ 和 $\beta=(1,1,1)^{\mathrm{T}}$ 生成, 求投影矩阵 $P_{L,M}$ 和向量 $x=(2,3,1)^{\mathrm{T}}$ 沿着 M 到 L 上的投影;

(2) 求正交投影矩阵 P_L 和向量 $x=(2,3,1)^{\mathrm{T}}$ 在 L 上的正交投影.

4. 证明例 6.1.3.

5. 证明 $\begin{pmatrix} A \\ 0 \end{pmatrix}^{\dagger}=(A^{\dagger},0)$.

6. 证明命题 6.1.1.

7. 设 $A\in\mathbb{C}^{m\times n}$, 又 $U\in\mathbb{C}^{m\times m}$ 和 $V\in\mathbb{C}^{n\times n}$ 均为酉矩阵. 证明 $(UAV)^{\dagger}=V^*A^{\dagger}U^*$.

8. 设 H 为幂等 Hermite 矩阵, 证明 $H^{\dagger}=H$.

9. 证明 $A^{\dagger}=A \Longleftrightarrow A^2$ 为幂等 Hermite 矩阵且 $r(A^2)=r(A)$.

10. 证明: 若 A 是正规矩阵, 则 $A^{\dagger}A=AA^{\dagger}$, 且 $(A^n)^{\dagger}=(A^{\dagger})^n$, 其中 n 为正整数.

11. 计算基本矩阵 E_{ij} 的 Moore-Penrose 广义逆和 $\{1\}$-广义逆矩阵.

12. 证明命题 6.1.2.

13. 验证例 6.1.11. 如果 $\mathbb{F}[x]_3$ 中的内积定义为 $(f,g)=\int_0^1 f(x)g(x)\,\mathrm{d}x$, 计算求导变换 ∂ 的 Moore-Penrose 广义逆 $\partial^{\dagger}$.

14. (1) 设 $r(BC)=r(B)$. 证明: 存在矩阵 D 使 $B=BCD$, 且 $C(BC)^-$ 是 B 的一个 $\{1\}$-广义逆矩阵.

(2) 设 $r(BC)=r(C)$. 证明: 存在矩阵 D 使 $C=DBC$, 且 $(BC)^-B$ 是 C 的一个 $\{1\}$-广义逆矩阵.

15. (1) 设 A 是 $m\times n$ 矩阵, B 是 $m\times r$ 矩阵, 则等式 $AA^-B=B \Longleftrightarrow$ 存在矩阵 D 使 $B=AD$;

(2) 设 A 是 $m\times n$ 矩阵, B 是 $r\times m$ 矩阵, 则等式 $BA^-A=B \Longleftrightarrow$ 存在矩阵 D 使 $B=DA$.

16. 证明定理 6.2.2.

17. 详细证明定理 6.2.4.

18. 计算下列矩阵 A 的 Moore-Penrose 广义逆和 $\{1\}$-广义逆矩阵, 并验证所得的结果.

(1) $\begin{pmatrix} 1 & 0 & 2 \\ 1 & 0 & 2 \\ 0 & 1 & 0 \\ 1 & 0 & 2 \end{pmatrix}$;　　(2) $\begin{pmatrix} 1 & 0 & 1 & 1 \\ 1 & 0 & 1 & 1 \\ 2 & 0 & 2 & 1 \end{pmatrix}$;

19. 证明: (1) 如果矩阵 A 的左逆唯一, 则 A 必是可逆矩阵, 于是左逆等于右逆;

(2) 设矩阵 A 存在左逆但不唯一, 则 A 有无穷多个左逆. 类似地, 如果存在两个右逆, 则必存在无穷多个右逆.

20. 证明命题 6.3.1.

21. 证明命题 6.3.2.

22. 证明定理 6.3.5.

23. 证明: $(AB)^\dagger = B^\dagger A^\dagger \iff A^\dagger ABB^*A^* = BB^*A^*$ 与 $BB^\dagger A^*AB = A^*AB$ 同时成立.

24. 证明定理 6.4.1.

25. 证明命题 6.4.1.

26. 计算下列矩阵的 $\{1,2\}$-逆:

(1) $A = \begin{pmatrix} 1 & 2 & 1 \\ 0 & 1 & 1 \end{pmatrix}$;　　(2) $A = \begin{pmatrix} \mathrm{i} & 0 \\ 1 & \mathrm{i} \\ 0 & 1 \end{pmatrix}$.

27. 计算下列矩阵的 $\{1,3\}$-逆:

(1) $A = \begin{pmatrix} 1 & -1 & 0 & -1 \\ 0 & 0 & 2 & 2 \\ -1 & 1 & 0 & 1 \end{pmatrix}$;　　(2) $A = \begin{pmatrix} 1 & 1 & -1 \\ 2 & 0 & -2 \\ -1 & 1 & 1 \\ 3 & -1 & -3 \end{pmatrix}$.

28. 证明命题 6.4.2.

29. 计算下列矩阵的 $\{1,4\}$-逆:

(1) $\begin{pmatrix} 1 & 1 \\ 2 & 2 \\ -1 & -1 \end{pmatrix}$;　　(2) $\begin{pmatrix} 2 & 1 & 1 \\ 1 & 2 & 0 \end{pmatrix}$.

30. 证明定理 6.4.3.

31. 证明命题 6.4.3.

32. (1) 哪些矩阵的 $\{1,2\}$-逆等于它的转置矩阵?

(2) 哪些矩阵的 $\{1,4\}$-逆等于它的转置矩阵?

33. 试求一个与书中公式形式不同的计算秩为 1 的矩阵的各种广义逆的公式.

34. 不可逆的方阵可否有可逆的 $\{1,2\}$-逆或 $\{1,3\}$-逆或 $\{1,4\}$-逆?

35. 哪些不可逆的方阵有唯一的 $\{1,2\}$-逆或 $\{1,3\}$-逆或 $\{1,4\}$-逆?

36. 是否存在矩阵, 其 $\{1,2\}$-逆或 $\{1,3\}$-逆或 $\{1,4\}$-逆不唯一但只有有限个?

37. 设正规矩阵 A 仅有一个非零特征值 λ.

(1) 证明 $A^\dagger = \lambda^{-2}A$;

(2) 试求 A 的 $\{1,2\}$-逆, $\{1,3\}$-逆及 $\{1,4\}$-逆的表达式;

(3) 根据 (1) 与 (2) 计算矩阵 $\begin{pmatrix} -2 & 1 & 1 \\ 1 & -2 & 1 \\ 1 & 1 & -2 \end{pmatrix}$ 的各种广义逆.

38. 设 L, M 是 $\mathbb{C}^n$ 的子空间. 证明:

(1) $P_{L+M} = (P_L + P_M)(P_L + P_M)^\dagger = (P_L + P_M)^\dagger (P_L + P_M)$;

(2) $P_{L\cap M} = 2P_L(P_L + P_M)^\dagger P_M = 2P_M(P_L + P_M)^\dagger P_L$.

39. 证明: $A^\dagger = A^{(1,4)} A A^{(1,3)}$.

40. 取 A_1, A_2 分别为第 18 题的 (1) 和 (2), 并设 $b_1 = (1,1,0,1)^{\mathrm{T}}$, $b_2 = (1,1,2)^{\mathrm{T}}$. 分别求出方程组 $A_1x = b_1$ 和 $A_2x = b_2$ 的通解.

41. 设 $A = \begin{pmatrix} 1 & 2 & -1 \\ 0 & -1 & 0 \end{pmatrix}$, $b = \begin{pmatrix} 2 \\ -1 \end{pmatrix}$. 求 $Ax = b$ 的最小范数解.

42. 已知 $A = \begin{pmatrix} 1 & 2 & -1 \\ -1 & -2 & 1 \end{pmatrix}$, $b = \begin{pmatrix} 2 \\ 0 \end{pmatrix}$. 求矛盾方程组 $Ax = b$ 的最小二乘解.

43. 证明推论 6.5.1.

44. 确定矩阵方程矩阵方程 $AXB = 0$ 的通解, 并以此证明定理 6.5.6.

45. 设 $A = \begin{pmatrix} 1 & 0 & 0 & 1 \\ 1 & 1 & 0 & 0 \\ 0 & 1 & 1 & 0 \\ 0 & 0 & 1 & 1 \end{pmatrix}$.

(1) 当 $b = (1,1,1,1)^{\mathrm{T}}$ 时, 方程组 $Ax = b$ 是否相容?

(2) 当 $b = (1,0,1,0)^{\mathrm{T}}$ 时, 方程组 $Ax = b$ 是否相容?

若方程组相容, 求其通解和最小范数解; 若方程组不相容, 求其最小范数的最小二乘解.

46. 证明线性方程组 $Ax = b$ 有解 $\Longleftrightarrow$ $AA^\dagger b = b$. 这里 $A \in \mathbb{C}^{m\times n}$, $b \in \mathbb{C}^m$.

47. 判断矩阵方程 $AXB = C$ 是否有解, 有解时求其解, 其中

(1) $A = \begin{pmatrix} 1 & 1 \\ 1 & 0 \\ 0 & 1 \end{pmatrix}$; $B = \begin{pmatrix} 1 & 2 & -1 \\ -1 & 1 & 1 \end{pmatrix}$; $C = \begin{pmatrix} 1 & -1 & 1 \\ 2 & -2 & 2 \\ -1 & 1 & -1 \end{pmatrix}$;

(2) $A = \begin{pmatrix} 1 & -1 & 0 & -1 \\ 0 & 0 & 2 & 2 \\ -1 & 1 & 0 & 1 \end{pmatrix}$; $B = \begin{pmatrix} 1 & 0 & 2 \\ 1 & 0 & 2 \\ 1 & 0 & 2 \end{pmatrix}$; $C = \begin{pmatrix} 1 & 0 & 1 \\ 1 & 0 & 1 \\ 0 & 2 & 1 \end{pmatrix}$.

48. 相容方程组 $Ax = a$ 的通解 $x = A^\dagger a + (I - A^\dagger A)y (\forall y)$ 还可以表示为 $A^\dagger a + N(A)$ 的陪集形式. 证明:

(1) 这个表示是**正交表示**, 即向量 $A^\dagger b$ 与向量 $(I - A^\dagger A)y$ 正交, $\forall y$;

(2) 方程组 $Ax = a$ 与 $Bx = b$ 有公共解 $\Longleftrightarrow$ $A^\dagger a - B^\dagger b \in N(A) + N(B)$;

(3) 设方程组 $Ax = a$ 与 $Bx = b$ 有公共解. 试用陪集形式表示其解.

49. 设 A, B, C, D 均为 n 阶矩阵, 且矩阵方程 $AX = B$ 与 $XC = D$ 均有解. 证明:

(1) 两个方程有公共解 $\Longleftrightarrow AD = BC$;

(2) 设两个方程有公共解. 试利用广义逆矩阵表示它们的公共通解. (提示: 可先研究齐次方程.)

50. 证明约束优化问题 $\min\{x^{\mathrm{T}}x\}$, $Ax = b$ 具有唯一解, 并求该解.

51. 证明约束优化问题 $\min\{\mathrm{tr}(X^{\mathrm{T}}X) - 2\mathrm{tr}(X)\}$, $XA = 0$ 的解为 $\hat{X} = I - AA^{\dagger}$.

52. 设 U 与 W 是线性空间 V 的两个子空间, $\alpha, \beta \in V$. 设 $(\alpha + U) \cap (\beta + W) \neq \emptyset$. 证明:

(1) $(\alpha + U) \cap (\beta + W) = \alpha + P_U(P_U + P_W)^{\dagger}(\beta - \alpha) + (U \cap W)$;

(2) $(\alpha + U) \cap (\beta + W) = \alpha + (P_{U^{\perp}} + P_{W^{\perp}})^{\dagger} P_{W^{\perp}}(\beta - \alpha) + (U \cap W)$;

(3) $(\alpha + U) \cap (\beta + W) = \alpha + (I - P_W P_U)^{\dagger} P_{W^{\perp}}(\beta - \alpha) + (U \cap W)$.

(提示: 参考第二章习题 75.)

附　　录

上海交通大学 2009—2010 学年第一学期"矩阵理论"试卷

姓名__________　　学号________________　　矩阵理论分班号______　　成绩_______

(本试卷共四道大题, 总分 100 分. 其中 A^* 表示矩阵 A 的共轭转置.)

一. 单项选择题 (每题3分, 共15分)

1. 设有 $\mathbb{R}^3$ 上的两个子空间

$$U=\{(x,y,z)^{\mathrm{T}}\in\mathbb{R}^3: x+y+z=0\}, W=\left\{(x,y,z)^{\mathrm{T}}\in\mathbb{R}^3: x=y=-\frac{z}{2}\right\},$$

则 $\dim(U+W)-\dim U=$(　　)

(A) 0　　(B) 1　　(C) 2　　(D) 3

2. 设 U,W 是欧氏空间 V 的两个子空间, 给出下列四个等式:

甲. $(U+W)^{\perp}=U^{\perp}+W^{\perp}$;

乙. $(U+W)^{\perp}=U^{\perp}\cap W^{\perp}$;

丙. $(U\cap W)^{\perp}=U^{\perp}+W^{\perp}$;

丁. $(U\cap W)^{\perp}=U^{\perp}\cap W^{\perp}$.

则上述等式成立的是 (　　)

(A) 甲与丙　　(B) 甲与丁　　(C) 乙与丙　　(D) 乙与丁

3. 设两个 4 阶矩阵 A 与 B 的最小多项式分别为 $(x-1)^2(x-2)$ 与 $(x-1)(x-2)^2$, 则矩阵 $\begin{pmatrix} A & A-B \\ 0 & B \end{pmatrix}$ 的最小多项式为 (　　)

(A) $(x-1)^2(x-2)$　　(B) $(x-1)(x-2)^2$　　(C) $(x-1)^2(x-2)^2$　　(D) $(x-1)^3(x-2)^3$

4. 设 A 为 n 阶可逆矩阵, $\rho(A)$ 是其谱半径, $\|\bullet\|$ 是一种矩阵范数, 则必有 (　　)

(A) $\|A^{-1}\|=1/\|A\|$　　(B) $\|A^5\|\leqslant\|A\|^5$　　(C) $\|A^5\|\geqslant\|A\|^5$　　(D) $\|A\|\geqslant\rho(A^*A)$

5. 设 n 阶矩阵 $A=(a_{ij})$ 的特征值与奇异值分别为 $\lambda_1,\cdots,\lambda_n$ 与 $\sigma_1,\cdots,\sigma_n$, 则必有 (　　)

(A) $\sum\limits_{i=1}^n|\lambda_i|=\sum\limits_{i=1}^n|\sigma_i|$　　(B) $\sum\limits_{i=1}^n|\lambda_i|^2=\sum\limits_{i=1}^n|\sigma_i|^2$

(C) $\sum\limits_{i=1}^n|\lambda_i|^2=\sum\limits_{i,j=1}^n|a_{ij}|^2$　　(D) $\sum\limits_{i=1}^n|\sigma_i|^2=\sum\limits_{i,j=1}^n|a_{ij}|^2$

二. 填空题 (每题 3 分, 共 15 分)

6. 设 $(x,y,z)^{\mathrm{T}}\in\mathbb{R}^3$, $\sigma((x,y,z)^{\mathrm{T}})=(2x-y,2x)^{\mathrm{T}}$, 则 σ 关于标准基-标准基的矩阵为______.

7. 线性方程组 $\begin{pmatrix}1&1\\0&0\end{pmatrix}\begin{pmatrix}x_1\\x_2\end{pmatrix}=\begin{pmatrix}b_1\\b_2\end{pmatrix}$ 的最小范数的最小二乘解为______.

8. 设 $A=\dfrac{1}{3}\begin{pmatrix}2&-1&2\\2&2&-1\\-1&2&2\end{pmatrix}$, 则正交变换 $x\mapsto Ax$ 的旋转轴上的单位向量为______.

9. 设 A 为 3 阶矩阵, $\mathrm{e}^{At}=\begin{pmatrix}\mathrm{e}^t&t\mathrm{e}^t&t\mathrm{e}^t\\0&\mathrm{e}^t&0\\0&0&\mathrm{e}^t\end{pmatrix}$, 则矩阵 $\lambda E-A$ 的初等因子为______.

10. 设 A 是秩为 $r\geqslant 1$ 的 n 阶正交投影矩阵, $B=E-\cos A$, 则 B 的特征多项式为______.

三. 计算题 (每题 15 分, 共 60 分)

11. 设 $V=\mathbb{R}[x]_n$ 是次数小于 n 的全体实系数多项式构成的实线性空间. 定义 V 上的线性变换 σ 如下:

$$\sigma:\ f(x)\mapsto xf'(x)-f(x),\quad \forall f(x)\in V.$$

(1) 求 σ 的特征值与特征向量;

(2) 求 σ 的核空间 $\mathrm{Ker}(\sigma)$ 与像空间 $\mathrm{Im}(\sigma)$ 的各一组基;

(3) 判断 $V=\mathrm{Ker}(\sigma)\oplus\mathrm{Im}(\sigma)$ 是否成立? 说明理由.

12. 设 $V=\mathbb{R}^2$ 是实线性空间, $(x,y)^{\mathrm{T}}\in V$, $e_1=(1,0)^{\mathrm{T}}, e_2=(0,1)^{\mathrm{T}}$.

(1) 求 V 上的一个内积 $(\bullet,\bullet)$ 使得向量组 e_1, e_1+e_2 是一组标准正交基;

(2) 在该内积下, 计算 e_2 与 e_1-e_2 的长度;

(3) 设 σ 是 V 的一个等距变换, $\sigma(e_1)=e_1+e_2$. 求 $\sigma((x,y)^{\mathrm{T}})$? 这样的等距变换唯一吗?

13. 设 $A=\begin{pmatrix}1&0&0\\1&0&1\\0&1&0\end{pmatrix}$.

(1) 求 A 的 Jordan 标准形 J (不必计算变换矩阵 P);

(2) 设 $n\geqslant 3$, 计算 A^n-A^{n-2} 与 A^2-E;

(3) 求 $\displaystyle\int_0^t (E-A^{-2})\mathrm{e}^{As}ds$.

14. 设 $A\in\mathbb{C}^{n\times n}$ 的秩为 $r>0$, A 的奇异值分解为 $A=U\mathrm{diag}(\sigma_1,\cdots,\sigma_r,0,\cdots,0)V^*$, 其中 $\sigma_1>\cdots>\sigma_r$, $U=(u_1,\cdots,u_n), V=(v_1,\cdots,v_n)$ 是两个酉矩阵, $u_i,v_i\in\mathbb{C}^n, 1\leqslant i\leqslant n$. 设矩阵 $B=\begin{pmatrix}A\\A\end{pmatrix}$.

(1) 求 B 的奇异值分解;

(2) 求 B^*B 的谱分解;

(3) 求 B^*B 的 Moore-Penrose 广义逆.

四. 证明题 (每题 10 分, 共 10 分)

15. 设 σ 是 $\mathbb{C}^6$ 上的线性变换, 其特征多项式为 $(\lambda-1)(\lambda-2)^2(\lambda-3)^3$. 证明:

(1) 存在 σ 的三个不变子空间 U_i, 使得 $\dim U_i = i$, $i = 1, 2, 3$, 且 $\mathbb{C}^6 = U_1 \oplus U_2 \oplus U_3$;

(2) 对有限维线性空间上的任意线性变换, 推广 (1) 中的结论.

参 考 文 献

[1] 苏育才, 姜翠波, 张跃辉. 矩阵理论. 科学出版社, 2006.

[2] Horn R A, Johnson C R. 矩阵分析. 杨奇译. 北京：机械工业出版社, 2005.

[3] Strang G. 线性代数及其应用. 侯自新, 郑中三, 张廷伦译. 天津：南开大学出版社, 1990.

[4] 陈大新. 矩阵理论. 上海：上海交通大学出版社, 1997.

[5] 陈公宁. 矩阵理论与应用. 北京：高等教育出版社, 1990.

[6] 程云鹏, 张凯院, 徐仲. 矩阵论. 西安：西北工业大学出版社, 1999.

[7] 黄有度, 狄成恩, 朱士信. 矩阵论及其应用. 合肥：中国科学技术大学出版社, 1995.

[8] 周杰. 矩阵分析及应用. 成都：四川大学出版社, 2008.

[9] 张贤达. 矩阵分析与应用. 北京：清华大学出版社, 2005.

[10] 甘特马赫尔. 矩阵论. 柯召译. 北京：高等教育出版社, 1955.

[11] Gantmacher F R. The theory of matrices. Vol. I. Hirsch K A 译. New York: Chelsea Publishing Company, 1959.

[12] Gantmacher F R. Applications of the theory of matrices. Brenner J L, Bushaw W, Evanusa S 译. New York: Interscience, 1959.

[13] Lax P. 线性代数及其应用. 傅莺莺, 沈复兴译. 北京：人民邮电出版社, 2009.

[14] Lay D C. 线性代数及其应用. 刘深泉, 洪毅, 马东魁, 郭国雄, 刘勇平译. 北京：机械工业出版社, 2009.

[15] 威尔金森 J H. 代数特征值问题. 石钟慈，邓健新译. 毛祖范校. 北京: 科学出版社, 2001.

[16] 张谋成, 黎稳. 非负矩阵论. 广东高等教育出版社, 1995.

[17] Bellman Richard. Introduction to matrix analysis. Society for Industrial Mathematics, 1987.

[18] 上海交通大学数学系. 线性代数 (第二版). 北京：科学出版社, 2007.

汉英名词索引

K

L

M

N

O

P

Q

R

S

T

V

W

X

Y

Z

其他